国家出版基金项目
NATIONAL PUBLICATION FOUNDATION

涡轮机械与推进系统出版项目
"两机"专项：航空发动机技术出版工程

航空发动机燃油及控制系统试验

姚　华　袁春飞　等　编著

科　学　出　版　社
北　京

内 容 简 介

本书结合工程实际，并根据航空发动机控制系统研制的特点和工程过程，对航空发动机控制系统研制各阶段的验证、确认和测试活动进行了系统性描述，对电子控制器测试和试验、控制软件的测试、燃油泵及液压机械装置的试验、传感器和电气部件的试验、燃油及控制系统的综合试验以及装机试验的试验目的、试验方法和试验内容进行了详细阐述，注重内容的工程实用性。

本书适合航空发动机燃油及控制系统工程设计人员使用，也可作为航空发动机及其控制领域广大科研、设计、教学人员以及高年级本科生、研究生的参考书。

图书在版编目（CIP）数据

航空发动机燃油及控制系统试验 ／ 姚华，袁春飞等
编著.—北京：科学出版社，2022.11
（"两机"专项：航空发动机技术出版工程）
国家出版基金项目　涡轮机械与推进系统出版项目
ISBN 978 − 7 − 03 − 073379 − 5

Ⅰ. ①航⋯　Ⅱ. ①姚⋯②袁⋯　Ⅲ. ①航空发动机−
燃油系统−控制系统−试验　Ⅳ. ①V233.2 − 33

中国版本图书馆 CIP 数据核字（2022）第 189528 号

责任编辑：徐杨峰　许健／责任校对：谭宏宇
责任印制：黄晓鸣／封面设计：殷　靓

斜 学 虫 版 社 出版

北京东黄城根北街 16 号
邮政编码：100717
http://www.sciencep.com

南京展望文化发展有限公司排版
广东虎彩云印刷有限公司印刷
科学出版社发行　各地新华书店经销

＊

2022 年 11 月第 一 版　开本：B5（720×1000）
2024 年 3 月第四次印刷　印张：34
字数：666 000
定价：**260.00** 元
（如有印装质量问题，我社负责调换）

涡轮机械与推进系统出版项目
顾问委员会

主任委员

张彦仲

"两机"专项：航空发动机技术出版工程

专家委员会

"两机"专项：航空发动机技术出版工程
编写委员会

主任委员

尹泽勇

副主任委员

李应红　刘廷毅

委　员

（以姓名笔画为序）

丁水汀　王太明　王占学　王健平　尤延铖
尹泽勇　帅　永　宁　勇　朱俊强　向传国
刘　建　刘廷毅　杜朝辉　李应红　李建榕
杨　晖　杨鲁峰　吴文生　吴施志　吴联合
吴锦武　何国强　宋迎东　张　健　张玉金
张利明　陈保东　陈雪峰　叔　伟　周　明
郑　耀　夏峥嵘　徐超群　郭　昕　凌文辉
陶　智　崔海涛　曾海军　戴圣龙

秘书组

组　长　朱大明
成　员　晏武英　沙绍智

"两机"专项：航空发动机技术出版工程
试验系列
编写委员会

主 编

郭 昕

副主编

徐朋飞　艾克波　崔海涛

委 员

（以姓名笔画为序）

丁凯峰　王永明　王振华　王晓东　艾克波
江 平　吴法勇　张志学　陆海鹰　侯敏杰
姚 华　徐 国　徐友良　徐华胜　徐朋飞
郭 昕　崔海涛　梁宝逵

航空发动机燃油及控制系统试验
编写委员会

主 编

姚 华

副主编

袁春飞

编 委

（以姓名笔画为序）

刘 勇　李军伟　杨 泽　杨惠民　范惠元

赵 玄　郝圣桥　姚 华　袁春飞　黄 森

韩淑艳

涡轮机械与推进系统出版项目

序

涡轮机械与推进系统涉及航空发动机、航天推进系统、燃气轮机等高端装备。其中每一种装备技术的突破都令国人激动、振奋,但是技术上的鸿沟使得国人一直为之魂牵梦绕。对于所有从事该领域的工作者,如何跨越技术鸿沟,这是历史赋予的使命和挑战。

动力系统作为航空、航天、舰船和能源工业的"心脏",是一个国家科技、工业和国防实力的重要标志。我国也从最初的跟随仿制,向着独立设计制造发展。其中有些技术已与国外先进水平相当,但由于受到基础研究和条件等种种限制,在某些领域与世界先进水平仍有一定的差距。为此,国家决策实施"航空发动机及燃气轮机"重大专项。在此背景下,出版一套反映国际先进水平、体现国内最新研究成果的丛书,既切合国家发展战略,又有益于我国涡轮机械与推进系统基础研究和学术水平的提升。"涡轮机械与推进系统出版项目"主要涉及航空发动机、航天推进系统、燃气轮机以及相应的基础研究。图书种类分为专著、译著、教材和工具书等,内容包括领域内专家目前所应用的理论方法和取得的技术成果,也包括来自一线设计人员的实践成果。

"涡轮机械与推进系统出版项目"分为四个方向:航空发动机技术、航天推进技术、燃气轮机技术和基础研究。出版项目分别由科学出版社和浙江大学出版社出版。

出版项目凝结了国内外该领域科研与教学人员的智慧和成果,具有较强的系统性、实用性、前沿性,既可作为实际工作的指导用书,也可作为相关专业人员的参考用书。希望出版项目能够促进该领域的人才培养和技术发展,特别是为航空发动机及燃气轮机的研究提供借鉴。

张彦仲

2019 年 3 月

"两机"专项：航空发动机技术出版工程

序

航空发动机誉称工业皇冠之明珠，实乃科技强国之重器。

几十年来，我国航空发动机技术、产品及产业经历了从无到有、从小到大的艰难发展历程，取得了显著成绩。在世界新一轮科技革命和产业变革同我国转变发展方式的历史交汇期，国家决策实施"航空发动机和燃气轮机"重大科技专项（即"两机"专项），产学研用各界无不为之振奋。

迄今，"两机"专项实施已逾三年。科学出版社申请国家出版基金，安排"'两机'专项：航空发动机技术出版工程"，确为明智之举。

本出版工程旨在总结"两机"专项以及之前工作中工程、科研、教学的优秀成果，侧重于满足航空发动机工程技术人员的需求，尤其是从学生到工程师过渡阶段的需求，借此为扩大我国航空发动机卓越工程师队伍略尽绵力。本出版工程包括设计、试验、基础与综合、材料、制造、运营共六个系列，前三个系列已从 2018 年起开始前期工作，后三个系列拟于 2020 年启动，希望与"两机"专项工作同步。

对于本出版工程，各级领导十分关注，专家委员会不时指导，编委会成员尽心尽力，出版社诸君敬业把关，各位作者更是日无暇晷、研教著述。同道中人共同努力，方使本出版工程得以顺利开展，有望如期完成。

希望本出版工程对我国航空发动机自主创新发展有所裨益。受能力及时间所限，当有疏误，恭请斧正。

2019 年 5 月

前　言

　　燃油及控制系统是航空发动机安全关键系统,其研制过程应符合系统工程方法。燃油及控制系统的验证、确认、测试和试验是系统研制"V模型"中重要的过程,本书将对航空发动机燃油及控制系统、部件试验的理论方法、实践经验进行总结,根据航空发动机燃油及控制系统研制的特点和工程过程,对燃油及控制系统研制各阶段的验证、确认和测试活动进行描述,阐述电子控制器测试和试验、控制软件的测试、燃油泵及液压机械装置的试验、传感器和电气部件的试验、燃油及控制系统的综合试验和装机试验的试验目的、方法和内容,注重工程实用性。

　　本书以航空发动机全权限数字电子控制系统为主要对象,系统阐述了其验证、确认、测试和试验的过程。第1章为绪论,概述了航空发动机燃油及控制系统的发展历程、组成原理、研制阶段和工程过程,描述了控制系统的验证、确认和测试的基本概念。第2章为燃油及控制系统各工程阶段的VVT活动,阐述了燃油及控制系统的定义、设计、实现、集成、鉴定和生产与使用维护阶段的验证、确认和测试活动。第3章为电子控制器测试和试验,介绍了电子控制器元器件、板级、整机的测试,阐述了电子控制器环境应力筛选试验、环境试验、电源特性试验、电磁环境效应试验、可靠性试验的目的、原理、方法和内容。第4章为控制软件测试,阐述了控制软件的单元测试、部件测试、系统测试等测试的目的、方法、准则和内容。第5章为燃油泵及液压机械装置试验,阐述了燃油泵及液压机械装置的元组件试验、功能和性能试验、环境试验、寿命试验和专项试验的目的、原理、方法和内容。第6章为传感器及电气部件试验,介绍了控制系统用各种传感器的技术参数的测试方法,电气部件的性能试验原理和方法,阐述了传感器及电气部件环境试验、电磁兼容性试验、可靠性和寿命试验的目的、原理、方法和内容。第7章为燃油及控制系统综合试验,阐述了电子控制器硬件在回路仿真试验,燃油与作动、传感和电气子系统综合试验,控制系统综合验证试验、集成交付试验、电磁兼容性试验等试验的目的、原理、方法和内容。第8章为燃油及控制系统配装发动机和飞机试验,阐述了控制系统随发动机地面试车、高空台试验、飞行试验的目的、原理、方法和内容。

　　本书共8章,姚华对全书进行了策划、统稿和审定,袁春飞对全书进行了校对。

第 1 章和第 2 章由姚华编写,第 3 章由刘勇编写,第 4 章由杨泽编写,第 5 章由郝圣桥、范惠元、黄森、李军伟编写,第 6 章由韩淑艳和赵玄编写,第 7 章和第 8 章由袁春飞、杨惠民编写。

张天宏教授、蒋平国研究员对全书进行了审阅,提出了许多宝贵意见;中国航发控制系统研究所相关工程技术人员给本书的编写提供了许多帮助,在此一并表示诚挚的感谢。

姚　华

2022 年 4 月

目 录

第 3 章　电子控制器测试和试验

第 4 章 控制软件测试

第 6 章 传感器及电气部件试验

第7章　燃油及控制系统综合试验

第8章　燃油及控制系统配装发动机和飞机试验

第1章
绪　论

1.1　航空发动机燃油及控制系统简介

1.1.1　航空发动机控制系统技术内涵

从 1903 年莱特兄弟的飞机首次成功飞行至今,在 100 多年历史中,动力飞行器的发展经历了活塞式内燃机动力和涡轮喷气发动机动力两个历史阶段,现代飞机大都使用燃气涡轮发动机,本书主要研究现代燃气涡轮发动机的控制系统试验。

航空燃气涡轮发动机的控制系统设计所面临的主要挑战是发动机的工作范围非常宽广,使用工况和环境条件非常恶劣,发动机个体之间存在较大差异并随使用时间的增加性能逐步衰减,在这种条件下控制系统必须保证发动机稳定可靠的工作。

发动机控制系统是在各种飞行条件下,通过控制燃油流量、几何位置及逻辑状态,实现发动机起动、加速、减速、稳态、加力、停车等各种过程和状态的控制,以优化发动机的性能和适应性。

控制系统中,驱动发动机工作的是计量燃油和由燃油驱动的作动机构,以燃油为工作介质的燃油泵、燃油计量装置和伺服作动机构是控制系统中的重要部件。因此发动机控制系统一般也称为燃油及控制系统,本书中所指控制系统即为燃油及控制系统。

为了避免超过发动机气动、热力和结构的限制,控制系统应限制发动机关键参数,包括喘振及失速裕度保护,转速、压力、温度限制,熄火保护等,以确保发动机的安全性和耐久性。

控制系统必须具备故障检测、故障诊断、故障隔离、系统重构等功能,以保证控制系统故障-安全工作。

控制系统必须具有与飞机通信的功能,以向飞机系统输送发动机状态信息,并接收飞机指令,实现飞推综合控制。

随着未来先进发动机使用维护要求的提高,控制系统的功能将从发动机控制向发动机管理领域扩展,如发动机故障诊断、发动机健康预测、发动机热管理等。

发动机控制系统的一般构成如图 1.1 所示,主要由传感器、控制计算单元、油源及执行机构、控制对象(发动机)组成。

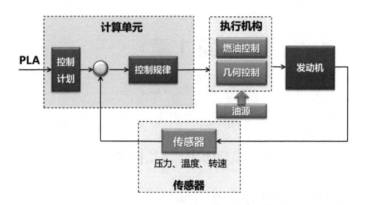

图 1.1　发动机控制系统的一般构成

1.1.2　航空发动机控制技术的发展历程

航空发动机控制系统经历了简单液压机械控制、复杂的电子-液压机械控制、第一代到第三代全权限数字电子控制等发展阶段。

1942 年,美国第一台喷气发动机——GE 公司(通用电气公司)制造的 I-A 发动机问世,该发动机采用的是液压机械控制器,该控制器根据涡轮设定转速和实际转速之间的差值按比例地计量进入发动机的燃油流量。1951 年,普惠公司进行了世界首台双转子涡喷发动机 J57 的飞行试验,J57 发动机的主燃油和加力燃油都采用了液压机械控制。

20 世纪 50 年代后,随着高压比、高涵道比涡扇发动机技术的发展成熟,发动机控制技术也发展到了可变几何的控制,即压气机静子叶片的控制、喷管的控制。随着控制功能的增加,液压机械控制器越来越复杂。特别是到了 20 世纪 70 年代后,以美国的 F100 发动机及俄罗斯 AL-31F 发动机为典型代表的第三代发动机问世,为了发挥发动机的性能,控制计划和控制功能变得更加复杂,纯液压机械控制器很难满足要求,因此发展了电子装置辅助完成监视或控制功能。AL-31F 发动机就采用了电子-液压机械混合控制系统。

尽管液压机械控制非常可靠,但随着控制复杂性的增加,其体积和重量越来越大,液压机械控制很快达到了技术及实用的极限。

20 世纪 70 年代后,数字电子控制设备(ECU)的发展提供了更强的监视或控制功能。如果一台 ECU 能根据飞行员的指令控制发动机的整个工作(从起动到停车),就认为具有全权限控制(FADEC)。F100-PW-220 发动机的数字式电子发动机控制(DEEC)是世界首台进行飞行试验的全权限数字电子控制系统。

1990~2002 年,双通道的 FADEC 成为喷气发动机的标准控制系统,双通道都有自己独立的传感器、计算、输入和输出单元等,通道之间可以传递数据,采用轮转方式工作,当一个通道工作时,另一个通道处于备份状态,当工作通道故障时,转到另一个通道工作。

第二代全权限数控系统融入了先进的算法和控制能力。比第一代系统产品拥有更多的输入输出量、更强的故障监视能力、更好的机内自测试技术(BIT)和更强的计算能力、更准确的起动等状态的燃油计量能力。控制系统具备鲁棒控制的明显特征,例如:发动机加减速特性对飞行条件的变化,发动机之间的偏差等因素不敏感,防喘消喘算法能保证在整个工作包线内有可靠的喘振裕度。在发动机超温或超速时,通过限制器保护发动机。这些控制技术不需要随着时间变化进行校准和调节,电子控制器还提供大量的诊断数据给发动机和飞机维护系统。

2002 年,装有第三代全权限数字电子控制系统的 F119 发动机开始用于美国空军最新机种,第三代全权限数字电子控制系统采用双-双余度系统架构,双通道的每一个通道都是完全独立的控制器,采用同时输出的工作模式,当一个通道故障时,故障通道自动退出控制。每台控制器有两个 CPU,一个用于控制计算,另一个配置机上自适应发动机模型,采用 Kalman 滤波器估算发动机准稳态参数,实现机载发动机流道参数的解析余度和实时自适应优化战斗机和发动机性能。与第二代 FADEC 相比,其控制功能增加了 1 倍,采用双-双余度、实时故障补偿等技术,控制系统和发动机的可靠性、安全性和维修性都大大提高,如任务中断率低于 $50/10^6$ h,平均非计划维修间隔时间长于 800 h;由于采用改进的诊断与健康管理系统,控制系统和发动机的可维护性明显改善,工作费用明显降低。

LEAP 发动机采用最新一代 FADEC,在发动机短舱内通过分布式结构实现优化集成,一台发动机安装两个独立控制器,每个控制器使用双核 P2020 处理器和一个德州仪器的开放式多媒体应用平台(Open Multimedia Application Platform,OMAP)处理器,共同完成发动机控制和健康管理系统的功能。预测与健康管理(PHM)系统具有控制系统、滑油系统、起动系统、燃油系统、机械系统以及发动机气路性能的健康监视功能,并能更准确高效地预测潜在故障。

未来航空发动机控制系统将向主动控制、智能控制、分布控制和减轻控制系统重量的方向发展,将发展机载实时的发动机模型,采用先进的控制逻辑和设计方法,并且发动机状态监视系统将与发动机控制系统实现更好地融合。通过采用电能驱动的燃油泵、作动器系统和先进的电子硬件,提高 FADEC 系统硬件的可靠性;通过采用先进的控制逻辑和设计方法,并与其他机载系统(进气道控制系统、飞控系统、火控系统等)相综合,获得更好的系统性能和控制品质;同时,提高控制系统的寿命,以降低系统的研制和使用成本。

1.1.3　航空发动机控制系统组成和原理

图 1.1 介绍了航空发动机控制系统的一般构成,从 1.1.2 节中介绍的航空发动机控制系统的发展可以知道,航空发动机控制系统有两种典型形态,一种是液压机械控制系统,另一种是全权限数字电子控制系统。燃油泵和执行机构部分两种形态基本是相同的,计算单元和传感器都采用液压机械装置,则是液压机械控制系统;计算单元采用电子计算机、相应传感器采用电信号输出的,则是全权限数字电子控制系统。两种系统分别简介如下。

1. 液压机械控制系统

一般来说液压机械控制系统主要由增压泵、主燃油泵、加力燃油泵、喷口油源泵、主燃油调节器、加力燃油调节器、导叶调节器、喷口调节器、主燃油分布器、加力燃油分布器等部分组成,根据发动机类型的不同其组成也不尽相同,如民用涡扇发动机和涡轴发动机是没有加力和喷口的,因此没有加力和喷口调节器。这些液压机械装置,经常会组合在一起,形成一个产品。例如,主泵、主燃油调节器、导叶调节器常常组合成主泵-调节器,加力泵、加力燃油调节器、喷口调节器常常组合成加力喷口调节器。

图 1.2 是某型发动机主燃油调节器原理图,主要包括柱塞泵、恒量供油调节器、带有软反馈的转速调节器、升压限制器、液压延迟器和自动起动器等。泵由发动机高压转子驱动,转速调节器感受发动机低压转子转速。主燃油调节系统保证发动机起动、加速、减速和稳态工作。

发动机主燃油系统为闭环转速调节系统。发动机转速调节分两段:当油门杆角度小于自动调节开始转速所对应的角度时为手控区。由恒量供油调节器保持供油量与油门开关开度相对应,不随飞行条件变化。当油门杆角度超过自动调节角度时为自动调节工作区。恒量供油调节器退出工作,由带有软反馈的转速调节器感受低压转子转速,比较低压转子转速和油门杆对应的转速设定值后,经相关计算和执行机构工作改变主燃油流量,保证发动机低压转子转速跟随设定值。当油门杆处于停车位置时,油门开关切断供油路。

以转速控制为例来说明其具体工作原理。转速自动调节器主要包括感受低压转子转速的离心式转速传感器(即离心配重)、旋转的分油活门、分油活门弹簧、随动活塞、回输活塞反向活门(此活门经杠杆与回输套筒相连接)和中腔层板等元组件。原理图上的调节器处于均衡位置,离心配重产生的轴向力和分油活门左端的弹簧力相平衡,此时中腔既不与反向活门进油路相通,也不与放油路相通。当转速降低时,离心配重产生的离心力减小,分油活门失去力平衡,向右移动,引起控油口流通截面改变,活塞后腔油压增大,前腔油压降低,驱动斜盘往增加供油量的方向移动,供油量增加,发动机转速随之增加。当转速逐渐增加到设定的转速后,调节器达到新的平衡。当转速增大时,将出现类似的调节过程,只是方向相反而已。

　　从图1.2和转速控制的工作原理可以看到,液压机械调节器是非常复杂的,由泵、各种活门、杠杆、齿轮齿条、离心飞重等元件协同工作,才能完成控制功能。元件性能的偏差、装配的偏差等因素都会影响控制性能,甚至无法正常工作,因此,元件、组件、部件的测试和试验是一项很重要的工作。

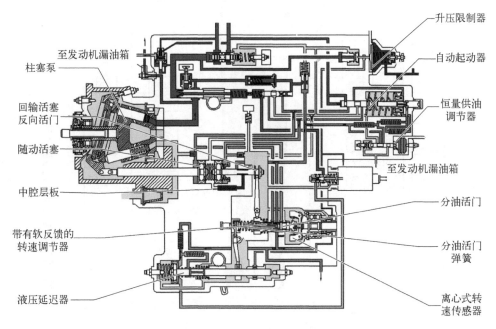

图1.2　主泵-调节器原理图

2. 全权限数字电子控制系统

　　全权限数字电子控制系统的构成与发动机类型相关,带加力的涡扇发动机构成较为复杂,以此为例进行说明。图1.3是典型带矢量喷管加力涡扇发动机控制系统组成原理示意图,主要由电子控制器、各类传感器、发动机诊断器、主燃油泵、组合伺服燃油泵、主燃油机械液压装置、加力-喷口控制装置、增压放油阀、射流点火装置、除水阀、导叶控制装置、导叶作动筒、矢量喷管作动器、喷口作动筒、防冰控制装置、引气转换装置、电缆组件等组成。

　　数控系统包括2个数字电子控制器,每个数字电子控制器分别与其他附件一起构成双通道中的一个通道,互为备份,可独立实现对发动机的全部控制和参数限制功能。主燃油流量、风扇进口可调导向叶片角度,高压压气机静子可调叶片角度,喷口喉道面积等重要控制回路的电液转换装置采用双电液伺服阀,每个电液伺服阀采用双线圈设计。其中1个数字电子控制器分别连接主电液伺服阀和备份电液伺服阀的1个线圈,另1个数字电子控制器分别连接主电液伺服阀和备份电液

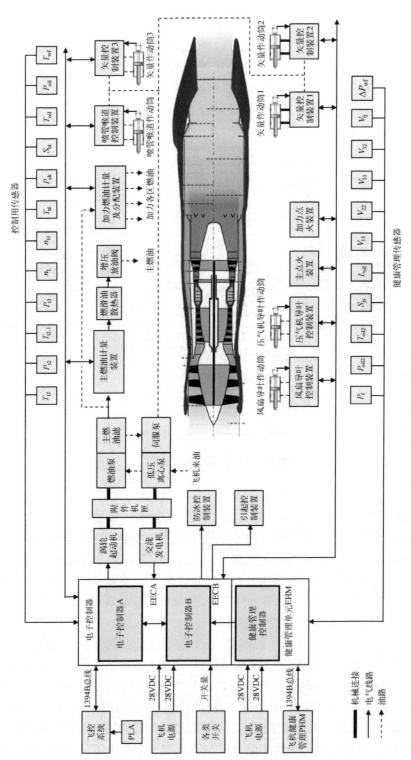

图 1.3　带矢量喷管加力涡扇发动机控制系统组成原理示意图

伺服阀的另 1 个线圈。双电液伺服阀之间,加入双线圈的转换电磁阀,2 个电子控制器分别连接其中 1 个线圈,2 个电子控制器控制转换电磁阀的通、断电,决定由哪个电液伺服阀起控制作用。加力燃油流量、矢量作动筒位移等控制回路的电液转换装置采用双线圈的单电液伺服阀,2 个数字电子控制器分别连接电液伺服阀的 1 个线圈。控制用传感器均采用双余度。

数控系统自带交流发电机,作为发动机正常工作时的主电源,飞机电源作为备份。

数控系统通过 1394B 总线得到飞行员对发动机的操纵指令,并采集发动机转速、温度、压力、位置等传感器的信号,经电子控制器信号处理、AD/FD 转换、按控制计划及控制规律进行控制计算和逻辑运算后,输出模拟信号和逻辑信号,经电液转换装置转换后,控制主燃油机械液压装置、加力-喷口控制装置、导叶控制装置等液压机械装置输出相应流量或位置,通过对风扇进口可调导向叶片、高压压气机静子可调叶片、主燃烧室燃油量、加力燃烧室各区燃油量、喷管喉道面积、矢量喷管出口面积和推力矢量角度等可调变量的控制来实现对发动机的控制,在整个工作包线内实现对发动机的状态控制、参数限制、防喘与消喘等功能。

数控系统通过 BIT 检测、模型对比、参数对比等故障检测手段进行故障检测,针对具体故障制定有效的故障处理对策,以实现故障隔离和重构,确保在控制系统故障情况下发动机仍能提供飞机安全返航所必需的推力。双通道可以采用主从方式工作或协同方式工作。主从方式工作时一个通道为主控状态,另一个通道为备份状态,当一个通道故障时,转换到另一个通道工作。在协同方式工作时,2 个通道同步在主控状态,共同输出,当一个通道故障时,关闭故障通道输出,另一个通道继续工作。

数控系统具有对燃油、滑油的热管理功能。当发动机燃油系统和滑油系统的温度超过规定值时,通过计量装置向飞机回油,降低燃油系统和滑油系统的温度,确保燃、滑油系统工作可靠。

1) 数控系统主要功能

(1) 涡轮起动机控制:冷运转、油封/启封。

(2) 发动机地面起动:冷运转、油封/启封、假起动、地面起动。

(3) 发动机空中起动:惯性自动起动、油门杆空中起动、手动空中起动、空中风车起动、遭遇起动。

(4) 发动机稳态控制:慢车状态、节流状态、中间状态、小加力状态、部分加力状态、最大状态。

(5) 发动机过渡态控制:加速控制、减速控制。

(6) 发动机的加力通断控制:接通加力、切断加力。

(7) 主燃油流量、加力燃油流量控制,主燃油总管、加力燃油各区总管快速充填。

（8）A8 喷管喉道面积控制。

（9）风扇可调导叶角度控制。

（10）压气机可调叶片角度控制。

（11）A9 矢量喷管出口面积控制。

（12）喷管矢量控制。

（13）实现电子控制器与外部的数据通信、与飞机系统的通信。

（14）能够对发动机进行状态监控、故障检测与处理，并将故障信息传输给飞机。

（15）具备与健康管理系统交换信息功能。

（16）具备电备份控制功能可实现非加力状态的所有控制功能（除地面起动、空中助转起动、熄火模拟、应急放油、热管理）。

（17）发动机防冰控制。

（18）发动机引气转换控制。

（19）发动机应急放油控制。

（20）限制发动机的工作参数不超过规定的极限值。

（21）发动机防喘、消喘控制。

（22）实现热管理功能。

（23）保证停车后将主燃油和加力燃油总管中燃油漏到机外。

（24）保证发动机停车。

2）稳态控制品质

（1）高压转子转速 N2 控制精度要求：优于±0.2%。

（2）低压转子转速 N1 控制精度要求：优于±0.3%。

（3）低压涡轮出口温度的控制精度要求：优于±10 K。

（4）压气机出口压力的控制精度要求：优于±10 kPa。

（5）主燃烧室供油量控制精度要求：供油量 500 kg/h 以下时，应优于±15 kg/h；供油量 500 kg/h 以上时，应优于当前供油量的±3%。

（6）风扇可调导叶角度稳态控制精度要求：优于±0.6°。

（7）压气机可调叶片角度稳态控制精度要求：优于±0.6°。

（8）加力各区燃油流量控制精度要求：应优于当前供油量的±1.5%。

（9）落压比控制精度要求：应优于当前落压比的±1.0%。

3）动态控制品质

（1）发动机落压比控制精度：±3.0%。

（2）风扇转速和高压转子转速瞬态超限量≤1%，中间以上状态的瞬态过程的转速下降超调量≤−1.5%。

（3）过渡过程结束后，高压转子转速的稳定时间≤3 s。

（4）涡轮后温度的瞬间超调量大于 20 K 的时间≤1 s。

（5）加减速过程风扇和高压可调导叶的跟随误差≤1.5°。

（6）加力瞬态过程的加力燃油跟随误差不大于当前流量的±5%。

（7）起动和加速过程主燃油流量的开环限控精度优于当前供油量的±3%，或优于±15 kg/h。

从上述描述可以看到，全权限数字电子控制系统涉及控制、计算机软硬件、燃油泵及液压机械、传感器等多个专业领域，是机电液一体化的复杂产品，设计和验证是一个复杂的系统工程。需要在各个阶段进行确认、验证和试验，才能保证系统研制的成功。在系统级，上述功能和性能，都要在各种状态、各种环境下进行验证；在部件级，要根据系统分配的功能和性能在各种工作环境下进行部件测试和试验验证。要保证部件的性能，还要开展板级、组件、元件的试验验证。

1.2　航空发动机控制系统工程过程

1.2.1　航空发动机控制系统研制阶段

根据军用航空发动机的特点，其全寿命周期一般划分为论证阶段、方案阶段、工程研制阶段、设计定型阶段（状态鉴定）、生产定型阶段（列装定型）、批量生产阶段（在役考核）和使用保障阶段 7 个阶段。民用航空发动机研制阶段与军用航空发动机有所不同，参照国外民用发动机研制情况，主要可划分为：需求分析与定义、概念设计、初步设计、详细设计、试制与验证、生产与服务等阶段。

航空发动机控制系统的阶段划分与航空发动机的研制阶段应相适应。控制系统研制阶段一般可以划分为论证阶段（K）、方案阶段（F）、工程研制阶段（C、S）、设计定型阶段（D）、生产定型阶段（P）。其中，工程研制阶段又可分为初样（C）和正样阶段（S）。每个阶段主要任务如下。

1. 论证阶段

论证阶段的主要任务是：

（1）根据发动机对控制系统的功能、性能要求、环境、接口和限制要求等，开展需求定义与分析，进行战术技术指标和控制系统概念方案可行性的论证，确定关键技术，开展必要的验证试验。

（2）估算周期和费用，分析研制风险，确定一个基本满足发动机要求的控制系统概念方案及研制经费、保障条件、研制周期的预测报告。

2. 方案阶段

方案阶段的主要任务是：

（1）开展航空发动机控制系统多方案论证，通过综合权衡形成总体方案，在此基础上开展总体方案的详细设计和方案评审,开展关键技术研究与验证,必要时开展原理样机的验证,提升技术成熟度。

(2)对控制系统研制工作进行逐级分解,形成工作分解结构,为确定技术状态项目及进行费用估算、进度安排和风险分析提供依据。

(3)根据发动机技术要求、相关标准规范、控制系统总体技术方案等建立控制系统的功能基线。

(4)针对主要子系统和部件、配套设备和保障设备,按照相关标准编制研制规范或研制要求,制定接口控制文件。

(5)对新技术、新产品、新工艺进行评估,确定风险项目,制定相应解决措施,开展风险的控制工作。

(6)开展安全性、可靠性、测试性、维修性、保障性、环境适应性、标准化等工程工作,制定相应的工作计划。

(7)提出研制经费的概算及产品成本、价格的估算。

(8)在以上工作的基础上按照相关标准编制控制系统研制任务书。

3. 工程研制初样阶段

工程研制初样阶段的主要任务是根据控制系统研制任务书开展 C 型样件的设计、试制和试验验证,主要包括:

(1)开展控制系统及子系统、部件的详细设计,“六性”(安全性、可靠性、测试性、维护性、保障性、环境适应性)设计,优先采用成熟技术、标准结构和典型电路,提高产品的模块化、通用化、系列化水平。

(2)进行新技术及关键技术的攻关、新材料的试用、新工艺的验证,降低新技术的研制风险。

(3)完成全套 C 型样件试制图样,按照相关标准编写初步产品规范、工艺规范、材料规范及其他技术文件。

(4)编制产品工艺总方案及相关工艺文件,进行工艺评审,评估设计的可生产性。

(5)按照相关标准,完成软件的开发和测试。

(6)根据设计和工艺文件及图样,完成 C 型样件零件的制造、部件装配及产品的总装和调试。

(7)编制系统和产品的试验任务书和试验大纲,完成 C 型样件产品相关试验、系统集成和系统试验,必要时配装发动机试车,编写相应试验报告。

(8)编制 C 型样件研制总结,进行 C 转 S 阶段评审。

4. 工程研制正样阶段

工程研制正样阶段的主要任务是针对 C 型样件存在的问题进行改进,完成 S 型件的设计、试制和试验验证,主要包括:

（1）针对 C 型样件存在的问题开展控制系统及子系统、部件的改进设计，进一步完善系统、电路、结构、软件和"六性"设计，编制 S 阶段成套设计文件和图样。

（2）完善工艺设计，编制 S 阶段工艺总方案、工艺标准化综合要求、工艺成套文件，进行工艺评审，进一步评估设计的可生产性。

（3）编制原材料、元器件优选目录，元器件老化筛选规范。

（4）按相关标准进行关键设计审查，以确定系统预期的性能能否达到、关键技术是否已经解决、各类风险是否确已降低到可以接受水平、试制生产是否已做好准备、试制生产是否已做好准备。在通过关键设计审查后，方可转入试制与试验。

（5）完成 S 型样件零件的制造、部件装配及产品的总装和调试。

（6）完成各类研制试验（如产品特性试验、环境试验、电磁兼容性试验、软件测试、系统模拟试验、配装发动机台架试车、科研试飞等）。

（7）按相关标准完成各种验证试验（如寿命、可靠性、环境试验、系统模拟试验、配装发动机台架试车及高空台试验、试飞等）。

（8）编制 S 型样件研制总结，进行 S 转 D 阶段评审。

5. 设计定型阶段

设计定型阶段的主要任务：

（1）按相关标准对控制系统及各部件产品的功能、性能及可靠性、寿命等使用特性进行全面考核，以确认其是否达到研制任务书或研制合同的要求。

（2）制定控制系统和部件产品的考核试验大纲，完成相应的考核试验，包括产品的寿命、可靠性、环境、电磁兼容性、第三方软件测试、系统试验等，并随发动机完成各种长试、鉴定试飞、用户试验等。

（3）根据考核试验的结果给出鉴定意见，评估安全性、可靠性、测试性、保障性等指标。

（4）开展技术状态审查、小批试生产条件审查、工艺文件的完整性和先进性审查、标准化审查等。

（5）按相关标准最终确定产品规范和材料规范的正式版本，并形成正式的全套技术文件、目录和图样。

（6）按相关标准完成相应的程序，在设计定型评审后，得到相关部门批准即完成设计定型。

6. 生产定型阶段

生产定型阶段的主要任务：

（1）组织小批生产、开发工艺装备、组织生产定型试验、完成批生产工艺鉴定和批生产产品鉴定、产品随发动机到用户试用、开展综合保障工作，实施构型/技术状态管理和综合保障计划等。

（2）按相关标准最终确定工艺规范的正式版本，并形成正式的全套批生产文件、目录和图样。

（3）按相关标准完成相应的程序，在生产定型评审后，得到相关部门批准即完成生产定型。

1.2.2　航空发动机控制系统工程过程

航空发动机控制系统是发动机的安全关键系统，由于设计和验证的复杂性，系统研制需按产品结构层次，自顶向下逐级开展设计，自底向上分级验证综合的模式，符合系统工程的 V 模型，如图 1.4 所示。

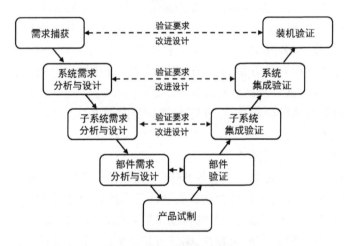

图 1.4　控制系统研发模型

图 1.4 的左边是自顶向下的设计过程，主要包括需求捕获、控制系统需求分析与设计、子系统或部件需求分析与设计、产品试制等过程。右边是产品的逐级集成和验证过程，包括部件或子系统试验验证、系统集成验证和装机验证等过程。部件和子系统验证是验证部件和子系统的设计是否满足部件和子系统的需求，系统集成验证是验证控制系统设计是否满足控制系统的需求，装机验证是验证控制系统在装机环境中是否满足发动机对控制系统的要求和其他相关标准要求。

由于航空发动机控制系统设计和验证的复杂性和不确定性，系统工程过程呈现多次循环迭代，在方案阶段开展模型机或原理样机的研制与试验，工程研制阶段开展初始样机和正样机的研制与试验，在设计定型阶段开展定型试验。每次样机研制与试验遵循系统工程过程模型。批量生产、使用保障阶段的武器装备升级改造，亦遵循系统工程模型。由此，系统工程过程在航空发动机控制系统全生命周期内可以有多次循环应用，如图 1.5 所示。

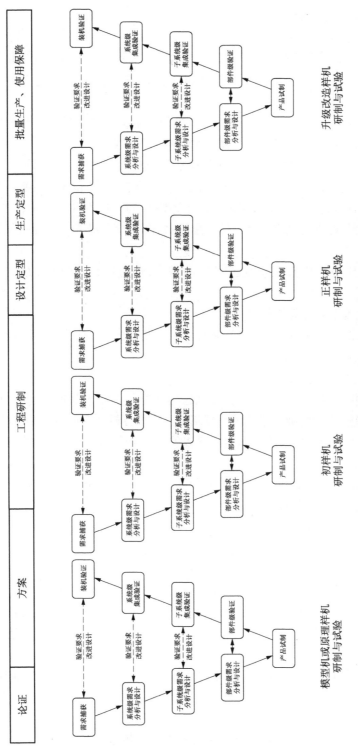

图 1.5 系统工程过程在航空发动机控制系统全生命周期内多次循环应用

各过程的主要活动如下。

1. 需求捕获

需求捕获的目的是获得产品研制相关的各类要求,包括飞机、发动机等主机提供的书面产品技术要求,类似型号经验,相关的标准、规范以及其他利益相关方的需求等。

通过各种途径获取飞机、发动机总体等相关主机对发动机控制系统的技术要求,收集主机对控制系统的各类要求、限制、接口等信息。

系统及子系统/部件设计人员共同识别其他利益相关方及其需求。包括以往类似设计和经验,适用的法律、法规、标准及规范要求,设计和开发所必需的其他要求(如质量、标准化等),工艺性要求(如可制造性、可检验性和经济性要求)。

同时对系统开发过程中可能存在的技术、进度、经费等方面进行风险源识别。

识别主机要求中存在疑问或矛盾的需求,通过协调,形成双方认可的系统需求。

2. 系统需求分析和设计

系统需求分析和设计主要包括系统需求分析和定义、系统方案设计和系统详细设计等内容,分别描述如下。

1) 系统需求分析和定义

需求分析的目的是将需求捕获过程已确认的各类输入要求进行分析与定义,形成规范化输入文件,确定系统的功能基线。需求分析活动内容主要包括:

分析全生命周期内系统的运行场景以及任务场景,识别出系统的运行场景以及任务场景;

根据主机技术要求等,识别系统的顶层需求,并对系统需求进行分析,以确保它们完备、可行、可实现和可验证;

分析系统失效后可能带来的影响及潜在后果;

分析对成本、进度、功能或性能有严重影响的关键需求和约束;

分析需求以平衡利益相关方的需要和约束;

定义系统需求文档中使用的所有要素的含义、度量单位、精度及允许取值范围,定义需求的属性(FDAL、合格性审定方法等),根据需求分析结果,按照分类条目化的要求,定义系统需求,编制研制规范(研制任务书),建立研制规范到主机技术要求的追踪关系;

研制规范(研制任务书)完成后,对研制规范进行评审,并要得到相关方确认。

2) 系统方案设计

系统方案(架构)设计的目的是根据系统研制规范中的各类需求进行系统方

案(架构)设计,确定系统架构与边界,制定能满足系统研制规范中规定的各类需求的系统方案,确定系统分配基线;同步对系统设计的风险进行评估,并形成系统工艺总方案。主要活动内容包括:

根据系统研制规范等相关输入,对系统的功能进行分析、分解、分配和组合,确定系统架构,包括功能实现原理、系统结构和边界、各部件的功能以及系统外部接口;

根据系统结构对性能、"六性"及其他类型指标进行分析和分配;

开展子系统/部件多方案论证,根据论证的结果,综合考虑系统功能、性能、"六性"要求、技术成熟度、成本、资源和进度等各种因素,进行多方案综合权衡分析,并考虑必要的风险管控措施,确定最终的系统方案;

识别关键技术和关键过程、主要风险点,完善风险源清单,编制风险评估报告,制定关键技术和风险控制措施;

根据确定的最终系统方案,综合考虑系统结构特点、风险分析及控制措施、关键技术、关键过程、特殊过程的控制要求,提出系统的工艺总方案;

系统方案设计过程中,不断维护需求跟踪矩阵,保持系统方案设计与系统研制规范的双向可追溯性;

系统方案设计完成后,组织利益相关方对系统方案设计报告、风险评估报告和系统工艺总方案进行评审,确认方案设计的结果能否满足系统研制规范或主机研制技术要求,关键技术和研制风险是否得到有效识别和管控,系统工艺总方案是否完备、合理。

3)系统详细设计

系统详细设计的目的是根据系统方案设计阶段输出物,进行进一步的详细设计,确定系统各部件的设计需求,系统内部的接口控制文件;对"六性"设计准则进行设计符合性检查;制定系统研制计划,确定系统的验证环境和验证要求;对技术状态进行管控,迭代、完善系统分配基线;跟踪、迭代系统风险识别与管控。主要活动如下:

系统详细设计。根据系统方案,进行系统功能详细设计,控制律详细设计,系统故障诊断、余度管理、故障处理对策以及故障申报的设计,开展技术攻关,确定系统详细的控制逻辑、控制参数以及系统任务调度要求,并跟踪、管控和进一步识别风险。

子系统/部件技术要求编制。根据系统详细设计的结果,将系统功能、性能、非功能性要求以及相关接口分解到各部件,明确各部件设计及试验验收要求。子系统/部件技术要求主要包括:电子控制器设计技术要求、控制软件设计技术要求、传感器设计技术要求、电气系统设计技术要求、燃油泵及液压机械装置技术要求等。并对子系统/部件要求进行确认和评审,确认部件需求的合理性和可实现性。

确认系统验证环境和验证要求。根据系统研制规范制定系统验证计划,并结合系统方案设计和详细设计结果,确定系统验证的验证环境、验证项目和验证方案,形成系统试验任务书。并对系统试验任务书进行审查,必须确保至少系统研制规范中功能、性能需求得到充分验证。

开展"六性"设计的符合性分析。对照"六性"准则与"六性"设计落实情况,编制"六性"符合性分析报告;根据部件数据,开展系统故障模式、影响及危害性分析;开展系统"六性"详细分析(主要包括 SSA、FTA);完善系统可靠性、维修性建模的分配与预计。

技术状态管理与需求追踪矩阵的维护。在详细设计过程中,要不断跟踪系统及成附件技术状态,完善技术状态各级基线;不断维护从主机技术要求传递至控制系统需求文档、各部件技术要求及相关部件技术状态与试验验证文件的跟踪矩阵,保持顾客要求与系统需求、设计及验证的双向可追溯性。

编制系统产品规范。系统技术状态基本固定后,编制系统产品规范,形成系统产品基线控制文件。

3. 子系统/部件需求分析、设计

子系统/部件主要由燃油子系统、电气子系统、电子控制器(硬件)、传感器、控制软件等构成,子系统/部件的需求分析和设计包括需求分析和定义、方案设计以及详细设计等内容,分别描述如下。

1)子系统/部件需求分析和定义

子系统/部件需求分析的目的是获取并分析子系统/部件要开展研发工作所需要的功能、性能、非功能性指标和接口、约束、试验要求,形成子系统/部件需求分析报告。

需求分析活动的主要任务包括:根据系统子系统/部件设计技术要求、以前类似设计信息、适用的法律法规、行业规范、失效的潜在后果等开展子系统需求分析,包括功能需求和性能需求,确定子系统/部件设计的约束和与系统的接口细节,定义子系统/部件的非功能性需求和试验、可制造性等其他有效性需求,建立需求分析报告。

分析运行场景。需求分析人员分析子系统/部件预定运行的环境、目前运行的环境、其他利益相关方的需要、期望和约束中描述的预定运行的场景,识别出预期运行环境对子系统/部件的约束条件,形成子系统/部件需求。

需求分析。分析系统需求的完整性,以确保每个需求和需求集合都具有整体完整性;为合适的利益攸关者提供分析结果以确保明确规定的系统需求重复地反映利益攸关者需求;协商修改以解决在需求中识别到的问题;定义验证准则,能够评估技术成果的关键性能测度。

需求定义。根据子系统/部件设计技术要求进行逻辑或功能的划分,识别和定义子系统/部件功能需求。这些功能应该保持与实施相独立,也不要施加额外的设计约束;识别强加于系统的不可避免的约束的利益攸关者需求或组织的限制并捕获这些约束;识别与系统相关的关键质量特征,如安全、安保、可靠性和可支持性;识别出需要在系统需求中解释的技术风险;明确规定与利益攸关者需求、功能边界、功能、约束、关键性能衡量指标、关键质量特征和风险一致的系统需求。

需求管理。确保关键利益攸关者之间就"需求充分地反映利益攸关者的意图"方面达成一致;建立并维持系统需求与系统定义的相关元素之间(如利益攸关者需求、架构元素、接口定义、分析结果、验证方法或技术以及分配的、分解的和导出的需求)的可追溯性;贯穿于系统全生命周期,提供基于需求的分析、设计、决策及验证的过程和结果证据;提供技术状态管理的基线信息。

确认和评审子系统/部件需求分析报告。需求分析报告初稿完成后,对需求分析报告进行评审,确认需求分析的结果是否满足数控系统对子系统/部件的设计技术要求。

2)子系统/部件方案设计

子系统/部件方案设计的目的是根据需求分析的结果,确认子系统/部件功能性能指标分配基线,作为产品设计、测试、验证交付的基线。对产品研发过程进行架构设计和技术风险分析,指导设计开展,确保产品制造过程在受控条件下进行,满足子系统/部件设计技术要求。

子系统/部件方案设计活动的主要任务包括:开展子系统/部件功能架构设计;针对功能要求开展功能实现结构逻辑架构设计,对比功能实现的优缺点;根据功能实现,开展多方案对比、关键零部件的设计;根据前期需求分析阶段的结论识别关键功能性指标与关键元部件指标,关注点主要包括可行性、技术成熟度、技术先进性、可靠性、成本、技术风险、研制进度、重量和体积等,对多方案开展设计与分析,并进行方案评审,确定最优方案。

3)子系统/部件详细设计

子系统/部件详细设计的目的是根据方案的结果,开展进一步详细设计,确定子系统各部件的技术方案和工程图样,形成对应接口控制文件,并对技术状态进行管控,迭代完善子系统基线。

子系统/部件详细设计活动的主要任务是:根据工程经验和约束条件确定物理架构,子系统部件主要组成、功能及性能指标;划分功能模块,明确模块设计技术要求;进行接口设计,包括电气接口、机械接口等;开展回路设计、热设计、抗污染设计、故障诊断设计和其他功能性指标设计,以及重量分配、功率分配等;开展零部件三维设计和二维图纸设计,编制装配图、外形图、接线图、零件、图样、关重件目录等相关文件;开展部件性能、结构强度、流场等设计、仿真分析;开展"六性"设计和评估工作;明确子系统/部件验收技术条件,编制子系统/部件验证试验大纲;根据功能和性能指标分解的工作,建立子系统/部件需求条目和部件技术要求之间的对应关系,完成子系统的功能和性能指标符合性分析;根据识别的风险源清单,开展风险评估,形成风险评估报告,建立风险登记册并动态跟踪;组织利益相关方,对子系统/部件详细设计报告进行评审,确认子系统/部件设计的结果能否满足数控系统对子系统/部件的要求。

4. 产品试制

产品试制主要包括工艺设计、产品制造和产品调试等内容。

工艺设计是根据产品各零组件结构特点和全套图样,确定产品的工艺路线和方案,确定工序中工步的加工内容、要求、顺序、检测和安全注意事项等;选择或计算有关工艺参数;选择工艺设备、工艺装备、检测仪器和仪表;选择加工材料和工艺性辅助材料;编制和绘制必要的工艺说明和工序简图、产品装配工艺规程等文件;编制工序质量控制、安全控制文件;编制采购、外协件技术协议及验收工艺规程等文件;编制模块或零部件、产品测试、运转与调试试验任务书;对工艺方案和工艺规程进行评审。

首台试制应进行试制前准备状态检查,根据工艺文件开展零部件或模块的制造和检验、外协外购件的检验验收。

进行模块或零部件符合性测试,按测试计划、用例和规程对每一个功能模块或零部件进行测试验证,并形成符合性测试报告,验证模块或零部件是否符合需求规格说明的要求。

完成部件零部件或模块集件后,开展部件的关重件首件检验,记录检验情况。按照制定的装配工艺规程进行产品装配,编制装配记录文件。

根据产品运转与调试和测试任务书,开展产品的运转、调整试验和整机符合性测试,验证是否满足需求规格说明书所规定的功能、性能需求、外部接口需求。测试内容应与验证需求相对应。

5. 子系统/部件验证

部件验证的目的是确认产品是否满足规定的各种环境下的设计需求。试验主要包括功能性能试验、气候环境类试验、力学类试验、电磁环境类试验(含电源特性)、可靠性/寿命类试验、其他类试验。

子系统试验的目的是确认子系统的功能和性能是否满足控制系统对子系统的设计需求。试验主要包括子系统功能和性能试验。

主要内容包括:确认试验验证项目,策划、安排试验所需资源等,被试件/陪试件的试制、准备,试验资源(测试设备/支持软件、工装/夹具、试验器等)的准备、开发、试制等,试验前状态检查,根据部件和子系统试验大纲开展试验,分析试验数据,形成数据报表,给出指标符合性结论,分析试验结果中与指标不符合的内容,给出原因分析及结论,编制试验报告,对试验结果进行评审。

6. 系统集成验证

系统集成验证的目的是将各子系统/部件集成在一起,对整个系统功能性能的正确性和完整性以及系统"六性"设计等进行符合性验证,确认是否满足发动机对控制系统的需求。

系统集成主要完成系统集件、子系统/部件间的连接、系统开环检查与部件特性录取,确保系统间软硬件综合的匹配性与接口的正确性。

系统集件对组成系统的各子系统/部件的技术状态进行检查,形成系统集件清单,记录组成系统各子系统/部件的主要参数,包括产品型号、编号、数量、研制阶段、重量等要素。

子系统/部件安装与连接是根据试验任务书或者系统接口控制文件的要求,完成各子系统/部件之间及与系统相关联的试验件或设备之间的连接,包括电气连接、机械安装、管路连接、通信连接等,确保各部件之间可靠连接。

系统的开环综合与测试内容包括传感器输入信号的检查和标定、电子控制器输出信号的检查、伺服回路性能检查、部件特性曲线的录取、开环 BIT 测试、系统软件下载与 Flash 参数录取等。

系统集成验证主要包括硬件在回路(HIL)试验、系统半物理模拟试验、系统可靠性试验、系统测试性试验、系统电磁兼容试验、系统模拟工作试验、电源特性试验、控制系统燃油污染试验、其他要求的系统级试验等。

系统试验根据试验任务书的要求编制相应的试验大纲。试验大纲应包含试验目的、内容、条件、方法、程序、职责、系统技术状态、质量要求和符合性准则等内容。

系统试验前应组织试验前准备状态检查、试验大纲的评审。

系统试验要按相应试验大纲的要求进行,试验过程中要收集、整理数据及相关原始信息,若试验过程中发现故障或者缺陷,应采取有效的纠正措施,并再次进行试验和验证。试验结束后,对试验数据进行分析、评价,完成系统试验报告编制,评审试验结果。

7. 装机验证

装机验证的目的是在真实的机载环境下验证控制系统的功能、性能及一般质量特性,由客户及用户进行设计和开发的确认,确认系统是否达到了装机使用的要求。

根据研制阶段装机验证的内容不同,装机验证主要包括发动机地面台架匹配试验、高空台试验、铁鸟台试验、飞行台试验、科研调整试飞(挂飞、试航)等。

用户试用后,提交试用报告,说明对试样符合标准或合同要求的满意程度及适用性的评价,对设计开发予以确认。

1.2.3 民用航空发动机控制系统研制阶段与研制过程

民用航空发动机研制的特点是对安全性等级要求很高,适航审定部门要介入研制过程,适航法规要求落实在各研制阶段及验证审查工作中,研制阶段的划分适应民用飞机相关适航要求,研制过程要符合相关适合法规。

1. 民用航空发动机控制系统研制阶段

民用航空发动机研制阶段与军用航空发动机有所不同,参照国外民用发动机研制情况,主要阶段划分为:需求分析与定义、概念设计、初步设计、详细设计、试制与验证、生产与服务等阶段。

民用航空发动机控制系统的研制阶段与民用航空发动机研制阶段相适应。在概念设计阶段完成时,需制定安全保障合作计划,并获得适航审定部门的批准;在初步设计阶段完成时,需制定型号合格审定基础,并获得适航审定部门的批准;在详细设计阶段完成时,需制定适航审定计划,并获得适航审定部门的批准;在试制与验证阶段完成时,需获得发动机的型号合格证(TC);在生产与服务阶段前期,需获得发动机生产许可证(PC)。

民用发动机控制系统各阶段主要任务简述如下:

需求分析与定义阶段的主要任务是分析发动机对控制系统需求,形成控制系统需求文档,对控制系统进行定义,协同发动机编制项目建议书。

概念设计阶段主要依据控制系统需求文档进行控制系统概念方案设计以及备选的方案分析,通过综合权衡形成控制系统的概念方案,开展关键技术研究与验证,完成系统及关键部件的初步方案设计,并与发动机总体技术方案进行设计迭代,最终选定控制系统方案。

初步设计阶段在概念设计阶段完成的初步技术方案基础上,完善细化形成完整的控制系统总体技术方案。开展系统原理样机的设计、试制、装配、调试和试验工作;开展系统的集成和试验验证工作;如果需要,随发动机开展试验验证,根据试验验证结果,完成控制系统总体方案的改进工作。

详细设计阶段主要工作是根据初步设计结果及发动机各方面的要求,综合考虑项目技术、制造、质量、经济性、适航审定等因素,完成控制系统总体、部件的详细设计,并开展控制系统工程初样的研制,开展部件试验和系统试验验证等工作,随发动机开展试验验证,根据试验验证结果,完善控制系统总体方案。

试制与验证阶段主要工作是在控制系统工程初样基础上进一步完善控制系统及部件设计,研制控制系统工程正样样机,完成部件和系统的相关规定试验,完成适航审定计划中要求的全部工作,跟随发动机取得型号合格证(TC)。

生产与服务阶段确认产品满足用户需求,稳定生产并交付客户,维修及服务保障体系开始正式运行,满足持续适航要求。

2. 民用航空发动机控制系统研制过程

民用航空发动机控制系统的研制过程遵循 SAE ARP 4754A(《民用飞机和系统研发指南》)。SAE ARP 4754A 推荐一种结构化的研发过程,它来源于系统工程,同时强调安全性,提倡包括需求定义、需求确认和设计实现验证的结构化过程,描述了一个以安全性为依据的自顶向下的研发过程。

SAE ARP 4754A 适应于飞机运行环境和功能的系统研发和集成过程,包括安全性评估、设计保证等级分配、确认、验证、配置控制等。控制软件研发要遵循《机载系统和设备合格审定过程中的软件考虑》(RTCA/DO‒178)、电子控制器硬件研发遵循《机载电子设备硬件的设计保证指南》(RTCA/DO‒254),还有其他一系列适航标准构成了控制系统及部件研发过程的适航标准体系。

SAE ARP 4754A 中飞机和系统研制过程模型如图 1.6 所示。

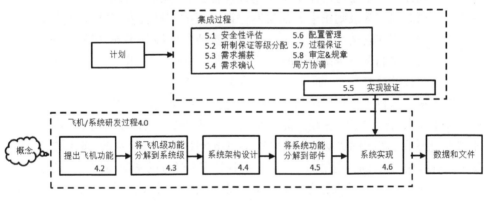

图 1.6　民用飞机和系统研制过程模型

图 1.6 的研制过程模型是通用的飞机系统研制过程,新的飞机级功能始于最顶层,飞机/系统功能的提出需要不断循环迭代,典型的飞机功能包括飞行控制、环境控制、导航、发动机控制等,因此,民用航空发动机控制是飞机分解的功能之一。在将飞机功能分解至发动机控制系统时要考虑飞机架构和效应与控制系统架构研制的相互作用、系统实现的约束、系统失效的影响及寿命周期的支持。

发动机控制系统的需求主要来自发动机的功能分解,包括发动机对控制系统的功能、性能、结构、安全性、寿命、接口、工作过程等。

控制系统架构设计是为实现需求建立的结构和边界,包括编制系统顶层需求和相关低层需求分解,部件接口需求,明确系统物理、环境等约束,定义系统架构至部件级。要考虑的因素包括技术成熟度、研制周期、可制造性、经济性、以往经验、工业水平等。架构设计要评估多个候选的系统架构,评估的工作包括功能和执行分析、初步安全性评估、共因分析,评估衍生的控制系统系统需求对高一层发动机和飞机需求的潜在影响。

在分解系统需求至部件级时要与系统架构设计紧密结合,相互迭代,确保在分解的过程中分解的需求被部件全部实现,分解的需求应包括安全性目标、研制保证等级等。

系统实现是系统研制过程与硬件和软件研制过程的相互迭代和信息交流的过程。包括系统过程至硬件过程(电子硬件、液压机械、传感器等)和硬件过程反馈至系统过程,系统过程至软件过程和软件过程反馈至系统过程,硬件过程至软件过程和软件至硬件过程。

安全性评估包括功能危险性评估(FHA)、初步飞机安全性评估(PASA)、初步系统安全性评估(PSSA)、共因分析(CCA)、系统安全性评估(SSA)等。安全性评估过程与系统研制过程并行,并包含适航牵引的过程。

研制保证过程是通过确保系统研制的规范性,避免出现影响飞机安全的研制错误。而研制保证等级则用来表征研制保证过程的严格程度,并以此将研制错误发生的概率限制在安全性可接受的水平。根据研制阶段的不同,研制保证等级可分为系统功能研制保证等级(FDAL)和设备研制保证等级(IDAL)。FDAL 是功能需求开发过程的严格程度,而 IDAL 是设备研制过程的严格程度。

需求捕获的目的是获得产品研制相关的各类要求,包括飞机用户要求、发动机产品技术要求,操作过程、在役产品经验、安全性评估过程、监管过程、维修过程、商业需求等要求。需求的类型包括用户的、功能的、性能的、安全性的、操作的、物理与安装的、接口的、认证的、衍生的等。需求捕获是完整过程的基础,需求可以通过不同格式获取,但应制定标准以建立在需求集上的一致性,并保证研发团队的准确沟通。需求应当可追溯到主需求或相关的详细设计决策或相关为需求提供原理的数据。

需求确认是保证特定需求充分正确并完全满足需求的过程。需求正确性检查是检查需求无歧义、可验证、与其他需求一致、对需求集是必需的。需求完整性检查是检查当正确的需求被飞机或系统在所有操作模式和生命周期阶段满足时,是否能使飞机、发动机、系统、部件、认证当局、客户、使用人员、维修人员等所有相关方满意。

实现验证是确保实现满足详细需求的过程。验证的目标是确定预期的功能得到了正确执行,确定需求得到了满足、确保安全性分析对实现的系统仍然有效。

构型管理是要建立一种可用于获得贯穿系统研发生命周期配置管理过程目标的方法,既是系统研发活动又是认证活动。包括构型管理环境(程序、工具、方法、标准、接口等),建立构型基线、变更控制、问题报告、存档和检索等的管理。

过程保证的目标是保证所需计划被制定并在飞机、系统和部件研发的所有方面得以实施,保证研发活动和过程的执行与制定的计划一致,并建立证据,表明活动和过程遵守计划。

审定和监督机构协调是证明飞机及系统符合适航的需求,通过符合一系列的审定计划完成审定。在申请方和认证当局之间建立有效沟通,在飞机及其系统和部件须满足的具体规章要求、工业标准方面达成一致。

1.3　航空发动机控制系统验证、确认和测试(VVT)的基本概念

如前所述,军用和民用航空发动机的阶段划分虽不相同,但本质是基本一致的,研制模型都为 V 模型,在此基础上,全生命周期模型如图 1.7 所示。各阶段定义如表 1.1 所示。

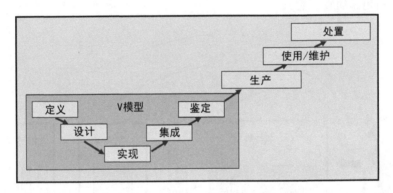

图 1.7　航空发动机控制系统的全生命周期模型示意图

表 1.1　控制系统全生命周期阶段定义

阶　段	目　　　的
开 发 阶 段	
定义	描述控制系统运行概念并开发控制系统需求,对应军用发动机论证阶段、民用发动机需求和定义阶段
设计	创建控制系统的技术概念和设计系统架构,对应军用发动机方案阶段、民用发动机初步设计阶段和详细设计阶段
实现	创建系统部件,研制或采购部件,进行部件试验、测试以确保符合需求,对应军用发动机工程研制试制阶段、民用发动机试制阶段
集成	将实现的部件组成一个完整的控制系统,对应军用发动机工程研制集成试验阶段、民用发动机验证阶段
鉴定	在完整的系统上执行正式的运行试验、测试以确保系统符合需求,对应军用发动机定型阶段、民用发动机取证阶段

续　表

阶　段	目　　的
开 发 后 阶 段	
生产	按照恰当的数量生产完整的系统
使用/维护	在期望的环境下运行系统以完成预期功能,维护系统并纠正任何缺陷
处置	在其寿命结束后妥善处置系统及其元素

为了保证每个阶段的工作满足利益攸关者的要求,就需要对每个阶段的结果进行确认,而确认是通过验证和测试的方式来完成的。图 1.8 给出了控制系统验证、确认和测试的直观意义。

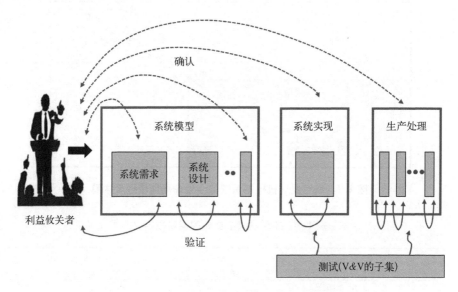

图 1.8　航空发动机控制系统验证、确认和测试

对控制系统的验证、确认和测试定义如下。

验证(verification):评估系统的流程,以确定某个开发阶段的产品是否满足该阶段开始时规定的条件。

确认(validation):评估系统的流程,以确定系统是否能够满足利益攸关者的要求。

测试(testing):一项在规定条件下激活系统的活动,结果被观察和记录,系统的某些方面会得到评价。

对验证、确认、测试(VVT)的进一步理解为:验证涉及满足系统的书面规范、验证涉及系统内部结构的正确性、验证与系统演进的生命周期流程相关。确认涉及系统满足利益攸关者的需要,而这些需要可能随时间变化,为了确认系统,必须清楚利益攸关者正式的和非正式需求。测试涉及某种运行系统的形式。这是一种评估功能正确性的静态或动态过程,测试可以是验证或者确认过程的一个子集,控制系统的测试一般都是在试验条件下进行的,因此,控制系统的试验可理解为是控制系统测试活动。

VVT 的执行必须贯穿整个系统生命周期,并且故障应该尽可能在系统生命周期早期被发现。开展完整的 VVT 是难以实现的,并且每个子系统 VVT 的成功并不意味着系统整体可靠。

对于每个开发阶段都有相对应的 VVT 活动,控制系统及 VVT 生命周期模型如图 1.9 所示,8 个阶段组成了系统生命周期。

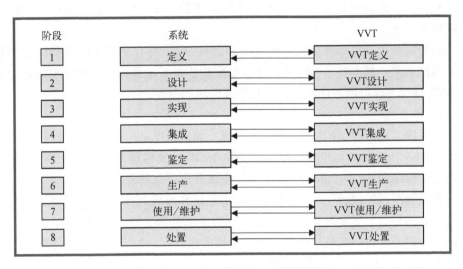

图 1.9　控制系统及 VVT 生命周期模型

1）系统定义

在系统定义阶段,系统需求要以系统、硬件和软件需求的方式尽可能全面、准确地阐述。系统定义可以有多种形式,如规范说明文本、可以作为系统需求活动产物的系统模型或者原型等。

从 VVT 的角度,此阶段项目应该产生一套完整、清晰和一致的系统需求。VVT 的计划包括定义展望性的 VVT 相关概念和目标。VVT 的具体细节很少,但计划者应该关注用一般化的术语来定义总体的 VVT 框架,以支持系统架构。比如,如果系统需求强制要求具备机内自检测能力,则 VVT 指导思想应强调部件内置固有的自测试能力,以降低开发侵入式且高成本的测试装置的需要。

在定义阶段,对硬件和软件的需求分配通常是不完整的,很多 VVT 细节不能充分开发。一旦系统工程开始定义为辅助满足系统性能要求的技术性能指标,就可以建立一些详细的 VVT 需求。在此阶段的 VVT 指导思想必须具有前瞻性和灵活性,因为这是系统定义最不稳定的时期。

在本阶段 VVT 规划的主要目标是尽可能详细地定义贯穿整个项目的 VVT 框架。正如系统在这个阶段获得了其架构概念,VVT 为支持项目需求也开发了自身的架构。随着系统需求得到分析以及低层级规范的编制,VVT 计划从测试和仪器设备的角度关注分析测试需求以及规范文件的影响。如果自检测需求在顶层明确提出,或者需求分析和推导表明需要内置测试装置的需求,那么 VVT 计划既可以影响也可以建立在这些期望能力之上。

2)系统设计

系统的技术概念、系统实施的原则和系统的基本架构是在系统设计阶段确定的。整个复杂系统可划分为可管理的子系统和部件、每个部件的功能以及它们之间的相互关系。

随着需求得到提炼并分配到子系统和部件,VVT 将有更坚实的结构以指引具体的测试策略。基本技术性能指标将被分配到各子系统和部件。更详细的设计使得 VVT 规划工作可以指向实施阶段和集成阶段的需要。

3)系统实现

在系统实现阶段,设计概念将会被实现。如果系统是一个基于硬件的系统,该实现只是一个必须在生产阶段再生产的原型(即系统构建的第一个实例)。在系统实现阶段结束时,整个系统的单个部件应该可用并且功能正常。

在系统实现阶段,VVT 工作的导向是子系统和部件,它们对应系统需求的验证以及它们的完善。实现的部件不仅要验证对需求的符合性,也要确认是否满足利益攸关方需要。这一确认应当是一个持续性的过程。一旦子系统或部件的定义和具体说明具备,相关的需求就应当被确认。

4)系统集成

这一阶段的焦点是集成实现的子系统,目的是建立完整的系统。

在系统集成阶段,VVT 活动的导向是验证子系统之间、部件之间、系统整体和外部元素之间的接口是否满足需求,以及系统整体是否满足需求。VVT 活动也应该关注确认相关的已集成子系统的每条需求。在这个阶段 VVT 计划的导向是为系统鉴定做准备。

5)系统鉴定

系统鉴定阶段是一个正式的阶段,在这个阶段中系统开展一系列通常由外部机构、客户或者标准规定的测试。其目标是确保系统整体的质量。理想情况下,在这个阶段不应执行任何构建性的系统开发。然而在实践中,经常是系统的某些部分已在接受测试,而其他部分依旧处于不同的开发阶段。在这个时候,对已验证需求的正式确认确保系统满足利益攸关方的真正需要,并且这些需要已准确地反映在捕获的需求之中。VVT 活动包括测试系统并确保所有需求选用了合适的方法（分析、检查、测试或认证）进行了验证。VVT 计划包括选择恰当的鉴定测试，这些测试会作为生产阶段的接受测试的子集。VVT 计划启动了准备工作，以在部件组合到成品系统之前支持对采购部件的测试和开展部件鉴定。VVT 计划还包括开发一个高效的生产 VVT 策略，以确保通过一个经济可行的测试子集来提供品质良好的系统部件。

6）系统生产

一旦认为系统就绪，下一个阶段就是生产最终产品用于销售或使用。VVT 活动包括测试采购部件和开展部件检验测试。VVT 计划包括为系统部署后接收、处理外场故障数据开展准备工作。

7）系统使用/维护

当考虑整个系统生命周期时，还必须考虑使用和维护阶段的 VVT 活动。此时系统已部署并在客户的使用之下。其在预期的运行环境下工作并配备有经过操作培训的操作人员。维护应当按照开发阶段建立的方针和指南进行。由于部件磨损、操作失误、意外的恶劣环境以及设计缺陷和不良的制造工艺，可能会出现故障。如果这些发生在保修期内，项目团队应该负责纠正，如果故障揭示出基本的系统缺陷，则可能需要返工。另外，在这个阶段会进行对系统功能的最终完善，消除故障并且维护系统。

8）系统处置

系统使用结束后，其处置成为一个重要问题，这应该在系统开发的最早期就计划好。在这一阶段，系统必须被拆除、回收，如果有必要还需进行最终处置。

一般来说，在这一阶段开展的 VVT 活动仅针对系统处置存在公共安全问题的系统，或者针对在开发阶段对系统提出强制处置相关要求的系统。在这些情况下可能会有使能技术的需求，其中会包含 VVT 活动。如果项目持续充分长的时间，则处置使能技术可能需要认证或确认，这应该提前计划以便按需执行。

1.4　控制系统 VVT 方法的应用

在第 2 章中，将介绍航空发动机控制系统各研制阶段的 VVT 活动，在应用 VVT 方法时，应该与项目规模、复杂性、类型、产品特征相适应，可对各阶段 VVT 活动根据这些特征进行裁剪。

对于规模大的复杂的型号项目，应按阶段开展详细的 VVT 活动，对于小规模的型号项目，可以对每个阶段的 VVT 活动进行适当裁剪，对于概念研究和预先研究项目，可选择与阶段相适应的 VVT 活动。

第 2 章
控制系统各工程阶段的 VVT 活动

2.1 定义阶段的 VVT 活动

系统定义阶段的主要工作内容是根据发动机对控制系统的要求,开展需求定义与分析,进行战术技术指标和控制系统概念方案可行性的论证,确定关键技术,开展必要的验证试验;估算周期和费用,分析研制风险,确定一个基本满足发动机要求的控制系统概念方案及研制经费、保障条件、研制周期的论证报告。

定义阶段 VVT 活动的目的是确保系统需求和系统概念方案准确地反映发动机对控制系统的需求。根据系统定义阶段的工作内容,定义阶段 VVT 主要活动包括:评审控制系统研制规范或研制需求,确认系统需求规格说明(SysRS)是否满足发动机要求;建立需求验证矩阵;确认概念方案的可行性,评估研制风险、周期、费用预测的合理性,必要时可开展验证试验,进一步确认概念方案的可行性。

2.1.1 确认需求说明

该活动的目标是确认控制系统需求规格说明是否满足发动机要求,以及是否符合适航规章、国军标等规范性文件的要求。具体来说,应当验证该文件中的每条需求与发动机对控制系统要求的一致性、追溯性、可验证性、清晰性、可达性、完整性和未来的能力。此外,每条需求应当具备必要性、责任性及假设等支持信息。

应当与系统客户以及其他利益攸关方讨论每一条需求,从而确保以下几点。

一致性:确认 SysRS 中说明的每条系统需求,要么引自发动机要求,要么是从发动机要求中派生的。还应确保原始需求的意图和含义得到了保持。

追溯性:确认 SysRS 中的每条系统需求可以追溯到发动机要求或类似客户文件的一个或多个段落或章节。

可验证性:确保每条系统需求是可验证或者可测试的。这意味着需求必须采用没有含糊的严格措辞来表述。例如,包含类似于"最大化""最小化""支持""适当的""不限于""用户友好的""容易的""充分的"等词汇的需求通常是无法验证的。因此,有必要让用户澄清这些要求的真实含义。

清晰性：验证每条需求都采用易于理解的语言表述，最好采用没有歧义的短句。

可达性：验证每条系统需求都可以实施，并已考虑了各种限制。需求的可达性应当从技术、经济、标准、环境及程序性等不同的角度验证。

完整性：验证全部系统需求集合的整体完整性。这包括确保所有的需求是完整的，并且没有重复或矛盾的需求。

未来的能力。评估与未来生命周期相关的 SysRS 部分。特别是验证系统在满足设计和测试需求之外，还满足生产、使用/维护以及处置需求。

必要性：验证对于每条系统需求，都存在相关说明来证明需求的必要性（例如通过客户要求或其他原因）。

责任性：验证每条系统需求都存在与之相关的责任者。责任者应当能够解释该需求，并能参与评估设计变更对规定需求的可能影响。

假设：验证对于每条系统需求，都存在一条由该需求做出的假设。

2.1.2　建立需求验证矩阵

建立需求验证矩阵的目的是确定验证每条系统需求的方法、生命周期中完成验证的时间、完成验证所依据的具体程序。需求验证确保系统、系统元素及系统接口符合其各自需求。验证包括用于评估系统解决方案的演进进展和有效性以及衡量与需求的一致性而执行的任务、行动和活动。验证的主要目的在于确定系统的规范、设计、流程和产品符合需求。需求验证数据的持续反馈有助于减少风险并使问题尽早出现。目标在于全面验证系统在生产和运行阶段之前满足所有需求的能力。在生产和运行阶段中纠正暴露的问题需要非常高的成本。

创建或更新需求验证矩阵是一个持续进行的活动，它可能始于方案论证，或者始于测试与验证方案第一个版本的发布。需求验证矩阵的格式如表 2.1 所示。

表 2.1　需求验证矩阵

需求序号	需求类型	需求描述	验证方法	验证级别	验证工具、设备	验证阶段
CSR28	功能需求	按 PLA 确定推力等级	测试	系统试验、发动机试验	HIL 试验器 发动机试车台	集成、鉴定
CSR3812	性能需求	N2dot 控制误差不超过±20%	分析 测试	模型、系统试验、发动机试验	数字仿真 HIL 试验器 发动机试车台	设计、集成、鉴定
CSR4672	非功能需求	工作环境压力：20~110 kPa	测试	部件试验 装机试验	环境试验器 试验飞机	集成、鉴定

需求序号	需求类型	需求描述	验证方法	验证级别	验证工具、设备	验证阶段
CSR4990	接口需求	数控系统应提供 EEC 与飞机 28VDC 电源的接口	测试	部件试验 系统试验 发动机试验 装机试验	部件试验台 HIL 试验器 发动机试车台 试验飞机	集成、鉴定

在表 2.1 中：

需求序号，为每条需求定义一个标识号。

需求类型，主要包括功能需求、性能需求、非功能需求、接口需求等。

需求描述，对该条需求的具体描述。

验证方法，通常有分析、检查、演示、测试与证明共五种验证方法。此外，"不验证"也是一个选项。以下是每个验证方法的简单介绍：① 分析，验证规范需求已经通过对系统说明、图表、提炼的性能数据等的技术评估得到满足。分析通常会使用数学模型、仿真、测试算法、计算、图表图形等。② 检查，通过物理或目视检查一个产品，并将该产品的某个特征与参考标准进行比较，从而确定对需求的符合性的一种验证方法。典型的检查手段有视觉、听觉、嗅觉、触觉、物理操作、机械或电气测量等。③ 演示，通过观察一次运行的定性结果或通过在特定条件下试运行，来对规范需求进行功能性确认。④ 测试，在规定环境条件下开展既定的测试程序，并分析生成的测试数据进行符合性确认，从而对规范或需求进行验证。⑤ 证明，基于签署的符合性证明进行验证，证明中声明交付的产品满足所有采购规范、标准和其他需求的合格产品。

验证级别，主要分为部件级、系统级、发动机、飞机验证等级别。

验证工具、设备，验证所需要的工具或试验设备。

验证阶段，指出该验证在生命周期（如定义、设计、实施、集成、鉴定、生产使用/维护或处置）的哪个阶段开展。

2.1.3 评估概念方案

评估概念方案的目的是确认概念方案的可行性，从以下几个方面进行评估：

运行场景。概念方案是否通过文字、图形或模型描述系统运行和使用场景，分析系统在特定使用场景下与外部系统/部件的交互，以系统运行者、维护者、使用者角度描述系统运行过程。在有模型情况下，可以通过模型运行演示运行场景。确认运行场景是否满足用户需要。

功能。评估概念方案是否具备完成发动机控制功能的能力，可以通过分析、模型演示的方式进行评估。

性能。评估概念方案是否满足发动机控制性能的要求,主要包括控制系统的稳定性、稳态、动态控制精度、系统安全性、可靠性、系统寿命等,可以通过分析、模型演示的方式进行评估。

系统构成。是否定义了系统主要组成,架构是否合理并兼顾先进性和继承性。

关键技术。提出的关键技术是否合理,采用新技术是否在合理范围,评估关键技术在研制周期内是否能得到有效解决。

2.1.4 评估系统研制风险、周期、费用

评估是否对风险进行了识别、命名并且充分详细地描述风险的起因、潜在影响等,是否对风险进行了分类,一项必须在外场条件下进行验证的新技术应当被分类为技术风险,对关键部件的交付延迟应当被分类为计划风险,项目成本超支应当被分类为财务风险,缺乏合格的系统测试设备应当被分类为管理风险,等等。

还有评估风险量化部分:风险应该根据危险程度进行分类(如高、中、低级别的风险)。因此要验证风险管理方案包含了与图 2.1 示例类似的基本风险水平映射图。在图中,风险需要按照二个维度进行量化,即不利事件发生的概率以及实际发生的成本影响。需要注意的是不管风险类型是什么,所有影响应当从经济角度来评估(如系统交付的延迟通常可以转化为某种增加的成本)。因此要验证 RMP 识别了每个风险的概率(P)和成本(C)。

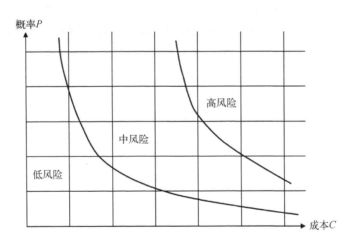

图 2.1 风险分类图示例

评估风险应对措施:验证每个已识别的风险都有具体风险应对措施。通常,应对措施可分为三类,应确认每个已识别的风险被分配到以下类型之一。

(1)转移风险:风险负责可以转移给其他人,例如将项目特定的风险部分分配给某个专业承包商等。

（2）缓解风险：可以识别能够减少风险影响或概率的行动。例如,缺乏试验验证资源相关的风险可以通过重新安排低优先级的项目,或者寻求外部资源、委托外部试验来缓解。

（3）忽略风险：风险可能由于概率非常小或者潜在影响很小而可以被忽略。因此可以不需要缓解活动。

评估系统研制周期预测是否合理可行,是否能在发动机要求时间内完成所有的设计、制造、集成、试验、鉴定工作。研制周期的评估与风险评估相关,如技术成熟度较低的产品技术风险大,合理的风险措施才能保证研制周期。研制风险高、风险项目多,对研制周期的影响大,研制单位的能力和条件也是研制周期评估要考虑的因素。

评估费用的预测是否合理,费用的测算是否满足相关标准要求。

2.2　设计阶段的 VVT 活动

系统设计阶段的主要任务是形成控制系统的总体技术方案,并对研制工作进行逐级分解,形成工作分解结构,进行系统、分系统、部件的详细设计、开展关键技术研究与验证,必要时开展原理样机的验证。

设计阶段 VVT 活动的目的是确保控制系统的技术方案和详细设计满足发动机对控制系统的需求。设计阶段 VVT 主要活动包括：评估控制系统总体技术方案确认满足发动机需求;评估子系统或部件设计确认满足控制系统的技术要求;对新技术、新产品、新工艺进行评估,确定风险项目,制定相应解决措施;通过仿真或试验验证关键技术。

2.2.1　评估控制系统总体技术方案

评估控制系统总体技术方案的目的是确认总体技术方案的可行性及是否满足发动机需求,且成本低收益大;分配到子系统的需求是否体现了完整的、最佳的系统综合需求;项目技术风险可识别、可排序、可避免或可降低到可控制的范围内。

主要从以下几个方面进行评估。

总体架构：评估控制系统的主要组成和架构是否合理、是否先进、是否具备一定的技术成熟度等级,可以通过分析、模型演示的方式进行评估。

功能：评估总体技术方案功能设计是否覆盖控制系统需求说明的全部功能需求,可以通过分析、模型演示的方式进行评估。

性能：评估总体技术方案是否满足控制系统需求说明的全部性能需求,可以通过分析、模型演示的方式进行评估。

"六性"：评估总体技术方案系统安全性设计、可靠性设计、测试性设计、维护性设计、保障性设计、环境适应性设计方案是否满足控制系统需求说明的相关需求和标准。可以通过分析、模型演示的方式进行评估。

重量：评估总体技术方案重量分配的合理性，系统总重量是否满足控制系统需求。可以通过分析的方式进行评估。

子系统和部件方案：是否通过系统的功能和性能分解，提出控制律、故障诊断和容错、电子控制器、燃油泵及液压机械装置、传感器、电气系统等分系统或部件设计技术要求，评估各设计方案是否满足控制系统的功能和性能指标分配及其他要求。可以通过分析、模型演示的方式进行评估。

接口：评估控制系统的外部接口设计是否满足控制系统需求说明的接口设计需求；评估控制系统内部接口设计是否合理、可行。可以通过分析的方式进行评估。

新技术、新产品、新工艺：评估总体技术方案是否识别了所采用的新技术、新产品、新工艺的风险，是否制定了相应解决措施。可以通过分析的方式进行评估。

评估研制经费的概算及产品成本、价格的估算是否合理。可以通过分析、模型演示的方式进行评估。

2.2.2　评估系统/子系统、部件详细设计

本活动旨在评价系统/子系统、部件的详细设计。应在系统层和子系统层或部件层对设计进行评估，检查设计与既有系统概念之间的协调性，设计说明的内容、架构是否能充分满足目标系统要求。

需要从以下几个方面对其进行评价。

（1）一致性：系统设计要同目标系统功能需求以及接口需求保持一致。子系统、部件设计要与系统分配的需求保持一致。

（2）可行性：系统、子系统、部件设计的可行性（如技术、进度、经费以及其他资源）。

（3）政策与规范：系统、子系统、部件设计应符合相关的规范、标准、法律法规、环境章程等。最终，设计需符合设计定型或适航认证要求。

控制系统的详细设计主要包括控制律设计、故障诊断及容错控制设计、电子控制器设计、控制软件设计、燃油泵及液压机械装置设计、电气系统设计、传感器设计或选用等内容。主要确认设计内容如下。

（1）控制律设计：确认控制律设计满足发动机控制性能要求、满足控制系统稳定裕度要求，评估是否通过仿真在全飞行包线范围对控制律进行验证，包括稳态和过渡态、控制和限制等的性能。

（2）故障诊断及容错控制设计：确认故障诊断内容包含控制系统需求所有条

目,确认故障诊断方法可行有效,确认故障诊断阈值范围合理,确认所有故障都有有效对策或容错处理,评估是否通过仿真验证了故障诊断和容错控制的有效性,包括在各种发动机状态和各种飞行包线内的验证。

(3) 电子控制器设计:确认电子控制器的设计流程是否包括电子控制器需求分析、电子控制器方案设计、详细设计等过程。验证电子控制器需求说明与控制系统对电子控制器要求的一致性、追溯性、可验证性、清晰性、可达性、完整性和扩充的能力。确认电子控制器方案中架构、功能、性能、"六性"、重量、接口等满足系统要求。确认电子控制器详细设计中机械和电气接口是否满足发动机和控制系统接口文件要求、主要电路的功能实现是否合理、BIT 设计是否完整有效、元器件选择是否符合相关选用标准。确认电子控制器设计是否进行了电路原理仿真,信号完整性仿真、电磁兼容性设计,热设计、结构强度设计、环境适应性设计等多学科设计和仿真,设计结果是否满足相关要求和标准。确认产品的工艺设计是否合理可行。确认产品图样是否完整、齐套、规范。

(4) 控制软件设计:确认控制软件的设计流程是否包括软件需求分析、软件概要设计、软件详细设计等过程。评估软件需求规格说明与控制系统对控制软件要求的一致性、追溯性、可验证性、清晰性、可达性、完整性和扩充的能力。确认软件开发的级别、软件开发的规范是否符合相关标准。确认软件架构合理可行。通过软件的代码走读、单元测试、集成测试验证软件设计是否满足软件需求规格说明。

(5) 燃油泵及液压机械装置:确认每一型燃油泵及液压机械装置附件方案中的架构、功能、性能、"六性"、重量、接口等设计是否满足控制系统对燃油系统的技术要求,确认附件的详细设计中机械和电气接口是否满足发动机和控制系统接口文件要求、主要元部件的功能实现是否合理、零组件的尺寸链计算是否完整准确、通过计算或仿真验证附件性能是否满足系统要求、元部组的性能是否满足附件分解的指标要求。确认附件是否进行了结构强度、振动、热设计等多学科仿真,仿真结果是否满足产品性能及相关标准要求,确认产品的选材、工艺设计是否合理可行。确认产品图样是否完整、齐套、规范。

(6) 电气系统设计:确认电气系统及其发电机、电缆等附件方案设计、详细设计内容满足控制系统对电气系统的要求,并符合电气系统相关准则和标准。如果是采购产品,则要对技术协议或合同文本进行确认。

(7) 传感器设计或选用:确认控制系统传感器配置是否合理、是否满足控制系统功能分配要求。确认传感器性能要求和技术参数是否满足控制性能指标分配要求;确认传感器方案设计、详细设计内容与传感器性能要求和技术参数是否一致,并符合相关准则和标准。如果是选用采购产品,则要对技术协议或合同文本进行确认。

2.2.3　验证系统设计和关键技术

本活动旨在利用仿真或试验来验证控制系统的设计和关键技术。

在确认设计是否满足系统需求时,可以利用数字仿真系统来进行验证,通过仿真还可以评估在不同输入下的鲁棒性设计,同时估算系统行为的敏感度,修正关键设计参数。

本活动以系统仿真为基础,其目的是根据系统需求确认系统设计,捕捉系统设计的优缺点,检测系统失效设计。系统仿真常用的工具是 MATLAB,基于 MATLAB 建立控制系统仿真模型如图 2.2 所示,可实现系统设计的虚拟定义,并以完整的联合参数形式呈现出来,这种系统适用于功能性验证以及控制律、精度和敏感度的设计研究。多学科建模能更精确仿真控制系统的功能和性能,采用可量化的系统输出(系统在预期的功能限制条件下)定义设计目标有助于设计优化。多学科建模能更精确描述系统、部件级零部件的行为,不仅可以识别外部参数变化对系统单个零部件的影响,还可以用于模拟零部件、元件故障下对控制系统的影响分析,图2.3 是控制系统多学科仿真示意图。

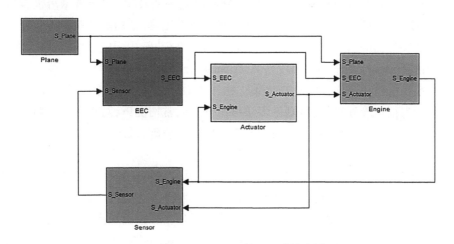

图 2.2　基于 MATLAB 控制系统仿真模型

注:Plane 指飞机;EEC 指发动机数字控制;Actuator 指执行机构;Engine 指发动机;Sensor 指传感器。

在系统生命周期的随后阶段需要继续开展此活动,如集成、认证阶段。通过对系统行为与原理样机的仿真结果进行对比,可对中间产品和最终产品进行确认。使用虚拟样机替代真实产品进行验证,可以减少部分物理试验,节省相应的成本。在某些情况下,可以将本活动推广到系统的整个使用寿命中。如果要对真实系统进行改进,可以在虚拟系统中进行尝试,避免因失效而产生巨大的成本。

在设计阶段有些关键技术不成熟,这时需要对这些关键技术进行验证,控制系统的关键技术验证一般为仿真验证和试验验证。

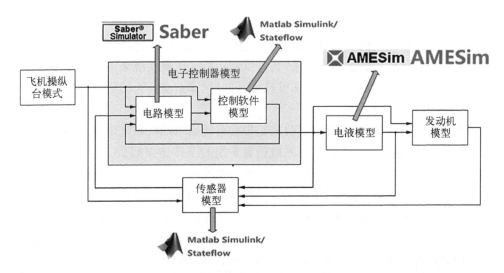

图 2.3　控制系统多学科仿真模型示意图

仿真验证是对通过建立数学模型来分析研究关键技术,关键技术可能会涉及系统及部件的不同学科,需要用到不同学科的仿真工具,常用的如 Matlab 用于控制系统仿真、AMESim 用于液压机械仿真、Cadence 和 Saber 用于电路仿真、UG 用于机械运动仿真、Ansys 用于结构强度仿真、Adams 用于动力学仿真等。

对系统进行仿真验证须小心谨慎。由于发动机控制系统的非线性和复杂性,系统的行为很难准确模拟,特别是多学科仿真。通常情况下,对重要系统特征参数不了解会严重影响仿真验证结果,如材料特性的不明确、系统的不确定。基于这些因素,应对设计工具或仿真软件进行确认。

设计工具,尤其是复杂的、对目标系统采用了仿真和虚拟样机技术的工具,在使用之前应得到充分的确认。"工具确认"包含两层含义: ① 工具自身工作正常,参数配置正确;② 工具操作员经过了充分的培训,能够正确地操作工具,并且能正确理解工具输出。使用未确认的或确认不当的工具,可能会导致设计无法满足需求或在生命周期后期阶段发现故障,任何一种情况都会产生大量的成本。

确认设计工具的基本策略是采用一组"参考案例"对其进行评估。参考案例由一组输入数据、工具的操作步骤及相应的预期结果组成,预期结果则是通过手动计算或是从现有的系统经验中获取。按照参考案例对设计工具进行操作,并将实际结果与预期结果进行比较,检查工具是否工作正常,详见图 2.4。

由于仿真与实际系统存在差异,有些关键技术还需要通过试验来验证。试验验证包括系统试验、部件试验、零部件或元组件试验验证等类型。系统方面的关键技术,如系统架构、控制规律、容错控制等系统级关键技术,可以利用成熟的系统进行改进后通过 HIL 或半物理模拟试验进行验证。电子控制器方面的关键技术可以

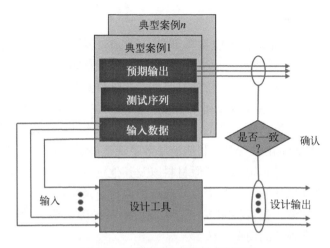

图 2.4　系统设计工具的确认策略

通过元件级、板级或产品级的样机在元件试验台、板级(模块)试验台、整机试验台上进行相应的验证。液压机械产品的关键技术也是通过零部件、产品样机在相应零部件试验台、整机试验台上进行试验验证。一般来说,关键技术的验证主要是功能和性能的验证。有时候需要验证环境适应性,则需要在环境试验器上进行试验。关键技术在试验器上进行试验验证时,往往还需要配套的测试工装和测试设备。

2.2.4　基于全生命周期需求评估系统设计

旨在评估现有设计,验证其是否考虑到系统当前的和未来生命周期的需求,尤其是生产、使用/维护和处置阶段的需求,如图 2.5 所示。

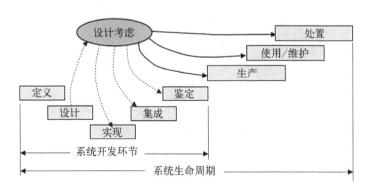

图 2.5　设计应考虑所有未来系统生命周期阶段

系统设计验证不仅要考虑系统是否能通过设计审查,同时要关注系统生命周期的其他阶段,特别是生产、使用/维护以及处置阶段。验证的关注点包含以下部分。

1. 生产验证需求

（1）验证系统设计是否考虑到零部件、子系统、系统以及生产设施建设在制造、集成方面的复杂性与成本。从生产的角度来看，最优设计由并不昂贵的系统要素组成，这类系统易于生产、成本较低且装配的零部件数量不多。

（2）验证系统设计是否充分利用了在过去或现在系统中已经设计、制造和使用过的零部件和子系统。从生产的角度来看，最优设计具体体现在零部件的模块化策略，能够将零部件和子系统的制造清单数量降至最低。

（3）验证系统设计是否考虑了原材料以及其他资源的需求，如生产工具、生产空间及仓库。最优设计应尽可能依靠易获得的原材料及生产设施。

（4）验证系统设计是否将完成制造集成后的系统确认要素考虑进去，最优设计应提供用于生产确认的简单方法。

2. 使用/维护验证需求

（1）验证系统设计是否考虑到系统对高可靠性和高独立性的持续需求。系统设计要考虑长期耐久性和不时出现的不利环境，针对用户的失误和坏习惯要具备适当的恢复能力。

（2）验证系统设计是否考虑到系统需要进行定期维护。设计应提供能够对系统全部组件进行检查和更换的简单方法。此外，设计时应尽可能多地使用通用部件，将备件的需求降至最低。

（3）验证系统设计是否考虑到系统需要连续工作，避免系统对环境造成负面影响，同时也要防止用户、操作人员、维护人员以及其他人员出现健康受损或受伤。设计时应尽可能地考虑消费者长期使用的安全性，避免使用危险材料以及危险级放射性物质。

（4）验证系统设计是否考虑到计划外的未来系统升级和修改。设计应尽量采用灵活的、可调整的系统架构。这种架构允许对组件进行优化，使其成为模块，同时可以将模块与内部接口的关联成本降至最低。

3. 处置验证需求

（1）验证系统设计是否考虑到按照现行规定处置系统，并尽可能降低其对环境的不利影响。设计应在合理范围内，将系统内有害物质的数量降至最低。

（2）验证系统设计时是否考虑到系统生命周期末端的拆卸，要以经济的方式回收尽可能多的原材料。

2.3　实现阶段的 VVT 活动

实现阶段的目的是建立系统部件，主要活动是产品试制和产品验证。产品试制主要包括工艺设计、产品制造和产品调试等活动。产品验证是通过试验确认产品是否满足规定的各种环境下的设计需求,主要包括功能性能试验、气候环境类试验、力学类试验、电磁环境类试验(含电源特性)、可靠性/寿命类试验、其他类试验等。

　　系统实现阶段的 VVT 活动包括评估产品的工艺设计、试制前准备状态审查、零部件(模块)测试、产品功能性能测试、产品环境适应性测试等。

2.3.1　评估产品的工艺设计

　　工艺设计是根据产品各零组件结构特点和全套图样,确定产品的工艺路线和工艺方案,确定工序中工步的加工内容、要求、顺序、检测和安全注意事项等。工艺评估的内容包括工艺总方案,工艺说明书等指令性工艺文件,关键件、重要件、关键过程工艺文件,特殊过程工艺文件,以及新工艺、新技术、新材料、新设备的采用情况等。

　　主要从以下几个方面进行评估。

　　1. 工艺总方案

　　(1) 对产品性质、结构特点和精度要求的工艺分析及说明的正确性、合理性;

　　(2) 与上阶段工艺总方案对比差异描述的正确性;

　　(3) 满足产品设计要求、保证制造质量分析的正确性;

　　(4) 对产品制造分工路线的说明,如产品工艺分工原则、工艺准备原则的合理性、正确性;

　　(5) 工艺难点的攻关措施计划及薄弱环节的技术措施策划的合理性、可行性;

　　(6) 工艺装备、试验设备、检测设备以及产品数控加工和检测计算机软件选择的正确性、合理性;

　　(7) 对工艺性审查识别出的工装、设备及工艺缺失手段,制定解决措施的合理性;

　　(8) 材料消耗定额确定及控制的原则;

　　(9) 产品禁用、限用工艺的正确性、全面性;

　　(10) 产品关键件、重要件、典型及复杂零件保证设计要求的工艺过程或措施的合理性;

　　(11) 产品研制的工艺准备周期和网络计划,以及需要时实施过程的费用预算分配原则;

　　(12) 工艺方案的正确性、先进性、可行性、可检验性、安全环保性、经济性和制造能力的评价;

　　(13) 工艺(文件、要素、装备、术语、符号等)标准化程度的说明和符合性;

　　(14) 采取特殊过程的意见及验证要求;

　　(15) 采用的新工艺、新技术、新材料及新设备是否预先通过评审;

（16）产品的研制、批产工艺设计提出风险性评估的准确性、全面性；

（17）动态管理情况（应根据各阶段和生产阶段的工作进展情况适时修订、完善，以便在工程项目的寿命周期内连续使用）；

（18）对工艺文件的成套性要求的完整、正确、协调、统一性；

（19）制造过程中产品技术状态的控制要求；

（20）工艺规程的编制总体原则及合理性；

（21）对首件鉴定的工作要求；

（22）对采用精益生产方案进行生产的策划安排。

2. 工艺说明书

（1）产品制造过程的工艺流程、工艺参数和工艺控制要求的正确性、合理性、可行性；

（2）对资源、环境条件目前尚不能适应工艺说明书要求的情况，所采取的相应措施的可行性、有效性；

（3）对从事操作、检验人员的资格控制要求；

（4）文件内容的完整、正确、统一、协调和标准化程度；

（5）文件的适用性、先进性、经济性、可操作性、可检验性；

（6）文件及其更改是否履行审批程序，更改是否经过充分试验、验证；

（7）是否考虑并采取了预防和控制多余物的措施。

3. 关键件、重要件、关键过程工艺文件

（1）工艺路线的正确性、合理性、可行性；

（2）工艺文件内容的正确性、完整性、协调性；

（3）关键过程确定的正确性及关键工序目录的完整性、协调性；

（4）关键件、重要件、关键过程标识的准确性、标准化程度，以及质量控制点设置的合理性；

（5）关键过程的工艺方法、检测要求的合理性、可行性、安全性；

（6）设计特性和特征符号标注的准确性；

（7）工艺装备、设备、检测仪器选择的全面性、正确性、可行性、合理性、经济性；

（8）工序规定预防和控制多余物、清洁度控制的措施的合理性、可行性；

（9）关键工序的技术攻关项目和措施的可行性、有效性；

（10）对从事操作、检验人员的资格控制要求的符合性；

（11）关键件、重要件、关键过程的工艺规程应有明显的标记，工序控制点设置的准确性；

（12）关键件、重要件、关键过程的控制是否合理有效；

（13）关键件、重要件、关键过程工艺文件的更改是否经过验证并严格履行审批程序。

4. 特殊过程工艺文件

（1）采用特殊过程的必要性、可行性，与设计要求的一致性；

（2）特殊过程规程的正确性和工艺流程、参数、工艺控制要求的安全性、合理性；

（3）特殊过程试验和检测项目、要求及方法的正确性，特殊过程试验的原始记录；

（4）特殊过程的技术攻关项目和措施的可行性、有效性；

（5）工艺试验和鉴定的原始记录；

（6）工艺设备、材料、介质和环境条件符合性；

（7）设备能力是否满足特殊过程的要求；

（8）工艺操作人员、检验人员的要求及培训、考核情况；

（9）特殊过程工序的控制是否合理有效；

（10）含特殊过程的工艺规程，与特殊过程确认准则、范围、确认的时机及频次的相符性，提供特殊过程确认的客观证据的有效性；

（11）特殊过程参数的更改是否经过充分试验、验证与重新确认，并严格履行审批程序。

5. "四新"（新工艺、新技术、新材料、新设备）的采用情况

（1）采用的新技术、新工艺的必要性和可行性，新材料加工方法的可行性，以及所选用新设备的适用性和必要性；

（2）所采用的新工艺、新技术、新设备是否经过鉴定合格，并有合格证明文件；

（3）采用新工艺、新技术、新材料、新设备前，是否经过检测、试验、验证，表明符合规定要求，并有完整的原始记录；

（4）采用计划及实施措施和质量控制要求；

（5）采用新工艺、新技术、新材料、新设备的试验工序参数、操作方法的安全性、可行性；

（6）对操作、检验人员的要求是否符合规定；

（7）对"四新"的安全性评估要求和流程可按照相关制度执行。

2.3.2　评估试制前准备工作状态

产品试制前，应对准备工作进行评估，评估内容如下。

1. 文件

（1）确认发放到试制现场的设计、工艺等技术文件正确、完整、现行有效；

（2）试制产品的工艺总方案及其他工艺文件通过评审，遗留问题已归零解决；

（3）关键件重要件、关键过程、特殊过程均已识别，有明确的控制要求，并纳入

相应的工艺文件；

（4）采用的新技术、新工艺和新材料，已进行了验证并符合要求；

（5）产品试制、检验和试验过程中所使用的计算机支持软件，已进行评审和确认。

2. 设备、工艺装备、计量器具

（1）生产制造部门根据工艺要求配置工艺装备，工装经试用、检验合格后使用；

（2）工装和计量器具应有合格标志，并在有效期内；

（3）与顾客共同确认生产过程使用的标准样件、样板；

（4）生产设备应保持完好，符合加工要求。新增加的设备按规定进行试运行，经检定合格后方可使用。

3. 外购、外包件

（1）确认采购文件，对采购产品的质量、供货数量和到货期作出明确规定并进行审批；

（2）外购、外包产品应有明确的质量控制要求，对供方的质量保证能力进行评价，并根据评价的结果编制合格供方名录，作为选择、采购、外包产品的依据；

（3）对采购、外包产品的验证、贮存和发放应有明确的质量控制要求，并实施有效控制；

（4）对采用的新产品，应进行验证、鉴定，并能满足产品的技术要求；

（5）采购产品应进行相应检验，元器件进行老化筛选；

（6）试制前确认原材料、毛坯、元器件、标准件等外购件的采购已齐套入库。

4. 人员

（1）应确保负责配合现场生产的设计、工艺等技术人员和管理人员，在数量上和技术水平上符合现场工作的要求；

（2）应按产品生产的过程及各工序和工种的要求，配备足够数量、具有相应技术水平的操作、检验和辅助等人员，各类操作和检验人员应熟悉本岗位的产品图样、技术要求和工艺文件，并经培训、考核按规定持有资格证书。

5. 环境

（1）应组织对生产环境（如温度、湿度、防静电、接地、多余物等）进行验证，确保符合要求。

（2）生产现场的技安、环保等应符合国家有关法规、法令的要求。

2.3.3 零部件、产品测试

1. 测试准备

测试准备工作包括：计划测试流程、构建测试设备、设计测试用例、构建测试文档架构。

　　一般测试准备工作与研发并行开展。如当构建电子控制器时,开发团队构建硬件,编写软件代码,并将两部分集成为一个工作实体;同时,测试团队计划测试流程,设计和构建测试用例,并开发开展测试所必需的硬件在回路仿真设备。最后,测试团队对提交正式测试的部件执行实际测试,并评估和报告被测件的整体质量和功能完整性。

　　1) 计划测试流程

　　计划测试流程是一项重要的管理和技术活动。当计划完成后,便可以设计、构建和管理测试用例。在测试开始前,必须为系统的每个测试件和使能产品建立测试环境。

　　控制系统部件测试是自底向上开展的,电子控制器要进行板级测试、电子控制器产品级测试、控制软件单元测试、集成测试等,液压机械部件要进行元组件试验、产品试验等。

　　为了完成上述不同层级的测试和试验,需要计划建立相应的测试环境和测试驱动,实现合适的测试框架是开展大量自动化测试的前提。

　　为了要管理在测试和提供测试环境中积累的存储数据,还应确保测试尽量是可重复的,从而在系统发生变更后可以容易地开展回归测试。

　　2) 构建测试设备

　　测试设备是物理测试流程中被测件运行的环境。通常测试设施必须为被测件提供多种类型的支持,可能包括支持环境、机械、电气、计算和其他接口的专门设备。测试设施策划和构建涉及多方面的考虑。以下为部分考虑。

　　(1) 硬件和软件设备。测试所需的特定硬件、软件元素以及工具。这一问题与所策划的测试基本属性有关,即是人工测试还是自动测试。通常,人工测试的设备更适合数量极少的系统。相反,需要测试大量包含嵌入式部件的被测件的设备,应支持自动测试。

　　(2) 成本考虑。测试设备设计中必须考虑成本。硬件和软件测试元素或工具开发成本可能超过预算,在这种情况下,应考虑使用货架设备,重新利用以前测试基础设施中的可用设备,或其他稳妥的测试方案。测试设备的维护也是一个重要的考虑因素。首先,设备的各种元素可能会不时有损坏;其次,被测件特性可能发生变化,设备必须相应地修改。

　　(3) 标准化和模块化。设备的标准化、模块化是一个关键的设计决策问题。长远考虑,最优的设备设计总是基于使用标准化接口的模块化部件。这使得维护成本更低,并且实现的测试设备更便于被未来项目所复用。

　　(4) 安全考虑。燃油系统试验可能存在危险情况,给测试人员和测试区域的其他人员安全带来风险。测试设计者应当将安全问题作为测试设施规划和设计的有机组成部分。

（5）用于负荷/能力/容量测试的设施。这种类型的基础设施支持系统性能的非功能性需求的验证。例如，它支持在规定的生产环境以及峰值业务条件下，确认系统处理预期的负载、能力和容量的能力。此外，系统的时间特性也被测量，以评估系统是否在规定可接受的参数下运行。通常，测试设施会提供多种负荷场景，并监测系统处理多种测试负荷的能力。

（6）用于 RF/EMI/EMC 测试的基础设施。此类设施用于验证被测件在嘈杂的无线电磁环境中的电磁兼容性（EMC）。换句话说，外部电磁干扰是如何影响被测件的正常功能以及被测件如何通过电磁辐射对其他系统部件或环境产生影响。

（7）环境试验设备。是用来验证被测件在极端环境条件下行为的测试设施，如高温、低温、冲击、振动、潮湿、淋雨等测试条件。这些实验根据情况可以部分外包，外部实验室能够提供广泛的专业实验和分析服务。使用外部组织的另一个好处是正式的认证测试增强了试验结果的有效性。

测试设备是"实现目的的手段"，而目的是提高发现潜在故障的概率，理念就是在交付之前发现故障。任何增加到设备中的软件或硬件部分都必须得到维护。由于被测产品将不可避免地随着时间发生变化，设备的设计应具有进行修改和扩展的能力。

3）设计测试用例

测试用例包含一组作为被测件输入参数的测试数据，为执行测试用例所必要的附加条件，如触发事件（即说明输入情形发生的时机），以及输出参数的期望值。应该为每个被测件创建测试用例，这些用例轮流指导子系统或使能产品的测试。因此，测试设计人员应当在测试方案规范中将测试策略和测试目标考虑在内。如果一个测试用例规定了某个内部系统状态，则应当在真实测试开始前，提供额外的数据以设置子系统到期望的运行模式。测试用例定义应当明确测试的目标，例如，执行某个系统功能、覆盖内部结构或者达到某种状态或模式。此外，必须为每个测试用例定义合格标准，从而可以清楚地判断测试是通过还是失败。

测试用例设计决定了测试的质量，因为选择应用于被测件的测试数据决定了测试的类型、范围和表现。如果与系统特定方面相关的测试用例被省略或遗忘，发现系统中存在缺陷的可能性则会下降。

后续章节详细介绍了系统和子系统的测试方法。不过值得一提的是，测试用例可以分成白盒和黑盒测试。采用白盒技术的测试用例设计趋向于关注被测件的内部结构，然而大体上说，白盒测试没有考虑到被测件的功能性，因此被测件不能认为得到了充分验证。相反，黑盒测试方法经常忽略被测件的内部结构，而是寻求发现其功能行为的故障。因此，白盒测试和黑盒测试在工业实践中都应该规范地应用。

4）创建测试文档

测试方案包括对测试策略、目标、所有为测试计划和组织所作的详细安排等内容的详细解释。测试结果也包括已测试的被测件清单（如开发的版本和使能产品）、各自的测试环境和相应的测试方法。此外，应当记录测试用例的测试数据、期望值或合格判据，以及实际值。应对测试结果进行处理，以清晰展示期望值和真实值之间的差异，以及功能性需求和非功能性需求。这样可以简单地评估测试目标是否满足，也便于统计总结发现的故障。

所有以上信息以及更多的其他信息应当被收集、梳理并可用于审查。对这些信息的存档也很重要，因为它可以为系统升级或新的类似项目的起点提供有价值的信息。

2. 电路板、软件单元和部件、零部件测试

在整机产品装配调试前，要对电子控制器电路板、软件单元和部件、液压机械装置零部件进行调试和测试，确认电路板、软件单元、零部件功能和性能达到指标要求。

一般电子控制器电路板由电源板、CPU 板、信号输入处理板、信号输出驱动板等构成，电路板测试的目的是确认电路板的功能和性能满足该种电路板的需求，并发现电路板中的各种故障。针对不同的电路板功能和信号特征，构建不同的板级测试台，测试台提供电路板所需要各种信号，通过飞针或接插件的形式接入电路板，利用电压、电流、示波器等测试装置，测量电路板的相关信号，通过不同的测试用例的运行，来测试电路板的全部功能和性能，生成板级测试报告。

软件单元是一个程序中最小可测部分，单元测试主要目的是证明每一个软件部件符合其低级需求、编程规则符合规定、控制流程正确、变量存取无误差、所有软件单元达到质量度量指标、功能与设计说明一致、性能达到软件设计指标、覆盖测试达到规定的覆盖率等。单元测试包括代码审查、静态分析、逻辑测试、接口测试、边界测试、功能测试、性能测试、内存使用测试等。软件部件是多个单元的组合，组合后的软件部件具有较为完整的功能，测试主要目的是证明软件满足各项功能、性能要求、软件单元和/或部件无错误连接、对错误有正确的处理、部件接口正确等。部件测试包括代码审查、功能测试、性能测试、接口测试、边界测试、错误处理测试等。

液压机械零部件测试主要是对燃油泵组件、燃油计量组件、各种调节器组件等的功能性进行测试。测试的目的是确认这些组件满足功能和性能要求、强度要求、密封性要求等。燃油泵组件的试验主要有滑动轴承承载动态试验、摩擦副磨损试验、弹性元件抗疲劳试验、密封件密封性试验、壳体耐压试验、结构件强度试验、叶轮动平衡试验等。燃油计量组件的试验主要有计量活门、压差回油活门、定压活门、关断活门、分配活门、电磁阀、电液伺服阀、位移传感器等零组件和成附件的功

能、性能试验。调节器组件试验主要有离心飞重传感器、分油活门、随动活塞、凸轮、杠杆、起动器、温包等传感元件、计量元件的功能和性能试验。针对不同的零部件类型,构建不同的零部件测试台,测试台提供零部件的工作环境和测试装置,通过测试零部件各种工作状态下的压力、流量、位移等信息,测试零部件的功能、性能和参数。

3. 产品测试

产品测试的目的是确认控制系统各部件产品的功能、性能、一般质量特性、耐久性等是否满足控制系统需求,产品测试主要包括电子控制器整机测试、液压机械装置产品测试及控制软件系统测试等内容。

电子控制器测试一般采用通用或专用的整机测试台,整机测试台模拟电子控制器所有输入信号和输出负载,并能对这些信号进行监测和记录。

液压机械装置测试一般采用专用的部件试验器(如主燃油泵试验器、主燃油计量装置试验器、加力燃油计量装置试验器等),试验器提供液压机械装置工作环境(如转速、一定压力的燃油等),并通过监测装置,采集和记录相关的试验数据。

软件系统测试需要在电子控制器中进行,测试采用电子控制器在环仿真设备,在环仿真设备模拟电子控制器所有输入信号和输出负载,并与发动机数学模型构成一个闭环系统,能进行控制系统的动、静态仿真,通过测试用例的运行,来进行软件的系统测试。

在产品的测试过程中,测试开展依据的是测试用例设计中建立的测试信息。结果可以生成真实值,从而确定、监视和记录试验件的动态性能并与期望的数值和行为进行比较。

一般测试流程如下。

1) 测试执行

测试用例设计和准备完成后,则通过选定的测试数据来运行试验件。这项活动被称为"测试执行"。输出参数的实际值被保存用于以后的评估。

应当尽可能在目标系统的真实应用环境中执行广泛深入的测试,以便能够获取有关测试对象完整的质量属性。只有在目标系统上才有可能在真实应用环境中真实地测试功能和非功能特性,并在系统软硬件的交互作用中发现缺陷。

由于发动机控制系统及其部件产品的高度专业性,并且由于它们与真实应用环境紧密相关,商用测试工具在这一流程中只能发挥有限的作用。如果在产品测试中无法使用真实应用环境,则有必要实施深入的环境模拟。

2) 数据采集

测试执行过程中需要收集和记录必要的测试数据,用于评估测量值与期望值的差异,识别性能的偏离。通过测试系统的数据采集装置记录产品内外部信号。

在测试产品的物理特性、时间特性等功能时,需要在产品中加入测试工装和探针程序,这种测试可能会出现一些潜在的问题,这样的问题被称为"探针效应",通常会在某种程度上改变产品行为。因此,这些测试应当在试验件版本上进行。或者,也可以通过在试验件外部集成过程监视能力以避免探针效应。

3)根据期望数值评价系统测试结果

在测试评估中,将实际值与预期值、实际行为和预期行为进行比较,并参考定义的合格标准确定测试结果。对于试验件在测试过程中的性能必须作出合格/不合格的结论同时进行记录。如果表现出的性能与预期目标不一致则说明存在故障。故障可能有三种情况:试验件确实有故障了;测试用例定义了不正确的预期值或预期行为;由于测试设计或测试执行中的错误,测试过程并未按期望的方式进行。如果测试无法达到设定的测试目标和期望的测试合格范围,也是一种故障。如果测试方案中定义的目标尚未得到满足,测试可能需要补充额外的测试用例。

2.3.4　电子产品环境应力筛选试验

环境应力筛选是在电子产品上施加随机振动及温度循环应力,以鉴定和剔除产品工艺和元器件引起的产品早期故障的一种工序和方法。

电子控制器等产品需要进行环境应力筛选试验,目的是在产品完成整机装配、功能和性能测试完成后通过施加随机振动及温度循环应力,剔除产品在生产过程中引入的工艺缺陷以及因元器件引起的早期故障,使产品的故障率达到浴盆曲线的底部,处于工作稳定裕度范围内,以便提高产品的使用可靠性。

环境应力筛选试验的主要设备是高低温箱、振动台和整机测试台,高低温箱和振动台循环施加温度应力和振动应力在电子控制器上,整机测试台为电子控制器提供工作环境,进行工作数据监测和记录。在规定的循环试验中,产品不出现故障,则通过环境应力筛选试验。

2.3.5　产品环境试验和可靠性试验

环境试验用于确定系统暴露于众多不利环境条件过程中或之后,执行预期功能的能力。这些试验旨在证明产品的完整性,验证工作限制,并为正常和安全运行准备程序。

产品环境试验和可靠性试验从实施阶段开始,持续到产品鉴定阶段。实施阶段的环境试验一般为环境摸底试验,在控制系统首次装发动机试车或发动机装飞机首飞前,有选择性地开展部分环境试验,以保障发动机和飞机的安全性和可靠性。一般包括高低温试验、振动试验和电磁兼容性试验。在产品鉴定阶段,要完成要求的全部环境试验和可靠性及寿命试验。

环境试验涉及在多种有压力的环境条件中科学地测试系统。这些试验模拟的环境条件有极端温度、湿度、高度、辐射、风速、细菌、沙尘、化学暴露等。环境试验检查系统是否符合其环境适应性要求,从而预期能在其使用寿命期中成功运行。

环境试验策略的选择需要特别专业和细致的研究。大多数试验项目开始时要使用说明环境要求,以及试验程序的规范文件。试验程序关注确认产品的功能性,其主要目标是提升产品的可靠性。

GJB 150A-2009、RTCA/DO-160G 等多个环境试验标准规定了多种环境试验方法,以证明符合标准的设备能够在各种环境中正常工作。在此简要介绍控制系统部件产品比较常用的环境试验和可靠性试验活动。

(1)高低温试验。高低温试验是为了确定被测系统在外部温度极高或极低情况下的工作能力。

(2)温度冲击试验。温度冲击试验是为了确定被测系统承受温度突然变化的能力。在该试验中,被测系统经受非常低温度的循环,然后在短时间内暴露于非常高的温度。这样的温度冲击可能导致电气性能的永久性改变,并可能导致材料瞬间过载。

(3)高度试验。在飞机上或在高海拔地区使用的设备所受承受的气压与在海平面上不同。这可能导致运行电子设备时增加电晕效应,由于截留气体造成设备故障。该试验模拟高度循环变化的影响,检查被测系统在重复的压力变化下的性能。通常该试验会结合其他环境考核条件(如温度、湿度)。

(4)机械冲击试验。在该试验中受试系统(SUT)将遭受受控的机械冲击,例如模拟的 SUT 跌落试验和 SUT 抗压试验。此外 SUT 可能承受高加速度以验证其机械特性。

(5)振动试验。在该试验中 SUT 被以各种方式施加振动(例如,环境和气候3轴、随机、正弦、共振跟踪和驻留)。此类试验模拟预期 SUT 的寿命期承受条件,并验证系统是否能够承受其预期用途下的苛刻环境。

(6)高、低湿度试验。在该试验中 SUT 承受过量的湿气,以确认 SUT 不会由于腐蚀和氧化而损坏。此外,SUT 还要承受非常低的湿度,以确认 SUT 不易损坏。类似的,将 SUT 承受高湿度以验证互相靠近的部件不会受到高静电放电条件的损害。

(7)潮湿的环境试验。在该试验中 SUT 将承受典型的潮湿环境,这些潮湿环境通常会在暴露的地点以及海上船只中遇到。这些环境还包括雨或冻雨、风、结冰条件、盐雾和盐末。试验的目的是检查确认 SUT 工作正常,并且没有生锈、腐蚀或断裂。

(8)霉菌试验。暴露在温暖或潮湿的环境中的产品会受到多种霉菌的攻击,可导致电子部件的电气短路,以及机械故障和外部表面的变色。此外霉菌可能影响人员健康。在该试验中 SUT 暴露在有霉菌存在的温暖、潮湿环境中,以观察霉菌是否会在 SUT 上生长。

(9)沙尘试验。扬尘和扬沙存在于世界上任何地方和普通工业环境中。产品需要进行试验以确认其忍受污染或因为暴露而产生的磨损的能力。在该试验中,SUT 暴露在这样的条件下,以验证正常工作的条件和对表面保护相关要求的符合性。

（10）电磁干扰/电磁兼容性（EMI/EMC）试验。SUT 的 EMI 辐射环境试验,测量 SUT 辐射的电磁能量级别和频率,评估其对现有的辐射要求和标准的符合性。测试 SUT 的电磁兼容性涉及确定其能够在主流的电磁频谱范围内工作的能力,以及在预定的电磁干扰水平下执行预期功能并且不存在不可接受的降级的能力。

（11）爆炸性试验。爆炸性试验确认部件、子系统或系统在危险气体（例如氧和氢）存在的条件下安全运行的能力。该试验可以结合温度和高度变化进行组合。试验中 SUT 被放入一个包含相关危险气体的试验舱中,其目的是验证 SUT 产生的火花是否会引起爆炸。

（12）高加速寿命试验（HALT）。HALT 过程的意图是使 SUT 承受大大高于预期使用环境的应力条件,以确定其运行及破坏的极限条件。它采用一步步的环境参数循环（如温度、冲击和振动）模拟加速的现实运行环境。HALT 的目的是在相对较短的时间内,确定 SUT 是否能够承受寿命期的环境应力而不会失效。

（13）高加速应力筛选（HASS）。HASS 是一个相当专业的环境筛选程序类型。它采用与 HALT 类似的环境应力,但其意图并非损坏 SUT。其目的是选出由于设备缺陷或制造瑕疵而导致的故障部件（主要应用于电子类系统）。HASS 应用了统计学的"浴盆现象",该现象揭示部件故障率在生命早期较高,一旦暴露了所有的天生缺陷,故障率将下降到一个相对稳定的低水平（图 2.6）。

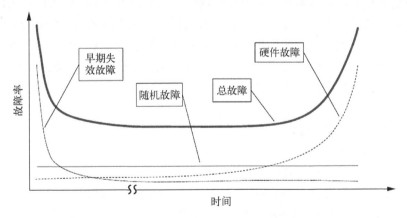

图 2.6　浴盆曲线:故障率与累计工作时间的关系

2.3.6　产品质量评审

产品质量评审的目的是通过对研制的产品质量及其制造过程的质量保证工作作出综合评价,确保交付的产品质量达到规定的要求。

评审的主要内容如下:

(1)产品功能、性能、可靠性、维修性、保障性、安全性、测试性和环境适应性是否达到技术协议、合同和需求规定的要求;

(2)产品性能的一致性和稳定性;

(3)产品技术状态控制情况;

(4)偏离、超差(含原材料、元器件)的控制情况,器材代用、紧急放行等的控制情况;

(5)关键过程、特殊过程的控制情况;

(6)缺陷、故障的分析、处理及质量问题归零情况;

(7)采购产品质量控制情况;

(8)新工艺、新技术、新器材、新设备及技术攻关成果的采用情况;

(9)设计评审、工艺评审等遗留问题的处理情况;

(10)质量保证、"六性"等管理计划执行情况;

(11)产品质量证明文件和质量记录的完整性;

(12)产品质量检查确认情况(必要时);

(13)产品经济性。

2.4 集成阶段的 VVT 活动

系统集成阶段的目的是将系统部件或子系统综合为一个完整系统。集成包含一系列将系统部件以有序方式组合到一起的计划任务和活动,同时确认部件之间的关系与架构一致。控制系统集成阶段 VVT 活动主要包括电子控制器与软件的集成测试(HIL)、执行子系统集成测试、控制系统的集成测试(半物理模拟试验)、控制系统装发动机的集成测试等。

2.4.1 电子控制器硬件在回路测试

电子控制器在回路(HIL)仿真时电子控制器和控制软件为真实产品,通过建立发动机、执行机构、传感器等虚拟模型构成发动机控制系统测试场景。

使用电子控制器在回路仿真测试,可以让系统开发人员将电子控制器置于等同于试飞和试车台条件的虚拟环境中进行测试。这种方法大大降低了成本和风险,并减轻了测试资源和人力资源的负担。正因为如此,电子控制器在回路仿真可以做得比较完整和深入,不仅可以仿真正常工作情况,还可以仿真超温、超转等非正常的工作情况,能对电子控制器硬件和软件的共同工作进行全覆盖仿真测试,验证其设计的正确性。

HIL 测试设备与电子控制器测试设备的构建目标有所不同,由于要构成闭环仿真,传感器模拟器要接收发动机模型输出的转速、温度、压力等信号并将其转换成与电子控制器相匹配的电信号,输入到电子控制器。执行机构模拟器接收电子控制器燃油流量、位置等输出电信号,模拟计量活门、喷口、导叶等位移的 LVDT 信号,输入到电子控制器并构成位置闭环;执行机构模拟器还要模拟燃油流量特性,输出燃油流量和执行机构位置到发动机模型,构成转速、压比等闭环。因此 HIL 更强调模拟设备的动态特性,模拟设备不能带来附加的动态环节。发动机模型计算机要采用实时操作系统,发动机模型一般为部件级模型,采用多次迭代的解算方法,因此要有足够的运算速度保证发动机模型能实时运行。

HIL 设备软件应具备脚本语言能力,通过脚本语言编写测试用例,自动运行测试用例进行自动测试,有利于大量测试用例的执行以及回归测试。

HIL 测试属于黑盒测试,通过设计不同的测试用例,测试电子控制器在环状态下控制系统的控制功能、控制性能、故障诊断与故障处理的能力等,从而测试电子控制器与控制软件集成后是否存在故障和问题。测试用例包括发动机停车、起动、稳态、加减速、加力、超限等不同工作状态及不同飞行条件的组合,以及各种硬故障、软故障的模拟。测试应覆盖所有相关需求。测试用例应给出期望值及合格标准,从而可以清楚地判断测试是通过还是失败。

2.4.2　执行子系统的集成测试

本活动的目的是在与其他子系统集成之前,在单独的配置下确认每个子系统。可以认为这是子系统的一种接受测试。这样的确认是为了确定子系统的要求是否得到满足,并进一步完整考核子系统,以确定在什么条件下其可能出现故障以及故障的表现是什么。

在全系统物理集成之前,对主燃油、加力燃油、导叶、喷口等位置伺服作动子系统进行测试和确认。通过子系统试验,确认子系统的功能和性能满足系统要求,对于复杂的子系统,要在专用的试验设备下对子系统进行测试和确认。对于简单的子系统可以在半物理模拟试验器上进行。

子系统单独地测试和确认是重要的,因为在这样的配置下,很多输入可用于摄动分析,与更多的输出可展示子系统的实际行为。因此,该活动可以显著改善集成系统的可靠性和有效性。不应过早地将子系统集成到最终系统配置中,并在最终配置下开展测试可能轻易掩盖子系统存在的内部缺陷。

子系统测试的主要内容包括子系统的功能、性能、特性、故障状态等,测试应覆盖所有相关需求。测试用例应给出期望值及合格标准,从而可以清楚地判断测试是通过还是失败。子系统的动态性能测试很重要,较好的动态性能可保证控制系统有足够的稳定裕度和系统性能。子系统动态测试一般采用阶跃响应的方法,也可以采用频率特性的测试方法。由于执行机构特性不一定是线性的,因此需要在不同转速和不同位置上分别进行测试。

2.4.3　控制系统的集成测试

开展控制系统集成测试是为了证实系统中定义的系统需求得到了满足。通过评价系统性能从而评估系统整体的完整性、功能性、可操作性以及对已定义需求的符合性。

控制系统的集成测试一般通过控制系统的半物理模拟试验进行。控制系统半物理模拟时，只有发动机采用虚拟模型，控制系统几乎全部采用真实产品构成发动机控制系统集成测试场景。

半物理模拟试验器主要由电传系统、燃油系统、气压模拟系统、温度模拟系统、伺服作动及负载模拟系统、水冷却系统、润滑系统、发动机数学模拟系统、故障模拟系统、设备监视控制与数据采集系统等部分组成，与电子控制器、燃油泵及执行机构、传感器等控制系统部件共同构成半物理模拟试验场景。由于有些传感器的真实场景构建代价太高，如涡轮后温度传感器，构建其可控的高温、高速气流场景是十分困难的，因此温度模拟系统一般不用传感器实物，而用模拟其电特性信号的方法替代。

与电子控制器在回路仿真相比，控制系统大多数部件都参与了半物理模拟试验，因此半物理模拟试验比电子控制器在回路仿真更加真实，通过半物理模拟试验，验证系统各部件的功能和性能，验证各部件间的匹配性，验证控制系统的功能和性能，验证控制系统的故障诊断和处理能力，验证控制系统超限保护能力，验证控制系统的稳定裕度等。

半物理模拟试验将在很大程度上降低风险，这是由于它能够在系统生命周期提供一个可测试接口符合性和互操作性能力的平台，从而降低了在系统生命周期后期的测试中（例如在破坏性试验、飞行试验、系统之系统测试中）出现故障的风险。

半物理模拟试验包括地面标准状态模拟试验、全飞行包线的半物理模拟试验、故障模拟试验、稳定裕度试验等内容。

2.4.4　控制系统装发动机的集成测试

本测试的目的就是要在装发动机真实的环境下测试控制系统的功能、性能、一般质量特性等是否满足发动机需求。

尽管控制系统在部件试验阶段已经过各种试验，但是模拟的环境与安装在发动机上总是存在差距，由于发动机模型建模的误差、负载条件的不一致等原因，控制系统还有许多问题需要在发动机试验阶段来验证和解决。发动机试验一般包括发动机地面台试车、发动机高空台试验、发动机飞行试验。

发动机地面试验是验证控制系统与发动机的匹配性、兼容性,验证控制系统的功能和性能,验证控制系统的装发动机环境下的可靠性,验证控制系统的故障诊断和故障处理及容错控制能力。

发动机高空台试验是发动机试飞前必须要试验的项目,对控制系统而言,也是非常重要的试验,由于发动机高空模型的误差,全飞行包线是否能稳定,是否满足稳态和动态性能要求,都需要通过高空台试验来验证。即,通过发动机的高空试验,在全飞行包线内验证控制系统与发动机的匹配性、兼容性,验证控制系统的功能和性能。

由于高空台试验与飞行试验还是存在较大差异,通过试飞,对发动机包括控制系统进行调整,在飞行包线内,装飞机的条件下验证控制系统的功能和性能、验证控制系统与飞机系统的兼容性和匹配性。

在上述试验中,要对控制系统的各种参数进行测试,因此,发动机试车台、高空台、试验飞机都要根据控制系统的测试要求,构建测试系统。

2.5　鉴定阶段的 VVT 活动

系统鉴定阶段的目的是对集成的原型系统开展正式的运行测试,以确保系统经鉴定试验后,性能达到批准的技术指标和使用要求,符合标准化、系列化、通用化的要求,设计图样及技术文件完整、准确,验收技术条件及使用说明书齐备,产品配套齐全,所有配套设备、零部件、元器件、原材料等质量可靠,有稳定供货来源等。理想情况下,在系统鉴定阶段,不再允许有进一步的构建活动。通常系统鉴定测试是在真实(而非模拟的)环境中对目标系统开展。但一些参数在实际系统中难以测试或有风险时,可以在虚拟的模型上执行部分验证。如系统仿真设备、半物理模拟试验设备等。

鉴定阶段的 VVT 活动包括制定鉴定试验方案、编制试验大纲、开展鉴定试验、开展系统认证和鉴定等活动。

2.5.1　制定鉴定试验方案

本活动的目的是制定一个鉴定试验方案,指导鉴定试验过程,使系统和产品按预期完成鉴定试验工作。

试验方案的主要内容包括以下几点。

1. 试验应具备的条件

(1) 被试品应是完整的合格产品,技术状态已确定;

(2) 研制总要求、研制规范、技术说明书、使用维护说明书等技术文件齐全;

(3) 试验设备和测试仪器经过检定合格,精度等指标满足试验要求;

（4）试验场地与参试人员等保障条件满足试验要求。

2. 试验顺序

试验实施一般按下列顺序,也可视情况做适当调整:

（1）先静态试验,后动态试验;

（2）先室内试验,后室外试验;

（3）先技术性能试验,后战术性能试验;

（4）先单项试验,后综合试验;

（5）先地面试验,后飞行试验;

（6）电磁兼容性、可靠性、维修性等试验贯穿始终。

3. 试验中断与恢复

试验过程中,主要功能或战术技术指标达不到要求;出现影响性能和使用的重大技术问题,短期内不能解决;出现重大安全责任事故等问题应履行相关程序中断试验。

造成中断的技术或其他问题得到解决,可履行相关程序继续完成试验。

4. 试验数据录取和处理

试验数据的录取和处理,主要包括下列内容:

（1）被试品及附件的名称、编号、生产批号;

（2）试验日期、环境条件、试验项目;

（3）试验详细内容,包括测试项目和观测项目;

（4）试验故障现象和次数,故障原因,排除方法和排除时间;

（5）记录数据的存储介质,均应现场统一编号,并与记录表格严格对应;

（6）试验数据处理应满足指标的精度要求。

5. 试验大纲与试验报告

鉴定试验前应按相应标准编制试验大纲并得到批准,试验后按相应标准编制试验报告。

6. 试验项目

列出每一个产品及系统的试验项目及试验的主要科目,一般包括产品的功能与性能试验、产品耐久性试验、电磁兼容性试验、环境试验、燃油污染试验、产品"六性"试验和验证等项目。

7. 试验内容和方法

描述产品试验项目的试验内容、试验方法及试验结果评定准则。

2.5.2　编制鉴定试验大纲

试验大纲要按照研制需求和相关标准来编制,并得到相关批准后用于指导具体的鉴定试验。每一个产品或系统的每一项试验,都需要编制一份试验大纲。视情也可以按产品或试验类型进行合并编制。

试验大纲应满足考核产品的技术指标,使用要求和维修保障要求,保证试验的质量和安全,贯彻有关标准的规定,内容通常应包括以下几点。

(1)编制大纲的依据:研制要求和相关标准为依据。

(2)试验目的和性质:试验目的是考核产品的功能、性能以及环境适应性或可靠性等是否满足相关要求,可作为定型的依据。试验性质是指该项鉴定试验用于设计定型和其他目的。

(3)被试品、陪试品、配套设备的数量和技术状态:描述被试品、陪试品和配套设备的名称、型号、数量及技术状态,被试品应为鉴定(定型)技术状态。陪试品和配套设备的技术状态应不影响鉴定试验的有效性。

(4)试验项目、内容和方法(含可靠性、维修性、测试性、保障性、安全性实施方案和统计评估方案):要描述测试类型(如功能测试、接口测试、定时测试、非法输入测试、最大能力测试等)、测试方法以及选择该方法的理由(如系统集成测试、地面台架测试、飞行测试等)。

(5)主要测试、测量设备的名称、精度、数量:试验、测试、测量设备都要检验合格并在有效期内,仪器仪表要经过校准。

(6)试验数据处理原则、方法和合格判定准则:确定和描述测试中和测试后所需记录、提炼和分析的数据,数据的处理原则和方法,试验合格判定准则。

(7)试验组织、参试单位及试验任务分工。

(8)试验网络图和试验的保障措施及要求。

(9)试验安全保障要求。

2.5.3 部件和系统鉴定试验

1. 鉴定试验项目

1)电子电气类产品

以电子控制器为例来说明电子电气类产品鉴定试验项目。电子控制器鉴定试验项目一般包括功能性能试验、环境适应性试验、电磁兼容性试验、可靠性试验、寿命试验等类型,试验项目如表 2.2 所示。传感器类产品试验项目与此类似。

表 2.2 电子控制器鉴定试验项目

序　号	试 验 项 目	
1	功能性能	功能性能试验
2		电源特性试验

续　表

序　号	试　验　项　目	
3		低温试验
4		高温试验
5		低气压试验
6		温度-高度试验
7		温度冲击试验
8		结冰试验
9		加速度试验
10		冲击试验
11	环境	振动
12		霉菌试验
13		湿热试验
14		盐雾试验
15		砂尘试验
16		淋雨试验
17		流体污染(喷淋)试验
18		爆炸性大气(防爆)试验
19		超温过热试验
20		电磁兼容试验
21	电磁	静电放电
22		雷电感应瞬态敏感度试验
23		HIRF 试验
24	可靠性	可靠性试验
25	寿命	寿命试验(有寿件按需进行)

　　2) 燃油泵及液压机械类产品鉴定试验项目

　　燃油泵及液压机械装置试验包括功能性能试验、环境适应性试验、电磁兼容性试验、模拟工作试验和寿命试验等类型试验项目,一般如表 2.3 所示。

表 2.3　燃油泵及液压机械装置鉴定试验项目

序　号	试　验　项　目	
1	功能性能	功能性能试验
2	环境	低温试验
3		高温试验
4		低气压试验
5		温度-高度试验
6		温度冲击试验
7		加速度试验
8		冲击试验
9		振动
10		炮振试验
11		霉菌试验
12		湿热试验
13		盐雾试验
14		砂尘试验
15		淋雨试验
16		流体污染(喷淋)试验
17		爆炸性大气(防爆)试验
18	电磁	电磁兼容试验可以与系统一同考核
19	模拟工作试验	模拟飞行任务工作循环试验,包括加速老化试验、模拟 300 h 高温持久试验、400 h 室温持久试验,其中清洁燃油室温持久试验、污染燃油室温持久试验各进行 200 h
20	耐久性试验	低温贮存试验-加速老化试验-高温试验-室温持久试验-低温试验-振动试验

3）控制系统鉴定试验项目

在部件鉴定试验后或同时,控制系统也要开展鉴定试验,控制系统鉴定试验项目一般如表 2.4 所示。

表 2.4　控制系统鉴定试验项目

序号	试 验 项 目	试 验 目 的
1	系统电磁兼容试验	考核控制系统电磁发射是否超过标准； 考核控制系统在各种电磁强度下的工作能力
2	系统雷电防护试验	电缆束感应，多冲击、脉冲群波形试验条件下考核系统正常工作能力
3	燃油系统污染试验	燃油在规范要求的污染条件下，油滤完全旁通后，考核控制系统的工作能力
4	系统高强度辐射（HIRF）试验	系统在高强度辐射条件下，考核系统的正常工作能力
5	系统 HIL 仿真试验	电子控制器在回路条件下，考核控制系统的功能和性能及故障处理能力
6	系统半物理模拟试验	控制系统主要部件在回路条件下考核控制系统的功能、性能及故障处理能力
7	地面台架试车	跟随发动机地面性能试验、耐久性试验，考核控制系统的功能、性能和"六性"
8	高空台试验	跟随发动机高空台试验，考核控制系统的功能、性能和"六性"
9	鉴定试飞	跟随发动机鉴定试飞，考核控制系统功能、性能和"六性"

2. 试验前准备状态检查

在完成各项试验准备工作后，按规定的内容进行试验前准备状态检查，检查的主要内容如下：

（1）试验文件齐备情况；

（2）试验件（含软件）状态；

（3）参试用仪器仪表状态；

（4）参试设备、工装状态；

（5）基础设施保障情况；

（6）试验用计算机支持软件归档情况；

（7）质量控制状态；

（8）产品安装状态；

（9）试验环境条件；

（10）软、硬件匹配试验环境检查；

（11）岗位责任制；

（12）安全风险控制。

3. 试验前评审

按相关规定要求，要对试验产品、试验设备、技术文件、关键质量控制点的适宜性、一致性、符合性、安全风险等进行评审。定型(鉴定)试验根据客户评审要求开展试验前评审。对评审过程中发现的问题,实施整改并验证其实施效果的有效性,经批准后方可进行试验。

4. 试验实施

1) 试验控制

对试验现场控制要求如下:

(1) 试验现场应有经批准的试验卡片;

(2) 按照试验大纲要求,在试验现场,试验产品及其专用工具、测试设备应配套齐全;

(3) 应识别试验过程中的关键过程,并按规定要求进行控制;

(4) 明确试验内容、步骤、主要限制参数、监控参数和应急措施;

(5) 试验过程按要求落实规定的安全要求,加强现场安全监控。

2) 试验操作

操作要求如下:

(1) 按照试验大纲、试验卡片、试验程序、试验规程、操作规程等逐项进行试验内容,重要试验由试验小组统一指挥,保证指挥的正确性、一致性;

(2) 参试人员作好记录,保证数据准确、可靠、完整;

(3) 顾客要求时,应邀请顾客或其代表参加试验;

(4) 重要试验中有重复性或系列试验组成的试验、分阶段进行的试验,在前项试验结束后,要进行结果分析,发现问题及时处理,在给出明确结论后方可进入下一阶段试验。

3) 试验调整

重要试验需要调整试验大纲中规定的试验项目内容或者步骤顺序时,应经过原审批部门批准,方可按调整后的要求进行试验;当顾客要求控制的试验项目需要调整时,应征得顾客或其代表的同意。调整试验方法等其他内容时应对试验大纲进行更改。

4) 试验后的计量确认

重要试验完成后,要进行试验设备、测试设备和专用测试设备的计量确认,核实计量设备是否仍在有效期内、试验过程中是否出现过问题,若出现问题,是否得到解决;涉及影响测量结果有效性时,要进行有效性评定,确保试验数据准确,试验结果有效。

5) 问题处理

要求如下:

(1) 重要试验过程中发生的故障,应根据故障性质按规定流程处理,并进行故障分析,实施归零管理;

（2）异常情况引起中断试验须待原因分析清楚,提出可行的解决方法并进行处理后,在保证参试人员、试验件及试验设备安全的前提下,经批准同意后方可再进行试验;

（3）对被试产品发生的故障,按试验大纲中的规定进行管理、记录,在信息系统中填写问题信息,按相应流程处理。

6）试验结果分析处理

试验结束后,按试验大纲要求对试验数据进行处理与分析,形成试验报告(记录)。报告的内容一般包括:

（1）被试品全貌照片;

（2）试验概况;

（3）试验内容和结果;

（4）试验中出现的主要问题及处理情况;

（5）结论;

（6）存在问题与建议。

7）试验总结

总结报告的内容一般包括:

（1）试验是否达到试验任务书和试验大纲的要求;

（2）试验数据质量评价;

（3）试验结果处理及处理办法;

（4）试验结果分析与评价;

（5）故障分析与处理情况;

（6）产品设计改进建议;

（7）试验过程安全风险控制的有效性。

5. 试验结果评审

在完成试验后,对试验结果满足试验任务书要求的适宜性、有效性进行评审;同时应邀请顾客或其代表参加评审。

2.5.4 评估系统可测试性、可维护性和可用性

本活动旨在评估系统的可测试性、可维护性和可用性。可测试性用来表示测试一个规定系统的难易程度。可测试性的一种严格的表述是在规定的"测试背景"下,系统便于测试的程度。

控制系统硬件和软件包含大量部件,但只有有限数量的输入和输出。这带来了一些问题,由于这些部件的输入和输出必须通过许多中间部件,因而难以控制具体部件并观察其行为。图2.7描绘了这种现象:到部件A的输入1和到部件B的输入2是完全可控的,但当我们前进到其他部件,对输入的控制越来越难。同样,

部件 C 生成的输出 1、部件 G 生成的输出 2、3、4 是完全可观察的;然而,来自其他部件的输出越来越难以观测。

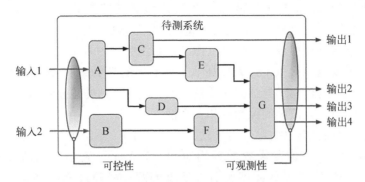

图 2.7　控制的输入和 SUT 的可观察输出

系统可测试性的定量测量是相当困难的。控制系统可通过"突变检测"评估可测试性。故障可以物理地插入系统(例如,可以设置断线、短路开关,可以从原位移除部件、电路板或电缆,开关可以被设置成错误的位置),然后测试该系统。该测试集合的故障检测能力提供了系统可测试性的粗略估计。对于软件,可以使用能自动生成变异程序的工具。这些工具可以创建"变异的软件程序",运行测试集合并计算软件程序的可测试性。此外,这种方法能够显示出需要更详细测试以消灭潜在隐藏故障的硬件和软件区域。

可维护性被广泛理解为易用性,即系统能够被修改以纠正缺陷、满足新的要求(包括对环境变化的应对)的便利性。良好的可维护性意味着在特定时间内,所有预防性和修复性维护活动较低的平均持续时间。

评估以下标准验证系统的可维护性:

(1)可见性。验证系统设计是否考虑了维护可见性,即维护人员可以最大限度地看到系统部件。一般情况下,视线受阻的部件检查会增加系统的停机时间。

(2)可达性。验证系统设计考虑了维护可达性,从而在维修时可以方便地接触到部件,这将极大地降低维护时间。当可达性差时,拆卸部件或子系统后,常常会因为错误的安装而导致发生其他故障。

(3)简易性。验证系统设计考虑了维护简易性。例如验证系统是否由合理的较少数量子系统构成,每个子系统由较少的部件组成,只要有可能,这些部件应是标准的而非专用的。系统的简化减少了备件投入,增强了维修排故的有效性,降低了系统的总体成本,同时提高了其可靠性。有维护简单性设计的系统也能够减少维护培训成本,因为维护需要的技术人员的数量和技能水平与系统的维护复杂性相关。一个易于维护的系统通常可以由维护人员迅速地恢复服务,从而增加了系统的可用性。

（4）互换性。验证系统设计提供了维修互换性。也就是说，在系统的不同部分使用相似的部件，可以按需用相似的部件进行更换。这种系统设计带来的使用灵活性，通常减小了维护过程的范围，因此降低了维护成本。由于使用了标准部件，互换性使得系统能够以最小的相关成本进行数量扩充。

（5）人员因素。验证系统设计考虑了在系统维护中需要考虑的人员因素。验证系统设计者确定了提供维修人员高效工作空间的必要需求，并且设计不包含阻碍或阻止维护者身体移动的结构和设备特点。这一评估的益处包括更短的维修时间、更低的维护成本、改善的保障性和安全性。

可用性评估在实践中，可以通过以下参数来计算"系统可用性"：① 系统发生故障的平均频率；② 修复需要的平均时间。第一个要素由平均故障间隔时间（MTBF）来衡量，代表了其使用寿命内系统的两次故障间隔的平均时间。计算MTBF 的前提假设是系统每次故障，都会立即进行完全修复并恢复服务。

第二个要素由平均修复时间（MTTR）来衡量。这是修复故障并恢复设备达到可以执行预期功能状态的平均时间。MTTR 考虑了正确识别故障花费的时间，以及获得维修人员和备件所需的时间。更严格的和有用的指标是平均停机时间（MDT），即系统无法工作的平均时间。这包括投入到修理、纠正和预防性维护，以及任何附加的后勤保障或管理延迟的时间。

由于没有一致的可用性的准确、定量定义，可以采用以下量化的系统可用性定义，也就是系统工作时间与总时间的比值，其中分母总时间可分为工作时间（正常运行时间）和停机时间。则支撑系统可用性的是系统设计的可靠性和可维护性，不过其他后勤保障因素也有着重要作用。如果这些特性、保障因素和系统的运行环境是不变的，那么可以容易地计算稳态下的可用性指标。下面的公式描述了三个可修复系统稳态可用性计算的概念。

（1）固有可用性。系统可用性假设：只在系统故障时进行纠正性维修。

$$固有可用性 = \frac{MTBF}{MTBF + MTTR}$$

（2）可达可用性。系统可用性假设：纠正性和预防性维修措施同时实施，并且现场具备所有后勤保障条件，如备件、人力资源和技术知识。

$$可达可用性 = \frac{MTBMA}{MTBMA + MMT}$$

（3）使用可用性。系统的可用性假设：纠正性和预防性维修措施同时实施，并且遭遇平均的保障延迟。

$$使用可用性 = \frac{MTBMA}{MTBMA + MDT}$$

相关的系统生命周期维护术语缩写含义如表 2.5 所示。MTBF 值可以从类似的已服役系统或通过系统的可靠性分析得到。MTTR 或 MDT 值,也可以从类似的已服役系统得到,或者通过注入各种硬件故障,并执行设计的运行场景以测量所需的修复时间而获得。此外,还可以使用随机仿真模型来评估系统故障的概率,从而估计上述变量。

表 2.5　系统生命周期维护时间的含义

术　语	含　义
MTBF	平均故障间隔时间
MTTR	平均修复时间(只针对修复性维修)
MTBMA	平均维护操作时间(针对修复性和预防性维护)
MMT	平均维修时间(纠正和预防性维护)
MDT	平均停机时间(包括因维护和后勤延迟造成的停机)

2.5.5　系统认证和鉴定(C&A)

该活动的目的是规划和开展系统的认证和鉴定(C&A)。涉及验证、确认和测试关键系统,以确保其功能正常。

认证和鉴定(C&A)是一个流程,用于确保系统和主要应用遵循了权威机构的正式和既定要求。

认证是对系统的使用和环境相关的技术和非技术特性的综合评估,以确定系统是否满足一系列规定要求。

鉴定是由指定许可机构(DAA)正式声明系统已被许可运行,对于认证过程中发现的剩余风险,采取了一系列规定的安全措施。

参与 C&A 过程的两个关键角色应该相互独立,以确保过程的公平公正。

委任许可专家(DAA)是被授权能够正式宣布系统许可的人员。DAA 为系统基于系统状态、业务案例和可用预算,以可接受的风险运行承担责任。

项目经理(PM)是最终负责整体采购、开发、集成、更改以及系统运行和维护的人员。

当开展 C&A 时,整个系统在正常运行环境中进行评估,这包括系统及其所有部件(如硬件、软件、使能产品)。在正常过程中,系统先被认证,然后经过 DAA 批准从而被鉴定。C&A 被认为是全生命周期的过程。它必须在整个系统生命周期定期开展,从开发到生产、维护,直到系统的处置。

从顶层视角来看,C&A 过程分为四个阶段,如图 2.8 所示。

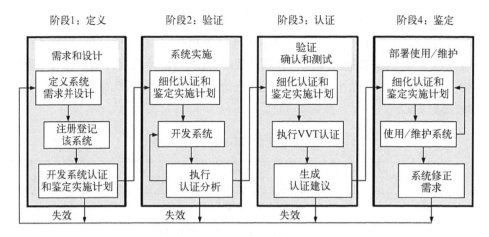

图 2.8　认证和鉴定流程——四个阶段

1) 第一阶段：定义阶段，处理需求和设计活动

（1）定义系统需求并设计。该步骤要求彻底理解系统需求、功能和系统架构，以及潜在的问题、风险和弱点。最后，必须理解该系统的运行环境。

（2）注册登记该系统。该步骤包括确定 DAA，确定参与系统开发、运行、维护和升级的组织。最后，它涉及确认系统 C&A 的范围，估计资金、进度和 C&A 过程所需的其他资源。

（3）开发系统认证和鉴定实施计划（C&AIP）。该步骤是对执行系统 C&A 的正式规划。它将用于在整个 C&A 过程中指导行动、记载决策、说明要求、记载认证的剪裁和工作的层级、识别潜在的解决方案并保持系统功能的正常运行。

系统认证和鉴定实施计划必须由相关利益攸关者协商和批准。要注意的是，如果在任何阶段系统无法获得批准进入下一个阶段，它需要返回初始阶段开始重新设计。

2) 第二阶段：验证阶段，处理系统实施活动

（1）细化系统认证和鉴定实施计划（C&AIP）以反映系统的当前状态。

（2）严格按照系统认证和鉴定实施计划开发或更改系统，以确保系统正确开发。

（3）执行认证分析。该步骤包括系统架构分析、硬件和软件设计分析、完整性分析、生命周期管理分析和脆弱性评估。有时这种认证分析不通过，则系统必须进一步开发或修改。而如果这个认证分析获得通过，则检查系统是否已准备好进行认证。如果准备好则流程进入第三阶段——认证阶段。否则返回到第一阶段——定义阶段。

3) 第三阶段：认证阶段，处理验证、确认和测试活动

（1）细化系统认证和鉴定实施计划（C&AIP）。该步骤包含更新以反映变更和

系统的当前状态,同时要确保 C&AIP 的所有规则适用于开发的系统。最后,征求各有关方面的批准。

(2)执行 VVT 认证。该步骤包括系统功能性的验证、确认和测试,以及系统管理分析。此外,该过程还包括环境接口鉴定调查、应急预案评估和风险管理评审。

(3)基于上述 VVT 认证结果制定认证建议。该步骤需要创建一个文件,包含所有系统认证过程的发现,以及对系统认证的建议。如果提出了鉴定建议,DAA 可以决策是否鉴定系统。如果没有建议鉴定,则返回到第一阶段——定义。

4)第四阶段:鉴定阶段,处理部署、使用和维护活动

(1)回顾系统认证和鉴定实施计划(C&AIP)以确保其仍然适用,并保持及时更新。如果该计划必须被更新,那么所有更改必须获得 DAA 和 PM 的批准。

(2)在全生命周期使用系统、持续开展系统维护、系统管理运营以及应急规划。在任何适当的时候回顾系统认证和鉴定实施计划(C&AIP),以验证其在任何时刻的适用性和正确性。

(3)每当要求系统更改时,例如通过变更请求的方式,则系统的变更请求必须首先经由 DAA 和 PM 审查和批准。批准后则系统认证和鉴定实施计划(C&AIP)需求作废,流程必须回到第一阶段重新开发。如果变更请求未获批准,则系统运行必须不间断地继续进行。

2.6　生产与使用维护阶段 VVT 活动

2.6.1　生产阶段 VVT 活动

系统生产阶段的目标是实现完整系统的适量再生产。系统生产阶段的 VVT 活动旨在验证来料零部件和子系统的质量、确认生产流程,并持续进行生产质量控制。对生产阶段的 VVT 活动简要介绍如下。

(1)功能和物理配置检查。功能配置检查的目的在于正式确认配置项、运行及支撑性文件是否完成并完全符合要求,并且每个配置项都达到了功能或分配配置说明所细化的性能与功能特性要求。物理配置审查的目的是对一组指定配置项进行技术检查确认是否每个配置项的构建都符合技术文件的定义。

针对复杂零部件、子系统或系统,物理配置审查将开发出的配置项与其设计文件进行对比,以确保其物理特性和接口符合产品规范。此外,通过质量保证活动,物理配置审查确认文件规定的验收测试要求是否适用于某配置项生产个体的验收。物理配置审查包括对用于硬件配置项生产的工程图、规范、技术数据和测试的详细审查,以及用于生成软件配置项的设计文档、表格和手册的详细审查。评审应包括对已发放工程文件和质量控制记录的审查,以确认这些文件是否反映了软硬

件的配置。对于软件来说,物理配置审查评审内容必须包含软件产品规范和软件版本说明。

(2)制定首件检验流程。此步骤目的是制定首件检验流程。首件检验提供客观证据来证明所有的工程设计和规范要求得到了正确理解、说明、验证和记录。因此,检验一经顺利完成,系统生产便可开始。

首件检验验证材料、流程、产品、服务或活动是否满足规定要求,是保持高质量的必要行动。首件检验可以视为对生产阶段制造的首件产品的分析,以确认构型和流程配置的正确性。首件检验可以帮助组织确认并审查设计特性、零件加工、引用证据、图纸要求和产品规范等文件的正确性。

(3)确认生产线测试设备。本活动的目标是确认生产线测试设备的状态,并对测试设备进行定期校准和测试,以降低生产线故障的风险。

生产线测试设备的校准和确认应作为生产流程的一部分定期开展。生产线测试设备是指对产品和过程进行测量的物理设备,从而为可能的流程更改决定提供信息闭环。测试设备的确认可归类为策略风险降低措施,必须认真实施以便优化确认过程。测试设备需要考虑的主要技术特性有:可靠性、维护性(校准)、精确度、稳定性、安全性,测试设备必须在实际生产条件下校准和测试。建议由外部实验室校准最关键的精密设备(如仪表)。

(4)确认外来部件和子系统的质量。本活动目的是在用于系统制造之前,确认外来材料(即用于制造流程的详细目录)、部件或子系统是否符合规范要求。

在集成到系统之前材料、零部件和子系统必须经过检查,因为系统质量十分依赖其部件质量。检查接收的零部件和子系统是为了确认它们是否符合规范要求。本活动能够降低成本,这是由于如果在后期的生产线上发现故障系统,将导致昂贵的纠正措施。

(5)开展首件检验。此项活动旨在客观地证明适用于生产线生产的首件产品的全部工程设计与规范要求得到了正确理解、解释、确认并有据可查。

首件检验应根据上述的首件检验计划执行。如上所述,首件检验过程包含一个完整、独立且有记录的物理和功能检查过程,以确认规定的生产方法生产出了完全符合既定规范的首件产品。

应在生产设备上完成首件生产,并采用批量生产会使用的生产流程。在每次大的设备或设计更改之后,以及产品、部件、子系统或系统出现明显的质量下降之后,应当重复开展首件检验。

检查记录和数据应当确定设计数据要求的每项特征和功能、容差限制以及实际测量尺寸,并作为客观证据证明每项特征和功能得到检查和接受。如果要求测试,出于相同目的同样要记录测试参数和结果。

(6)确认试制流程。本活动的目的是尽可能保证试生产产品和流程的质量确认,并确保其符合国内外规章。

对试生产产品质量和流程的确认必须遵循一系列规则,这些规则源自系统规范,有时源自现行的国内外规章。其意图是在全面生产开始前确认生产系统。具体而言,就是在生产线建设完成后第一时间对产品质量和生产流程进行确认。

(7)确认进行中的生产流程。本活动的目标有三个方面:连续监视和确认生产工具和流程;评估减少生产周期时间和成本的途径和方法;持续评估生产的产品和系统,以确保其达到规定要求。

在生产阶段,应持续评估生产工具、生产流程以及生产的产品或系统。其目的是尽早识别故障产品,并不断改进工具和流程。持续的产品修改和改进需要经常升级生产工具和流程。特别是在新版本产品进入生产之前要定制和协调好质量验收程序。

贯穿生产阶段的一个基本原则是应对每个将下线产品的样本进行检测,以验证其性能是否正常。尽管有持续的流程控制,仍然需要上述的检测活动,因为生产产品质量总是存在一定的不确定性。此外,对缺陷产品的故障诊断有利于制定流程纠正计划和改进措施。应当在考虑产品的其他信息源之后决定产品的验证程度。

(8)确认供应链管理。此项活动的目的是确认生产组织的供应链管理。

供应链管理可以定义为对由生产方、制造方、分销商和客户组成的网络的材料、信息与资金流的管理。供应链管理致力于优化生产实体内供应商和生产商之间以及制造商和用户之间原材料、产品和系统的流动。VVT 的目的是确认供应链管理是否根据组织目标、市场与生产预期实现了最优化。

(9)生产质量控制。此项活动旨在对全部相关的生产线进行生产质量控制。

生产质量控制是对各种产品和过程参数进行测量,并评估这些参数是否连续地保持一致。

2.6.2　使用与维护阶段 VVT 活动

系统使用与维护阶段的目标是在真实的预期用户环境中运行系统,并行使其期望目的。在这个阶段,系统需要开展一系列的日常操作活动,这些活动要么通过系统自动执行(如 BIT),要么通过操作和维护人员手动进行(如维护测试等)。这些活动可以是计划中的预防性维护,也可以在故障发生的任何时候开展。在实际开展任何维护活动前,应当对所有维护操作的适当性进行确认。此外,还应确认正接受维护的系统行为是否正常。

系统使用与维护阶段的 VVT 活动简要介绍如下。

(1)确认综合后勤保障计划。此项活动旨在确认系统及其相关元素维护的综合后勤保障计划。

综合后勤保障计划定义了与设备、子系统和系统维护相关的保障要素、管理目标、任务以及事件。VVT活动主要包括确认综合后勤保障管理计划、确认维修、测试与评估、确认供应保障与供给、确认包装、搬运、存储与运输、确认技术数据和数据管理、确认配置管理、确认安装与设施、确认人员与培训、确认资金、确认计算机资源保障等内容。

（2）系统维护测试。此项VVT活动旨在开展进行中系统维护测试，以最优化系统可用性，并在技术、性能、法律、商用和环境参数约束内维持这种可用性。

维护包含了一系列的活动，其目的是维持一个系统、一种使其能够完全发挥自身作用的必要状态。维护关注的是目标系统测试、故障件维修，或在维修费用超过更换费用的情况下对零部件进行更换。此外，需要对维修过程进行合理规划和管理。

维修分为预防性维修和纠正性维修。从VVT的角度来看，预防性维修指检查和测试系统，以确保其按照预期运行，并且确保日常操作与既定的程序和规章一致。而纠正性维修是在系统故障时才进行，VVT是测试系统并定位故障部件，或者可能导致失效的错误操作是否正常。尽管有持续的流程控制，仍然需要上述的检测活动，因为生产产品质量总是存在一定的不确定性。此外，对缺陷产品的故障诊断有利于制定流程纠正计划和改进措施。应当在考虑产品的其他信息源之后决定产品的验证程度。

2.6.3　处置阶段的 VVT 活动

系统处置阶段的目的是在使用寿命结束时妥善处理系统及其元素。系统在本阶段需要被拆除，部分或全部被回收和切碎，并且最终有毒材料必须做无害化处理。大多数系统没有正式的处置需求。但如果系统带有危险材料或其他安全问题，则有专门的与环保、材料回收等级以及报废方式相关的处置要求。

系统处置阶段的VVT活动简要介绍如下。

（1）系统处置计划评估。此项活动旨在从安全性、环境和经济影响以及相关法规方面评估系统处置流程计划。

由于处置阶段是系统生命周期最后的阶段，意味着必须在系统全寿命期考虑部件和系统的处置。

（2）用仿真方法评估系统处置策略。系统处置仿真旨在评估不同处置方案对环境的影响，以及相关的回收水平。最终，将确定一个最优的处置策略，并在本活动中对此策略的最优性进行评估。

可采用仿真途径评估系统处置策略是否最优。这种方式的优点在于仿真条件下比较容易调整输入参数，而对不同处置策略进行真实评估，将会非常复杂耗时，有些时候还会带来危害。

（3）进行中的系统处置流程评价。此项活动旨在验证进行中的处置流程是否符合适用的环境、健康法规和政策。包括确认系统残余部分不含对环境有害物质、处置流程对流程涉及人员的健康和生物不会构成危害、通过回收利用可用的部件和材料实现系统残留价值的最大化。

第 3 章
电子控制器测试和试验

3.1 电子控制器研制概述

3.1.1 电子控制器简介

电子控制器是航空发动机全权限数字电子控制系统的核心部件,它与传感器、执行机构和控制软件一起共同完成发动机控制功能,以控制器为核心的控制系统的示意图见图 3.1。电子控制器主要完成传感器信号采集、信号处理、逻辑运算、输出控制指令驱动执行机构,并与飞机进行通信,以及完成系统故障诊断和健康预测。

1. 电子控制器特点

航空发动机全权限数控系统是飞机的安全关键系统,电子控制器作为发动机控制系统的核心部件,是影响发动机控制功能、性能和安全性的关键,其设计过程必须遵循相应的标准规范,产品一般具备如下特点:

(1) 具有通道冗余功能。为提高系统的任务可靠性,电子控制器一般采用双通道设计,一个通道处于主控状态,另一个通道处于热备份状态。双通道之间可以通过通道间数据链(CCDL)交换数据。当主控通道发生一次故障时,可以切换到备份通道工作。对于部分二次故障,还可以通过数据交换进行系统重构,保持系统控制功能正常或者降级使用。

(2) 具有故障自诊断功能。电子控制器通常具有机内自检测(BIT)功能,可以保证系统在上电过程中、飞行前、飞行中完成故障自诊断与隔离故障。当系统发生故障时可以通过自诊断功能实现故障隔离并通过系统重构或者通道轮转来实现完整的控制功能,同时存储相应的故障代码以便实现快速维修。

(3) 具有发动机异常控制功能。如在发动机发生异常超转时,电子控制器一般具有独立于控制通道的超转保护功能,能够保证发动机降低转速直至安全状态。

(4) 具有高可靠性和环境适应性。产品基本可靠性一般达到数千小时及以上,能够耐受飞行任务中的各种自然气候(如温度、盐雾、霉菌等)及实际安装环境

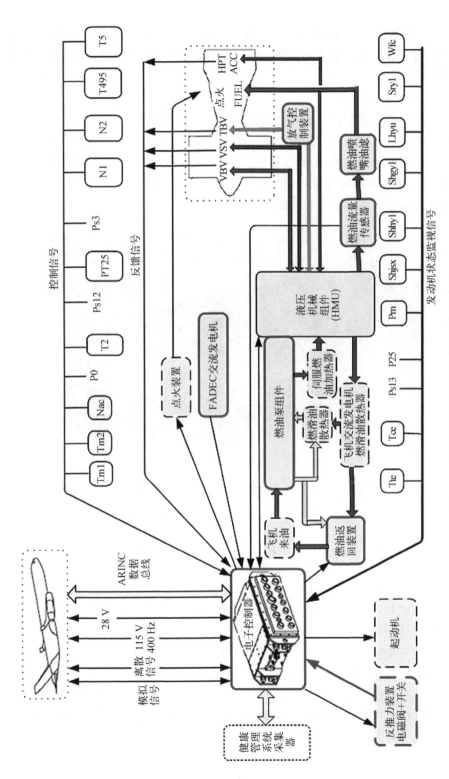

图 3.1　以控制器为核心的控制系统的示意图

（包括力学振动、冲击、加速度等）。产品具有电磁环境效应防护功能，能够耐受飞行系统自身及任务系统所需的各种电磁环境（如电源特性、EMI、EMS、HIRF、雷电、静电放电等）。

　　2. 电子控制器组成

　　电子控制器一般由机箱、减振器、印制线路板、航插电气接口等组成，根据功能需要部分控制器也含有气压接口和冷却介质接口等。印制线路板根据功能需求一般设计有不同的功能模块，主要包括电源模块、各类传感器信号处理模块、运算控制模块、执行机构输出驱动模块、通信总线模块、超转保护模块以及接口母板模块等。电子控制器结构示意图和功能原理框图见图 3.2 和图 3.3。

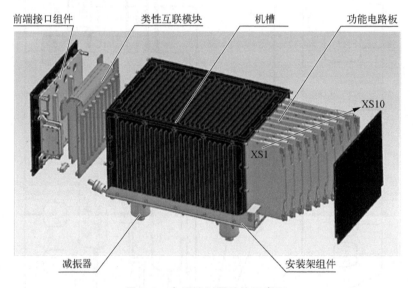

图 3.2　电子控制器结构示意图

　　电源模块功能主要包括飞机一次电源的综合、滤波、过压处理、欠压提升，二次电源的转换、功率分配，传感器激励电源的提供，一次、二次电源的监控和 BIT 检测。信号处理模块功能主要包括各类传感器信号的处理和 BIT 检测、离散量开关信号的处理和 BIT 检测。运算控制模块功能主要包括 CPU 最小系统单元、存储单元、可编程逻辑单元、CCDL 单元、AD/DA 转换单元、数据总线接口单元等。输出驱动模块功能主要包括伺服机构驱动控制、电磁阀驱动控制、离散量开关驱动控制以及输出驱动控制的 BIT 检测。通信总线模块的功能主要包括与飞机之间的数据通信单元、与地面检测装置的数据通信单元、与发参记录设备之间的数据通信单元等。超转保护模块的功能主要包含转速信号处理单元、超转保护逻辑单元以及输出驱动单元等。接口母板模块的功能主要包括电气接口连接、电气接口安全防护等。

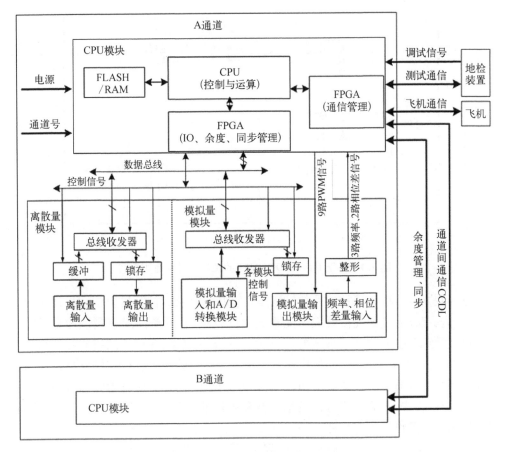

图 3.3　电子控制器功能原理框图

3.1.2　电子控制器的研发流程

依据 SAE ARP 4754A 系统开发过程的分析,航空发动机电子控制器属于安全关键类 A 类电子产品。因此电子控制器作为复杂硬件,其全生命周期的开发过程可以遵循基于 RTCA/DO-254 的复杂硬件的开发过程。基于 RTCA/DO-254 的硬件设计生命周期图见图 3.4。

根据硬件设计生命周期图,电子控制器的确认和验证工作贯穿于产品研发全过程。在产品研发各阶段,包含各类确认和验证活动及方法。在产品定义阶段,主要完成需求验证矩阵、确认验证管理计划、开展建议请求评估、评估产品需求规范、评估风险管理计划、评估产品安全计划、开展产品需求评审、开展产品工程化管理计划评审等。在设计阶段,主要完成优化验证策略、开展产品设计评估、确认产品设计虚拟原型、确认产品设计工具、确认产品设计是否满足全生命周期、开展产品设计评审等。在产品实现阶段,主要完成子部件测试准备、子部件测试报告评估、

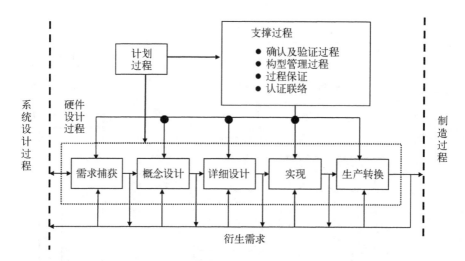

图 3.4　基于 RTCA/DO‑254 的硬件设计生命周期图

开展产品验收测试、仿真性能评估、设计与实现一致性比对、开展验收结果评审等。在产品集成阶段,主要完成开发产品集成测试设备、开发产品集成测试计划、开发产品集成测试文档、确认子系统配置、开展产品集成测试、完成产品集成测试报告、评估 BIT 测试效率、开展产品集成测试评审。在质量验收阶段,主要完成质量验收测试计划、开发质量验收测试文档、开展虚拟测试仿真、开展质量验收测试、开发质量验收测试报告、开展可测试性及维修性和可用性评估、开展环境试验、开展产品鉴定、开展产品设计工程化评审等。

　　验证的主要目的在于确定系统的规范、设计、流程和产品符合需求,验证包括检验、分析、演示和试验。在研发过程中电子控制器的验证流程与全生命周期的其他流程都紧密相关,依据是电子控制器产品规范,验证准则的规范随着需求的确定而产生。验证流程的主要活动包括计划验证和执行验证。电子控制器的验证可以通过测试和试验实现。本章节重点讲述测试和试验的验证方法。

3.1.3　电子控制器验证方法

　　从狭义上讲,测试和试验属于验证、确认的活动,是验证和确认的手段,一般在产品开发的后期进行,如在产品研制、试制生产、交付验收、使用维护阶段等。

　　测试一般可分为白盒测试和黑盒测试(图 3.5)。

　　白盒测试一般在元件级或组件级开展,用于检测产品内部或结构性缺陷。白盒测试的优点在于可以直接高效地找到缺陷点。其缺点主要有以下两点:一是要求测试工程师对产品的元件或组件原理非常熟悉,有丰富的经验和知识,对被测对象要了解透彻;二是考虑时间和成本因素白盒测试很难实现完整测试。白盒测试可分为元件级测试和接口级测试,元件级测试包括装配检测、板级参数检测等,接

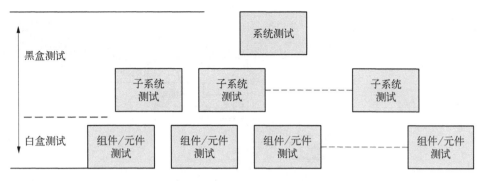

图 3.5　电子控制器测试类别图

口级测试主要检测外部接口物理层、介质参数、接口协议等。

黑盒测试一般在系统级或子系统级开展,属于功能测试或行为测试,用于检测系统功能、性能、可用性、安全可靠性、环境适应性等是否满足产品规范要求。一般通过提供输入信号,然后根据测试规范确认输出是否满足预期要求。一般白盒测试没有预期的输出,这也是与黑盒测试的差别。黑盒测试过程中测试工程师可以不关心系统内部的工作机理。从测试目的和测试时机来分,黑盒测试又可以细分为基本类测试、高阶类测试、特殊类测试、环境类试验以及全生命周期各阶段测试。黑盒测试方法适用于各个层级的测试,贯穿于产品的全生命周期。

基本类测试可以包括边界值测试、决策表测试、有限状态机测试、人机接口测试等。高阶类测试可以包括性能测试、应力测试、重新上电测试、自动随机测试等。特殊类测试可以包括产品可用性测试、安全容忍性测试、可靠性测试、鲁棒性测试等。环境类试验可以包括环境应力筛选试验、环境试验、电磁兼容试验、破坏性试验、瞬态试验等。从全生命周期过程看,测试可以分为可用性测试、探索性测试、回归测试、组件/子系统测试、集成测试、质量符合性测试、验收测试、认证测试、首件鉴定测试、生产测试、安装测试、维修测试以及分解测试等。本章重点从产品开发的阶段来讲述产品的测试过程和方法。电子控制器全生命周期的各阶段开展的测试参见图 3.6。

试验是测试的一部分,属于黑盒测试。按照产品全生命周期的阶段可分为研制试验、鉴定试验、例行试验等;按照试验环境的类型可分为气候环境试验、实际安装环境的力学声学试验、电磁环境效应试验等;另外还有一些特殊试验,如环境应力筛选试验、可靠性试验、安全性试验。

电子控制器测试主要是借助标准的仪器设备或者专用的测试设备对控制器的功能和性能进行检测,以检查对产品规范和设计的符合性。基本要素包括产品规范、测试用例、被测件、测试人员、测试设备、测试结论等。测试一般在产品实现和集成阶段开展。从功能结构角度划分,电子控制器白盒测试一般也称为组件测试,主要包括线路板级测试及接口测试,黑盒测试一般也称为整机测试,包括整机集成

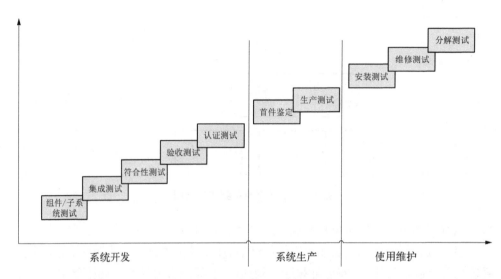

图 3.6 全生命周期测试阶段图

测试、环境试验验证测试等。

组件测试阶段需要规划测试计划、测试设备、设计测试程序、创建测试文档,开展测试并完成设计和实现一致性验证。电子控制器组件测试主要内容包括元器件筛选测试、装配测试(含装配测试、装焊检测)、板级功能性能测试(含逻辑功能测试、电源特性测试、板级综合测试等)以及接口测试等。

整机集成测试阶段需要完成集成测试的设备开发、集成测试计划和测试大纲的创建、子部件的状态配置、开展测试并完成测试报告、评估测试效率和开展工程化评审。电子控制器整机测试是在线路板、机箱、电缆组件等子部件装配集成后开展的测试,主要内容包括整机功能性能测试、软硬件综合测试、环境应力筛选试验、环境试验、可靠性试验等。

3.2 电子控制器测试概述

电子控制器研制一般按照"V"型流程开展,即自顶向下的设计和需求分解、自下而上的分级测试综合。测试过程主要包括元器件筛选测试、装配测试、板级测试以及整机测试。通过分级测试与综合,可验证和确认设计和产品与各级需求的符合性,形成与产品规范对应的测试验证证据链。

3.2.1 元器件筛选测试

1. 筛选测试的定义和目的

元器件筛选测试主要是依据 GJB 7243 - 2011《军用电子元器件筛选技术要

求》针对电子控制器使用的军用元器件开展的一种试验,一般按照军用电子元器件规范或供需双方签订的合同进行。通过元器件筛选测试,按照规定程序施加环境应力,激发出元器件潜在的设计和制造缺陷,以便剔除早期失效器件,降低失效率,提高产品可靠性。

元器件筛选测试对于不存在缺陷而性能良好的产品来说是一种非破坏性试验,而对于有潜在缺陷的产品来说应能诱发其失效。筛选只能提高产品的使用可靠性,而不能提高产品的固有可靠性。因为产品的固有可靠性是由设计、制造工艺和原材料性能决定的,筛选并不能改善产品的设计、工艺和材料的性能。筛选是通过剔除早期失效产品来提高产品的使用可靠性的。

一般将元器件生产方进行的按照器件产品规范开展的筛选称为一次筛选,当元器件使用方采购的元器件达不到使用要求的可靠性时,使用方可委托生产方或者第三方有资质单位开展补充筛选,称为二次筛选。

2. 筛选原则

除非另有规定,元器件筛选测试应遵循以下原则:

(1)对元器件具有破坏性的试验和检验不得列入筛选项目;

(2)筛选所加应力(电应力、机械应力、环境应力等)不得超过产品规范规定的元器件额定应力。

3. 常见筛选测试项目

常见筛选项目见表 3.1,包括外观检查、X 射线检查、颗粒碰撞噪声监测(PIND)、声学扫描显微镜检查、密封性检测、温度循环、恒定加速度、机械冲击、高温贮存(稳定性烘焙、高温寿命)、低温贮存、高温老炼等。每一类元器件根据产品规范选择不同的筛选项目。元器件筛选主要通过允许不合格品率(PDA)进行品控。

表 3.1　常见筛选测试项目表

常见缺陷	镜检	非破坏性键合拉力	检漏	恒定加速度	机械冲击	变频振动	振动疲劳	温度循环	湿热试验	X射线检查	PIND	高温贮存	高温老炼
可动电荷													●
反型层沟道导通													●
键合松动或键合断开	●	●		●	●	●	●	●		●	●		
键合强度不能达到标准要求		●										●	
键合位置不当	●	●		●	●	●	●			●			●

续　表

常见缺陷	镜检	非破坏性键合拉力	检漏	恒定加速度	机械冲击	变频振动	振动疲劳	温度循环	湿热试验	X射线检查	PIND	高温贮存	高温老炼
芯片与管座连接不好	●	●		●	●	●	●	●		●		●	●
布线缺陷	●			●	●	●	●	●		●			
金属化缺陷	●												●
氧化层缺陷	●												●
芯片裂纹	●									●			
装配缺陷	●									●			
内部残存可动多余物	●									●	●		
管壳缺陷			●	●	●	●	●	●	●	●			

3.2.2　装配测试

电子控制器装配测试主要适用于生产过程中的 PCBA 组件和结构件。生产装配测试主要包括装配正确性检测和焊接的良好性检测,一般包括元器件光学检测、焊点检测、飞针测试、边界扫描测试等。通过装配测试,验证装配正确性和焊接完好性,避免在后续功能性能测试过程中出现非预期的装配错误或焊接缺陷。

1. 光学检测

元器件光学检测主要是通过自动光学检查(AOI)设备的高速高精度视觉处理技术自动检测元器件的标志符以及焊点形状,比对图案或表面形状验证生产装配过程是否存在装配错误和焊接缺陷。

2. 焊点检测

焊点检测通过自动光学检查(AOI)或 PCBA 焊点质量检测分析鉴定系统(XCT)检测焊点的良好性,通过视觉处理技术或者内部扫描来检测焊点是否存在缺陷。

3. 飞针测试

飞针测试是一个在制造环境测试 PCB 的测试方式,属于在线测试(ICT)。是通过高速移动探针对在线元器件的电性能及电气连接进行测试来检查生产制造缺陷或元器件不良的手段,可检测在线的单个元器件及印制板路线的开、短路情况,既可以检测装配的正确性也可以查找焊点的良好性,不同的元件可以采用不同测量方法。

4. 边界扫描测试

边界扫描测试主要用来检测电子控制器内带有边界扫描接口(IEEE1149. X 标准)的复杂可编程器件或功能电路,如 CPU 最小系统、FPGA 等特殊功能复杂器件及周围电路。通过 JTAG 边界扫描接口施加测试向量,进行连通性测试,可对待测功能和电路是否与设计一致进行验证,用于发现虚焊、漏焊、短路、断路等问题。

3.2.3　板级测试

1. 定义和目的

板级测试是指依据电子控制器内部各种电路板功能性能测试需求开展测试。板级测试一般在电路板装配测试完成后、产品总装前开展。通过板级测试,可以降低整机测试复杂性,减少整机综合时的故障检测的时间和成本。

2. 主要测试内容和方法

板级测试的内容和项目可分为电路原理功能测试和性能参数测试,测试主要采用基于激励响应的测试模式开展测试,测试前需要根据电路详细设计结果设计测试用例、编制测试程序集,测试过程一般需要借助专用自动化测试系统提供模拟的输入信号、输出负载、模拟接口、电源等,通过测试程序或仪器仪表观测功能电路的输出,检测输出是否满足设计预期。

线路板阻抗测试主要通过万用表或其他阻抗测试仪器,对线路板各类电源对地直流阻抗、信号输入直流阻抗、信号输出直流阻抗等进行测量,检测直流阻抗是否满足设计预期要求,防止因装配过程、元器件异常故障、多余物导致的电路短路。

电源输出功能及性能测试主要是在提供线路板各类电源供电的情况下利用仪表仪器检测各类电源的输出电源参数,包括电源电压、输出纹波、输出功率、输出时序以及电源工作的相关功能逻辑,检测电源的故障逻辑等是否符合设计需求。

信号输入调理功能及性能测试主要是在提供外部模拟输入信号的情况下,检测输入信号调理电路的信号转换功能、输出电压、信号精度、频响参数、线性度等参数,检测信号输入调理的故障逻辑是否符合设计需求。

信号输出驱动功能及性能测试主要是在提供外部模拟负载的情况下,检测信号输出驱动电路的输出功能、输出电压或电流参数、输出信号精度、线性度等参数,检测信号输出驱动电路的故障逻辑是否符合设计需求。

数字电路逻辑测试主要依据数字电路的设计逻辑逐一对逻辑功能进行检测,检测数字逻辑状态转换、基本电路逻辑功能是否符合设计需求,检测数字电路的信号波形各类时间参数、电平参数是否符合设计参数要求。

核心控制电路功能及性能测试主要检测控制电路的上电时序逻辑是否满足要求,上电后核心控制电路是否能够正常运行指令代码程序,上电复位逻辑是否满足功能要求,检测核心控制电路的信号波形各类时间参数、电平参数是否符合设计参数要求,检测各类故障逻辑功能是否符合设计要求。

存储电路功能及性能测试主要检测 RAM、FLASH 等不同类型存储器的数据读取功能,对全部存储空间进行读取遍历,检测所有存储器空间是否存在损坏情况。检测存储电路信号波形各类时间参数、电平参数是否符合设计参数要求,检测存储电路的数据下载功能以及存储校验故障逻辑功能。

通信接口功能及性能测试主要通过专用通信总线测试设备或计算机专用通信板卡测试串行总线、1394B 总线、1553B 总线、ARINC664 总线等各类总线的收发协议,是否能够正常交换数据。检测各类总线通信的信号波形、时间参数、电平参数是否符合总线协议参数,检测通信总线的数据误码率是否符合协议要求,检测通信总线的防错功能。

接口电路功能及性能测试主要检测接口线路(如防雷保护、航插接口线路等)功能,检测接口电路的线路阻抗、线间阻抗是否符合要求,通过输入雷电标准波形检测雷电防护电路的器件功能、防雷电平参数、时间参数是否符合要求。

在板级测试中,由于 FPGA 承载了 LRU 级或者系统级的功能,因此 FPGA 测试是数字电路逻辑测试中比较特殊的部分。目前电子控制器内 FPGA 测试主要依据 GJB 9433 - 2018《军用可编程逻辑器件软件测试要求》进行测试工作。

FPGA 测试也按照 V 型开发过程进行分级设计和分级测试综合仿真,主要包括单元测试、配置项测试及系统测试。其中单元测试、配置项测试为桌面仿真测试,系统测试主要为物理测试。图 3.7 为 FPGA 设计与测试的基本流程及对应的测试类型与测试方法,涵盖了 GJB 9433 - 2018 中定义的所有测试类型和测试方法。

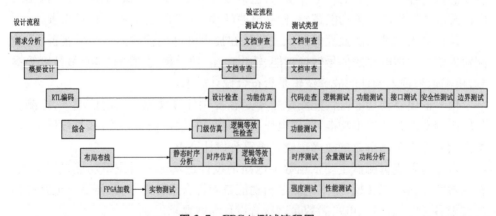

图 3.7　FPGA 测试流程图

文档审查对输入文件的准确性、规范性、齐全性、可追踪性等方面进行审查,确保 FPGA 测试的输入文件的符合性。

代码审查及代码走查利用代码审查工具、人工走查的形式对 FPGA 设计代码进行检查,审查设计代码的规范性、可读性、合理性。功能测试对需求规格中定义的功能需求进行逐项测试,确保 FPGA 设计的功能与需求规格一致。性能测试对需求规格中定义的性能需求进行逐项测试,确保 FPGA 设计的性能与需求规格一致。时序测试针对 FPGA 各种工况下,对软件的时延、建立时间、保持时间的指标进行测试,确保各种工况下 FPGA 稳定运行。接口测试对需求规格中定义的各类外部接口进行测试,确认接口数据、通信速率等参数的正确性。强度测试检查 FPGA 正常运行可工作的临界点,一般包括 FPGA 最大处理信息能力、长时间通信测试等。逻辑测试对 FPGA 内部逻辑路径进行测试,检查 FPGA 设计状态是否与预期状态一致,通常包括语句覆盖、分支覆盖、状态机覆盖等。余量测试检查 FPGA 的资源余量、时钟余量是否满足需求规格中所要求的指标。安全性测试检查 FPGA 设计中异常状态处理、跨时钟处理、冗余处理等措施是否合理。边界测试检查 FPGA 设计在功能及性能边界情况下的运行状态是否正确。功耗分析检查 FPGA 运行工作时的功率是否符合要求。

3. 测试工具

板级测试采用部件测试系统(Component Test Facility,CTF)开展测试。为满足多种印制板测试需求,CTF 板级测试系统采用通用测试平台以及适配转接板的方式开展。通用测试平台(含硬件平台和软件平台)架构如图 3.8 所示,目前一般采用主流 PXI 测试总线模块化仪器开发,基于通用测试平台开发有利于测试系统的高效集成和开发,也有利于测试系统的扩展和复用,提高测试系统利用率。

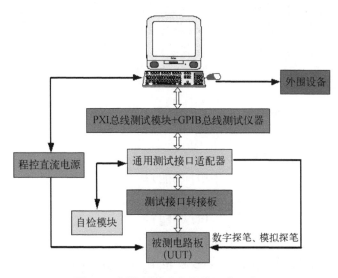

图 3.8　板级测试设备系统组成示意图

3.2.4　整机测试

1. 定义和目的

整机测试是指电子控制器总装完成后开展的测试,与板级测试类似,整机测试依据整机测试设计规范和测试需求开展。通过整机测试,电子控制器的功能、性能得到初步验证,可以降低控制系统开展综合和测试工作的复杂性,减少控制系统综合时的故障检测的时间和成本。

2. 主要测试内容和方法

电子控制器整机集成测试主要验证产品各个电路功能模块、线缆组件等子功能部件之间功能是否匹配、接口是否正确、全部的功能性能是否满足要求,软件和硬件集成后是否工作正常。整机集成测试一般在线路板模块、机箱、线缆组件全部装配集成后开展。在产品质量符合性测试、验收交付测试、鉴定测试及批生产后例行测试、使用维护测试阶段基本都采用整机测试方式。整机测试内容主要包括如下项目。

1) 接口测试

电子控制器接口测试一般包括硬件接口和软件接口测试。硬件接口主要验证物理层定义、电气层参数以及协议层协议等。如通信接口中物理层测试主要验证插头电气定义、接口类型、接地阻抗要求等正确与否。电气层参数测试包括接口电压、电流、延迟特性或波形等是否符合设计预期。协议层测试主要验证子系统或部件之间的通信协议、节点分配等是否正确。软件接口主要验证软件和软件之间以及软件和硬件之间是否工作正常或符合设计预期,包括参数接口、消息传送、内存分配以及系统起动复位工作等。

2) 整机硬件功能和性能测试

整机硬件功能和性能测试是指验证电子控制器在完成全部组件装配后的全部硬件开环状态下功能性能是否满足产品规范的要求。整机测试硬件主要测试项包括:

(1) 软件加载测试,检查软件加载功能是否有效,主要性能指标包括加载时间、加载校验以及加载时其他输入输出项的默认状态;

(2) 电源测试;

(3) 复位、切换功能的测试;

(4) 总线通信测试;

(5) 数据存储功能的测试;

(6) 开关量输入输出测试(含 BIT 功能);

(7) 频率量输入输出测试(含 BIT 功能);

(8) 传感器信号调理测试(含 BIT 功能);

(9) 执行机构驱动测试(含 BIT 功能);

(10) 输入信号的放大系数、线性度、范围、精度,滤波截止频率,输出信号的范围、驱动能力、精度,数据通信的电气参数、通信协议,电源输入的供电范围,供电特性、用电参数,逻辑功能、复位功能、接地参数、外观性能等。

上述测试主要采用基于激励响应的串行测试模式开展测试。同时可以看到,在功能性能测试内容上,整机硬件功能性能测试与板级测试有一定的重合性,一般在实际操作中,板级测试在测试时更关注功能电路本体的性能,而整机测试更关注与产品规范或设计要求的符合性。

3) 整机软硬件综合测试(闭环)

整机软硬件综合测试(闭环)是指验证电子控制器在完成全部组件装配后的全部硬件闭环状态下功能性能是否满足产品规范的要求。主要验证内容包括全飞行包线内,发动机各稳态、过渡态下的功能、性能,对控制操作的响应,包括以下几点。

(1) 硬件、软件是否达到共同工作的设计指标。

(2) 检查硬件、软件在与数字发动机模型形成闭环条件下控制是否稳定,并且响应时间合格。

(3) 单故障、组合故障下电子控制器工作能力、降级水平和安全性,如:① 单传感器、单线圈和备用电液伺服阀故障时的工作能力;② 控制用传感器、单电液伺服阀和作动装置位置反馈失效后性能衰减的工作能力;③ 超转/超温情况下故障安全性;④ 传感器、通信、电源、作动装置位置/驱动电流/响应、油滤维护、主燃油泵、防冰活门打开失败、空气转换活门打开失败、火焰探测、滑油压力下降、滑油消耗量超标、超出物理极限、滑油滤压降、燃油滤压降等项的故障检测;⑤ 控制器 BIT 机内自检能力。

整机软硬件综合测试(闭环)主要采用基于 HIL 硬件在回路仿真模式开展测试,具体参见 7.2 节。

3. 测试工具

整机测试采用整机测试系统(Intergrated Test Facility,ITF)开展测试。为满足多种电子控制器测试需求,ITF 采用通用测试平台加适配器的方式开展。通用测试平台(含硬件平台和软件平台)架构如图 3.9 所示,目前一般采用主流 PXI 测试总线模块化仪器开发,基于通用测试平台开发有利于测试系统的高效集成和开发,也有利于测试系统的扩展和复用,提高测试系统利用率。

监控计算机系统作为主控计算机,运行于 Windows 操作系统,通过监控软件完成对测试设备的配置和管理以及对电子控制器的监控;通过自动测试软件执行电子控制器测试工艺完成电子控制器自动测试。同时包含各类通信模块和开关模块,提供电子控制器各类总线测试资源,此外还通过 GPIB 总线对程控电源进行控制和监测。模型计算机运行实时操作系统,通过加载发动机模型进行 HIL 仿真,同时将仿真计算的各发动机界面信息通过系统内安装的 AD、DA 等仪器模块采集或输出至执行机构模拟装置或传感器模拟装置(转化成程控电信号),同时通过 RCV 接收器、适配箱、信号断连装置、电缆传输至电子控制器。电源装置为测试设备内

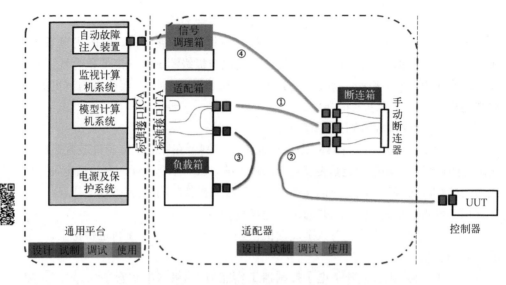

图 3.9　ITF 测试设备系统组成示意图

部其他部件以及被测控制器提供工作电源。传感器模拟装置和执行机构模拟装置分别用于模拟真实传感器和执行机构的接口特性,负载装置用于安装各类模拟负载。另外,通过信号断连装置和故障注入装置可以给控制器注入各种故障,以测试控制器的故障诊断功能。

3.3　电子控制器环境应力筛选试验

3.3.1　环境应力筛选的定义

环境应力筛选是在电子产品上施加规定的环境应力,以发现和剔除产品制造过程中的不良零件、元器件和工艺缺陷等早期故障的一种工序和方法。

3.3.2　环境应力筛选的目的

电子控制器环境应力筛选试验目的就是在产品完成整机装配、功能和性能调试后通过施加随机振动及温度循环应力,剔除产品在生产过程中引入的工艺缺陷以及因元器件引起的早期故障,使产品的故障率达到浴盆曲线的底部,处于工作稳定裕度范围内,以便提高产品的可靠性。

3.3.3　环境应力筛选机理

环境应力筛选(ESS)可以使用各种环境应力,但应力的选择应是能够激发故障,而不是模拟使用环境。多年来国内外的实践经验证明:最有效的环境应力是温度循环和随机振动。

　　温度循环和随机振动主要用于激发元器件缺陷和生产制造过程引入的缺陷,当温度上下交变时,产品交替膨胀和收缩,使产品产生热应力和应变。当产品内部有瞬时的热梯度(温度不均匀性),或产品内部邻接材料的热膨胀系数不匹配,则这些应力和应变将会加剧。这种循环加载使缺陷长大或产生蠕变,最终造成产品结构故障(虚焊和裂纹通孔开裂等)从而产生性能故障。随机振动是在很宽的频率范围内对产品施加振动,使其在不同的频率上同时受到应力,不同的共振点同时受到激励,从而使安装不当的元器件受扭曲、碰撞等而被损坏的概率增加。随机振动中在 80~350 Hz 范围的振动量值高,主要是考虑了印制板的主要共振频率基本都在此区间内,可激发出印制板上焊点、结构等缺陷。

3.3.4　环境应力筛选试验方法

　　环境应力筛选试验分为常规应力筛选试验和高加速应力筛选试验。常规应力筛选试验是指试验的环境应力一般在产品规范规定的使用范围内。高加速应力筛选试验一般指试验的环境应力超过产品规范规定的使用范围,低于产品的工作极限环境应力。高加速应力筛选试验由于提高了试验环境应力,因此相比常规应力筛选,其试验时间一般较短。

　　1. 常规应力筛选试验

　　电子控制器常规应力筛选试验主要包括振动试验和温度循环试验两种应力试验。振动试验主要通过振动试验台,按照一定的随机试验谱对被安装在振动台上的产品开展随机振动,随机振动谱见图 3.10。一般振动频率最大为 2 000 Hz,振动量级平均 6.06g。温度循环试验主要是利用温度试验箱按照温度试验谱为产品提供循环交变的温度环境,温度循环图见图 3.11。温度循环试验的最低温度和最高温度可根据产品规范决定。

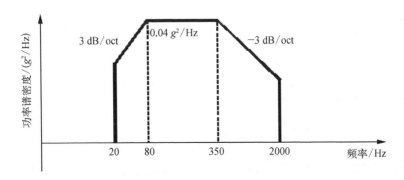

图 3.10　随机振动功率谱密度图

注:图中 oct 为倍频程。

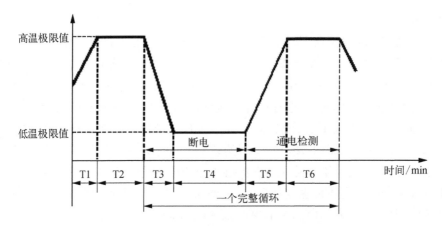

图 3.11　温度循环图

　　环境应力筛选由初始性能检测、故障剔除筛选随机振动、故障剔除温度循环、无故障检验温度循环、无故障检验振动、最终性能检测等组成,详细过程见表 3.2。电子控制器环境应力筛选试验一般在产品性能检验合格后开始,按照试验过程一般分为缺陷剔除试验和无故障检验试验两个部分。缺陷剔除试验包含 5 min 的随机振动和 10 个循环(40 h)的温度试验,无故障检验试验包含 5~15 min 的振动检验和 10~20 个循环(40~80 h)的温度检验试验。试验过程中需要对产品进行功能监测,在无故障检验试验过程中振动试验必须连续 5 min 不出现故障,温度循环试验必须连续 10 个循环不出现故障。在完成环境应力筛选试验后在实验室环境条件下产品功能性能检验合格才算通过环境应力筛选试验。

表 3.2　环境应力筛选过程表

1	2				3
	应力施加				
	随机振动	温度循环	温度循环	随机振动	
初始检测	5 min	10 个循环(40 h)	10~20 个循环(40~80 h)	5~15 min	最终检测
	/////////	∿∿…∿∿	∿∿…∿∿	/////////	

　　2. 高加速应力筛选试验

　　电子控制器高加速应力筛选试验的过程方法和常规应力筛选试验类似,试验应力的边界值不一样,试验的时间不一样。常规应力筛选试验的应力值一般可根据产品规范来确定,试验过程方法可依据 GJB 1032A - 2020《电子产品环境应力筛选方法》。高加速应力筛选试验的边界值一般没有固定的筛选应力曲线,需要通过高加速应力试验来确定产品的应力边界,以实现既不破坏产品,也能达到筛选的目标。而筛选试验也要通过试验验证来确定试验时间,以实现既不损失产品的寿命,也能实现最大的筛选效果,节约时间成本和经济成本。由于试验应力曲线不一致,一般高加速应力筛选试验可以采用专用的高加速试验设备,以满足快速的温变效果和更宽的振动试验频带和量级。HASS 筛选剖面包括应力类型(振动、温度、电应力等)、应力量级、驻留时间、试验顺序等。每个应力的极限值都应基于样件 HALT 试验结果。一般情况下,加速筛选极限值介于工作极限与破坏极限之间,检测筛选极限值介于产品设计所规定的极限与工作极限值之间。设计 HASS 试验应力剖面后,须对其进行验证,以确定筛选不会引入额外缺陷或严重影响产品寿命。验证后就可对产品进行筛选,筛选中应对整个筛选过程进行监控,并且筛选剖面也应根据生产过程和实际现场使用得到的数据进行适当调整。

3.4　电子控制器环境试验

3.4.1　概念

电子控制器环境试验是为了保证产品在规定的寿命期间,在预期的使用、运输或贮存的所有环境下,保持产品可靠性而进行的活动。是将产品暴露在人工模拟的自然环境或实验室环境条件下经受其作用,以评价产品在实际使用、运输、贮存的环境条件下的适应性,并分析研究环境因素的影响程度及作用机理。

电子控制器环境试验是确保产品质量、鉴定产品质量的重要手段,一般贯穿于产品的研制、生产和使用全过程。在产品研制阶段,一般用于考核所选用的元器件、零部件、材料、结构以及生产工艺等能否满足实际环境要求,找出产品存在的问题或薄弱环节,并加以改进。在生产阶段可以用于检查产品的工艺质量和稳定性,可以开展验收试验用于产品的交付验收等。在产品成熟使用后期可以用于产品的技术和状态鉴定,通过鉴定试验来确定产品能否在预期的环境条件下达到规定设计技术指标和安全要求,是提高产品可靠性的重要手段。

3.4.2　环境试验的分类

电子控制器在预期的使用、运输和贮存过程中按环境因素来源主要是自然环境和实际安装使用平台的环境。按环境因素分类主要有气候环境类试验、生物及化学类试验、机械环境类试验、综合环境类试验。

电子控制器环境试验一般是在实验室内开展的,将产品置于人工模拟的自然环境以及实际安装平台所处环境的气候、力学、电磁等环境下,确定环境对产品的功能和性能的影响。

目前国内军用产品环境试验方法主要依据 GJB 150A－2009《军用装备实验室

环境试验方法》开展试验,电子控制器环境试验按照 GJB 150A - 2009 中详细分类包括如下试验项目:低气压(高度)试验、低温试验、高温试验、温度冲击试验、淋雨试验、湿热试验、砂尘试验、盐雾试验、霉菌试验、加速度试验、振动试验、冲击试验、噪声试验、流体污染试验、爆炸性大气试验、温度-湿度-振动-高度试验等。具体环境试验验证项目需求可以由主机根据发动机平台、飞机平台类型以及应用军种结合使用场景来确定,不同的产品平台可以进行项目和过程方法的裁剪,开展不同类的环境试验验证,以便使产品获得更贴合实际的环境试验验证效果。

3.4.3　环境试验实施

1. 低气压(高度)试验

1) 试验目的

电子控制器安装在飞机设备舱/电子舱或发动机上,在飞机起飞、飞行和降落过程中会出现低气压使用环境,因此需开展低气压试验。低气压试验主要是验证产品在常温条件下能否耐受低气压环境,在低气压环境下能否正常工作,能否耐受气压的快速变化。

随着工作高度上升,电子控制器经受的气压逐渐降低,低气压环境对装备的影响是多方面的,包括气压降低造成的压力差产生的直接机械影响,使控制器的外壳承受一个向外的张力,在该力的作用下,造成外壳变形、密封被破坏;对风冷却电子控制器可能漏气,严重时造成产品失效;或因密封破坏导致湿气进入控制器或器件内腔。低气压对散热控制器产生影响,随着气压降低,空气密度减小,空气分子的平均自由行程加大,因此空气的热传导和对流作用的有效性降低,散热样品的热交换能力降低,散热产品的温度升高,加速产品的热老化过程。

2) 试验程序

电子控制器低气压试验应选用最能代表预期暴露的最严酷的低气压环境程序,并根据电子控制器全生命周期使用的技术状态判定产品的低气压试验程序,然后根据 GJB 150.2A - 2009 要求选择合适试验箱构建试验环境,开展低气压试验,一般包含四个程序:贮存/空运;工作/机外挂飞;快速减压;爆炸减压。

一般电子控制器不放置于飞机的增压仓中,所以爆炸减压与快速减压可剪裁。

3) 试验条件

试验前应根据产品预期的使用、飞行剖面以及产品的技术状态确定产品的试验压力、压力变化速率、持续时间、快速减压时间等试验条件。

低气压贮存试验按地面测试气压为试验压力,在无测量数据情况下最大高度按照 4 570 m 来确定(即对应气压为 57 kPa),试验持续时间不少于 1 h,气压变化速率不超过 10 m/s。

低气压工作试验的最低试验压力根据飞行平台的飞行高度确定,一般由主机提出需求。试验持续时间满足产品的测试时间即可,气压变化速率不超过 10 m/s。

详细试验条件和方法可参考GJB 150.2A‑2009《军用装备实验室环境试验方法　第 2 部分:低气压(高度)试验》。

4) 试验设备

一般使用温度高度试验箱进行低气压(高度)试验,见图 3.12,温度高度试验箱由试验箱体、空气调节系统、制冷系统、控制系统、真空系统、安全保护装置等组成。

图 3.12　温度高度试验箱

设备要求有:

(1) 应能产生和保持试验所需的低气压,并配有能监控低气压条件所需的辅助仪器;

(2) 应配有连续记录试验箱压力的装置;

(3) 数据读出装置的分辨率不低于其满量程的 2%。

常用温度高度试验箱主要技术指标如下。

(1) 温度范围: −60~150℃;

(2) 升降温速率: ≤3℃;

(3) 压力范围: 常压~22 mbar;

(4) 内容积: 500 L。

5) 试验示例

电子控制器低气压试验方法分为低气压贮存试验方法和低气压工作试验方法,试验原理见图 3.13。

低气压贮存试验按 GJB 150.2A‑2009 的"程序Ⅰ——贮存"进行,试验方法如下:

(1) 在标准大气条件下对控制器进行外观及性能检测并记录数据;

(2) 将被试品安装在试验箱的中央,以不大于 10 kPa/min 的气压变化速率,降压至 57 kPa,保持 1 h,试验期间被试品不工作;

(3) 保压 1 h 结束,以不大于 10 kPa/min 的气压变化速率将试验箱升压至常压;

(4) 打开箱门,在试验的标准大气条件下对被试品进行外观检查和功能/性能

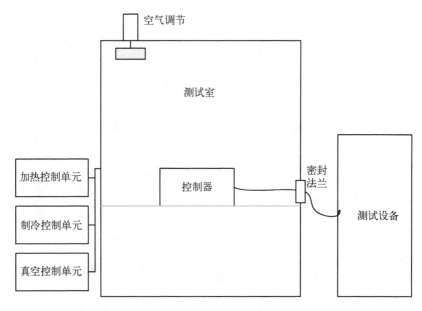

图 3.13 试验原理框图

检测,并记录外观及检测数据。

低气压工作试验按 GJB 150.2A - 2009 的"程序 Ⅱ——工作"进行,方法如下:

(1) 在标准大气条件对控制器进行外观及性能检测并记录数据;

(2) 将被试品安装在试验设备的中央,连接测试仪器和控制器的电缆,以不大于 10 kPa/min 的气压变化速率降压至 57 kPa,保持压力期间对其进行功能/性能检测;

(3) 检测结束后,给被试品断电,以不大于 10 kPa/min 的气压变化速率将试验箱恢复至常压;

(4) 打开箱门,在试验室大气环境条件下对被试品进行外观检查和功能/性能检测。

试验结果评定准则:

(1) 在试验中和试验后功能/性能检测结果为合格;

(2) 试验后被试品外观及结构完好。

2. 高温试验

1) 试验目的

电子控制器工作环境恶劣,飞机载电子控制器最高工作温度为 85℃ 以上,发动机载电子控制器短时高温可达到 215℃。发动机地面停车时,由于地面无外部冷却风或冷却系统停止工作,电子控制器需要承受停车时发动机回热对控制器的影响。高温是电子设备产生故障的主要原因之一,能使各种材料的结构、物理性能、电性能发生很大的变化,甚至导致永久性的损伤和不可逆的故障。电子控制器中使用了大量精密电阻,高温会使精密电阻的阻值因热膨胀产生变化,影响电路设计功能。高温会因不同材料的膨胀不一致、超过材料结温等原因使电工电子产品的寿命明显缩短,根据经典的阿伦尼乌斯方程,温度每上升 10℃,产品的失效率增加一倍,也就是产品的可靠性指标下降一半。因此电子控制器需开展高温试验,主要验证高温环境对电子控制器安全性、完整性和性能的影响。

2）试验程序

根据电子控制器全寿命周期内高温环境出现的阶段来确定是否选择本试验项目,根据电子控制器的用途、暴露的自然环境、相关实际应用的数据、影响使用的相关热源等确定高温试验的程序。电子控制器高温试验一般适用高温贮存程序和高温工作程序。高温贮存程序用于评价产品在高温贮存后对性能的影响,高温工作试验主要验证产品在连续暴露于高温环境条件中产品的工作性能。

3）试验条件

根据电子控制器使用的技术状态来确定产品在高温环境下的暴露条件和持续时间等试验条件。高温贮存一般可采取循环贮存或恒温贮存方式。循环贮存方式为 7 个循环,每个循环 24 h,一般根据我国地面高温条件数据来确定电子控制器贮存的气候条件,也可由用户提出需求确定。恒温贮存方式为规定的温度,在温度达到目标值后,温度保持时间一般不少于 2 h。高温工作条件一般根据产品使用和飞行剖面确定,也可由用户提出需求确定。高温工作一般采用循环工作方式,至少进行 3 个循环,当难以重现温度响应时,可最多采用 7 个循环。对于具有冷却介质的发动机机载类电子控制器,确定环境温度条件后还需要确定实际工况下对应最严酷状况下的冷却介质的工作温度和流量条件。详细试验条件和方法可参考 GJB 150.3A–2009《军用装备实验室环境试验方法　第 3 部分:高温试验》。

4）试验设备

一般采用温度试验箱进行高温试验,温度试验箱由试验箱体、空气调节系统、制冷控制、加热控制单元等组成,试验设备见图 3.14。

温度试验箱主要技术指标:

（1）内容积:800 mm×600 mm×850 mm（宽×深×高）;

（2）测试孔:ϕ100 mm×2;

图 3.14　温度试验箱

（3）温度范围：−70～150℃；

（4）最大升降温速率：10℃/min。

5）试验示例

高温贮存试验按 GJB 150.3A‐2009 中"程序Ⅰ——贮存"进行，试验原理见图 3.15。

（1）在常温下对控制器进行外观及性能检测并记录数据，检测合格后关机进入高温贮存试验；

（2）将控制器安装在试验设备的中央，以不大于 3℃/min 的温度变化速率升温至 85℃，保持 2 h 使被试品温度稳定，然后再保持 4 h，试验期间被试品不工作；

（3）保温结束，以不大于 3℃/min 的温度变化速率将试验箱恢复常温，并保持 2 h，对被试品进行烘干处理；

（4）在试验室大气环境条件下对被试品进行外观检查和性能检测，并记录检测结果。

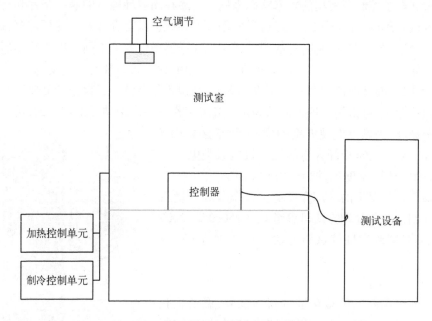

图 3.15 高温、低温试验原理框图

高温工作试验按 GJB 150.3A‐2009 中"程序Ⅱ——工作"进行。

（1）在常温下对控制器进行外观及性能检测并记录数据，检测合格后关机进入高温工作试验。

（2）将被试品置入试验箱内搁物架上，并处于试验箱的有效容积内，被试品任一表面距箱壁、箱底和箱顶之间最小间隔距离均不小于 150 mm,保证箱内空气能自由流动。测试期间,测试电缆通过箱壁上的测试孔将被试品与箱外测试设备连接起来。

（3）以不大于 3℃/min 的速率将试验箱温度调节至 75℃,保持 24 h 使被试品达到温度稳定,试验过程中在每循环的 14～15 h 控制器连续满载工作 2 h,并进行性能检测,记录检测结果。

（4）75℃保温结束后,在 5 min 内将环境温度提高到 90℃,并保持 10 min,其间对被试品进行性能检测,并记录检测结果。

（5）90℃保温结束后,以不大于 3℃/min 将试验箱温度调节至 70℃,并保持 5 min。

（6）重复步骤（3）～（5）共计 3 次循环。

（7）循环结束后,给被试品断电,打开箱门,使被试品在室温下恢复处理 2 h 以上,然后在试验室大气环境条件下对被试品进行外观检查和性能检测,并记录检测结果。

3. 低温试验

1）试验目的

电子控制器低温试验主要验证低温环境对电子控制器的安全性、完整性和性能的影响。

低温几乎对所有的基体材料都有不利的影响。对于暴露于低温环境的装备,由于低温会改变其组成材料的物理特性,因此可能会对其工作性能造成暂时或永久性的损害。低温对电子控制器的影响是多方面的,包括电子器件（电阻器、电容器等）性能改变、外壳破裂与龟裂等。

2）试验程序

根据电子控制器全寿命周期内低温环境出现的阶段来确定是否选择本试验项目,根据电子控制器的用途、暴露的自然环境、相关实际应用的数据、影响使用的相关热源等确定低温试验的程序。根据 GJB 150.4A－2009 要求选择合适试验箱构建试验环境,开展低温试验,一般包含以下 3 个程序:

（1）低温贮存;

（2）低温工作;

（3）低温拆装。

低温贮存试验验证产品在贮存期间和贮存后产品的性能影响,低温工作验证产品在连续暴露于低温条件后的起动和工作性能,低温拆装主要验证在低温条件下穿着防寒服后拆装产品的可操作性。

电子控制器安装在飞机设备舱/电子舱或发动机上,以上 3 个程序均需开展。

3）试验条件

根据电子控制器全寿命周期内使用的区域和飞行剖面确定试验温度,或根据我国地面范围由用户提出需求确定,对于具有冷却介质的发动机载类电子控制器,确定环境温度条件后还需要确定实际工况下对应最严酷状况下的冷却介质的工作温度和流量条件。低温工作一般采取恒温暴露方式,在温度达到目标值后,温度保持一定时间,贮存一般不少于 24 h,低温工作和低温拆装一般不少于 2 h。详细试验条件和方法可参考 GJB 150.4A－2009《军用装备实验室环境试验方法　第 4 部分：低温试验》。

4）试验设备

一般采用温度试验箱进行低温试验,设备同高温试验。

5）试验示例

低温试验方法分为低温贮存试验方法、低温工作试验方法和低温拆装试验方法,试验原理框图见图 3.15。

低温贮存试验按 GJB 150.4A－2009 中"程序Ⅰ——贮存"规定的试验方法进行：

（1）在常温下对控制器进行外观及性能检测并记录数据,检测合格后关机进入低温贮存试验;

（2）将控制器安装在试验设备的中央,以不大于 3℃/min 的温度变化速率降温至-55℃,保持 2 h 使被试品温度稳定,然后再保持 24 h,试验期间被试品不工作;

（3）保温结束,以不大于 3℃/min 的温度变化速率将试验箱温度升至 50℃,并保持 2 h 对被试品进行烘干处理;

（4）打开箱门,使被试品在室温下恢复处理 2 h,然后在试验的标准大气条件下对被试品进行外观检查和性能检测,并记录外观及检测数据。

低温工作方法按 GJB 150.4A－2009 中"程序Ⅱ——工作"规定的试验方法进行：

（1）在常温下对控制器进行外观及性能检测并记录数据,检测合格后关机进入低温工作试验;

（2）将被试品安装在试验设备的中央,连接测试仪器和控制器的电缆,以不大于 3℃/min 的温度变化速率降温至-55℃,保持 2 h 使被试品温度达到稳定,然后再保持 2 h 后给被试品通电连续工作 2 h,在此期间进行性能检测,并记录检测结果;

（3）检测结束后,给被试品断电,以不大于 3℃/min 的温度变化速率将试验箱温度恢复常温;

（4）打开箱门,使被试品在室温下恢复处理 2 h,然后在试验室大气环境条件下对被试品进行外观检查和性能检测,并记录检测结果。

低温工作方法按 GJB 150.4A－2009 中"程序Ⅲ——拆装操作"规定的试验方法进行:

(1)在试验室环境条件下对被试品进行试验前外观检查和性能检测,并记录检测结果。将控制器用安装螺钉安装于振动工装上,置入试验箱内搁物架上,并处于试验箱的有效容积内,被试品任一表面距箱壁、箱底和箱顶之间最小间隔距离均不小于 150 mm,保证箱内空气能自由流动。测试期间,测试电缆通过箱壁上的测试孔将被试品与箱外的测试设备连接起来。

(2)以 2℃/min 的速率将试验箱温度调节至-55℃,保持 2 h 使温度稳定,然后再保温 2 h。

(3)保温结束后,操作人员戴上厚手套,打开箱门,拆下控制器电缆,用扭力工具拆下控制器安装螺钉,根据维修性要求,限时 30 min,如超过 15 min,需关闭箱门,使试验箱温度再次达到-55℃,再次进行"拆"工作。

(4)试验箱恢复至-55℃,控制器温度达到稳定,操作人员戴上厚手套,打开箱门,用扭力工具装上被试品安装螺钉,装上被试品电缆,根据维修性要求,限时30 min,如超过 15 min 需关闭箱门,使试验箱温度再次达到-55℃,再次进行"装"工作。

(5)装完试验件后,继续-55℃保温 2 h,试验结束后将试验箱温度恢复至常温。

(6)打开箱门,使被试品在室温下恢复处理 2 h,然后在试验室大气环境条件下对被试品进行外观检查和性能检测,并记录检测结果。

4. 温度冲击试验

1)试验目的

电子控制器温度冲击试验主要是验证电子控制器在经受环境温度出现急剧变化时,产品是否会出现物理损伤或性能下降。温度冲击对控制器带来的主要环境效应包括控制器内部的电子及电气元器件性能变化、电路板表面凝露或结霜引发电子产品故障、静电过量等。由此可见,温度冲击(变化)主要是影响靠近产品(设备)外面的部位,而离产品(设备)外表面越远,温度冲击变化越慢,影响越不明显。

2)试验程序

电子控制器安装在飞机设备舱/电子舱或发动机上,在飞机起飞和降落过程中会出现温度冲击使用环境,因此需开展温度冲击试验。试验应选用最能代表预期暴露的最严酷的温度冲击环境程序,并根据电子控制器全生命周期使用的技术状态判定产品的试验程序,然后根据 GJB 150.5A－2009 要求选择合适试验箱构建试验环境,开展温度冲击试验,一般包含恒定极值和循环两个程序。电子控制器温度冲击试验一般适用恒定极值程序,即低温和高温极值温度不变。

3）试验条件

试验的极端温度范围一般根据产品的使用飞行剖面和装备区域确定或由客户需求指定,对于具有冷却介质的发动机载类电子控制器,确定环境温度条件后还需要确定实际工况下对应最严酷状况下的冷却介质的工作温度和流量条件。温度循环设定考虑到产品会频繁感受到环境温度的冲击,因此按 3 个试验循环周期设定。温度转换时间应能覆盖寿命周期内所有剖面的转换时间,试验转换时间一般不超过 1 min。详细试验条件和方法可参考 GJB 150.5A－2009《军用装备实验室环境试验方法　第 5 部分:温度冲击试验》。

图 3.16　温度冲击试验箱

4）试验设备

一般使用温度冲击试验箱进行温度冲击试验,温度冲击试验箱一般由试验箱体、温度控制单元、拖动控制单元、提篮室等组成,见图 3.16。

常用温度冲击试验箱主要技术指标如下。

（1）内容积:300 L;

（2）测试孔:上进线;

（3）上箱温度范围:常温~220℃;

（4）下箱温度范围:-70~65℃;

（5）提篮转换时间:<10 s;

（6）最大承载:40 kg。

5）试验示例

温度冲击试验按 GJB 150.5A－2009 中规定的试验方法进行,试验原理见图 3.17。具体试验步骤如下:

（1）在常温下对控制器进行外观及性能检测并记录数据,检测合格后关机进入温度冲击试验;

（2）将控制器置入试验箱内搁物架上,并处于试验箱的有效容积内,控制器任一表面距箱壁、箱底和箱顶之间最小间隔距离均不小于 150 mm,保证箱内空气能自由流动;

（3）将试验箱内温度以不超过 3℃/min 的速率调节至-55℃,保持 2 h 使其达到温度稳定;

（4）低温阶段结束后,在 1 min 内将被试品转入到 75℃的高温试验箱内,并保持 2 h 使被试品达到温度稳定;

（5）重复步骤（3）和（4）两次,共进行 3 次,试验期间产品不工作;

（6）打开箱门,使被试品在室温下恢复处理 2 h 以上,在试验室大气环境条件

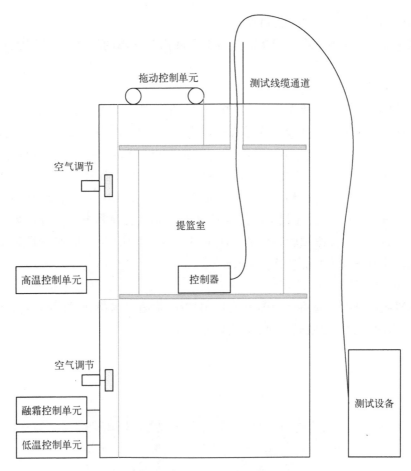

图 3.17　温冲试验原理框图

下对被试品进行外观检查和性能检测,并记录检测结果。

5. 淋雨试验

1)试验目的

电子控制器安装在非密闭的舱室或者发动机机匣上,可直接暴露在淋雨环境中,此外产品在实际工作中由于环境条件的突变,也可能在表面产生冷凝水。控制器产品本身属于非密封件,暴露于水中或暴露之后产品性能是否受到影响甚至物理损坏需要进行验证。淋雨试验就是验证电子控制器在遇到淋雨、水喷淋及滴水的情况下,产品是否能防止水渗入产品内部,不对工作产生影响。

2)试验方法程序

电子控制器淋雨试验应选用最能代表预期暴露的最严酷的淋雨环境程序,并根据电子控制器全生命周期使用的技术状态判定产品的淋雨试验程序,然后根据 GJB 150.8A－2009 要求选择合适试验箱构建试验环境,开展淋雨试验,一般包含三个程序: 降雨和吹雨、强化、滴水。

电子控制器一般不会直接暴露于没有防降雨和吹雨的环境内,所以大多开展滴水试验。

3) 试验条件

电子控制器淋雨试验需要确定降雨强度、雨滴直径、水平风速、试验时间、受试面等。滴水程序中一般试验装置需要提供不小于 280 L/(m^2·h) 的滴水量,从分配器中流出,不能汇聚成水流。分配器上分布有 20~45 mm 的滴水孔,保证滴水的速度约为 9 m/s。分配器需要能够覆盖整个样件的最大表面积。

受试面一般将所有面都暴露在淋雨环境下。受试时间一般根据产品的寿命条件来定义,也可以按照程序规定的最少时间确定,电子控制器淋雨试验持续时间一般不少于 30 min。详细试验条件和方法可参考 GJB 150.8A - 2009《军用装备实验室环境试验方法　第 8 部分: 淋雨试验》。

4) 试验设备

一般使用淋雨试验箱进行淋雨试验,淋雨试验箱由水箱、流量控制器、水温量控制器、水滴分配器等组成,试验设备见图 3.18。

图 3.18　淋雨试验箱

常用淋雨试验箱主要技术指标有：

（1）滴雨试验滴水盘：800 mm×800 mm；

（2）降雨速率：不小于 1.7 mm/min；

（3）雨滴直径：不小于 0.5 mm，从 0.5 mm 到 4.5 mm；

（4）内容积：2 000 L。

5）试验示例

试验按 GJB 150.8A−2009《军用设备环境试验方法　第 8 部分：淋雨试验》中"程序Ⅲ——滴水"试验规定的试验方法进行，试验原理见图 3.19。

（1）在常温下对控制器进行外观及性能检测并记录数据，检测合格后关机进入试验。

（2）将控制器安装在试验设备的托架上，连接好测试电缆，可通过升高控制器温度或降低水温，以确保控制器温度高于水温 10℃。

（3）使控制器工作，并使其以均匀速率承受规定高度不小于 1 m 的降雨 15 min，并对控制器进行性能检测；

（4）15 min 结束后，从试验箱中取出控制器，卸下足够的面板，目视检查内部渗水情况；

（5）对试验件内的任何游离水进行测量，并记录结果；

（6）试验结束后，在标准大气条件下对被试品进行外观及性能检测，并记录检测结果。

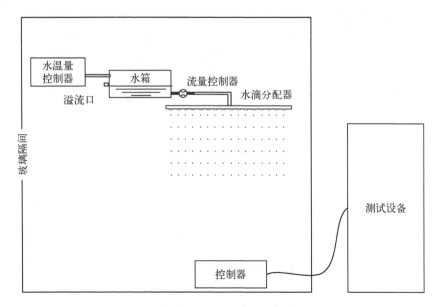

图 3.19　淋雨试验原理框图

6. 湿热试验

1）试验目的

控制器在使用中可能长期工作在相对湿度为 95% 的环境中,湿度会影响控制器外在的物理特性和化学性能。湿度和温度总是同时存在而又相互耦合,湿热的共同作用会加速控制器表面有机涂层电化学反应,破坏表面涂层的保护作用。控制器内材料的吸附作用会导致材料膨胀,引发结构损伤,控制器使用的电子器件受到吸湿、吸附等物理现象的影响,引起电气绝缘性能降低。由于凝露和游离的水汽,会导致控制器的电气短路,热传递特性变差。因此,考核控制器在湿热环境下的适应性是必不可少的,电子控制器湿热试验主要是验证产品耐受湿热大气环境的影响。

2）试验程序

湿热试验应确定温湿度循环周期数、试验持续时间、温湿度量值等试验条件。湿热试验一般以 24 h 为一个循环周期,考虑到湿热环境对大多数装备的影响最少进行 10 个循环周期试验。试验温度选取 30℃、60℃,试验相对湿度一般为 95% RH。详细试验条件和方法可参考 GJB 150.9A‑2009《军用装备实验室环境试验方法 第 9 部分：湿热试验》。

3）试验条件

根据 GJB 150.9A‑2009,湿热试验只有一个试验程序,具体条件如表 3.3 所示。

表 3.3 湿热试验条件

试验阶段	温度/℃	温度容差/℃	相对湿度/%	相对湿度容差/%	时间/h	周期/d
升温阶段	30→60		升至 95	—	2	
高温高湿阶段	60	±2	95	±5	6	10
降温阶段	60→30		>85		8	
低温高湿阶段	30	±2	95	±5	8	

4）试验设备

一般使用温度湿度试验箱进行湿热试验,温度湿度试验箱由试验箱体、空气调节系统、制冷系统、控制系统、湿度调节系统、安全保护装置等组成,试验设备见图 3.20。

常用温度高度试验箱主要技术指标：

（1）内容积：600 L；

（2）测试孔：ϕ90 mm×1；

（3）温度范围：$-70 \sim 150℃$；

（4）湿度范围：$5\% \sim 95\%$ RH；

（5）最大升降温速率：$3℃/min$。

5）试验示例

湿热试验按 GJB 150.9A‐2009 规定的试验方法进行,试验原理见图 3.21,具体试验步骤如下：

（1）将被试品置入试验箱内搁物架上,并处于试验箱的有效容积内,被试品任一表面距箱壁、箱底和箱顶之间最小间隔距离均不小于150 mm,保证箱内空气能自由流动;测试期间,测试电缆通过箱壁上的测试孔将被试品与箱外的测试设备连接起来;

（2）在试验的标准大气条件下对被试品进行外观检查和性能检测,并记录检测结果;

图 3.20　湿热试验箱

（3）试验箱内温度调至 $23℃$、相对湿度调至 50%,保持 24 h;

（4）在 15 min 内调节试验箱内温度为 $30℃$、相对湿度为 95%;

（5）在 2 h 内将试验箱内温度从 $30℃$ 升至 $60℃$,相对湿度保持 95%;

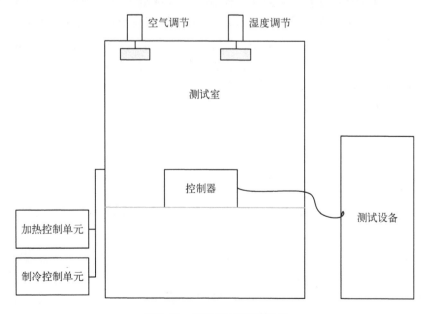

图 3.21　湿热试验原理框图

（6）在温度 60℃、相对湿度保持 95% 条件下保持 6 h；

（7）在 8 h 内将试验箱内温度从 60℃ 降至 30℃，相对湿度不低于 85%；

（8）在温度 30℃、相对湿度保持 95% 条件下保持 8 h；

（9）重复步骤（5）~（8）9 次，共进行 10 个循环；

（10）在第 5、10 循环周期最后 1 h 内（即温度 30℃、相对湿度保持 95%）对被试品进行性能检测，并记录检测结果；

（11）试验结束后，打开箱门，让被试品在试验的标准大气条件下恢复 2 h，之后在试验的标准大气条件下对被试品进行外观检查和性能检测，并记录检测结果。

7. 霉菌试验

1）试验目的

霉菌对控制器能否侵袭主要决定于控制器能否为霉菌生长提供所需要的营养物质，根据霉菌摄取营养物质的途径，把霉菌对产品的作用机理分为两种：原发性侵袭、继发性侵袭。原发性侵袭是指霉菌直接从产品或材料中获取生长所需要的营养，通过其分泌的各种酶降解材料，并产生有机酸类物质和其他代谢产物，对产品或材料造成直接的侵袭和破坏的过程。继发性侵袭是指在产品或材料本身不能直接提供霉菌生长所需的营养物质的情况下，霉菌从产品或材料在制造、贮存、运输和使用期间表面积聚灰尘，或从油污、汗渍和其他污染物中获取营养进行生长发育，并产生有机酸类物质和其他代谢产物，对产品或材料造成间接破坏和损伤的过程。霉菌的直接或间接侵蚀会导致控制器电气或电子系统的损坏。例如，霉菌在绝缘材料上形成不希望有的导电通路，或者对精密调节电路的电特性产生负面影响。控制器长霉也会导致人的生理问题（如过敏症），或影响控制器的美观，从而导致使用者不愿意使用该装备。电子控制器霉菌试验主要验证产品长霉的程度以及长霉后对产品性能和使用的影响程度。

2）试验程序

由于霉菌的生长主要受环境温度和湿度两个关键因素的影响，因此霉菌试验只有一个程序，就是按试验规定要求控制环境温度和湿度。

3）试验条件

电子控制器霉菌试验持续时间一般为 28 天，根据产品所选用的材料来确定菌种的选择，不同的材料选用不同的菌种。温湿度对霉菌的生长很关键，按照国军标的规定将温度设定为 30℃，相对湿度确定为 95% RH。详细试验条件和方法可参考 GJB 150.10A－2009《军用装备实验室环境试验方法　第 10 部分：霉菌试验》。

4）试验设备

霉菌试验一般使用霉菌试验箱进行试验，霉菌试验箱由试验箱体、空气调节系统、制冷系统、控制系统、孢子培养装置等组成，试验设备见图 3.22。

常用霉菌试验箱主要技术指标：

（1）温度范围：20℃/+50℃；

（2）温度精度：±2℃；

（3）温变速率：0.5℃/min；

（4）试验箱容积：1 m³；

（5）湿度范围：25%～98% RH（20～70℃）；

（6）湿度偏差：±3.0% RH（>75% RH）。

5）试验示例

霉菌试验按 GJB 150.10A‒2009 中规定的试验方法进行，试验原理见图 3.23，具体如下。

（1）试验准备。按 GJB 150.10A‒2009 制备了无机盐溶液、孢子悬浮液和对照样品，并进行了孢子活力检验。所用化学药剂不低于国家标准规定的化学纯试剂的纯度。

（2）被试品的清洁。若被试品需要清洁处理时，应在试验前 72 h 将被试品表面清理干净。

图 3.22　霉菌试验箱

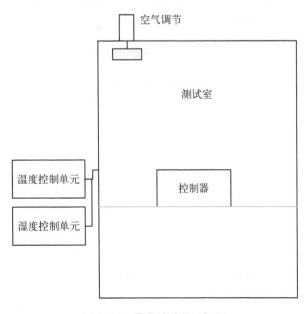

图 3.23　霉菌试验原理框图

（3）试验前检查。在试验的标准大气条件下对被试品进行外观检查,并记录检测结果。

（4）被试品放置和预处理。将被试品悬挂或平放在霉菌试验箱内搁物架上,并处于试验箱的有效容积内。试验样件与箱壁、箱底及箱顶之间最小间隔距离为100 mm,保证箱内空气能自由流动,对照样件挂放在试验箱的有效容积内,被试品和对照样件在温度(30±1)℃,相对湿度(95±5)%条件下预处理4 h。

（5）喷菌。用喷雾器将混合孢子悬浮液以雾状喷在被试品表面和里面及对照样件的表面,使被试品和对照样件在试验箱中同时接种。

（6）试验运行。试验箱按试验条件运行7天,对照样件及孢子活力检查的各单一孢子在培养基表面长霉面积均已达90%以上,符合标准规定的长霉面积大于90%的要求,本次试验有效。试验从接种之日起计算试验时间,试验运行28天。

（7）试验后检查。试验结束后,在试验的标准大气条件下对被试品表面霉菌生长情况进行检查,同时评定长霉等级。

8. 砂尘试验

1）试验目的

电子控制器安装在非密闭的舱室或者发动机机匣中,可直接暴露在砂尘环境中。尘的沉积主要包括停滞空气中的沉积、在遮挡表面的沉积、静电的吸引、狭窄空间聚集。砂尘的影响主要发生在干热地区,其他地区也季节性存在。砂尘能使控制器机箱的表面腐蚀与磨损;能使控制器航插口阻塞;能钻入裂纹、空隙、结合处、密封处,从而造成各种有害影响;砂尘不会自行消除,而往往黏附在控制器表面或内部,并且不断累积,它可以吸收水分形成腐蚀性电解质,而且能助长生物活动,这种效应将长期作用在产品上。可见,砂尘会使控制器中的结构件磨损,电气性能变化,影响控制器的性能、使用、可靠性与维修性。因此电子控制器砂尘试验主要验证产品在吹砂条件下贮存和工作的性能,用于评价产品在吹砂条件下的适应能力。

2）试验程序

根据 GJB 150.12A–2009 要求,砂尘试验一般包括吹尘、吹砂和降尘三个程序,吹砂和吹尘试验主要是不同颗粒物直径大小对电子产品的影响,而降尘主要是验证产品对长时间遮盖的适应能力。电子控制器一般进行较为严酷的吹尘和吹砂试验,对降尘试验进行剪裁。

3）试验条件

砂尘试验中需要考虑自然环境的温度和湿度,特别是湿度不能引起砂尘结块,一般相对湿度不超过30%。试验中重要条件为砂尘的浓度和试验风速。吹尘、吹砂以及降尘的风速都不一样,且每项试验中需要考虑最低风速和最高风速的情况。

砂尘浓度也不同,详细试验条件和方法可参考 GJB 150.12A - 2009《军用装备实验室环境试验方法 第 12 部分:砂尘试验》。

4) 试验设备

一般使用吹砂试验箱进行砂尘试验,吹砂试验箱由试验箱体、空气调节系统、制冷系统、砂尘控制系统、真空系统、安全保护装置等组成,试验设备见图 3.24。

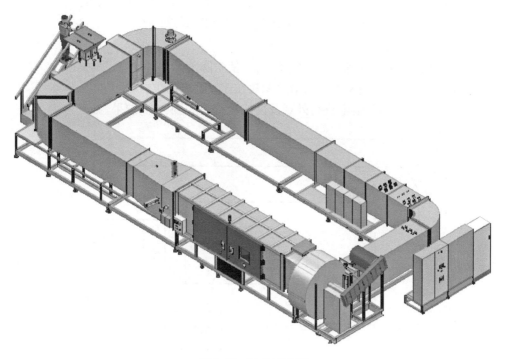

图 3.24 砂尘试验箱

常用砂尘试验箱主要技术指标:

(1) 温度范围:-60~150℃;

(2) 风速:≥18 m/s;

(3) 砂尘浓度:0~30 g/m^3;

(4) 内容积:1 000 L。

5) 试验示例

吹尘试验按 GJB 150.12A - 2009 中"程序 I——吹尘"规定的试验方法进行,试验原理见图 3.25,具体试验步骤如下:

(1) 在常温下对控制器进行外观及性能检测并记录数据,检测合格后关机开始试验;

（2）将控制器安装在试验设备的中央,首先将控制器后盖板方向正对尘流暴露;

（3）将温度调到23℃,空气速度8.9 m/s,相对湿度调到小于30%;

（4）调节尘的注入控制装置,使尘浓度达到(10.6±7) g/m³;

（5）试验进行6 h,每隔1 h重调控制的方向,使另一易损面正对尘流暴露,在即将结束前0.5 h对控制器进行性能测试;

（6）停止供尘,降低风速到1.5 m/s,将温度调整为75℃,保持1 h;

（7）将风速调到8.9 m/s,保持尘浓度达到(10.6±7) g/m³;

（8）继续保持6 h;

（9）使试验条件回到标准大气条件,并使尘降落;

（10）用刷、擦或抖动的方法清除积累在控制器上的尘;

（11）试验后对控制器进行外观及性能检测,并记录检测结果。

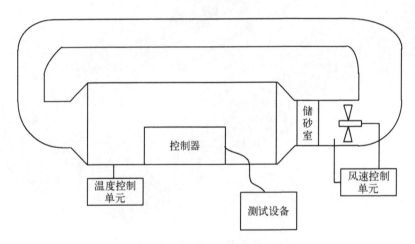

图 3.25　砂尘试验原理框图

吹砂试验按 GJB 150.12A – 2009 中"程序 Ⅱ——吹砂"规定的试验方法进行,具体试验步骤如下:

（1）在常温下对控制器进行外观及性能检测并记录数据,检测合格后关机开始试验;

（2）将控制器安装在试验设备中央,首先选择控制器后盖板方向正对砂流暴露;

（3）将温度调到23℃,空气速度18~29 m/s;

（4）调节供砂器,以得到规定的砂浓度;

（5）以 90 min 的间隔定期地重新调整控制器的其他方向,重复步骤(2)~步骤(4),使前盖板方向正对尘流暴露;

（6）使试验条件回到标准大气条件,并使砂降落;

（7）用刷、擦或抖动的方法清除积累在控制器上的砂;

（8）目测检查试验件,查看腐蚀和堵塞效应以及任何砂渗透的迹象,对控制器进行性能检测,并记录检测结果。

9. 盐雾试验

1）试验目的

盐雾是海洋大气的显著特点之一,盐雾对产品的腐蚀破坏作用主要是由盐雾中含有各种盐分引起的,盐雾对金属和防护层的腐蚀,主要通过氯离子,氯离子具有很小的水合能,容易被吸附在金属表面,同时氯离子的离子半径很小,具有很强的穿透性,容易穿过金属表面氧化层进入金属内部,结果使氯离子排挤并取代氧化物中的氧而在吸附点上形成可溶性氯化物,导致这些区域上的保护膜出现小孔,破坏了金属的钝化,加速了金属的腐蚀。

盐雾环境对控制器的影响分为腐蚀影响、电气影响和物理影响。在腐蚀效应上,盐雾环境可能导致控制器产生下列腐蚀效应:① 电化学反应导致的腐蚀;② 加速应力腐蚀;③ 盐在水中电离形成酸性或碱性溶液。在电气效应上,盐雾环境可能导致控制器产生下列电气效应:① 盐沉积物会导致控制器内电子器件的损坏;② 在控制器电路板表面产生导电的覆盖层;③ 对控制器内绝缘材料及金属的腐蚀。在物理效应上,盐雾环境可能导致控制器结构件由于电解作用而使涂层起泡。由此可见,盐雾会使控制器中结构件磨损加剧,电气性能变化,机箱表面变质,导电性提高,影响控制器的工作性能。

电子控制器盐雾试验主要是验证产品的防护层及装饰层材料在盐雾环境下的有效性以及盐的沉积物是否对产品的物理性能和电气性能有影响。

2）试验程序

盐雾试验只有一个程序。选定本试验和相应程序后,应根据有关文件的规定和为该程序提供的信息,选定该程序所用的试验条件和试验技术。应确定盐溶液浓度和 pH、试验持续时间、盐雾的沉降率、试验温度等试验参数和试件的技术状态。

3）试验条件

一般情况下盐溶液浓度取 5%±1%,用水需防止污染或酸碱条件对试验结果的影响。试验持续时间一般推荐使用 24 h 喷盐雾和 24 h 干燥两种状态共交替进行96 h。有时为了增加产品耐腐蚀能力的评价,也可以增加试验循环次数或者采取连续 48 h 喷盐雾和 48 h 干燥状态交替。喷雾阶段的温度一般控制在(35±2)℃。盐雾的沉降率控制在每小时 80 cm² 的水平收集面积内,盐雾沉降量为 1~2 ml 的收集量。详细试验条件和方法可参考 GJB 150. 11A－2009《军用装备实验室环境试验方法　第 11 部分: 盐雾试验》。

图 3.26　盐雾试验箱

4）试验设备

一般使用盐雾试验箱进行盐雾试验,盐雾试验箱由试验箱体、雾化器、盐水箱、加热控制单元等组成,试验设备见图 3.26。常用盐雾试验箱主要技术指标:

（1）内容积: 950 L;

（2）盐雾试验温度范围:（室温+5℃）~55℃;

（3）冷凝水试验温度范围:（室温+5℃）~45℃;

（4）压缩空气范围: 2~10 bar;

（5）加湿水水压: 2~5 bar;

（6）盐水储存箱容积: 180 L。

5）试验示例

盐雾试验按 GJB 150.11A–2009 中规定的试验方法进行,试验原理见图 3.27,具体试验步骤如下:

（1）在试验的标准大气条件下对被试品进行试验前外观检查和性能检测,并记录检查结果;

（2）将被试品放置在盐雾试验箱内,并处于试验箱的有效容积内;

（3）将试验箱内温度调至 35℃,使被试品在该温度下保持 2 h,然后连续喷雾 24 h,喷雾结束时检测盐雾沉降率和沉降溶液的 pH;

（4）喷雾结束后,打开试验箱,让被试品在温度为 15~35℃,相对湿度≤50%

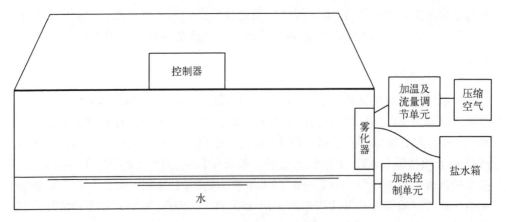

图 3.27　盐雾试验原理框图

条件下干燥 24 h；

（5）进行 2 个循环，试验时间共计 96 h；

（6）试验结束后，从试验箱中取出被试品，用湿纱布去除被试品表面积盐，然后在标准大气条件下，对被试品进行试验后外观检查和性能检测，并记录检测结果。

10. 加速度试验

1）试验目的

电子控制器加速度试验主要验证产品在结构上能够承受使用环境中由平台加减速和机动引起的稳态惯性载荷的能力，以及在这些载荷作用期间和作用后产品的性能不会下降，验证产品在坠撞惯性过载后不会发生危险。

本试验验证的加速度载荷，在实际环境中应当对应一个过载系数，其施加应足够慢，且在一段足够长的时间内保持不变，使装备有足够的时间来分散产生的内部载荷，而不产生装备动态响应的激励。控制器在使用过程中，由于飞机加速、减速和机动会承担惯性载荷。加速度通常在控制器安装位置上和控制器内部产生惯性载荷，控制器的所有部分都会受到由加速度造成的惯性载荷的作用。惯性加速度的环境会造成控制器结构变形、电子电路板短路和开路、继电器断开或吸合、电容电感值变化、安装支架断裂、紧固件的断裂等故障现象，从而影响控制器运行，造成控制器使用性能退化，可靠性指标下降。

2）试验程序

根据 GJB 150.15A–2009，加速度试验包括三个试验程序：

程序Ⅰ——结构试验，主要验证产品结构承受由加速度产生的载荷的能力；

程序Ⅱ——性能试验，主要验证产品在承受由加速度产生的载荷时及以后性能不会降低；

程序Ⅲ——坠撞安全试验，验证装备在坠撞加速度作用下不会破裂或从固定架上脱落。

试验前应首先确定需要开展的试验程序，除另有规定外，装备均要进行程序Ⅰ、程序Ⅱ，对于有人飞机，安装在工作区域或进、出口通道处的装备要进行程序Ⅲ试验。

3）试验条件

电子控制器加速度试验需要明确的试验条件包括：加速度量值、加速度试验轴向、试验设备以及试验件工作状态。

加速度量值应由平台结构载荷分析获得，如不能确定所属平台，也可以选用 GJB 150.15A–2009 中的推荐加速度量值。当装备相对于运行平台的定向未知时，各个轴向的试验应选用 GJB 150.15A–2009 中各轴向推荐值的最大值作为试验载荷。

加速度轴向：试验件应沿三个相互垂直轴的每个轴向进行试验，包括 X（前、后）、Z（侧向）、Y（上、下），典型的加速度方向示意图如图 3.28 所示。

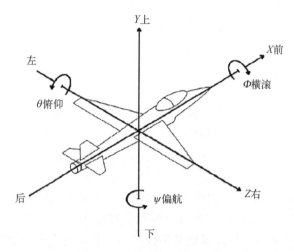

图 3.28   加速度轴向示意图

加速度试验通常采用的试验设备为离心式加速度试验器（离心机）。

4）试验设备

通常采用离心式加速度试验器（离心机）进行加速度试验，加速度试验器由齿轮箱、集流环、转臂、配重块、变频器、编码器、控制单元、电机等组成，试验设备见图 3.29。

图 3.29   加速度试验器

离心机通过绕固定轴旋转而产生加速度载荷,加速度方向总是沿径向指向离心机的旋转轴心,而由加速度所产生的载荷方向总是从旋转轴心沿径向向外。当试件直接安装在离心机试验臂上时,则试件同时承受了旋转和平移两种运动。对于给定转速,试验件所受的加速度及加速度引起的载荷方向是恒定的。离心机的另一特性是加速度引起的载荷与试验件距旋转轴心的距离成正比,为了使试件最靠近和最远离旋转轴心的部分所承受的加速度载荷分别不小于规定试验值的 90% 和不大于规定试验值的 110%,应选择合适尺寸的离心机。

设备要求如下。

(1) 能够提供连续恒定的加速度(转速);

(2) 加速度尺寸能够确保试件所有点上的加速度允差不超过规定值的 ±10%。

常用离心机主要技术指标如下:

(1) 加速度范围:$1g \sim 50g$;

(2) 最大载荷:100 kg×2;

(3) 最大回转半径:2 750 mm;

(4) 接线端子:240 环;

(5) 通液装置:2 回路 21 MPa、25 L/min;

(6) 通气装置:1 回路 15 MPa;

(7) 防暴等级:Exe II T3;

(8) 连续运转时间:≤60 min。

5) 试验示例

加速度试验方法分为结构试验方法、性能试验方法和坠撞安全试验方法,试验原理见图 3.30。

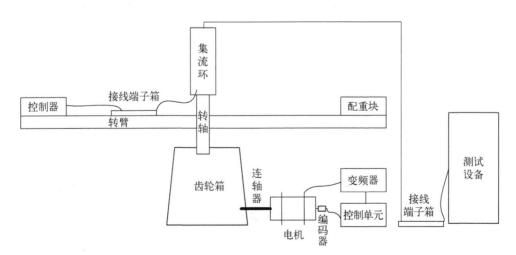

图 3.30　加速度试验原理框图

结构试验按 GJB 150.15A－2009 中"程序Ⅰ——结构试验"进行,试验方法如下:

(1)将被试品安装在专用夹具上,然后将装有被试品的夹具刚性固定在离心式恒加速度试验机工作台面上,首先考核+X方向;

(2)在试验的标准大气条件下对被试品进行外观检查和性能检测,并记录检测结果;

(3)按规定的试验条件对被试品该方向进行结构试验,加速度达到量值后,保持此条件 1 min,试验期间产品处于非工作状态;

(4)转换被试品受试方向,重复步骤(3),考核被试品−X、±Y 和±Z 方向;

(5)试验结束后,在试验的标准大气条件下对被试品进行外观和性能检测,并记录检测结果。

性能试验按 GJB 150.15A－2009 中"程序Ⅱ——性能试验"进行,试验方法如下:

(1)将被试品安装在专用夹具上,然后将装有被试品的夹具刚性固定在离心式恒加速度试验机工作台面上,首先考核+X方向;

(2)在试验的标准大气条件下对被试品进行外观检查和性能检测,并记录检测结果;

(3)按规定的试验条件对被试品+X向进行性能试验,加速度达到量值后保持 1 min。保持期间对被试品进行性能检测,并记录检测结果;

(4)转换被试品受试方向,重复步骤(3),考核被试品−X、±Y 和±Z 方向;

(5)试验结束后,在试验的标准大气条件下对被试品进行外观和性能检测,并记录检测结果。

坠撞安全试验按 GJB 150.15A－2009 中"程序Ⅲ——坠撞安全试验"进行,试验方法如下:

(1)将被试品安装在专用夹具上,然后将装有被试品的夹具刚性固定在离心式恒加速度试验机工作台面上,首先考核+X方向;

(2)在试验的标准大气条件下对被试品进行外观检查和性能检测,并记录检测结果;

(3)按规定的试验条件对被试品+X向进行坠撞安全试验,加速度达到量值后保持 1 min。保持期间对被试品进行性能检测,并记录检测结果;

(4)转换被试品受试方向,重复步骤(1)～步骤(3),考核被试品−X、±Y 和±Z 方向;

(5)试验结束后,在试验的标准大气条件下对被试品进行外观和性能检测,并记录检测结果。

试验结果评定准则:

（1）被试品功能/性能检测结果为合格；

（2）被试品外观及结构完好。

11. 振动试验

1）试验目的

由于发动机工作、气动载荷不断变化、结构颤振等因素，电子控制器工作通常处在较为复杂的振动环境中。需要通过外场实测或基于产品所属平台的经验，确定一套实验室可实施的振动环境模拟和验证方案，对于较小的电子控制器，可将振动激励装置视作不受试验件刚度特性影响的刚体。

振动环境是控制器寿命周期运输和使用过程中诱发出的一种力学环境，几乎所有的控制器在寿命周期内都会经历振动环境，也是控制器最常遇到的环境类型之一，直接安装在发动机上的电子控制器主要受到发动机引起的振动，是最重要的一种力学环境类型。振动会导致控制器内部的零部件及结构件等有质量的物体相对于其平衡位置产生动态位移，这些动态位移和相应的速度、加速度可能引起或加剧结构疲劳，造成结构、组件和零件的机械磨损，具体表现在：① 控制器内部导线磨损；② 控制器紧固件、接插件松动；③ 控制器电子元器件焊缝产生裂纹，引发密封失效；④ 电子器件焊点脱落，引发电路断开或短接；⑤ 控制器机械结构产生裂纹或断裂；⑥ 电子元器件失效，点噪声增强；⑦ 可能引发控制器结构的共振，导致结构损坏。

同时，振动试验应力引起的累积效应可能影响在其他环境条件（如温度、高度、湿度、电磁兼容等）下装备的性能，也可以将其他环境条件可能产生的初始疲劳裂纹等导致失效的因素扩展和放大，目前电子控制器类产品通常采用上述第二种验证逻辑，因此振动试验往往在温度、高度、湿度等试验后展开。

电子控制器振动试验主要验证产品能否承受全寿命周期内飞行平台或其他环境所产生的振动并不导致性能下降。

2）试验程序

试验程序选择过程中需要考虑运输振动与使用振动的关系，电子控制器振动试验按照一般振动程序（GJB 150.16A‐2009 中的程序Ⅰ）、散装货物运输程序（GJB 150.16A‐2009 中的程序Ⅱ）进行试验。

一般振动程序通过振动台、夹具，通过施加特定频率范围的振动激励（如加速度功率谱密度）实施振动试验，通常包括共振扫频、共振驻留的功能振动试验以及时间更久的耐久振动试验。

3）试验条件

控制器振动试验需要明确的试验条件，包括：激励形式（稳态或瞬态）、振动激励量值、控制方案、试验持续时间、产品的安装条件等。

对于安装在固定翼飞机、直升机设备舱以及直接安装在飞机发动机上的产品需采取不同的振动谱型，具体谱型可参照国军标要求或根据实际安装平台的实测振动谱型由用户直接定义。

控制方案的选择原则是能在试验件位置上产生所要求的振动量值,通常采用闭环控制的加速度控制方法。

试验持续时间,主要根据控制器所属平台类型及实际环境特点确定,通常以技术要求形式作为试验输入。

产品的安装条件通常应与实际装机条件一致,并在试验大纲文件明确清楚,包括机械接口形式、紧固件、减振器的安装与更换要求、安装拧紧力矩等条件,都将对试验结果的有效性造成影响。

4)试验设备

振动试验常用电动振动台进行,振动试验系统由振动台体、功率放大器、振动控制单元、加速度传感器等组成,见图3.31。

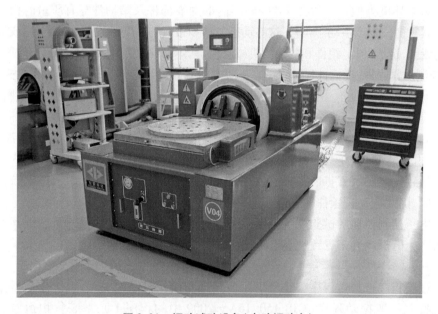

图3.31 振动试验设备(电动振动台)

设备要求应能产生试件所要求的振动量级、振动时间、幅频范围,应能记录振动控制曲线。常用振动台主要技术指标如下。

(1)最大推力: 90 kN;

(2)最大速度: 2.5 m/s;

(3)最大加速度: $100g$;

(4)频率范围: 5~3 000 Hz;

(5)最大位移: 51 mm(P-P);

(6)控制功能:正弦、随机、随机叠加随机、随机叠加正弦、冲击、冲击响应谱。

5）试验示例

振动试验方法分为一般振动程序、散装货物运输程序,试验原理见图 3.32。

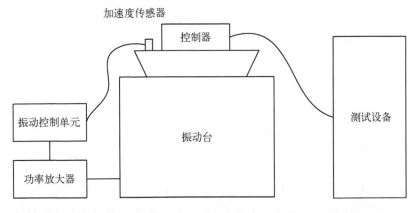

加速度传感器

图 3.32　振动、冲击试验原理框图

一般振动程序按 GJB 150.16A-2009 中的"程序 I ——一般振动"进行,试验方法如下:

（1）将被试品安装在专用夹具上,然后将该夹具刚性安装在振动台工作台面上,在试验的标准大气条件下对被试品进行外观检查和性能检测,并记录检测结果;

（2）将控制传感器安装在控制器与夹具的连接处附近;

（3）前功能试验:按图 3.32 设置试验曲线,完成 3 个方向前功能试验,每个方向振动 0.5 h,振动功能试验期间对被试品进行性能检测,并记录检测结果;

（4）耐久试验:按图 3.32 设置试验曲线,完成 3 个方向耐久试验,每个方向振动 7.5 h,耐久试验期间被试品不通电,每个方向耐久试验后进行通电测试,并记录检测结果;

（5）后功能试验:按图 3.32 设置试验曲线,完成 3 个方向后功能试验,每个方向振动 0.5 h,振动功能试验期间对被试品进行性能检测,并记录检测结果;

（6）在试验的标准大气条件下对被试品进行外观检查和常温性能检测,并记录检测结果。

散装货物运输程序按 GJB 150.16A-2009 中的"程序 II ——散装货物运输"进行,试验方法如下:

（1）在试验的标准大气条件下对被试品进行外观检查和性能检测,并记录检测结果;

（2）将被试品安装在运输振动台上;

（3）安装足够多的传感器,测量所要的数据;

（4）运行振动台,持续时间为预定持续时间的一半;

（5）对被试品外观和性能进行检测,并记录检测结果;

（6）调整被试品在振动台上与挡板的安装朝向后,再次运行振动台,持续时间为预定持续时间的一半;

（7）在试验的标准大气条件下对被试品进行外观检查和常温性能检测,并记录检测结果。

试验结果评定准则:

（1）被试品功能/性能检测结果为合格;

（2）被试品外观及结构完好。

12. 冲击试验

1）试验目的

电子控制器冲击试验主要验证产品在其寿命周期内可能经受的机械冲击环境下的结构和功能特性。如评估产品的结构和功能承受装卸、运输和使用环境中不常发生的非重复冲击的能力。

冲击通常定义为机械系统对能量的快速传递,结果引起系统的应力、速度、加速度或位移的显著增加。冲击从本质上讲是振动环境的特例,是一种瞬态振动,其特点是激励峰值大、能量集中、作用时间短且重复次数少。冲击往往能激励复杂结构中的许多固有频率,其在控制器上造成的破坏形式以峰值破坏为主,疲劳破坏效应较小。控制器具有复杂的多模态特性,其冲击响应包括两种频率响应分量:施加在控制器上的外部激励环境的强迫频率响应分量和在激励施加期间或之后控制器的固有频率响应分量。这些响应会导致:① 控制器零部件之间摩擦力的增加或减少,或相互干扰引起控制器失效;② 控制器绝缘强度变化、绝缘电阻抗下降、磁场和静电场强的变化;③ 控制器电路板故障、损坏和电连接器失效;④ 由于结构或非结构的过应力引起控制器的永久性机械变形;⑤ 材料加速疲劳;⑥ 控制器潜在的压电效应。

2）试验程序

电子控制器安装在飞机设备舱/电子舱或发动机上,在飞机起飞、降落、运输、维修等过程中会遇到冲击环境,因此需开展冲击试验。

电子控制器冲击试验应根据电子控制器全生命周期使用的技术状态判定产品的冲击试验程序,然后根据 GJB 150.18A－2009 要求选择合适试验设备构建试验环境,开展冲击试验,冲击试验主要包括八个试验程序:

（1）程序 Ⅰ——功能性冲击;

（2）程序 Ⅱ——需包装的装备;

（3）程序 Ⅲ——易损性;

（4）程序Ⅳ——运输跌落;

（5）程序 Ⅴ——坠撞安全;

（6）程序Ⅵ——工作台操作；

（7）程序Ⅶ——铁路撞击；

（8）程序Ⅷ——弹射起飞和拦阻着陆。

电子控制器一般开展功能性冲击试验，以评估冲击作用下产品结构和功能的完好性，在冲击作用期间不受到损坏。用户根据产品的实际情况以及寿命周期内的使用情况也可能会提出运输跌落和坠撞安全试验程序。针对安装在舰载弹射起飞和拦阻着舰的控制器，应按要求开展弹射起飞和拦阻着陆试验程序。

3）试验条件

冲击试验中程序Ⅰ和程序Ⅴ，推荐使用实测波形与冲击响应谱进行试验，也可选用经典冲击中的半正弦冲击脉冲和后峰锯齿脉冲。

程序Ⅰ——功能性冲击：波形为后峰锯齿波，峰值加速度为 $20g$，持续时间 11 ms，三轴六向各 3 次（共 18 次）。每两次之间的时间间隔不小于持续时间的 5 倍。

程序Ⅴ——坠撞安全：波形为后峰锯齿波，峰值加速度为 $40g$，持续时间 11 ms，三轴六向各 2 次（共 12 次）。每两次之间的时间间隔不小于持续时间的 5 倍。

程序Ⅷ——弹射起飞和拦阻着陆：冲击波形根据电子控制器安装在飞机上的不同分区确定，一般三个相互垂直轴 X、Y、Z 共三个轴向，每个轴向根据飞机弹射次数，冲击持续时间一般 2 s，试验曲线参考图 3.33。

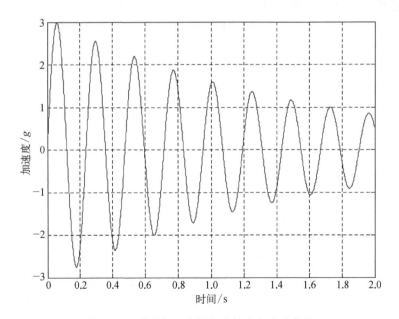

图 3.33　弹射起飞和拦阻着舰冲击试验曲线

详细试验条件和方法可参考 GJB 150.18A－2009《军用装备实验室环境试验方法　第 18 部分：冲击试验》。

4）试验设备

冲击试验常用电动振动台进行试验，同振动试验，见图 3.31。

5）试验示例

冲击试验方法分为功能性试验方法、坠撞安全性冲击试验方法和弹射起飞和拦阻着舰冲击试验，试验原理见图 3.32。

功能性试验方法按 GJB 150.18A－2009 中的程序Ⅰ——功能性冲击进行，试验方法如下：

（1）在试验的标准大气条件下对控制器进行试验前外观检查和功能/性能检测，并记录检测结果；

（2）模拟实际安装要求将被试品安装在振动台工作面上，并在夹具与控制器连接处安装控制传感器；

（3）按试验条件对被试品规定轴向进行冲击试验。试验期间，给被试品通电，对其功能/性能进行检测，并记录检测结果；

（4）该方向冲击试验结束后，在试验的标准大气条件下对被试品进行外观检查和功能/性能检测，并记录检测结果；

（5）转换被试品方向，重复步骤（3）~（4），依次考核被试品其余方向。

坠撞安全性冲击试验方法试验按 GJB 150.18A－2009 中"程序Ⅴ——坠撞安全"规定进行，试验方法如下：

（1）在试验的标准大气条件下对被试品进行试验前外观检查和功能/性能检测，并记录检测结果；

（2）模拟实际安装要求将被试品安装在振动台工作面上，并在夹具与控制器连接处安装控制传感器；

（3）按试验条件对被试品规定轴向进行冲击试验，试验期间被试品不工作；

（4）该方向冲击试验结束后，在试验的标准大气条件下对被试品进行外观检查和功能/性能检测，并记录检测结果；

（5）转换被试品方向，重复步骤（3）~（4），依次考核被试品其余方向。

弹射起飞和拦阻着陆试验按 GJB 150.18A－2009"程序Ⅷ——弹射起飞和拦阻着陆"进行，试验方法如下。

（1）在常温下对控制器进行外观及性能检测并记录数据，性能合格后关机进行弹射起飞和拦阻着舰冲击试验。

（2）将被试品模拟装机工作方式安装在专用夹具上，然后将专用夹具刚性固定在振动台或者冲击台上，载荷尽可能均匀分布，重心尽量靠近台面中心。

（3）进行扫频，扫频范围为 5~2 000 Hz，5~20 Hz 为固定位移 1.25 mm，20~

2 000 Hz 固定加速度量级为 1g,速率为 1 oct/min,在产品上安装传感器监测产品响应,第一阶频率即为产品的安装频率,若安装频率小于 15 Hz,则按步骤(4)~(5)进行弹射起飞和拦阻着舰冲击试验,否则不进行该试验。

(4)按照试验条件对控制器进行 30 次冲击试验,每次冲击试验持续 2 s,两次冲击时间间隔不超过 10 s,试验期间,控制器应处于工作状态,并进行功能检测。

(5)一个方向结束后,对控制器进行外观和性能测试。

(6)重复步骤(4)~(5)完成三个方向试验。试验后,对试验件进行外观和结构检查,控制器应不出现变形、开裂或其他机械损伤,并记录检查结果;然后对控制器进行性能检测,并记录检测数据。

试验结果评定准则:

(1)被试品功能/性能检测结果为合格;

(2)被试品外观及结构完好。

13. 噪声试验

1)试验目的

发动机载电子控制器由于安装在发动机的附件机匣上,承受发动机的工作噪声环境。电子控制器噪声试验主要验证产品能承受规定的噪声环境,而不出现不可接受的功能特性、结构完整性的衰退。

噪声环境主要指由飞行器外表面的空气动力引起的外声场引起的大幅度的空气压力脉动。通常,这些压力脉动在 5~87 kPa 的幅值范围内和 10~10 kHz 的宽频带内是随机的。当压力脉动作用在控制器上时,会引起控制器的振动。振动的产品可再辐射声能(压力脉动),也可导致控制器内部的部件振动或空腔噪声。噪声对控制器的破坏主要是对结构和工作性能的破坏。控制器暴露于噪声环境,容易出现的问题包括:① 控制器导线磨损;② 控制器部件振动疲劳;③ 控制器内部电子部件连接导线断裂;④ 印制线路板开裂;⑤ 结构零件破裂。噪声环境通常采用混响室扩散场噪声模拟、行波管产生激射噪声试验、空腔生产共鸣噪声等试验方法进行。

2)试验程序

噪声试验在 GJB 150.17A‒2009 中规定了 3 个试验程序:

(1)扩散场噪声;

(2)掠入射噪声;

(3)空腔共鸣噪声。

每个试验程序的脉动压力产生和传递到装备上的原理各不相同,一般飞机载电子控制器根据主机的需求才开展试验,发动机载电子控制器适用于扩散场噪声试验,外挂上的控制器一般适用于掠入射噪声。

3)试验条件

根据电子控制器的使用安装环境,其噪声环境试验的声激励类型属于扩散场噪声,即使用强度均匀的宽频带噪声,作用于产品表面。试验中激励参数需要规定声压谱、频率范围、总声压级和试验持续时间。一般情况下,尽可能使用产品安装平台上的实测数据制定试验激励参数,以获得对真实环境更好的模拟。当产品承受的宽带随机噪声的总声压级小于 130 dB,或承受的每赫兹宽带声压级小于 100 dB,则不要求进行噪声试验。详细试验条件和方法可参考 GJB 150.17A - 2009《军用装备实验室环境试验方法　第 17 部分:噪声试验》。

图 3.34　噪声混响室图

4) 试验设备

噪声试验一般在噪声混响室内进行,由声源系统、气源系统、噪声控制设备、混响室及消声排气装置、高声强传感器、测量装置等组成,见图 3.34。

试验设备应能模拟满足试验要求的噪声环境,应能记录噪声实际的曲线。

常用噪声试验设备主要技术指标如下:

(1) 噪声控制系统:具有复现输入的能力;

(2) 噪声频率范围:10 Hz ~ 10 kHz;

(3) 最大总声压级:165 dB;

(4) 波动范围:小于 5 dB(OASPL)。

5) 试验示例

噪声试验中扩散场噪声方法试验原理见图 3.35,试验方法按 GJB 150.17A - 2009 中的"程序 I ——扩散场噪声试验"进行,试验方法如下:

(1) 控制器用弹性系统悬挂在混响室中,使得控制器承受噪声的外表面均暴露于声场中,且没有与混响室壁面平行的外表面;

(2) 靠近控制器的每个不同的主要表面放置传声器,距离表面 0.5 m,或位于控制器表面中心和室壁的居中位置,取两者中较小者;

(3) 用开环控制时,移开控制器并证实在空室内能够达到规定的总声压级和谱型,然后将控制器放回混响室中;

(4) 将控制器在标准大气条件下达到稳定,对控制器进行性能/功能检测;

(5) 在规定的时间施加试验谱,试验中进行性能/功能检测;

(6) 记录每个传声器的输出,用于试验控制的平均输出和其他传感器的输出。在每个试验过程的开始、中间和结尾作记录,当试验时间超过 1 h,应每 0.5 h 记录一次;

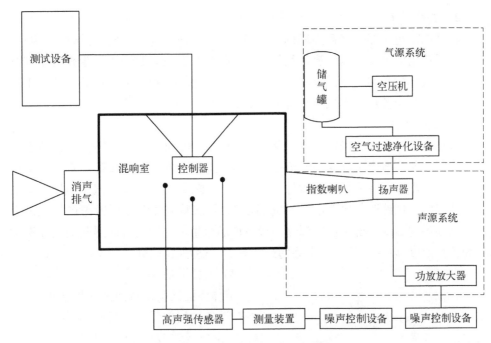

图 3.35　噪声试验原理框图

（7）试验后，对试验件进行外观和结构检查，控制器应不出现变形、开裂或其他机械损伤，并记录检查结果，然后对控制器进行性能检测，并记录检测数据。

试验结果评定准则：

（1）被试品功能/性能检测结果为合格；

（2）被试品外观及结构完好。

14．流体污染试验

1）试验目的

发动机载电子控制器通过减振器安装在发动机风扇机匣上，在寿命期内会暴露在一种或多种污染流体中，如燃料、液压流体、润滑油、溶剂、清洗剂、除冰剂和防冻剂、跑道除冰剂、杀虫剂、杀菌剂、绝缘冷却剂和灭火剂，并受其影响。流体污染的影响取决于污染流体在较高温度下的特性，如挥发性的流体可很快消失，非挥发性的流体可能缓慢氧化，留下硬的残余物。虽然污染流体本身并不一定处于较高的温度，但控制器被污染时可能处于较高的工作温度，或被污染后处于较高的温度。受到流体污染（暂时或长久污染）的装备，可能会通过改变构成装备材料的物理性质而损坏控制器，典型问题包括：① 控制器内部塑料和橡胶的开裂和膨胀；② 抗氧化剂和可溶性物质的吸附；③ 控制器机箱内的密封或垫圈失效；④ 粘接失效；⑤ 印制板失去涂层/标准；⑥ 腐蚀。电子控制器流体污染试验主要验证产品耐受流体污染的能力。

2）试验程序

根据电子控制器全寿命周期内是否经受流体污染确定是否实施该试验项目。根据电子控制器可能暴露的流体数量、流体类型确定试验流体条件,根据电子控制器暴露于流体的时间确定试验时间。试验时需考虑电子控制器在试验中是否工作以及工作中是否散热。本试验只有一个试验程序。

3）试验条件

流体污染试验主要确定流体种类、温度和暴露时间。试验流体种类应考虑发动机实际安装环境中可能遇到的流体,如液压油、航空润滑油以及除冰剂和防冻剂等。试验时需要考虑流体污染试件发生时温度,如试件温度、试验流体温度以及试验保持温度。试件温度要考虑产品的温度范围,试验流体温度要考虑产品在极端温度条件下的温度。试验保持温度一般将产品全生命周期内可能遇到的最高温度作为保持温度,以验证污染对产品的最坏影响,试验保持时间一般不低于 8 h。

4）试验设备

流体污染试验设备由流体加热单元、喷淋室、设备控制单元、硅油加热系统、硅油流体换热系统、废液收集器单元组成,见图 3.36,主要设备要求如下。

（1）流体加热单元。数量：3；温度范围：23~150℃。

（2）喷淋室单元。内容积：1 000 mm×1 000 mm×1 000 mm；测试线缆孔：ϕ150 mm×1；温度范围：0~150℃。

（3）进行易燃流体类试验时,需根据试验、试件、流体特点编制应急处置方案。

（4）流体需求温度不得低于其冰点温度,不得高于其沸点温度。

（5）对于毒性流体试验的风险需进行评估。

图 3.36　流体污染试验箱

5）试验示例

按 GJB 150.26A－2009《军用装备实验室环境试验方法　第 26 部分：流体污染试验》中规定的试验方法进行试验,试验原理见图 3.37,试验步骤如下：

（1）在常温下对控制器进行外观及性能检测并记录数据,检测合格后关机进入流体污染试验;

（2）将控制器用夹具按工作状态方式放在试验箱内,连接好测试电缆;

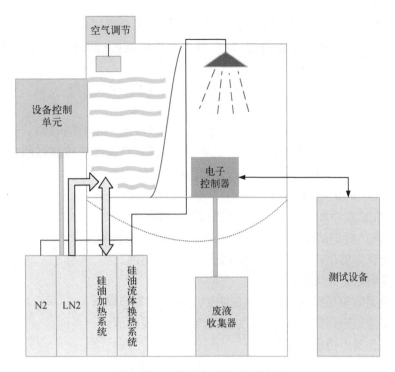

图 3.37　流体污染试验原理框图

（3）将试验箱调整到 85℃并保持 2 h,使被试品达到温度稳定;

（4）在实施步骤(3)同时将试验流体加热到规定的温度(流体温度),如表 3.4 所示,并保持稳定;

（5）在控制器整个表面喷淋流体;

（6）自然沥干试件,不允许振动和擦拭试件;

表 3.4　试验流体及试验温度

序号	试验流体种类	流体温度	试件温度	保持温度	流体施加顺序
1	合成航空润滑油(牌号 4109,GJB 135A－1998)	70℃	85℃	85℃	第 1 组流体
2	15 号航空液压油(牌号 YH－15,GJB 1177－1991)	70℃	85℃	85℃	
3	滑油(4050 号高温合成航空润滑油,GJB 1263－1991)	70℃	85℃	85℃	
4	燃油(3 号喷气燃料,GB 6537－2006)	60℃	85℃	85℃	第 2 组流体
5	灭火剂(三氟-溴甲烷,1301 灭火剂,GB 6051－1985)	23℃	85℃	85℃	第 3 组流体

（7）在试验保持温度85℃下保持8 h，然后目视检查试件的材料的劣化情况，使控制器通电工作进行性能检测（仅在第1循环保温8 h后通电进行性能检测），如果发现劣化，终止试验；

（8）如果没有明显的劣化，在步骤（7）的试验条件继续进行16 h；

（9）重复步骤（7）和（8）共2个24 h；

（10）重复步骤（3）～（9），依次施加第1组、第2组、第3组流体；

（11）在标准大气条件下稳定被试品2 h后进行目视检查控制器的材料、保护性覆盖层的劣化和物理变化，并进行性能检测。

试验结果评定准则：

（1）在试验中和试验后功能/性能检测结果为合格；

（2）流体污染试验后被试品外观满足下列要求为合格：

① 允许金属结构件轻度变暗和变黑，但不得腐蚀；

② 金属结合处无腐蚀；

③ 金属防护层腐蚀面积占金属防护层面积的30%以下；

④ 涂漆层除局部边棱处，无气泡、起皱、开裂或脱落；

⑤ 底金属不得出现腐蚀；

⑥ 非金属材料无明显泛白、膨胀、起泡、皱裂、脱落及麻坑等。

15. 爆炸性大气试验

1）试验目的

电子控制器爆炸性大气试验主要确定装备在混合的燃料和空气爆炸性大气中工作而不引起爆炸的能力。根据电子控制器的实际安装环境，适用于在爆炸性大气中工作，用于评价产品在充满燃料和空气混合气体的环境中工作而不点燃此燃料和空气混合气体的能力。

爆炸性大气与海平面或海平面以上使用的飞行器使用的燃料有关。电子控制器寿命周期内持续或间断地暴露于有可燃气体存在的空间大气内。电子控制器属于电子产品，在低能放电或者产生电弧时就能点燃燃料和空气的混合气体。在一定空间范围内的燃料能被低能放电（如短路的闪光电池、开关触点、静电放电等）产生的火花点燃。爆炸性大气发生爆炸，除了与混合气体的浓度有关，更主要的是与火种的性质、火花的强度、火花（点火）的持续时间长短有关。控制器的通断电、正常运行或设备失效状态都有可能产生火花、热点与热表面，甚至有电弧发生，从而引燃周围的可燃气体。爆炸性大气造成的故障和失效模式主要是控制器损坏直至报废和人员伤亡，其次就是影响附近设备的安全，直至受到爆炸影响而损坏，从而造成重大经济损失。

2）试验程序

爆炸性大气试验包括2个试验程序：

（1）程序Ⅰ——在爆炸性大气中工作，适用于所有密封或非密封装备，用于评价控制器在充满燃料和空气混合气体的环境中工作而不点燃此燃料和空气混合气体的能力。

（2）程序Ⅱ——隔爆试验，适用于带有机箱或其他外壳的装备，用于评价装备外壳阻隔由于内部故障而产生的爆炸或燃烧的能力。

3）试验条件

爆炸性大气试验一般采用正己烷作为燃料，空气与燃料的重量比为 8.33。试验中需要根据产品实际工作中遇到的最高环境温度加热燃料和空气混合气体，并在此温度下完成所有的试验。对于有强制冷却的试件，一般采取无冷却情况下能正常操作和工作的最高温度进行试验。而对于环境空气的露点不高于 10℃ 的情况下，不考虑湿度的影响。高度模拟条件一般是按照装备预期的最高使用高度（该高度不应超过 12 200 m，因为此高度以上，爆炸的可能性消失）进行试验。同时也要考虑到部分地面环境压力（如 78~107 kPa）的试验压力。

4）试验设备

爆炸性大气试验装备由真空控制单元、温度控制单元、混合气体充注单元、抽样单元、点燃测试室和测试室组成，见图 3.38，其设备需求如下。

（1）容积：1 m³；

（2）温度：室温~150℃；

图 3.38 爆炸性大气试验箱

(3) 气压：4.0 kPa～常压；

(4) 工作室尺寸：$\phi D \times H = \phi 900 \text{ mm} \times 1\,500 \text{ mm}$；

(5) 试验品承载台：$\phi 500 \text{ mm}$。

5) 试验示例

试验按 GJB 150.13A-2009 执行"程序 I——在爆炸性大气中工作"，试验连接框图如图 3.39 所示，具体试验步骤如下：

(1) 将控制器安装在试验设备中央，控制器仅连接电源线通电，电缆连接需要保证试验箱处于密封状态，密封试验箱，将试验箱温度升到 70℃，保持温度 2 h；

(2) 调节试验箱内的气压，模拟 11 144 m 的高度，以便于燃料和空气的导入、激化和混合；

(3) 当模拟高度开始下降时，向试验箱慢慢注入所需容积的正己烷；

(4) 使试验箱内的气体循环至少 3 min 以便燃料完成气化并形成均匀的混合气体，同时降低试验箱的模拟高度；

(5) 在相当于试验高度以上 1 000 m 的压力点，用一个火花隙或热线点火塞尝试点燃来自试验箱的混合气体样本，以确定燃料潜在的爆炸性，该点火源应有足够的能量点燃含 3.82% 正己烷的混合气体；

(6) 控制器设定最高输入电压正常通电并测试，接通、断开控制器工作至少 10 次。在每种高度条件下，在接通和断开期间，施加过压浪涌电压 4 次，电压 50 V、持

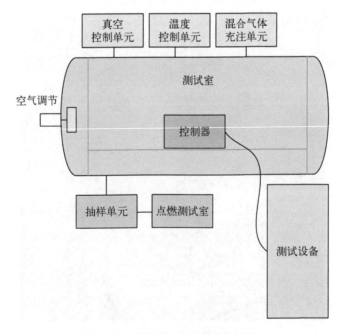

图 3.39　爆炸性大气试验原理框图

续 50 ms；

（7）保证燃料和空气充分混合，向试验箱内通入空气，以不大于 100 m/min 的速度缓慢地降低试验模拟高度；

（8）低于试验高度 1 000 m 时停止降低模拟高度，按步骤（6）进行后断开控制器的电源，在降低高度的过程中，若试验箱内发生爆炸，则记录试验结果；

（9）若试验箱未发生爆炸，使用步骤（5）所用的方法确定燃料的爆炸性。若能够点燃，则记录试验结果。若没有点燃，清除试验箱中的燃料并从步骤（1）重新开始本试验，直至能点燃为止；

（10）调节试验箱内的气压，依次完成 1 524 m、3 048 m、6 096 m 和 7 620 m 的高度试验；

（11）试验后对控制器进行外观及功能性能测试，并记录检测数据。

试验结果评定准则：

（1）试验后控制器外观及功能性能测试合格；

（2）在试验中不能出现点燃燃料和空气混合气体的现象。

16. 温度-湿度-振动-高度试验

1）试验目的及作用机理

电子控制器温度-湿度-振动-高度试验主要验证温度、湿度、振动、高度对产品在地面和飞行工作期间安全性、完整性以及性能的综合影响，可确认产品受到温度、湿度、振动、高度等综合影响时能否正常工作。

控制器在服役期间，会受到工作任务中综合环境应力，该综合环境主要模拟飞行器不增压又不控温舱内的产品或外挂的产品遇到的环境条件，环境特点主要体现在以下方面：

（1）升空，温度和气压降低，并伴随振动环境的作用；

（2）降落，气压升高，温度和湿度升高，并伴随振动；

（3）巡航飞行，低温、低气压、振动综合作用；

（4）停放，高温、高湿环境综合作用；

（5）飞机多次起飞和着陆，产品会经历多种环境的综合或叠加作用，往往会互相加强其对产品的有害影响，加速产品的损坏。

温度-湿度-高度-振动作用机理：

除了低温、高温、湿度、低气压、振动等环境因素单独存在时的各种作用机理外，还有这些环境因素协同作用产生的综合影响。本综合应力涉及的四个环境因素，实际上只能造成 1 个"四综合"，3 个"三综合"（温度-湿度-高度，温度-湿度-振动和温度-振动-高度）和 6 个"两综合"（温度-高度、温度-湿度、温度-振动、湿度-高度、湿度-振动、高度-振动）共 10 种综合环境。在 10 种综合环境中，温度-振动、温度-高度、温度-湿度、温度-湿度-振动、温度-高度-振动和温度-湿度-振动-高度

6 种综合类型引起故障的效应作用较强,有进行相应综合环境试验的必要。环境因素影响有以下几方面。

(1) 温度-振动:高温和振动对材料的性能影响互相加强。当温度不是极高时,塑料和聚合物比金属更容易耐受这个环境组合的影响。

(2) 温度-高度:高温与低气压这两个环境因素是相互依赖的,当压力降低时,材料成分的入气速率加快,而当温度升高时,材料成分的放气速率也加快,因此,一个因素将增大另一个因素的影响,不同材料的膨胀和收缩率差异引起故障。

(3) 温度-湿度:高温会增大潮气的浸透率,会增加潮气的一般影响,使产品变质;湿度随着温度的降低而降低。但是,低温会引起潮气凝结,当温度足够低时,潮气就变成霜或冰。

环境影响的故障模式:

(1) 温度-振动,运动零部件卡死或松动;

(2) 温度-高度,不同材料的膨胀和收缩率差异引起故障;

(3) 温度-湿度,参数漂移引起电子元器件性能下降,水或霜的快速凝结引起光电部件结雾或机械故障;

(4) 温度-湿度-振动,爆炸物中固体颗粒或药柱破裂,外场情况的模拟;

(5) 温度-振动-高度,部件变形或破裂,密封部件泄漏,散热不充分引起故障,玻璃器皿和光学设备破裂;

(6) 温度-湿度-振动-高度,组件分离,表面涂层开裂。

2) 试验程序

电子控制器温度-湿度-振动-高度试验可用于产品的工程研制阶段,用于查找设计缺陷,评价飞行试验中出现的因环境应力引发的故障问题。也可以用于产品在飞行或使用中的支持试验、鉴定试验,用于模拟产品在服役寿命期内经常遇到的叠加环境效应,以验证产品的是否符合合同要求。可根据 GJB 150.24A-2009 要求选择合适试验设备构建的试验环境,开展温度-湿度-高度-振动试验,一般包含三个程序:

(1) 工程研制试验;

(2) 飞行或使用试验的支持性试验;

(3) 鉴定试验程序。

3) 试验条件

综合试验需要考虑试验循环的设计、任务剖面条件以及环境应力参数。根据产品在实际综合环境中的功能剖面确定试验的各环境参量,如温度、湿度、振动、高度、变化速、应力循环等。

试验循环的定义为模拟不同气候条件下的几种任务剖面的一个时间单元。通常情况下,一个试验循环包括三个不同的温度湿度段,如干冷、温湿、干热。每一段可模拟几种任务剖面,而任务剖面由产品平台的性能、环境条件和时间历程确定。试验循环中需要考虑温度、湿度、振动、高度参数的变化。

任务剖面一般由用户根据飞行剖面进行确定,需要覆盖常规部署或高威胁部署,可选定常用或最严酷的任务剖面进行组合,具体可参考 GJB 150.24A‒2009 的任务剖面使用率示例。

振动应力应考虑产品实际安装平台振动环境的测量数据,若无测量数据可参考国军标振动试验的谱型。对于安装在喷气式飞机上的产品应采用随机振动,对于安装在螺旋桨飞机上的产品应采用随机振动或随机振动叠加正弦振动。

温度应力应考虑实际设备舱或发动机载安装环境的温度环境,一般需考虑热天、温湿、冷天环境以及设备舱有无冷却情况,通过热力学分析确定剖面条件。

电子控制器安装环境一般属于无环境控制系统,因此产品的湿度应力取决于环境条件,可根据实际任务剖面的高度参照国军标规定获取参数。

高度参数应力取决于飞行任务剖面。最高压力为地面状态的压力,最低压力则根据飞行剖面的高度参数进行计算。

电应力是产品输入端的供电参数与其标称值之间的预期偏差,应考虑交流系统正常工作应力,产品工作时的正常开/关循环;直流系统正常工作应力;电气系统中与任务相关的瞬态变化诱发的电应力。

4) 试验设备

温度-湿度-高度-振动试验使用能提供所要求的综合试验应力的试验设备,一般用四综合试验器(温度-湿度-高度-振动)进行试验,但因四综合试验器的设备复杂程度高,温度能力在低气压状态由于空气少能力减小,振动能力在低气压状态下实现难度系数高,设备昂贵,目前四综合试验在选择 GJB 150.24A‒2009 的程序Ⅲ——鉴定试验时,可以将温度-湿度-高度综合和振动应力分开进行考核,变成温度-湿度-高度三综合考核+单振动考核。

温度湿度高度振动试验器由试验箱体、空气调节系统、加热系统、制冷系统、加湿系统、气压系统、电磁振动系统和安全保护装置等组成,试验设备见图 3.40。

温度-湿度-高度-振动设备由三综合(温度-湿度-高度)和振动系统组成,设备要求如下。

a) 温度-湿度-高度

除了温度的加热和制冷系统,还应能产生和保持试验所需的低气压,并配有能监控低气压条件所需的辅助仪器;能产生和保持试验箱所需的湿度,并在气压变化时也能达到优良的湿度控制能力。

应配有连续记录试验箱压力的装置;数据读出装置的分辨率不低于其满量程的 2%。

图 3.40 温度湿度高度振动试验器

温度湿度高度试验箱主要技术指标如下。

(1) 内容积: 2 800 L(1 450 mm×1 400 mm×1 400 mm,宽×深×高);

(2) 测试孔: ϕ150 mm×4,其中 1 只转 ϕ100 mm(LF 卡盘结构);

(3) 温度范围: −70~225℃;

(4) 升温速率: ≤17℃/min(带载 100 kg 铝);

(5) 降温速率: ≤19℃/min(带载 100 kg 铝);

(6) 压力范围: 常压~7.7 mbar;

(7) 湿度范围: 20%~98% RH。

b) 电动振动系统

电动振动系统将振动台与箱体相连接(达到低气压状态下的连接),提供满足规定要求的振动推力、最大加速度、速度和位移,模拟电子控制器装飞机工作中的各种振动应力(正弦振动、宽带随机振动、正弦+随机叠加振动、宽带随机+窄带随机振动)。

电动振动系统主要技术指标如下。

(1) 推力: 90 000 N;

(2) 动圈质量: 57 kg;

(3) 动圈+台面+牛头质量: 281 kg;

(4) 最大速度: 1.8 m/s;

(5) 最大加速度: 1 000 m/s^2;

（6）最大峰峰位移：50 mm；

（7）最大承载：907 kg；

（8）使用频率范围：4~2 000 Hz。

5）试验示例

按照 GJB 150.24A－2009 中"程序Ⅲ——鉴定"规定的试验方法进行,试验原理见图 3.41,试验条件见表 3.5,具体试验方法如下。

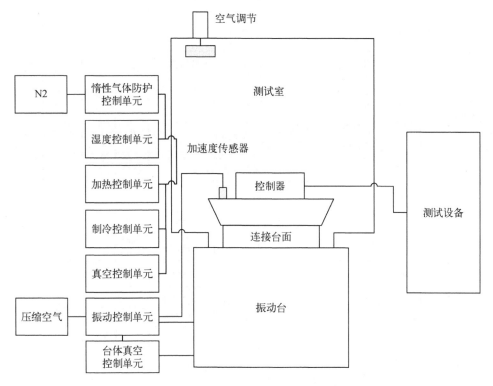

图 3.41　试验原理框图

表 3.5　温度-湿度-高度-振动试验条件表

步骤	阶段	时间/min	温　　度	高　　度	湿度	振动	设备电源	性能检查
1		—	以 5℃/min 降温到-55℃	实验室高度	环境湿度	—	关	—
2	冷/干	240	-55℃	实验室高度	环境湿度	—	关	—
3		—	试验设备最大转换速率,但不得超过 10℃/min	实验室高度	环境湿度	—	关	—

续　表

步骤	阶段	时间/min	温　度	高　度	湿度	振动	设备电源	性能检查
4		检测时间	−45℃	实验室高度	环境湿度	—	接通22 V	检测
5	冷/干	—	−45℃	试验设备最大转换速率,但不得超过1.7 kPa/s	环境湿度	—	22 V	—
6		30	−45℃	6 000 m	环境湿度	振动5 min	22 V	检测
7	温/湿	—	试验设备最大转换速率,但不得超过10℃/min	试验设备最大转换速率,但不得超过1.7 kPa/s	95%	—	22 V	—
8		30	32℃	实验室高度	95%	—	22 V	—
9		—	试验设备最大转换速率,但不得超过10℃/min	实验室高度	<30%	—	29 V	—
10		120	70℃	实验室高度	<30%	—	29 V	—
11		检测时间	70℃	实验室高度	<30%	—	29 V	检测
12	热/干	—	70℃	试验设备最大转换速率,但不得超过1.7 kPa/s	<30%	—	29 V	—
13		240	70℃	6 000 m	<30%	—	29 V	—
14		—	70℃	试验设备最大转换速率,但不得超过1.7 kPa/s	<30%	—	29 V	—
15		检测时间	70℃	6 000 m	<30%	振动5 min	29 V	检测
16		—	试验设备最大转换速率,但不得超过10℃/min	试验设备最大转换速率,但不得超过1.7 kPa/s	环境湿度	—	29 V到关闭	—

　　注: ① 施振方向为产品的 Y 方向;② 第1~5循环,采用某机型谱型及量值,第6~10循环采用无人直升机谱型及量值。

　　在试验的标准大气条件下,对被试品进行试验前功能、性能检测和外观检查。按照图3.41的相关要求将被试品放置在试验箱内搁物架上,并处于试验箱的有效容积内;为了进行试验中检测,将被试品用试验电缆通过箱壁上的测试孔与箱外的检测设备进行连接。

　　按温度-湿度-振动-高度试验循环设置表规定的试验步骤和试验条件设置相应的试验程序,试验期间以试验设备最大的升/降温速率、加湿/除湿速率和压力变化速率实现温度、湿度和高度应力的施加。表中"检测时间"为被试品完成一次功能检测所需的时间;在施加温度、湿度、高度应力的同时,按照表中规定的电应力要求对被试品施加最低/最高工作电压,并按照表中规定的中间检测点对被试品进行试验中功能性能检测。

试验结束后,被试品断电,打开箱门,在试验的标准大气条件下对被试品进行恢复处理 2 h。

恢复处理结束后,在试验的标准大气条件下,对被试品进行功能、性能检测和外观检查,并记录外观检查结果。

3.5　电子控制器电源特性试验

1. 试验目的

电子控制器电源特性试验主要验证电子控制器用电设备与飞机供电系统的兼容性。根据电子控制器产品的实际用电情况可分为直流供电特性和交流供电特性。直流供电有直流 28 V 和直流 270 V,交流供电则有单相或三相交流供电,幅值有 115 V 和 220 V 等,频率有恒频和变频。电子控制器在各种供电情况下应保持产品规范所要求的产品性能,且不应引起供电系统设备非正常工作或引起故障。

2. 试验程序

根据飞机供电系统的工作情况,电子控制器在直流 28 V 和单相交流 115 V、400 Hz 两种供电下,分别需进行的电源特性试验项目详见表 3.6。

表 3.6　电子控制器电源特性试验项目

供电系统工作状态	供 电 类 型	
	直流 28 V	单相交流 115 V、400 Hz
正常工作	LDC101 负载特性	SAC101 负载特性
	LDC102 正常稳态电压	SAC102 正常稳态电压和频率
	LDC103 电压畸变频谱	SAC104 电压调制
	LDC104 电压脉动	SAC105 频率调制
	LDC105 正常电压瞬变	SAC106 电压畸变频谱
	/	SAC107 电压畸变系数
	/	SAC108 直流分量
	/	SAC109 正常电压瞬变
	/	SAC110 正常频率瞬变

续　表

供电系统工作状态	供电类型	
	直流 28 V	单相交流 115 V、400 Hz
供电转换	LDC201 供电转换中断	SAC201 供电转换中断
非正常工作	LDC301 非正常稳态电压	SAC301 非正常稳态电压和频率
	LDC302 非正常电压瞬变	SAC302 非正常电压瞬变
	/	SAC303 非正常频率瞬变
应急工作	LDC401 应急稳态电压	SAC401 应急稳态电压和频率
起动工作	LDC501 起动电压瞬变	/
供电故障	LDC601 故障断电	SAC601 故障断电
	LDC602 反极性	SAC603 反极性

3. 试验条件

目前军用电子产品电源特性试验的条件和具体指标可参考 GJB 181B - 2012《飞机供电特性》,民用机载电子产品可参考标准 RTCA/DO 160G《机载设备环境条件和试验方法》。试验过程中要考虑供电电源的稳态效应以及瞬态效应。负载特性需要考虑产品的接地、多路供电情况、功率容差、负载不平衡、功率因数等情况以满足相关标准的要求。

本节以军用电子产品为例,介绍电子控制器电源特性试验条件,详见表 3.7。

表 3.7　电子控制器电源特性试验条件

直流 28 V 试验条件		单相交流 115 V、400 Hz 试验条件	
LDC101	冲击电流≤5 倍额定电流 功率容差±10% 电流畸变、频谱和调制满足用电规范要求	SAC101	冲击电流≤5 倍额定电流 功率容差±10% 电流畸变系统≤10% 电流调制满足用电规范要求
LDC102	稳态电压 22 V、29 V	SAC102	稳态电压 108 V、118 V 稳态频率 393 Hz、407 Hz
LDC103	GJB 181B - 2012 中图 13	SAC104	最大方均根值 2.5 V
LDC104	脉动幅值最大 1.5 V	SAC105	调制幅度 4 Hz
LDC105	GJB 181B - 2012 中图 12	SAC106	GJB 181B - 2012 中图 4
LDC201	供电中断时间不大于 50 ms	SAC107	电压畸变系数最大 0.05

续　表

直流 28 V 试验条件		单相交流 115 V、400 Hz 试验条件	
LDC301	稳态电压 20 V、31.5 V	SAC108	直流分量 ±0.10 V
LDC302	GJB 181B－2012 中图 14	SAC109	GJB 181B－2012 中图 2
LDC401	稳态电压 18 V、29 V	SAC110	GJB 181B－2012 中图 3
LDC501	12~29 V、30 s 内线性增加	SAC201	供电中断时间不大于 50 ms
LDC601	故障断电时间最长 7 s	SAC301	稳态电压 100 V、125 V 稳态频率 380 Hz、420 Hz
LDC602	电源输入极性颠倒	SAC302	GJB 181B－2012 中图 8
/	/	SAC303	GJB 181B－2012 中图 10
/	/	SAC401	稳态电压 108 V、118 V 稳态频率 393 Hz、407 Hz
/	/	SAC601	故障断电时间最长 7 s
/	/	SAC603	电源输入极性颠倒

4. 试验设备

电源特性试验一般用单相多功能交/直流电源质量模拟器进行试验,试验设备见图 3.42。

设备要求有:

(1) 能产生试验条件所需波形,并配有可测量负载特性的测量模块;

(2) 可以通过软件设置试验条件、实时监测设备的输出,并生成负载特性测试报告。

单相多功能交/直流电源质量模拟器的主要技术指标如下。

(1) 输出功率:交流,7.5 kV·A;直流,9 000 W。

(2) 输出电压:交流,0~360 V(p-n);直流,0~+/-500 V。

(3) 输出频率:DC,10~5 000 Hz。

(4) 频率精度:1.0×10^{-4}。

(5) 电压稳定度:优于 0.1%。

(6) 输出电压精度:优于 0.5%。

(7) 最大输出电流:26 A。

(8) 总谐波失真度(THD):优于 0.5%。

图 3.42　电源特性试验设备

5. 试验示例

以某电子控制器 LDC105 正常电压瞬变试验项目示例。

（1）试验目的是验证电子控制器在承受规定的正常电压瞬变时,能否正常工作并保持其规定的性能。

（2）试验条件为正常电压瞬变极限要求见表 3.8。

表 3.8 正常电压瞬变极限要求

测试阶段	稳态电压	电压从稳态到瞬态的过渡时间	瞬态电压	瞬态电压持续时间	电压从瞬态到稳态或下一行瞬态的过渡时间
过压瞬变					
AA	29 VDC	<1 ms	50 VDC	12.5 ms	<1 ms
BB	29 VDC	<1 ms	50 VDC	12.5 ms	70 ms
CC	29 VDC	<1 ms	40 VDC	45 ms	<1 ms
DD	29 VDC	<1 ms	40 VDC	45 ms	37.5 ms
EE	29 VDC	<1 ms	50 VDC（3 次）	10 ms（每 0.5 s）	<1 ms
FF	22 VDC	<1 ms	50 VDC	12.5 ms	<1 ms
GG	22 VDC	<1 ms	50 VDC	12.5 ms	93 ms
HH	22 VDC	<1 ms	40 VDC	45 ms	<1 ms
II	22 VDC	<1 ms	40 VDC	45 ms	60 ms
JJ	22 VDC	<1 ms	50 VDC（3 次）	10 ms（每 0.5 s）	<1 ms
欠压瞬变					
KK	29 VDC	<1 ms	18 VDC	15 ms	<1 ms
LL	29 VDC	<1 ms	18 VDC	15 ms	234 ms
MM	29 VDC	<1 ms	18 VDC（3 次）	10 ms（每 0.5 s）	<1 ms
NN	22 VDC	<1 ms	18 VDC	15 ms	<1 ms
OO	22 VDC	<1 ms	18 VDC	15 ms	85 ms
PP	22 VDC	<1 ms	18 VDC（3 次）	10 ms（每 0.5 s）	<1 ms
混合瞬变					
QQ	29 VDC 然后	<1 ms	18 VDC	10 ms	<1 ms
		<1 ms	50 VDC	12.5 ms	70 ms

续 表

测试阶段	稳态电压	电压从稳态到瞬态的过渡时间	瞬态电压	瞬态电压持续时间	电压从瞬态到稳态或下一行瞬态的过渡时间
RR	22 VDC 然后	<1 ms	18 VDC	10 ms	<1 ms
		<1 ms	50 VDC	12.5 ms	93 ms
重复瞬变					
重复瞬变	28.5 之后	2.5 ms	18 VDC	0	重复周期 0.5 s
	之后	30 ms	45 VDC	0	
	之后	2.5 ms	28.5 VDC	465 ms	
过程持续时间					
30 min					

（3）试验方法。试验按图 3.43 进行测试布置,开启电源,将电压调整到稳态额定电压 28 V,向控制器供电并运行至相应工作状态,待工作稳定,按正常电压瞬变极限要求各阶段规定的过渡或持续时间,改变或施加要求的稳态或瞬态电压。按 AA~RR 的顺序连续进行试验,对于 EE、JJ、MM、PP 阶段需要重复 3 次,间隔 0.5 s。从 AA 到 RR 每个测试重复进行 5 次,间隔时长应保证电子控制器完全稳定。

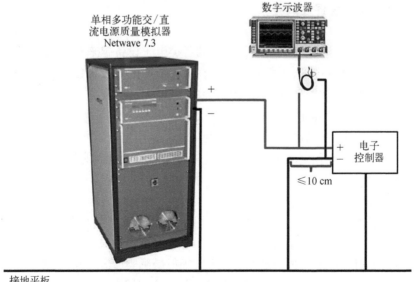

图 3.43 试验原理框图

之后按正常电压瞬变极限要求进行重复瞬变,持续时间不少于 30 min,以验证电子控制器是否可以长期正常工作。整个施加过程中对电子控制器进行功能性能检测。

(4)试验结果评定准则。试验中电子控制器功能性能测试合格,在极限电平下不得受到损坏或导致不安全状态。

3.6　电子控制器电磁环境效应试验

电磁环境对人、设备、系统和平台的工作能力的影响,包括电磁兼容性(EMC)、电磁干扰(EMI)、电磁敏感性、电磁脉冲(EMP)、静电放电(ESD)、电子防护(EMP)以及电磁辐射对人员、军械和易挥发物质(如燃油)的危害。电磁环境效应包括所有电磁环境来源,如射频系统、超宽带装置、高功率微波系统、雷电和静电等产生的效应。根据电子控制器所配装的实际飞机平台、安装的位置、电气环境以及飞机平台所处的任务环境、战场环境分析可得知,电子控制器所涉及的电磁环境验证项目主要包括但不限于:电磁兼容、静电放电、雷电间接效应、高强辐射、核电磁脉冲、高功率微波等。

为了使控制器产品在电磁环境效应下能够满足任务和安全需求,提高产品的电磁环境适应性,航空发动机电子控制器设计过程中一般通过材料、零件的选用,电路、电气接口采取屏蔽、滤波、接地等措施进行电磁加固设计。此外,还需要通过专门的电磁环境效应试验验证产品的电磁环境影响和适应能力。

3.6.1　电磁兼容性试验

1. 试验目的

随着电子的快速发展,航空器上使用的各类电子设备越来越多,任何一台设备或分系统周围或者其内部,不可避免地存在或强或弱的电磁现象,其不但受到外部的电磁干扰(EMI),其本身也可能产生电磁信号干扰其他设备,这就要求所使用的电子设备具有电磁兼容能力。

电子控制器电磁兼容性试验目的是验证产品在预定电磁环境中的生存能力与运行水平。即验证在预定的电磁干扰环境中产品的性能指标能否满足产品规范的要求,同时产生的电磁辐射水平不超过适用标准规定的要求。

2. 试验程序

根据电磁干扰的要素可分为电磁发射类、电磁敏感类两大类。根据电磁干扰的途径又可区分为传导和辐射两大类。因此电磁兼容性试验可分为传导发射类(CE)、辐射发射类(RE)、传导敏感类(CS)、辐射敏感类(RS)共四大类。

根据电子控制器产品特性和结构特点,电子控制器电磁兼容性试验的主要试验项目见表 3.9。电子控制器产品配装的安装平台(如机型、军种以及使用平台)

决定了其适用项目,具体可参考 GJB 151B–2013《军用设备和分系统电磁发射和
敏感度要求与测量》进行选取。

表 3.9　电子控制器电磁兼容性试验项目

序号		项 目 名 称	试 验 目 的
1	CE101	25 Hz~10 kHz 电源线传导发射	控制电子控制器通过电源线向平台电源系统注入谐波干扰
2	CE102	10 kHz~10 MHz 电源线传导发射	控制电子控制器通过电源线以传导或辐射方式对外造成干扰
3	CE107	电源线尖峰信号(时域)传导发射	控制电子控制器在进行开关操作时向供电电源注入尖峰干扰
4	CS101	25 Hz~150 kHz 电源线传导敏感度	考核电子控制器承受电网低频连续波干扰的能力
5	CS102	25 Hz~50 kHz 地线传导敏感度	考核电子控制器承受地线低频连续波干扰的能力
6	CS106	电源线尖峰信号传导敏感度	考核电子控制器承受电网尖峰电压干扰的能力
7	CS112	静电放电敏感度	考核电子控制器承受人体静电放电干扰的能力
8	CS114	4 kHz~400 MHz 电缆束注入传导敏感度	考核电子控制器承受空间电磁场干扰的能力
9	CS115	电缆束注入脉冲激励传导敏感度	考核电子控制器承受快速脉冲干扰的能力
10	CS116	10 kHz~100 MHz 电缆束和电源线阻尼正弦瞬态传导敏感度	考核电子控制器承受因谐振产生的阻尼正弦瞬态干扰的能力
11	RE101	25 Hz~100 kHz 磁场辐射发射	控制电子控制器的低频磁场发射以保护对磁场敏感的设备
12	RE102	10 kHz~18 GHz 电场辐射发射	控制电子控制器通过壳体、电缆向外辐射电场,防止其对灵敏接收设备产生干扰
13	RS101	25 Hz~100 kHz 磁场辐射敏感度	考核电子控制器承受低频磁场干扰的能力
14	RS103	10 kHz~40 GHz 电场辐射敏感度	考核电子控制器承受空间电场干扰的能力

3. 试验条件

目前电子控制器类电磁兼容符合性试验可依据相关标准来实施,军用电子控
制器类产品主要依据 GJB 151B–2013《军用设备和分系统电磁发射和敏感度要求
与测量》,民用航空电子产品主要依据 RTCA/DO 160G《机载设备环境条件和试验
方法》。本节以军用电子产品为例,介绍电子控制器电磁兼容性试验条件。

电子控制器产品配装的安装平台所处的电磁环境不同,以及所处环境中敏感
设备的电磁敏感要求的不同,决定了电磁兼容性试验项目的试验限值。表 3.10 列

出了各试验项目的所有试验条件。电子控制器的具体试验条件参考 GJB 151B - 2013《军用设备和分系统电磁发射和敏感度要求与测量》要求进行选取。

表 3.10 电子控制器电磁兼容性试验条件

序号	项目名称	试 验 条 件	适 用 范 围
1	CE101	GJB 151B - 2013 中图 8~图 11	电子控制器输入电源线,包括回线
2	CE102	GJB 151B - 2013 中图 14	电子控制器输入电源线,包括回线
3	CE107	额定电压有效值的±50%（交流） 额定电压的＋50%（交流），－150%（直流）	电子控制器输入电源线,包括回线
4	CS101	GJB 151B - 2013 中图 21 和图 22	电子控制器输入电源线,不包括回线
5	CS102	25 Hz~50 kHz,1 V 开路电压信号	电子控制器外壳接地线
6	CS106	尖峰幅度 400 V 或订购方规定 脉宽 5.0(1±22%)μs	电子控制器输入电源线,不包括回线
7	CS112	接触放电法最大 8 kV 空气放电法最大 15 kV	电子控制器与人体可能接触的部位
8	CS114	GJB 151B - 2013 中表 12 和图 39	电子控制器装机所有的互连电缆和电源电缆
9	CS115	GJB 151B - 2013 中图 44	电子控制器装机所有的互连电缆和电源电缆
10	CS116	GJB 151B - 2013 中图 47 和图 48	电子控制器装机所有的互连电缆和电源电缆
11	RE101	GJB 151B - 2013 中图 51 和图 52	电子控制器壳体及其电缆接口
12	RE102	GJB 151B - 2013 中图 55~图 58	电子控制器壳体及其所有互连电缆
13	RS101	GJB 151B - 2013 中图 65 和图 66	电子控制器壳体及其所有互连电缆
14	RS103	GJB 151B - 2013 中表 17	电子控制器壳体及其所有互连电缆

4. 试验设备

电子控制器电磁兼容性试验通常在半电波暗室(图 3.44)中进行,半电波暗室配套信号源、瞬态信号发生器、功率放大器、发射/接收天线、测量接收机、示波器、电流探头等试验设备以及电磁兼容测试软件,满足所有传导/辐射发射和传导/辐射敏感度试验项目测试需求。

其主要技术指标如下。

(1)频率范围:20 Hz~40 GHz;

(2)频率准确度:±0.1%;

(3)频率分辨率:1 Hz;

（4）幅值分辨率：1 dB；

（5）幅值准确度：±2 dB；

（6）系统校准误差：<3 dB。

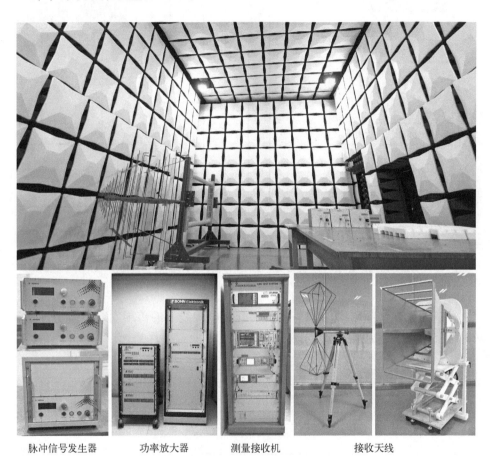

| 脉冲信号发生器 | 功率放大器 | 测量接收机 | 接收天线 |

图 3.44　半电波暗室及试验设备

5. 试验示例

1）25 Hz～10 kHz 电源线传导发射（CE101）

CE101 试验按 GJB 151B - 2013 要求进行，试验原理见图 3.45，试验方法如下：

（1）按 GJB 151B - 2013 中图 2～图 5 所示和第 4.3.9 节所述测试要求进行测试布置，并对 CE101 测试系统进行校验，校验通过后方可开始测试；

（2）控制器正常通电工作并按要求运行至相应工作状态，待其工作稳定后开始试验，测试位置为控制器所有输入电源线（包括不接地回线）；

（3）按 CE101 试验原理框图进行试验配置，启动测量接收机，在 25 Hz～10 kHz 范围内对各测试位置分别进行连续扫描，记录测试数据。

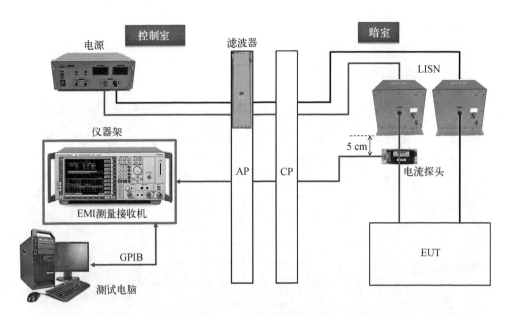

图 3.45　CE101 试验原理框图

　　注：LISN 为线路阻抗稳定网络；AP 为暗室内过墙接口板；CP 为暗室内地面接口板；GPIB 为通用接口总线；EUT 为受试件。

　　试验结果评定准则：控制器正常工作时，电源线上的传导发射不应超过图 3.46 中曲线二规定的极限值。

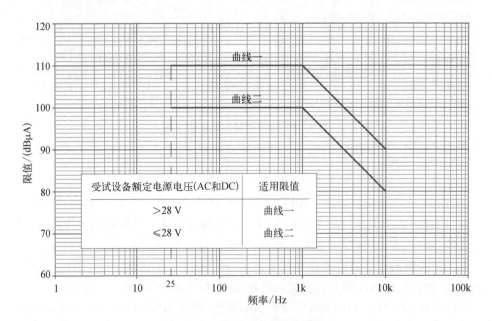

图 3.46　CE101 试验极限值图

2）10 kHz~10 MHz 电源线传导发射（CE102）

CE102试验按 GJB 151B－2013 要求进行,试验原理见图3.47,试验方法如下:

（1）按 GJB 151B－2013 中图2~图5所示和第4.3.9节所述测试要求进行测试布置,并对 CE102 测试系统进行校验,校验通过后方可开始测试;

（2）控制器正常通电工作并按要求运行至相应工作状态,待其工作稳定后开始试验,测试位置为控制器所有输入电源线(包括不接地回线);

（3）按 CE102 试验原理框图进行试验配置,启动测量接收机,在 10 kHz ~ 10 MHz 范围内对各测试位置分别进行连续扫描,记录测试数据。

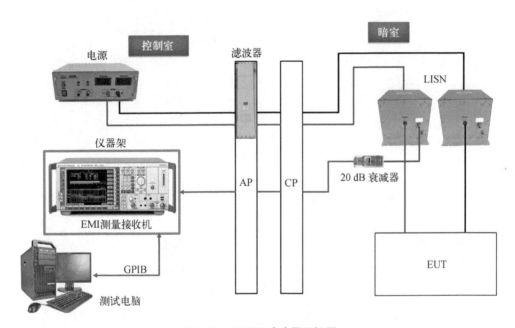

图 3.47　CE102 试验原理框图

试验结果评定准则: 控制器正常工作时,电源线上的传导发射不应超过图 3.48 中的基本限值(≤28 V)。

3）电源线尖峰信号（时域）传导发射（CE107）

CE107试验按 GJB 151B－2013 要求进行,试验原理见 CE107 试验原理框图 3.49,试验方法如下:

（1）按 GJB 151B－2013 中图2~图5所示和第4.3.9节所述测试要求进行测试布置;

（2）控制器正常通电工作并按要求运行至相应工作状态,待其工作稳定后开始试验,测试位置为控制器所有输入电源线(包括不接地回线);

（3）按 CE107 试验原理框图进行试验配置,测量控制器随手动操作外接电源

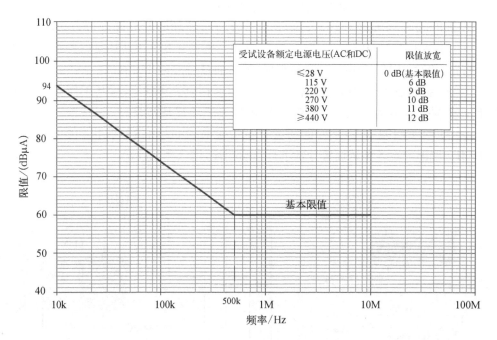

图 3.48　CE102 试验极限值图

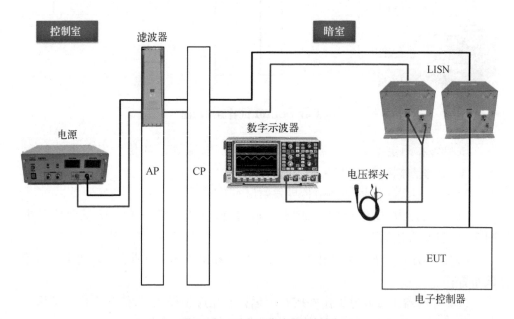

图 3.49　CE107 试验原理框图

开关 K 由"通→断"和"断←通"两种状态下,在电源正负线上产生的尖峰信息,每个状态重复至少 5 次,以测量的最大值为准。

试验结果评定准则:控制器输入电源线上检测到的尖峰信号幅值不超过直流电源额定电压的+50%、−150%。

4) 25 Hz ~ 150 kHz 电源线传导敏感度(CS101)

CS101 试验按 GJB 151B－2013 要求进行,试验原理见图 3.50,试验方法如下:

(1) 按 GJB 151B－2013 中图 2~图 5 所示和第 4.3.9 节所述测试要求进行测试布置,并对 CS101 测试系统进行校验,校验通过后方可开始测试;

(2) 选择控制器任意一组输入电源线按 CS101 试验原理框图进行试验配置,控制器正常通电工作并按要求运行至相应工作状态,待其工作稳定后开始施加干扰;

(3) 将信号发生器调到最低测试频率,增加信号电平,直到电源线上达到图 3.51 曲线二规定的电压或校验程序中确定的功率电平为止(取小者);

(4) 保持要求的信号电平,按标准规定的扫描速率,在整个要求的频率范围内进行扫描测试,过程中对控制器进行功能性能检测;

(5) 对控制器其他输入电源线分别重复步骤(2) ~ (4)。

试验结果评定准则:控制器功能性能测试合格,在极限电平下应不出现死机、性能下降或其他异常现象。

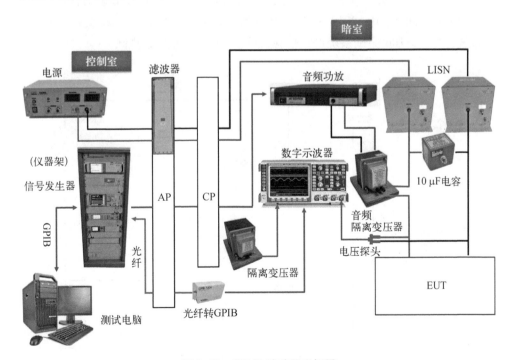

图 3.50　CS101 试验原理框图

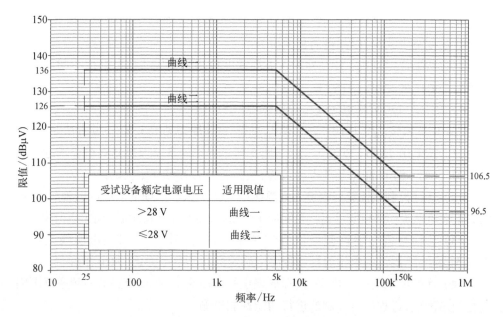

图 3.51 CS101 试验极限值图

5）电源线尖峰信号传导敏感度（CS106）

CS106 试验按 GJB 151B-2013 要求进行,试验原理见图 3.52,试验方法如下:

（1）按 GJB 151B-2013 中图 2~图 5 所示和第 4.3.9 节所述测试要求进行测试布置,并对 CS106 测试系统进行校验,校验通过后方可开始测试;

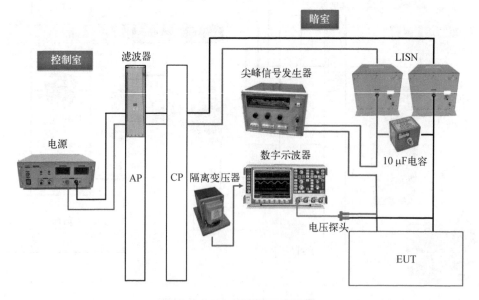

图 3.52 CS106 试验原理框图

（2）选择控制器任意一组输入电源线按 CS106 试验原理框图进行试验配置，控制器正常通电工作并按要求运行至相应工作状态，待其工作稳定后开始施加干扰；

（3）尖峰信号发生器工作，按规定的试验信号电平试验，$E = 200\,V$，$t \leqslant 10\,\mu s$ 施加干扰，正负尖峰分别施加一次，重复频率 10 Hz，施加时间不小于 5 min，正负尖峰施加过程中对控制器进行功能性能检测；

（4）对控制器其他输入电源线分别重复步骤（2）~（3）。

试验结果评定准则：控制器功能性能测试合格，在极限电平下应不出现死机、性能下降或其他异常现象。

6）静电放电敏感度（CS112）

CS112 试验按 GJB 151B － 2013 要求进行，试验原理见图 3.53，试验方法如下：

（1）按 GJB 151B － 2013 中第 5.15.3.1 节要求进行测试布置；

（2）控制器正常通电工作并按要求运行至相应工作状态，待其工作稳定后开始施加干扰；

（3）按 CS112 试验原理框图进行试验配置，使用模拟人体放电的阻容模块（$R = 330\,\Omega$，$C = 150\,pF$），对控制器机壳、电连接器、螺钉等位置分别进行放电，每个测试点正负极

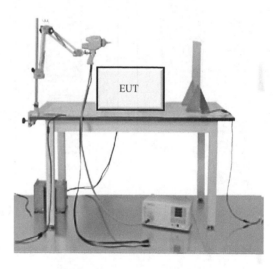

图 3.53　CS112 试验原理框图

性各放电 10 次。过程中对控制器进行功能性能检测。

试验结果评定准则：控制器功能性能测试合格，在极限电平下应不出现死机、性能下降或其他异常现象。

7）4 kHz~400 MHz 电缆束注入传导敏感度（CS114）

CS114 试验按 GJB 151B － 2013 要求进行，航空发动机不适用 10 kHz 以下频段，试验原理见图 3.54。

（1）按 GJB 151B － 2013 中图 2~图 5 所示和第 4.3.9 节所述测试要求进行测试布置，并对 CS114 测试系统进行校验，校验通过后方可开始测试；

（2）控制器正常通电工作并按要求运行至相应工作状态，待其工作稳定后开始试验，测试位置为互连电缆、电源电缆和电源高位线，分别单独进行测试；

（3）选择控制器任意一束被试电缆按 CS114 试验原理框图进行试验配置，在 10 kHz~400 MHz 频率范围内，按规定的扫描速率进行扫描测试，并用 1 kHz，50%

占空比进行脉冲调制,同时使入射功率保持在校验程序中确定的功率电平或监测电流等于图 3.55 限值电流与 6 dB 之和时的正向功率电平上(两者选电平低者),干扰施加过程中对控制器进行功能性能检测;

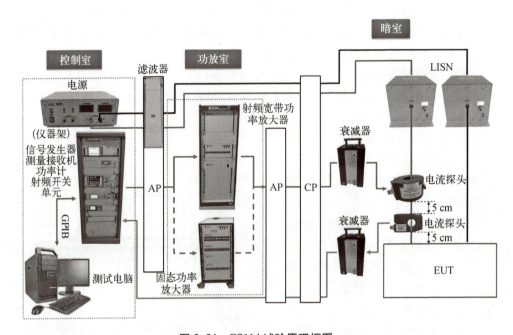

图 3.54　CS114 试验原理框图

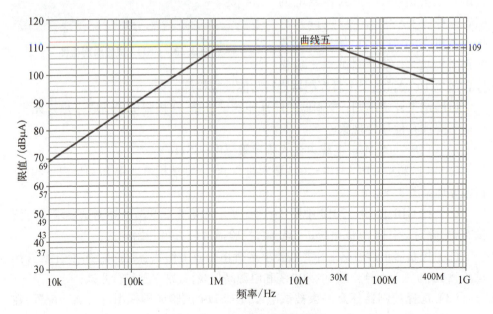

图 3.55　CS114 试验极限值图

（4）对控制器其余被试互连电缆重复步骤（3）。

试验结果评定准则：控制器功能性能测试合格，在极限电平下应不出现死机、性能下降或其他异常现象。

8）电缆束注入脉冲激励传导敏感度（CS115）

CS115 试验按 GJB 151B‑2013 要求进行，试验原理见图 3.56，试验方法如下：

（1）按 GJB 151B‑2013 中图 2~图 5 所示和第 4.3.9 节所述测试要求进行测试布置，并对 CS115 测试系统进行校验，校验通过后方可开始测试；

（2）控制器正常通电工作并按要求运行至相应工作状态，待其工作稳定后开始试验，测试位置为互连电缆、电源电缆和电源高位线，分别单独进行测试；

（3）选择控制器任意一束被试电缆按 CS115 试验原理框图进行 CS115 试验配置，脉冲信号发生器工作，按规定的试验信号电平施加干扰，重复频率 30 Hz，施加时间 1 min，干扰施加过程中对控制器进行功能性能检测；

（4）对控制器其余被试互连电缆重复步骤（3）。

试验结果评定准则：控制器功能性能测试合格，在极限电平下应不出现死机、性能下降或其他异常现象。

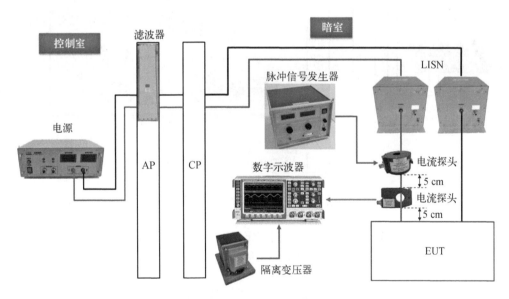

图 3.56　CS115 试验原理框图

9）10 kHz~100 MHz 电缆和电源线阻尼正弦瞬态传导敏感度（CS116）

CS116 试验按 GJB 151B‑2013 要求进行，试验原理见图 3.57，试验方法如下：

（1）按 GJB 151B－2013 中图 2~图 5 所示和第 4.3.9 节所述测试要求进行测试布置，并对 CS116 测试系统进行校验，校验通过后方可开始测试；

（2）控制器正常通电工作并按要求运行至相应工作状态，待其工作稳定后开始试验，测试位置为互连电缆、电源电缆和电源高位线，分别单独进行测试；

（3）选择控制器任意一束被试电缆按图 3.57 进行 CS116 试验配置，阻尼正弦瞬态信号发生器工作，按规定的试验信号电平，在 10 kHz、100 kHz、1 MHz、10 MHz、30 MHz 和 100 MHz 六个频率点上施加干扰，重复频率 1 Hz，每个频点施加时间 5 min，干扰施加过程中对控制器进行功能性能检测；

（4）对控制器其余被试互连电缆重复步骤（3）。

试验结果评定准则：控制器功能性能测试合格，在极限电平下应不出现死机、性能下降或其他异常现象。

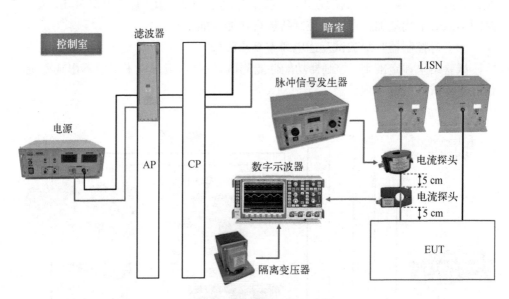

图 3.57　CS116 试验原理框图

10）25 Hz~100 kHz 磁场辐射发射（RE101）

RE101 试验按 GJB 151B－2013 要求进行，试验原理见图 3.58，试验方法如下：

（1）按 GJB 151B－2013 中图 2~图 5 所示和第 4.3.9 节所述测试要求进行测试布置，并对 RE101 测试系统进行校验，校验通过后方可开始测试；

（2）控制器正常通电工作并按要求运行至相应工作状态，待其工作稳定后开始试验，测试位置为控制器航插面、电缆转接处；

（3）按 RE101 试验原理框图进行试验配置，启动测量接收机，在 25 Hz~

100 kHz 范围内对各测试位置分别进行连续扫描,记录测试数据。

　　试验结果评定准则：控制器正常工作时,控制器壳体及有关电缆接口上的磁场辐射发射不应超过图 3.59 中规定的极限值。

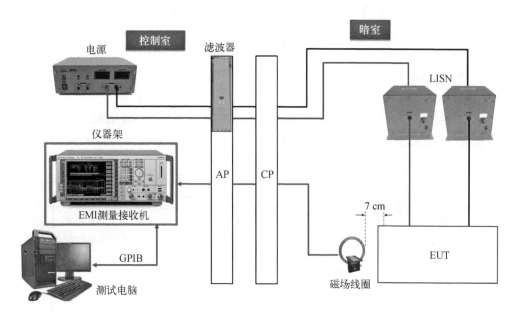

图 3.58　RE101 试验原理框图

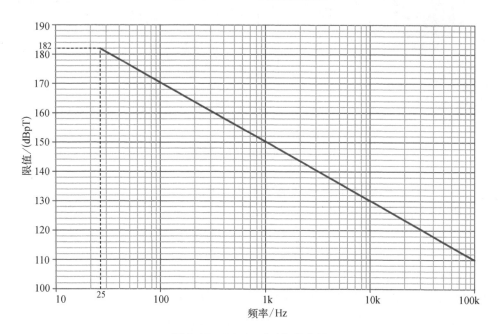

图 3.59　RE101 试验极限值图

11) 10 kHz~18 GHz 电场辐射发射(RE102)

RE102 试验按 GJB 151B - 2013 要求进行,试验原理见图 3.60,试验方法如下:

(1) 按 GJB 151B - 2013 中图 2~图 5 所示和第 4.3.9 节所述测试要求进行测试布置,并对测试系统进行校验,校验通过后方可开始测试;

(2) 控制器正常通电工作并按要求运行至相应工作状态,待其工作稳定后开始试验,测试位置为控制器航插面、发动机电缆与飞机电缆转接处;

(3) 按 RE102 试验原理框图进行试验配置,启动测量接收机,在 25 Hz ~ 100 kHz 范围内对各测试位置分别进行连续扫描,记录测试数据。

试验结果评定准则:控制器正常工作时,控制器及有关互连电缆上的电场辐射发射不应超过图 3.61 中规定的极限值。

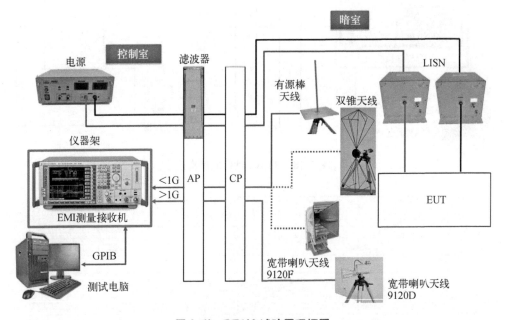

图 3.60　RE102 试验原理框图

12) 25 Hz~100 kHz 磁场辐射敏感度(RS101)

RS101 试验按 GJB 151B - 2013 要求进行,试验原理见图 3.62,试验方法如下:

(1) 按 GJB 151B - 2013 中图 2~图 5 所示和第 4.3.9 节所述测试要求进行测试布置,并对 RS101 测试系统进行校验,校验通过后方可开始测试;

(2) 控制器正常通电工作并按要求运行至相应工作状态,待其工作稳定后开始试验,测试位置为控制器航插面和应急电源航插面;

(3) 任意选择一测试位置按 RS101 试验原理框图进行试验配置,将磁环放在离测试点 5 cm 处,磁环平面应平行于测试平面;

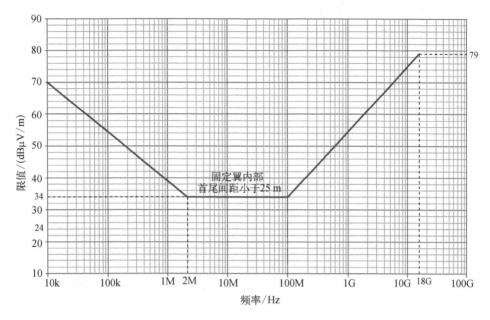

图 3.61　RE102 试验极限值图

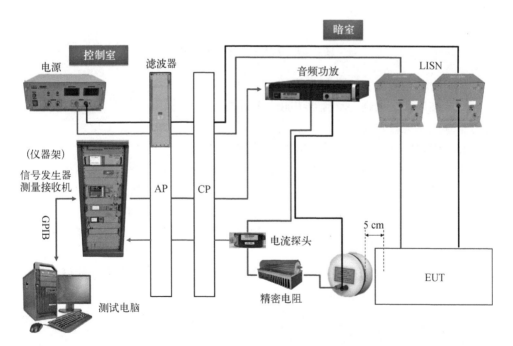

图 3.62　RS101 试验原理框图

（4）提供磁环足够的电流,以产生至少比图3.63中极限值大10 dB的磁场强度,但不能超过19 A(185 dBpT)。在25 Hz~100 kHz频率范围内对测试位置进行扫描测试,干扰施加过程中对控制器进行功能性能检测;

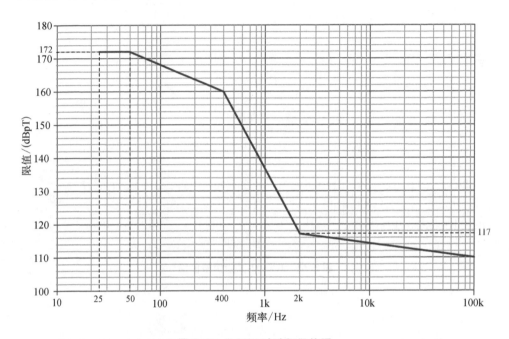

图3.63　RS101试验极限值图

（5）对其余测试位置重复步骤（3）~（4）。

试验结果评定准则：控制器功能性能测试合格,在极限电平下应不出现死机、性能下降或其他异常现象。

13）10 kHz~40 GHz电场辐射敏感度（RS103）

RS103试验按GJB 151B-2013要求进行,试验原理见图3.64,试验方法如下：

（1）按GJB 151B-2013中图2~图5所示和第4.3.9节所述测试要求进行测试布置,并对RS103测试系统进行校验,校验通过后方可开始测试;

（2）控制器正常通电工作并按要求运行至相应工作状态,待其工作稳定后开始试验;

（3）按RS103试验原理框图进行RS103试验配置,测试距离为距测试配置边界1 m处,天线位置由实际测试布置和天线3 dB波瓣宽度确定;

（4）按标准要求根据不同频段选配适应的天线,逐渐增加电场强度,直至场强有效值达到规定要求限值;

（5）在10 kHz~40 GHz频率范围内,按规定的扫描速率对各测试位置进行扫描测试,并用1 kHz、50%占空比进行脉冲调制;

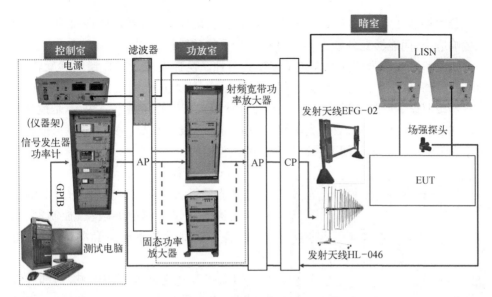

图 3.64　RS103 试验原理框图

（6）干扰施加过程中对控制器进行功能性能检测。

试验结果评定准则：控制器功能性能测试合格,在极限电平下应不出现死机、性能下降或其他异常现象。

3.6.2　高能辐射试验(HIRF)

1. 试验目的

电子控制器高能辐射试验主要用于确定设备及其互连电缆在受到射频调制功率的辐射场影响时,是否能正常工作并符合其性能规范要求。

随着飞机外部电磁环境越来越复杂,需要模拟一种相对复杂的电磁环境来进行敏感度测试。高能辐射试验主要在混响室内进行,混响室由于其高反射性的墙壁以及内置的搅拌器,可在屏蔽腔体内形成一个统计均匀、各向同性、随机极化的复杂电磁环境,混响室内多谐振模式在腔体内形成空间驻波能够产生高场强。高能辐射试验主要模拟高场强复杂电磁环境来对控制器进行敏感度试验。

2. 试验程序

高能辐射试验产生的射频场一般包括连续波(CW)、方波调制(SW)、脉冲调制(PM)三种。

3. 试验条件

高能辐射场的试验条件包括施加干扰场强的大小和最大场强驻留时间。

场强的大小一般由主机提出需求,按照 RTCA/DO – 160G 中辐射敏感度试验电平的分类来选择不同频段和不同调制方式的场强。

最大场强驻留时间应大于 EUT 的响应时间,确保 EUT 能够对施加的干扰场强产生响应,从而能够充分暴露 EUT 在射频场下的敏感特性。

混响室试验分为搅拌模式和步进模式两种。搅拌模式下搅拌器连续旋转,产生场强较高,但是最大场强驻留时间一般较短,一般为几十到几百毫秒;步进模式搅拌器按照设置好的步进数旋转,相较于搅拌模式产生的场强小一些,但是搅拌器可以在步进位置处停留,故最大场强驻留时间可以设置较长。实际试验根据场强大小和最大场强驻留时间要求选择合适的试验模式。

4. 试验设备

高能辐射试验在混响室内进行,混响室主体结构主要包括辐射屏蔽室、控制室、功放室,各个测试设备集成整套测试系统,见图 3.65。

屏蔽室为产生高场强的区域,内部放置搅拌器、监控摄像头、发射天线和接收天线;控制室主要为放置测试电脑和监控显示的区域;功放室为放置功率放大器的区域;测试系统主要集成了信号源、功率计、测量接收机、功率放大器、发射天线、接收天线等,形成一整套高能辐射测试系统,见图 3.66。

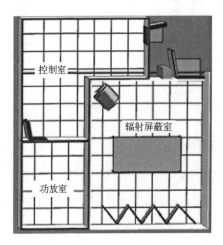

图 3.65　混响室主体结构

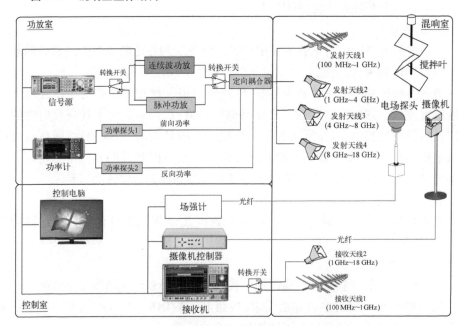

图 3.66　混响室测试系统

混响室中相对关键的指标如下：

（1）混响室的尺寸，决定了场均匀区的大小。

（2）功率放大器的功率，决定了能够注入混响室内的最大输入功率。

混响室的尺寸和功率放大器的功率共同决定了混响室高能辐射试验所能产生的最大场强。

5. 试验示例

高能辐射试验（HIRF）试验方法主要依据标准 RTCA/DO‑160G 进行，试验原理见图 3.67，试验方法如下：

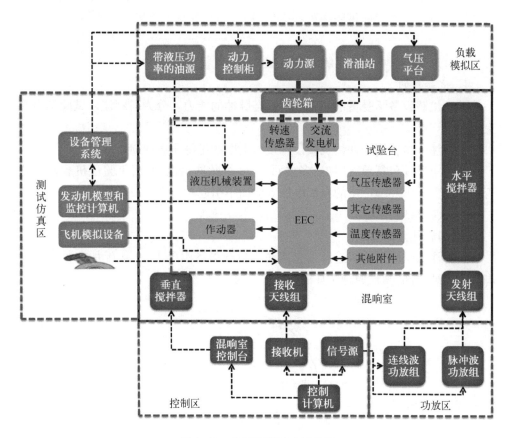

图 3.67　高能辐射试验原理图

将 EUT 在混响室内部安装好后，开始进行试验，试验分为校准和实测。

校准步骤如下：

（1）通过发射天线将某个频点 CW 信号注入混响室，用定向耦合器和测量设备监测搅拌器完整旋转一周的最大正向功率；

（2）监测搅拌器完整旋转一周期间接收天线的最大接收功率，接收天线置于

混响室的工作区域,若混响室内采用多个搅拌器,测量时间应对应最慢的搅拌器速度;

（3）利用天线最大接收功率和最大正向功率计算归一化场强;

（4）设置下一个测试频率,然后重复步骤（1）~（3）,完成所有频点的测试。

实测步骤如下:

（1）利用目标场强和归一化场强计算前向功率;

（2）通过发射天线将某个频点 CW 信号注入混响室,用定向耦合器和测量设备监测搅拌器完整旋转一周的最大正向功率,使其等于步骤（1）中计算的前向功率;

（3）设置下一个测试频率重复步骤（1）~（2）,完成所有频点的测试。

3.6.3　雷电瞬态感应敏感度试验

1. 试验目的

验证机载设备承受雷电间接效应瞬态脉冲的能力。分为引脚注入试验和电缆束试验。

引脚注入试验用于评估机载设备接口电路的绝缘耐压或损毁容忍度。

电缆束试验包括单次回击、多重回击、多重脉冲组试验,用于验证机载设备能否承受外部雷电环境产生的内部电磁效应而不引起功能失效或部件损坏。

2. 试验程序

1）引脚注入试验

引脚注入试验是将瞬态波形直接注入机载设备引脚上,一般施加在每一根引脚和外壳地之间,测试原理图如图 3.68。一般试验程序为:

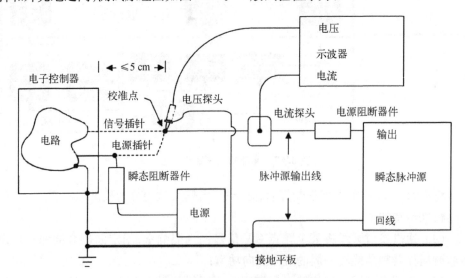

图 3.68　引脚注入试验测试原理图

（1）试验前雷电信号发生器波形校准；

（2）如果需要,给产品供电；

（3）按照校准时雷电信号发生器设置,对产品引脚施加雷电瞬态信号；

（4）验证与产品性能规范的符合性。

2）电缆束试验

电缆束试验是通过电缆感应或对地注入法向电缆束施加瞬态信号的试验。试验必须在产品全配置、全功能接通全部电缆束和接口负载的情况下进行。通过对互联电缆单独或同时施加规定的波形和极限电平来满足试验要求。测试原理图如图 3.69。一般试验程序为:

（1）试验前雷电信号发生器波形校准；

（2）产品工作在所选工作模式,按照产品规范,确认正确的系统工作状态；

（3）对产品的互联电缆施加雷电瞬态信号时,逐渐增加信号发生器输出,直到规定的试验电平达到为止,同时监视产品性能；

（4）验证与产品性能规范的符合性。

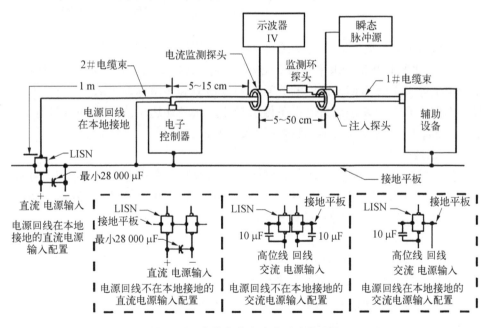

图 3.69　电缆束感应试验测试原理图

3. 试验条件

机载设备的瞬态感应源、安装位置及环境决定了试验电平和波形。按 RTCA/DO‐160G 标准要求,类别标志由 6 个字符组成:第 1、3、5 个字符表示波形类别,第 2、4、6 个字符表示电平等级。

（1）引脚试验波形用字母 A 或 B 表示，或用字母 Z 或 X 表示；

（2）引脚试验电平等级用数字（1~5）表示，或用字母 Z 或 X 表示；

（3）电缆束单次和多重回击试验波形用字母（C~K）表示，或用字母 Z 或 X 表示；

（4）电缆束单次和多次回击试验电平等级用数字（1~5）表示，或用字母 Z 或 X 表示；

（5）电缆束多重脉冲组试验波形用字母（L 或 M）表示，或用字母 Z 或 X 表示；

（6）电缆束多重脉冲组试验电平等级用数字（1~5）表示，或用字母 Z 或 X 表示。

因此，类别标志可表示如下：

B	3	G	4	L	3
引脚试验波形	引脚试验电平等级	电缆束单次和多重回击试验波形	电缆束单次和多重回击试验电平等级	电缆束多重脉冲组试验波形	电缆束多重脉冲组试验电平等级

在该 B3G4L3 类举例中，表示要求对该设备引脚注入试验时选用 RTCA/DO‐160G 中的波形 B 和试验电平等级 3；电缆束注入试验时，选用波形 G 和单次回击试验电平等级 4、多重回击试验电平等级 4；波形 L 和多重脉冲组试验电平等级 3。另一个例子 B3XXXX 表示只对设备做引脚注入试验并选用波形 B 和试验电平等级 3。设备不需要试验时，类别标志用 XXXXXX 表示。

4. 试验设备

雷电试验设备应能满足 RTCA/DO‐160G 标准 22 章雷电试验需求，包括波形发生器、电压耦合变压器、电流耦合变压器、电流探头、电压探头、示波器、控制软件、电源阻抗网络等。主要试验设备见图 3.70。

设备要求有：

（1）应能产生 RTCA/DO‐160G 标准 22 章波形类别 A~M 对应的试验波形，波形参数满足要求，试验电平等级满足等级 1~等级 5 要求；

（2）具有安全保护装置，如紧急停止输出按键等；

（3）设备具有远程控制功能。

常用雷电设备主要技术指标：

（1）输出电压>3 200 V；

（2）输出电流>5 000 A；

（3）波形上升时间（0~100%）≤100 ns；

（4）波形半波宽度 500×（1±20%）μs。

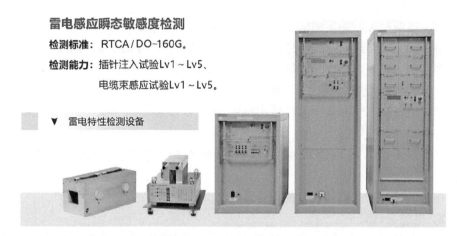

雷电感应瞬态敏感度检测

检测标准: RTCA/DO-160G。

检测能力: 插针注入试验Lv1~Lv5、
电缆束感应试验Lv1~Lv5。

▼ 雷电特性检测设备

图 3.70 雷电主要试验设备

5. 试验示例

1) 引脚注入试验

在项目测试前,按照 RTCA/DO-160G《机载设备环境条件和试验方法》第 22 章节试验方法对雷电测试系统进行校验,确认测试系统输出能满足要求的限值并记录校准数据。校验通过后再开展产品测试。试验步骤如下:

(1) 选取产品作为 EUT,按照图 3.71 用短的低电感导线把校准点连接到规定的 EUT 引脚;

(2) 给 EUT 供 28 V 电;

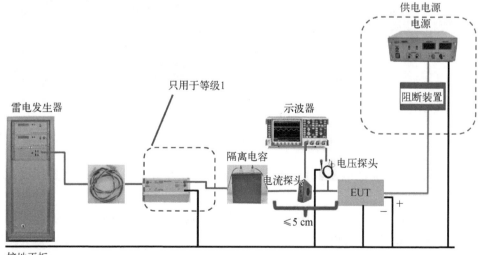

图 3.71 引脚注入试验配置

（3）按照校准时确定的输出波形 3/3（等级 4）瞬态脉冲时瞬态信号发生器设置，对选定的引脚施加 10 个单独的瞬态信号。监测每一个施加的瞬态信号波形有无非预期变化。每一个施加的瞬态信号之间的时间间隔为 10 s；

（4）对其余指定引脚重复步骤（3）；

（5）反转瞬态信号发生器的输出极性，重新校准瞬态信号发生器，并重复步骤（1）～（4）；

（6）对于波形 4/1（等级 4），重新校准瞬态信号发生器并重复步骤（1）～（5）；

（7）验证与产品性能规范的符合性。

2）电缆束试验

在项目测试前，需要按 DO-160G 的校验要求对雷电测试系统进行校验，确认测试系统输出能满足要求的限值并记录校准数据。校验通过后才可开展项目测试。

（1）选一个测试点搭建测试环境，把注入探头套在受试电缆束上。把电压和电流监视探头连接到示波器。为了试验结果的一致性，探头位置应尽可能与图 3.72 所示位置接近。

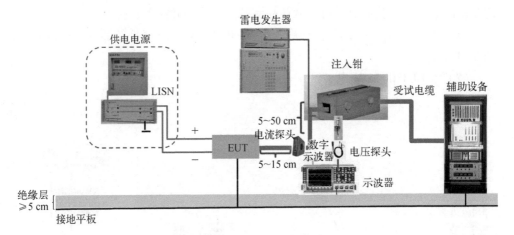

图 3.72　电缆束试验配置

（2）被试系统通电，运行到规定的工作模式，允许充足的时间使系统稳定工作。

（3）施加瞬态信号时，逐渐增加信号发生器输出，直到规定的试验电平（VT）或极限电平（IL）达到为止。

（4）单次回击试验时，以步骤（3）确立的信号发生器设置，施加 10 个多次瞬态信号，同时监测被试系统功能性能。各个单次回击瞬态信号之间的时间间隔为

20 s。

（5）多重回击试验时，以步骤（3）确立的信号发生器设置，施加 10 个多次瞬态信号，同时监测被试系统功能性能。各个多重回击瞬态信号之间的时间间隔为 20 s。

（6）多重脉冲组试验时，以步骤（3）确立的信号发生器设置，每隔 3 s 施加 1 次多重脉冲组，连续施加 5 min，同时监测被试系统功能性能。

（7）反转瞬态信号发生器输出极性，重新确认信号发生器性能，并重复步骤（3）~（6）。

（8）对于每一根受试电缆，重复步骤（1）~（7）。

（9）验证与产品性能规范的符合性。

3.6.4　高空核爆电磁脉冲（HEMP）

1. 试验目的

高空核爆电磁脉冲指的是由大气外层的核爆炸所产生的电磁脉冲。电子控制器核电磁脉冲试验是检验产品在 HEMP 环境中的生存能力，验证产品 HEMP 防护措施提供的加固性能。一般适用于地面系统、舰船、飞机、空间系统平台中产品的 HEMP 效应及加固性能验证。

电磁脉冲是在核爆炸时，由于伽马光子与空气介质分子的相互作用而产生的电磁辐射。产生的双指数时域脉冲电磁场通过被测件外壳、连接电缆等进入被测件，可能对被测件内晶振、高速集成电路、CPU、开关电源等产生干扰，通过电磁脉冲有界波模拟器，使被测件及其电缆处于一定量值的辐射电场环境中，以验证被测件是否满足标准要求。

2. 试验程序

设备级核电磁脉冲试验一般采用辐照试验方法，该方法与电磁兼容试验瞬态电磁场辐射敏感度项目（RS105）类似。

系统级核电磁脉冲试验一般可采用威胁级辐照试验方法、脉冲电流注入（PCI）方法或连续波注入辐射（CW）方法。PCI 试验方法是将瞬态波形直接注入电子控制器引脚上，一般施加在每一根引脚和外壳地之间。CW 试验方法是将瞬态电磁时域脉冲通过傅里叶变换，转成频域连续波辐射，类似于电场辐射敏感度试验。详细可参考军用标准 GJB 8848-2016《系统电磁环境效应试验方法》，在此不再赘述。

3. 试验条件

核电磁脉冲的场强一般高达 50 kV/m，时间一般小于 5 ns，见图 3.73，详细波形参数可参考军用标准 GJB 151B-2013《军用设备和分系统电磁发射和敏感度要求与测量》。

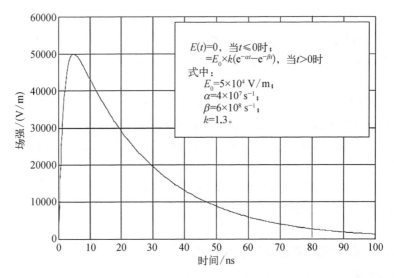

图 3.73　HEMP 试验波形图

4. 试验设备

电子控制器 HEMP 试验可采用横电磁波(TEM)小室、GTEM 小室、平行板传输线或等效装置开展试验,平行板辐射系统测试设备及试验原理图见图 3.74。

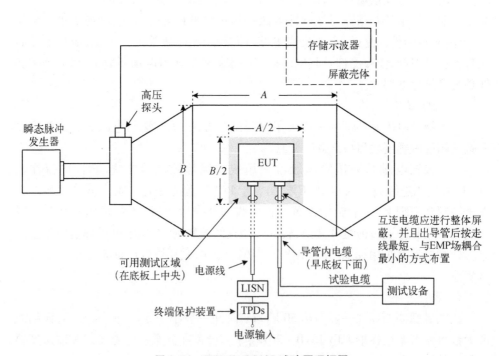

图 3.74　HEMP、RS105 试验原理框图

试验设备主要技术指标要求如下。

（1）脉冲上升时间（10%~90%）：1.8~2.8 ns。

（2）半峰值脉冲宽度：（23±5）ns。

（3）栅格点上的电场或磁场峰值,高于限值0~6 dB。

5. 试验示例

HEMP试验按GJB 151B-2013中RS105试验要求进行,试验方法如下。

（1）按GJB 151B-2013中第5.24.3.2节要求进行测试布置,并对RS105试验设备进行系统校验,校验通过后方可开始测试;

（2）按RS105原理框图进行RS105试验配置,控制器正常通电工作并按要求运行至相应工作状态,待其工作稳定后开始施加干扰;

（3）按GJB 151B-2013中RS105瞬变电磁场辐射敏感度的试验方法,调节瞬态脉冲发生器对控制器航插面板、上面板和左侧面板分别进行干扰施加,每个面各施加脉冲10次,重复间隔不超过1 min;

（4）干扰施加过程中对控制器进行功能性能检测。

试验结果评定准则：控制器功能性能测试合格,在极限电平下应不出现死机、性能下降或其他异常现象。

3.6.5　高功率微波（HPM）

1. 试验目的

高功率微波是一种战术武器,是近年发展起来的一种对付武器装备电子系统的新概念武器。高功率微波是指频率300 MHz~300 GHz（波长1 m~1 mm）、峰值功率大于100 MW的电磁脉冲,可分为窄带HPM和宽带HPM（亦作UWB）。

电子控制器高功率微波试验主要是验证产品能否耐受高功率微波环境,在特定的软杀伤微波功率环境下能否正常工作,能否保持性能和功能不衰减,不危及飞行安全,适用于空中、水面和地面武器系统及其相关军械。本试验机理为：高功率微波武器产生的脉冲电磁场通过被测件外壳、连接电缆等进入被测件,可能对被测件内晶振、高速集成电路、CPU、开关电源等产生干扰,通过高功率微波模拟器,使被测件及其电缆处于一定量值的功率谱密度电磁环境中,以验证被测件是否满足标准要求。

2. 试验程序

按GJB 8848-2016中第26章方法1301高功率微波试验方法中的威胁级辐照试验方法对控制器进行检测。试验中需对控制器进行功能/性能检测。

试验步骤如下：

（1）依据试验实施方案做好试验前准备,主要包括场地、控制器及其性能监控系统、测量系统、辅助设备等;

（2）开启试验场地监视设备；

（3）高功率微波模拟源预热达到稳定工作状态,设定试验参数；

（4）进行辐射场测量,记录测量结果；

（5）根据试验实施方案确定辐射方式,布置控制器,连接性能监测系统；

（6）调试控制器,使其处于试验方案要求状态；

（7）对控制器进行辐照,记录模拟源状态参数、控制器状态、辐照方向或者位置等。按照要求检测控制器的性能指标变化。记录控制器、设备产生的扰乱或者损坏现象及其产生条件,确定任务关键设备的安全裕度；

（8）将测量结果与检测结果判据进行对比,如果达不到通过要求,停止试验,分析原因,找到原因后,采取纠正措施,重复试验；

（9）依照试验方案要求改变控制器状态、辐照方向或位置,重复试验,完成试验。

一般电子控制器需要进行窄带和超宽带（UWB）两种高功率微波辐射试验。

3. 试验条件

试验限值标准中暂未有明确的指标,一般根据主机给出的高功率微波环境指标作为试验限值开展。在主机未给出明确的指标情况下,可进行从低到高的试验限值摸底,直到试验设施的最大能力。

试验中控制器应保持性能,不应出现自动通道切换、软件自动复位性能下降或其他异常现象。监测各参数干扰,若各参数变化符合要求则判为合格,否则判为不合格。若不合格则测定出敏感门限电平值并记录。

4. 试验设备

HPM设备主要由暗室、测试系统等组成。

（1）暗室。由全电波暗室、控制室、发射源室组成,包括屏蔽体、屏蔽门、滤波器、烟雾报警系统、CCTV、通风波导、吸波材料等。

（2）测试系统。窄带HPM测试系统包括脉冲信号源、功率放大器、速调管发射机、功率耦合单元、发射天线、示波器及各类附件,见图3.75。宽带HPM测试系统由控制单元、宽带脉冲信号源、发射天线、接收天线、示波器及各类附件组成,见图3.76。

5. 试验示例

某型控制器按试验方案要求完成了窄带C波段和X波段及超宽带UWB。试验照射了2个面：航插面及航插背面。窄带脉宽有2 μs和500 ns,重频500 Hz,持续时间10 s。超宽带有1 ns单次,10 Hz、50 Hz、100 Hz。测试台安装在小型屏蔽舱内,通过穿过屏蔽波导孔的电缆与控制器连接,人员及监测电脑通过光纤在控制室进行控制。

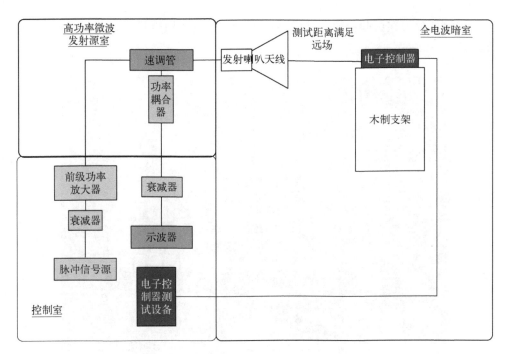

图 3.75　窄带 HPM 测试系统主要设备组成图

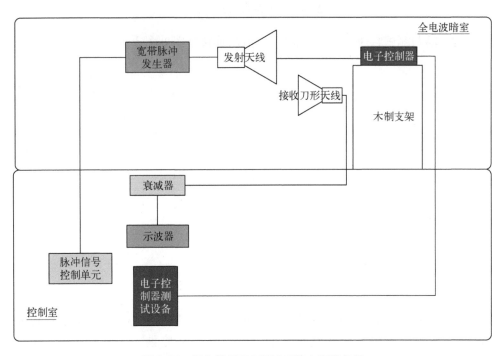

图 3.76　超宽带 HPM 测试系统主要设备图

控制器放置在试验台面上,试验台可升降,通过搭地线搭接在暗室接地点,见图 3.77。

图 3.77　升降台试验布置图

被试品与测试台通过专用试验电缆相连,连接框图见图 3.78。

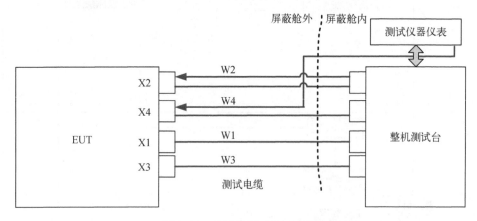

图 3.78　被试品测试连接框图

X 波段共开展了 5 次试验摸底,喇叭分别正对测试桌中心的控制器航插面和背面照射,按照射能量等级由低到高的顺序,控制器处于工作模式下,详见表 3.11。

表 3.11　X 波段试验情况

序号	脉宽	重频/Hz	照射时间/s	功率密度/(W/cm²)	电场强度/(kV/m)	照射位置	干扰情况	
							A 通道	B 通道
1	500 ns	500	10	83.9	25.158	正面	无影响	无影响
2	500 ns	500	10	217.3	40.478	正面	无影响	无影响
3	2 μs	500	10	217.3	40.478	正面	无影响	无影响
4	500 ns	500	10	199.3	38.759	背面	无影响	无影响
5	2 μs	500	10	199.3	38.759	背面	无影响	无影响

C 波段共开展了 5 次试验摸底,喇叭分别正对测试桌中心的控制器航插面和背面照射,照射能量等级一致,控制器处于工作模式下,详见表 3.12。

表 3.12　C 波段试验情况

序号	脉宽	重频/Hz	照射时间/s	功率密度/(W/cm²)	电场强度/(kV/m)	照射位置	干扰情况	
							A 通道	B 通道
1	2 μs	500	10	327	49.692	背面	无影响	无影响
2	2 μs	500	10	327	49.692	正面	无影响	无影响
3	2 μs	500	10	327	49.692	正面	无影响	无影响
4	2 μs	500	10	327	49.692	背面	无影响	无影响
5	2 μs	500	10	327	49.692	背面	无影响	无影响

UWB 共开展了 8 次试验摸底,发射源分别正对测试桌中心的控制器航插面和背面照射,照射能量等级一致,控制器处于工作模式下,未出现受干扰现象,详见表 3.13。

表 3.13　UWB 试验情况

序号	脉宽	重频/Hz	照射时间/s	功率密度/(W/cm²)	电场强度/(kV/m)	照射位置	干扰情况	
							A 通道	B 通道
1	1 μs	单次	10	/	24	背面	无影响	无影响
2	1 μs	10	10	/	24	背面	无影响	无影响

续　表

序号	脉宽	重频/Hz	照射时间/s	功率密度/(W/cm²)	电场强度/(kV/m)	照射位置	干扰情况 A 通道	B 通道
3	1 μs	50	3	/	24	背面	无影响	无影响
4	1 μs	100	3	/	24	背面	无影响	无影响
5	1 μs	100	3	/	24	正面	无影响	无影响
6	1 μs	100	3	/	24	正面	无影响	无影响
7	1 μs	100	3	/	24	背面	无影响	无影响
8	1 μs	100	3	/	24	背面	无影响	无影响

3.7　电子控制器可靠性试验

3.7.1　可靠性强化试验

1. 试验目的

可靠性强化试验是可靠性研制试验的一种,是通过对产品施加适当的环境应力、工作载荷,寻找产品中的设计缺陷,以改进设计,提高产品的固有可靠性水平,本书可靠性研制试验主要介绍可靠性强化试验。在研制阶段的前期,其试验目的侧重于充分地暴露产品缺陷,通过采取纠正措施来提高可靠性。因此,大多数采用加速的环境应力,以激发故障。在研制阶段的中后期,试验的目的侧重于了解产品的可靠性与规定要求的接近程度,并对发现的问题通过采取纠正措施,进一步提高产品的可靠性。广义上说任何以寻找设计缺陷来改进设计的工程研制试验(包括性能试验和环境试验)都可看作是可靠性研制试验,可靠性研制试验可采用加速应力进行,以识别薄弱环节并诱发故障或验证设计余量,本书可靠性研制试验主要介绍高加速寿命试验。

2. 试验要求和条件

可靠性强化试验通常在研发、设计和试产阶段开展,试验样件应能代表产品的预期功能、性能设计指标、元器件质量及工艺水平。可靠性强化试验主要从温度、振动、综合应力三个维度施加环境应力,一般以远超出产品正常使用范围的应力条件予以施加,快速找出产品存在的薄弱环节,以提高产品的健壮性,可靠性强化试验越早开始越有利于产品的改进提升。强化试验可分为低温步进试验、高温步进试验、快速温变循环试验、振动步进试验以及快速温变循环与振动步进综合应力试验共5个项目,见表3.14。

表 3.14　试验项目和顺序

试 验 顺 序	试 验 项 目
1	低温步进试验
2	高温步进试验
3	快速温变循环试验
4	振动步进试验
5	快速温变循环与振动步进综合应力试验

3. 试验方法

1）低温步进试验方法

一般以工作范围内的某个低温工作温度点作为起始点,以一定的步长逐步降低温度。在每个温度点进行驻留并测试产品的性能,驻留时产品的电应力施加以项目的研制需求为依据。步长可动态调整,一般在靠近产品低温工作极限点或破坏极限点时会减小步长,以准确确定产品的工作极限或破坏极限。低温步进应力试验如图 3.79 所示。

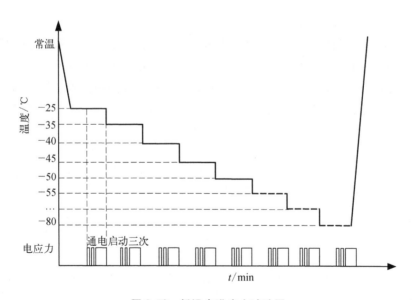

图 3.79　低温步进应力试验图

2）高温步进试验方法

一般以工作范围内的某个高温工作温度点作为起始点,以一定的步长逐步增加温度。每个温度点进行驻留并测试产品的性能,驻留时产品的电应力施加以项目的研制需求为依据。步长可动态调整,一般在靠近产品高温工作极限点或破坏极限点时会减小步长,以准确确定产品的工作极限或破坏极限。高温步进应力试验如图3.80所示。

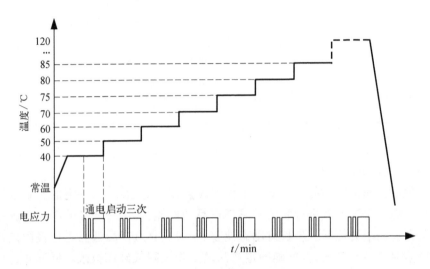

图 3.80　高温步进应力试验图

3) 快速温变循环试验方法

温变循环主要是通过快速升降温来考核产品的耐受情况。一般要求温度变化速率≥20℃,一般温度变化的循环数不少于5个,可根据实际情况确定。通常以常温为温度循环起点,先降温后升温,在低温极限工作点和高温极限工作点通常要驻留温度稳定时间,对产品施加电应力,具体根据需求进行确定,并对产品进行测试以判断产品是否工作正常。温变循环应力试验如图3.81所示。

4) 振动步进试验方法

振动应力施加可以选用两种方法:一种为电磁振动台,施加随机振动谱,一般频率范围为20 Hz~2 kHz;另一种为气锤振动台,振动形式为3轴6自由度振动,频率范围可以为20 Hz~10 kHz。可根据产品的实际响应情况进行选取。

振动步进试验一般以某个量值为起始点,然后根据一定的步长逐步增加振动量级,在每个振动量级进行驻留,在振动试验过程产品可以全程施加电应力并开展产品的测试工作,以判断产品是否正常工作。试验一直做到产品的破坏极限振动量级为止。振动步进试验应力如图3.82所示。

5) 快速温变与振动步进综合试验方法

快速温变与振动步进综合试验是将温变应力与振动应力同时施加到产品上进行试验。振动采取气锤振动方式。每个振动量级对应一个温变循环,每个循环有升温振动和降温振动两个阶段。两个阶段均在温度变化前3 min开始施加,振动

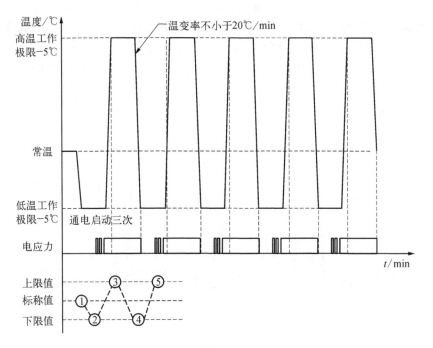

图 3.81　温变循环应力试验图

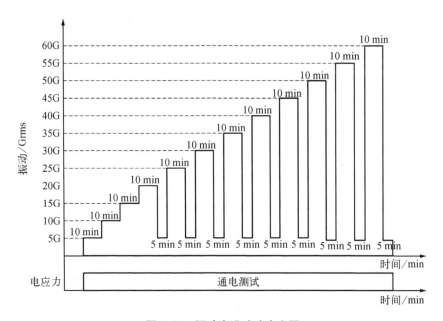

图 3.82　振动步进试验应力图

10 min,然后将振动量值降至 5 Grms 并维持到下一循环的振动。以便发现由于温度应力和振动应力同时作用于受试产品而出现故障情况。每个循环低温温度稳定后进行通电启动,以考核控制器在极端温度下的启动能力,然后连续通电测试,直至高温台阶结束并降至低温后断电。在整个循环过程中对产品进行功能性能检测或通电检测,测试点分别选择在低温保持阶段和高温保持阶段。综合试验应力如图 3.83 所示。

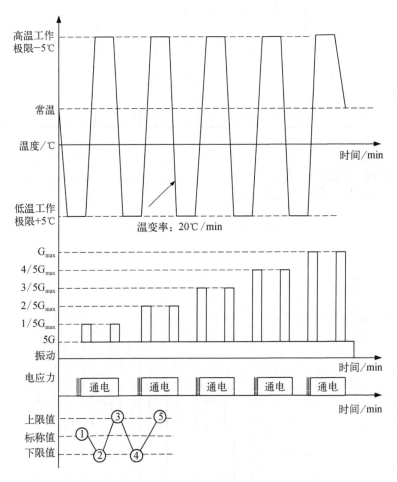

图 3.83　综合试验应力图

4. 试验设备

可靠性强化试验设备主要由风循环系统、液氮制冷系统、振动监测系统、压缩空气过滤器、快速温变箱、温度控制设备、振动控制设备、6 自由度气锤振动平台组成,设备如图 3.84 所示。设备需求包括:

(1) 内容积:1 366 mm×1 372 mm×(879~1362)mm,宽×深×高。

（2）测试孔：$\phi150\times4$。

（3）温度范围：$-100\sim+200℃$。

（4）最大升降温速率：$70℃/min$。

（5）有效加速度值范围：$5\sim100\ Grms$。

（6）振动轴向：三轴六自由度。

（7）台面安装螺孔：M10。

（8）台面最大承重：270 kg。

（9）功耗：56.8 kW。

5. 试验示例

可靠性强化试验原理见图 3.85。快速温变箱安装在六自由度气锤振动台上方，在施加温度应力的同时施加振动应力。温度控制设备在试验过程中监控温度应力的变化，对不符合温度谱的情况实时进行报警。振动控制设备在试验过程中控制振动应力的施加，防

图 3.84　可靠性强化试验设备

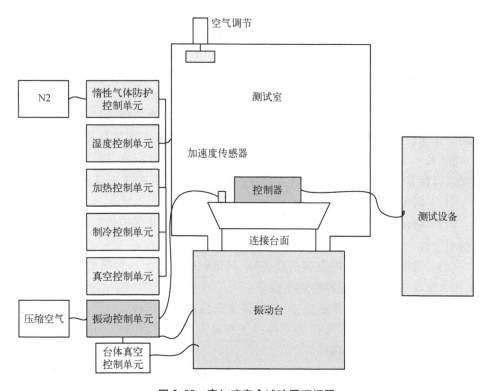

图 3.85　高加速寿命试验原理框图

止实际施加应力超出振动应力输入谱。各试验方法的试验示例如下所述。

1) 低温步进试验

低温步进应力试验具体步骤如下：

(1) 将控制器后面板打开，放入可靠性强化试验设备中。

(2) 按要求连接好测试设备。

(3) 对试验件进行试验前的常温通电测试，确定产品功能、性能正常，符合性能测试要求。

(4) 关闭试验箱门。

(5) 按要求对产品施加低温步进应力。

(6) 在低温步进应力施加过程中注意电源应力的变化（包括电流、电压等）。

(7) 当在某温度下产品出现故障时一般应暂停试验。

(8) 当故障时的温度应力不低于-55℃，如能在试验现场进行排故，则现场排故后重新进行步进试验（发生故障的温度应力前步长可适当增加）；如不能在现场进行排故，可采用防护措施后继续试验，否则暂停试验，待采取改进措施后重新开始试验。

(9) 当故障时的温度低于-55℃，将温度应力提高到-55℃，温度稳定后观察产品工作能否恢复正常，若试验件的功能和性能恢复正常，则步骤(7)的温度就是当前技术状态下的产品低温工作极限。若试验件工作仍不正常，对故障机理进行分析，若为设计或工艺原因所致，则步骤(7)之前的温度就是试验件的低温工作极限，步骤(7)的温度就是当前技术状态下的试验件低温破坏极限。若产品为偶发故障，则转到步骤(11)。

(10) 对于恢复正常的试验件应对其进行故障分析，将故障部位作为关注点进行防低温保护，同时应在此布置温度传感器用以监测关注点温度变化情况，随后转入步骤(12)，对于未恢复正常的试验件应对其进行故障分析并判断该故障能否在现场进行修复，若现场可修复则转入步骤(11)。若现场不能修复则结束试验。

(11) 修复试验件。

(12) 将温度恢复到试验件故障前一台阶的温度，确认保护措施的有效性或修复的有效性。

(13) 为避免对试验件直接造成破坏，从试验件故障前一台阶的温度开始，以3℃作为降温步长，继续低温步进试验。

(14) 逐步增加低温步进应力，若低温步进温度达到-80℃且产品未出现故障的，可结束试验，并以-80℃作为产品的工作极限；若低温步进温度未达到-80℃的，应继续试验并转入步骤(15)。

(15) 当试验件在某温度台阶下再次出现故障，应暂停试验。

(16) 当温度恢复到-55℃，确认试验件是否恢复正常。

（17）重复步骤（10）～（13），直至无法继续试验或温度应力已经达到-80℃。

（18）停止试验，对试验件进行外观检测及常温通电测试，确定试验件外观、功能、性能正常，并将测试结果记录到测试表格中。

（19）对这些薄弱点（环节）进行分析，寻找改进方法，对产品进行改进，待验证。

（20）结束该阶段试验。

2）高温步进试验

高温步进应力试验具体步骤如下：

（1）将控制器放入可靠性强化试验箱中。

（2）根据测试的需要连接好测试设备。

（3）对试验件进行开始前的常温通电测试，确定产品功能、性能正常。

（4）关闭试验箱门。

（5）按要求对产品施加高温步进应力。

（6）在高温步进应力施加的过程中注意电源应力的变化（包括电流、电压等）。

（7）当在某温度下产品出现故障时一般情况下暂停试验。

（8）当故障时的温度应力不高于90℃，如能在试验现场进行排故，则排故后重新开始步进试验（发生故障的温度应力前步长可适当增加）；如不能在现场进行排故，则试验暂停，采取改进措施后重新开始试验。

（9）当故障时的温度应力高于90℃，将温度应力恢复到规范极限值，温度稳定后观察产品工作能否恢复正常：若受试产品的功能和性能恢复正常，则步骤（7）的温度就是当前技术状态下的产品高温工作极限；若受试产品工作仍不正常，对故障机理进行分析，若为设计或工艺原因所致，则步骤（7）之前的温度就是受试产品的高温工作极限，步骤（7）的温度就是当前技术状态下的受试产品的高温破坏极限；若产品为偶发故障，则转到步骤（11）。

（10）对于恢复正常的受试产品应进行故障分析，将故障部位作为关注点并进行防高温保护，同时应在此布置温度传感器用以监测关注点温度变化情况，随后转入步骤（12）。对于未恢复正常的受试产品应对其进行故障分析并判断该故障能否在现场进行修复，若现场可修复则转入步骤（11），若不能修复则结束试验。

（11）修复试验件。

（12）将温度恢复到试验件故障前一台阶的温度，确认保护措施的有效性。

（13）为避免对受试产品直接造成破坏，从受试产品故障前一台阶的温度开始，以3℃作为升温步长，继续高温步进试验。

（14）逐步增加高温步进应力，若高温步进温度达到或超过高温停止极限值且产品未出现故障的，可结束试验；若高温步进温度未达到高温停止极限值的，应继续试验并转入步骤（15）。

（15）当受试产品在某温度台阶下再次出现故障，应暂停试验。

（16）将环境温度恢复到规范极限值，确认受试产品是否恢复正常。

（17）重复步骤（10）~（13），直至无法继续试验或温度应力已经达到高温停止极限值。

（18）停止试验，对试验件进行外观检测及常温通电测试，确定试验件外观、功能、性能正常，并将检测结果记录到测试表格中。

（19）对找到的薄弱环节进行分析，寻找改进方法，对产品进行改进，待验证。

（20）结束该阶段试验。

3）快速温度循环试验

快速温度循环试验具体步骤如下：

（1）将控制器放入可靠性强化试验箱中。

（2）根据测试的需要连接好测试设备。

（3）对试验件进行开始前的常温通电测试，确定产品功能、性能正常。

（4）关闭试验箱门。

（5）按要求对产品施加快速温变循环应力。

（6）在快速温变循环应力施加的过程中注意电源应力的变化（包括电流、电压、功率等）。

（7）当产品出现性能超差或功能丧失时暂停试验。

（8）将温度应力恢复至常温，温度稳定后观察产品的工作能否恢复正常。

（9）对于恢复正常的受试产品应对其进行故障分析，将故障点作为关注点并进行保护，同时应在此布置温度传感器用以监测关注点温度变化情况，随后转入步骤（7），重新开始温度循环。

（10）对于未恢复正常的受试产品应对其进行故障分析并判断该故障能否在现场进行修复，若现场可修复则修复受试产品并转入步骤（7）重新开始温度循环；若现场不能修复则结束试验。

（11）直至无法继续试验或已无故障连续完成5个完整循环试验。

（12）停止试验，对试验件进行外观检测及常温通电测试，确定试验件外观、功能、性能正常。

（13）对找到的薄弱环节进行分析，寻找改进方法，对产品进行改进，待验证。

（14）结束该阶段试验。

4）振动步进试验

振动步进试验具体步骤如下：

（1）将控制器通过试验夹具刚性连接到振动台面上。

（2）控制器不带减振器。

（3）根据测试的需要连接好测试设备。

（4）对试验件进行外观检测及常温通电测试,确定试验件外观、功能、性能正常。

（5）按照要求对试验件施加振动步进应力。

（6）在振动应力施加的过程中注意电源应力的变化(包括电流、电压、功率等)。

（7）当试验件出现性能超差或功能丧失时,停止振动。

（8）观察产品工作能否恢复正常,若产品的功能和性能恢复正常,则步骤(7)的振动量级就是当前技术状态下的产品振动工作极限;若受试产品工作仍不正常,应对故障机理进行分析,若为设计或工艺原因所致,则步骤(7)之前的振动量级就是受试产品的振动工作极限,步骤(7)的振动量级就是当前技术状态下的受试产品的振动破坏极限。

（9）对于未恢复正常的受试产品应对其进行故障分析并判断该故障能否在现场进行修复,若现场可修复则转入步骤(12);若现场不能修复则结束试验。

（10）修复试验件。

（11）继续振动步进试验,当步进应力振动量级达到 60 Grms 且产品未出现故障,可结束试验;若振动量级未达到 60 Grms,应继续试验并转入步骤(14)。

（12）当受试产品在某振动量级下再次出现故障,应暂停试验。

（13）停止振动后,确认受试产品是否恢复正常。

（14）重复步骤(9)~(13),直至无法继续试验或振动应力已经达到 60 Grms。

（15）停止试验,在试验后对试验件进行外观检测及常温通电测试,确定试验件外观、功能、性能正常。

（16）对找到的薄弱环节进行分析,寻找改进方法,对产品进行改进,待验证。

（17）结束该阶段试验。

5) 快速温变与振动步进综合试验

快速温变与振动步进综合试验步骤如下:

（1）通过试验夹具将控制器(不带减振器)刚性连接到振动台面上。

（2）根据测试的需要连接好测试设备。

（3）对试验件进行开始前的外观和常温通电测试,确定产品外观、功能、性能正常,并关闭试验箱门。

（4）按要求对产品施加综合应力。

（5）在综合应力施加的过程中注意电源应力的变化(包括电流、电压等)。

（6）当产品出现性能超差或功能丧失时,暂停试验。

（7）将温度恢复至常温,温度稳定后观察产品工作能否恢复正常。

（8）修复故障。

（9）对于恢复正常的受试产品应对其进行故障分析,将故障点作为关注点并进行保护,同时应在此布置温度和振动传感器用以监测关注点温度和振动变化情况,随后转入步骤(4)重新开始温度循环;对于未恢复正常的受试产品应对其进行故障分析并判断该故障能否在现场进行修复,若现场可修复则修复受试产品后转入步骤(4)重新开始温度循环;若现场不能修复则结束试验。

(10) 直至无法继续试验或已无故障连续完成 5 个循环的综合应力试验。

(11) 停止试验,对试验件进行外观检测及常温通电测试,确定试验件外观、功能、性能正常。

(12) 对这些薄弱环节进行分析,寻找改进方法,对产品进行改进,待验证。

(13) 结束该阶段试验。

3.7.2　可靠性增长试验

1. 试验目的

可靠性增长试验的目的是通过对产品施加模拟实际使用环境的综合环境应力,暴露产品中的潜在缺陷并采取纠正措施,使产品的可靠性达到规定的要求。可靠性增长是通过不断消除产品的设计或制造中的薄弱环节,使产品可靠性随时间而逐步提高的过程。可靠性增长贯穿于产品的全寿命周期。可靠性增长试验是通过试验激发产品设计和制造的缺陷,使之成为故障,通过分析找出薄弱环节,采取改进措施,并不断评估措施的有效性,使产品的固有可靠性在预定的时间内不断提高直至达到规定值。可靠性增长试验主要适用于新研产品和重大改进改型产品的工程研制阶段。具体要求可参考 GJB 1407 - 1992《可靠性增长试验》。

2. 试验要求和条件

在可靠性增长试验前可按 GJB/Z 299B - 1998《电子设备可靠性预计手册》和 GJB 813 - 1990《可靠性模型的建立和可靠性预计》的应力分析方法,用有依据的数据对产品进行可靠性预计,且预计值不小于要求值时再进行可靠性增长试验,可按 GJB/Z 1391 - 2006《故障模式、影响及危害性分析指南》对被试样品进行故障模式、影响及危害性分析。

可靠性增长试验条件需模拟被试样品现场使用和任务环境的特征,反映被试样品现场使用时所遇到的工作模式、环境条件及其变化。各种应力的施加时间按产品寿命周期内预期会遇到的在各种环境条件下任务持续时间的比例确定,环境剖面应力一般由电、温度、振动和湿热组成,可按 GJB 899A - 2009《可靠性鉴定和验收试验》方法确定其试验应力。

试验需要的总试验时间取决于可靠性增长模型、工程经验及对产品的可靠性要求。它是受试产品从现阶段开始增长到可靠性要求值的最长时间,一般取产品 MTBF 目标值的 5~25 倍。若已知计划增长曲线的有关参数,可以利用公式计算总试验时间。但应注意,过低的总试验时间,将会增大可靠性增长试验达不到预期增长目标的风险。

3. 试验方法

1）选择可靠性增长模型

可靠性增长试验必须要有增长模型。增长模型是一个数学表达式，描述了产品在可靠性增长过程中产品可靠性增长的规律或总趋势。

选用增长模型时要特别注意以下三点：

（1）要选用经过实践验证的增长模型；

（2）选用那些其参数有明显的物理或工程意义的增长模型；

（3）要根据产品特点来选取增长模型。

下面列出最常用的两种模型：杜安（Duane）模型和 AMSAA 模型。

a）杜安模型

杜安模型通常采用图解的方法分析可靠性增长规律。根据杜安模型绘制的可靠性参数曲线图，可以反映可靠性水平的变化，并能得到相应的可靠性点估计值。杜安模型适用于不断努力提高可靠性的试验过程。其含义是产品的累积故障率与累积试验时间呈函数关系，其数学表达式为

$$\ln[N(t)/t] = \ln a - m\ln t \tag{3.1}$$

式中，$N(t)$ 为到累积试验时间 t 时所观察到的累积故障数；a 为尺度参数，它的倒数 $1/a$ 是杜安模型累积 MTBF 曲线在双对数坐标纸纵轴上的截距，反映了产品进入可靠性增长试验的初始 MTBF 水平；m 为杜安曲线的斜率（增长率），它是累积 MTBF 曲线和瞬时 MTBF 曲线的斜率，表征产品 MTBF 随试验时间逐渐增长的速度。

累积 MTBF 和瞬时 MTBF 分别为

$$M_c(t) = \frac{t^m}{a} \tag{3.2}$$

$$M(t) = \frac{t^m}{a(1-m)} \tag{3.3}$$

在双对数坐标纸上，瞬时 MTBF 曲线是一条直线，平行于累积 MTBF 曲线，向上平移 $-\ln(1-m)$。杜安模型在双对数坐标纸上和线性坐标纸上的形状分别如图 3.86（a）、（b）所示。

杜安模型反映了如下规律：在可靠性增长试验中，前期诱发的故障通常是故障率较高的故障，通过纠正后产品的 MTBF 有较大的提高；而在后期诱发的故障则正好相反，此时，通过纠正后产品 MTBF 的提高量相对比较少一些。

杜安模型在可靠性增长试验中被广泛应用，它具有很多优点：杜安模型形式简单；模型参数的物理意义容易理解，便于制定增长计划；对增长过程的跟踪和评

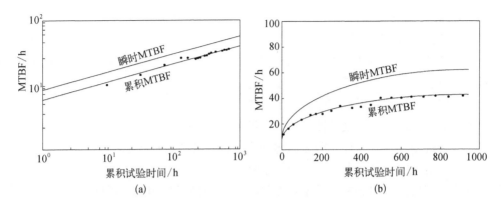

图 3.86 双对数坐标纸和线性坐标纸上的杜安曲线

估较为简便。同时,杜安模型也存在一些不足之处:MTBF 的点估计精度不高;不能给出当前 MTBF 的区间估计;从理论上讲,杜安模型有明显不足之处,例如当 $t \rightarrow$ 0 和 $t \rightarrow \infty$ 时,产品的瞬时 MTBF 分别趋向于零和无穷大,与工程实际不符。但是实践表明,这不影响其在可靠性增长试验中的应用。

b) AMSAA 模型

AMSAA 模型是利用非齐次泊松过程建立的可靠性增长模型。这个模型既可以用于以连续尺度度量其可靠性的产品,也可以用于在每个试验阶段内试验次数相当多而且可靠性相当高的一次使用产品。

AMSAA 模型仅能用于一个试验阶段,而不能跨阶段对可靠性进行跟踪;它能用于评估在试验过程中,因引进了改进措施而得到的可靠性增长,而不能用于评估由于在一个试验阶段结束时,引入改进措施而得到的可靠性增长。其数学表达式为

$$E[N(t)] = at^b \tag{3.4}$$

式中,$N(t)$ 为到累积试验时间 t 时所观察到的累积故障数;a 为尺度参数;b 为增长形状参数;$E[N(t)]$ 为 $N(t)$ 的数学期望。

AMSAA 模型是杜安模型的改进模型,具有以下优点:模型参数的物理意义容易理解,便于制定可靠性增长计划;表示形式简洁,可靠性增长过程的跟踪和评估非常简便;考虑了随机现象,MTBF 的点估计精度较高,并且可以给出当前 MTBF 的区间估计。同时 AMSAA 模型也存在与杜安模型同样的不足,即在理论上,当 $t \rightarrow 0$ 和 $t \rightarrow \infty$ 时,产品的瞬时 MTBF 分别趋向于零和无穷大,与工程实际不符。但实践表明,AMSAA 模型在理论上的不足并不影响在可靠性增长试验中的广泛应用。

应该说明,杜安模型和 AMSAA 模型互为补充。杜安模型最为直观、简单明了,对增长趋势一目了然。一次拟合优度检验可能会拒绝 AMSSA 模型,却无法指

出拒绝理由,而一条由相同数据绘制成的杜安曲线却可能指出拒绝的某种原因。但用 AMSSA 模型进行可靠性估计比杜安模型好。

选择上述模型之一绘制可靠性增长计划曲线,以 MTBF 为纵坐标,以累积的试验时间为横坐标。

2) 拟定试验计划曲线

计划增长曲线是描述可靠性增长过程的总轮廓线,根据可靠性增长模型,并结合可能获得的有关信息进行绘制。绘制计划增长曲线,其主要目的是要确定总的试验时间,各评审点应达到的可靠性值以及为可靠性跟踪提供基线。

计划增长曲线含有五个参数:

(1) 可靠性增长的总目标 M_{obj} ;

(2) 达到总目标的总累积试验时间 T;

(3) 可靠性增长的初始水平 M_I ;

(4) 起始试验时间 t_I ;

(5) 可靠性增长率 m。

绘制增长曲线的关键就是要确定以上五个参数。只要确定了其中任意四个参数,就可以推导出另外一个参数,计算公式如下:

$$M_{obj} = \frac{M_I}{1 - m}\left(\frac{T}{t_I}\right)^m \tag{3.5}$$

$$M_I = (1 - m)\left(\frac{t_I}{T}\right)^m M_{obj} \tag{3.6}$$

$$t_I = T\left[\frac{M_I}{(1 - m)M_{obj}}\right]^{1/m} \tag{3.7}$$

$$m \approx -1 - \ln\left(\frac{T}{t_I}\right) + \left\{\left[1 + \ln\left(\frac{T}{t_I}\right)\right]^2 + 2\ln\left(\frac{M_{obj}}{M_I}\right)\right\}^{1/2} \tag{3.8}$$

$$T = t_I\left[\frac{(1 - m)M_{obj}}{M_I}\right]^{1/m} \tag{3.9}$$

a) 增长目标的确定

通常,增长目标 M_{obj} 是由合同或研制任务书规定的。为了能够高概率地通过可靠性鉴定试验,可靠性增长的目标值 M_{obj} 应稍高于合同或研制任务书中的规定值 M_0,即

$$M_{obj} > M_0 \tag{3.10}$$

如果合同或研制任务书中没有具体规定,可综合考虑国内外同类产品的可靠

性水平、产品的可靠性预计值以及产品的增长潜力等各种因素来确定增长目标。

b）起始点(t_I, M_I)的确定

通常采取下述办法来确定试验计划曲线的起始点：

（1）根据以往类似产品试验信息确定M_I；

（2）指定为满足规定的要求，必须达到的最低可靠性水平为M_I；

（3）对设计和以往研制试验的数据进行估计定出起始点的M_I；

（4）以受试产品已有的累积试验时间为t_I。

应尽量利用与起始点有关的信息，若实际信息不足以确定起始点时，可参照以下方法确定：

$$\begin{cases} M_{\text{obj}} > 200\ \text{h} & t_I = 0.5\ M_{\text{obj}}, M_I = 0.1\ M_{\text{obj}} \\ M_{\text{obj}} \leqslant 200\ \text{h} & t_I = 100\ \text{h}, M_I = 0.1\ M_{\text{obj}} \end{cases}$$

根据设备的可靠性水平和工程经验，M_I也可放宽到$0.2\ M_{\text{obj}}$。

c）增长率m的确定

可靠性增长率m应综合考虑研制计划、经费与技术水平等因素来确定。增长率的范围为$0.3 \sim 0.6$。增长率在$0.1 \sim 0.3$之间，表明改正措施不太有力；增长率在$0.6 \sim 0.7$之间，表明在实施增长试验大纲过程中，采取了强有力的故障分析和纠正措施，是增长率的极限值。

d）总试验时间的确定

工程实践经验表明，总试验时间T一般为增长目标值M_{obj}的$5 \sim 25$倍。

借助较高的增长率，可以适当减少总试验时间。但是，总试验时间太少，将会增大可靠性增长试验达不到预期增长目标的风险。

e）计划增长曲线的绘制

可靠性增长试验前，应先选定增长模型，根据增长模型绘制一条计划增长曲线，作为监控试验的依据。

计划增长曲线的绘制可按照下述步骤进行：

（1）在对数坐标纸上，以累积试验时间为横坐标，以MTBF为纵坐标，将要求的MTBF值M_{obj}画成一条水平线。

（2）绘出计划增长曲线的起始点(t_I, M_I)。

（3）从起始点(t_I, M_I)开始，按所选的增长率m，画出累积MTBF曲线；以累积MTBF曲线作为基准线，向上平移$-\ln(1-m)$绘制出瞬时MTBF曲线。

（4）瞬时MTBF曲线与要求的MTBF线的交点的横坐标，代表要求的总试验时间T的近似值。

3）施加环境综合应力

将被试品通过夹具模拟现场安装在三综合试验箱内，在被试品与夹具固定点

安装控制用传感器,按任务谱施加环境应力和电应力,试验中按照被试品测试的要求,对被试品性能进行检测。

4)可靠性增长试验监控

发现故障时按 FRACAS 进行处理,对受试样品设计改进,并将计算观测的 MTBF 的点估计值绘制在可靠性计划曲线上,使用图分析法或统计法比较拟合曲线与试验计划曲线,确定试验是否有效果。

a)图分析法

只要在试验过程中不断地努力提高可靠性,就可以用杜安(Duane)模型,将观测的累积 MTBF 点估计值画在双对数坐标纸上,作出拟合曲线并与试验计划曲线相比较。只要实际达到的可靠性增长曲线与试验计划曲线之间呈现出下列特性之一,就可以认为可靠性增长试验是有效果的。

(1)所有的故障点都处于试验计划曲线上或其上方;

(2)最佳拟合曲线与试验计划曲线吻合或在试验计划曲线的上方;

(3)最佳拟合曲线前段低于试验计划曲线,但最佳拟合曲线向右方延伸后将在总试验时间 T 之前穿过试验计划曲线。

否则,就认为试验不可能达到计划的可靠性增长,应制定一个改正措施方案。应注意不要因为现在或将来的设计变更可以消除过去的故障而对该曲线进行调整。杜安模型的缺陷是在综合试验数据时,因前面数据多,临近试验结束的点有被埋没的趋势。平均故障率可以弥补这一缺陷。

b)统计分析法

在试验过程中或试验结束时,可利用 AMSAA 模型对增长趋势进行统计分析,对试验中的 MTBF 进行估计。统计分析法分定时截尾和定数截尾两种情况。

当试验进行到规定的总试验时间,利用试验数据估计的 MTBF 值已达到试验大纲要求时,可以结束试验。

如果试验过程中一直没有出现故障,且其寿命服从指数分布,则可以提前至某一时间结束试验。例如,试验时间达到要求的 MTBF 值的 2.3 倍时,故障数为零,按鉴定试验方案的原理,则可以 90% 置信水平确信受试产品的 MTBF 已达到要求值,从而提前结束试验。

当试验进行到规定的总试验时间,而利用试验数据估计的 MTBF 值达不到大纲的要求时,应立即停止试验,并及时做好以下工作:

(1)承制方应对纠正措施进行全面的分析,以确定纠正措施的有效性;

(2)组织专家对准备采取的措施方案进行评审;

(3)在征得订购方同意后,进行下一阶段工作。

4. 试验设备

电子控制器可靠性增长试验一般使用三综合试验台进行,三综合试验系统由

图 3.87　可靠性增长试验设备

振动台(包含控制)系统、温度-湿度试验箱(包含控制)系统、(水、电、气)设施及场地设施 3 大部分组成,设备如图 3.87 所示。

振动台系统需求包括:

(1) 最大推力:≥50 kN。

(2) 频率范围:5~2 000 Hz(垂直台 5~3 000 Hz)。

(3) 最大位移:≥50 mm(P−P)。

(4) 最大加速度:≥100g。

(5) 最大速度:≥1.8 m/s。

(6) 控制器通道数:8(个)。

(7) 控制器带正弦、随机、随机+正弦、随机+随机、冲击等功能。

(8) 带水平滑台。

(9) 冷却方式:不限。

(10) 可移动(带气囊)。

(11) 连接功放的动力线大于 20 m,控制用传感器线长度大于 20 m。

(12) 与试验箱连接应有保温措施,所用材料具有高耐热特性。

(13) 精度要求:满足 GJB 150.1A−2009 要求。

温度试验箱需求包括:

(1) 试验箱内容积:≥2 m^3。

(2) 试验箱温度范围:−70~+180℃。

(3) 试验箱升、降温速率:≥15℃/min(−55~+85℃,负载为 50 kg 铝)。

(4) 试验箱湿度范围:20%~98% RH。

(5) 试验箱带一个观察窗,长期使用内部不带雾气。

(6) 试验箱法兰孔:数量 2 个,左右各 1 个,孔径 ϕ=150 mm,位置在中间。

(7) 试验箱精度要求:满足 GJB 150A−2009 要求,按 GB/T 5170−2008 中第 2 章、第 5 章、第 19 章规定方法检定。

5. 试验示例

根据 GJB 1407−1992 开展电子控制器可靠性增长试验,试验原理框图见图 3.88,具体步骤如下:

(1) 选择合适的电子控制器作为试验件,该试验件应先完成功能和环境类试验。

(2) 采用 AMSAA 模型作为电子控制器的可靠性增长模型,b 值初步定为 0.5,

绘制可靠性增长计划曲线,以 MTBF 为纵坐标,以累积的试验时间为横坐标。

（3）设置 MTBF 增长目标 M_{obj} 为 1.5 倍,技术协议中规定的 MTBF 最低可接受值 T_0,以 50%×T_0 为横坐标起始点 t_1,以 20%×T_0 为纵坐标起始点 M_1。

（4）从起始点（t_1,M_1）开始,按所选的增长率 $m=1-b$,画出累积 MTBF 曲线;以累积 MTBF 曲线作为基准线,向上平移 $-\ln(1-m)$ 绘制出瞬时 MTBF 曲线。

（5）试验总时间初步定为 5×T_0。

（6）选择典型的工作环境 S 作为电子控制器可靠性增长试验应力剖面,包括电、温度、振动和湿度应力。

（7）将控制器通过夹具模拟现场安装在三综合试验箱内,在被试品与夹具固定点安装控制用传感器,按任务谱施加环境应力和电应力,试验中按照被试品测试的要求,对被试品性能进行检测。

（8）试验过程中监测控制器功能性能指标,发现故障时按 FRACAS 进行处理,对控制器进行设计改进,并将计算观测的 MTBF 的点估计值绘制在可靠性计划曲线上,使用图分析法或统计法比较拟合曲线与试验计划曲线,确定试验是否有效果。

（9）当实际达到的可靠性增长曲线与试验计划曲线之间呈现出下列特性之一时,就可以认为可靠性增长试验是有效果的:① 所有的故障点都处于试验计划曲线上或上方;② 最佳拟合曲线与试验计划曲线吻合或在试验计划曲线的上方;③ 最佳拟合曲线前段低于试验计划曲线,但最佳拟合曲线向右方延伸后将在总试验时间 T 之前穿过试验计划曲线。

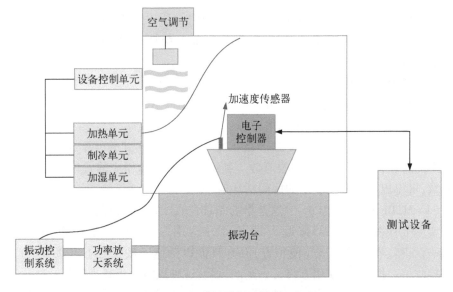

图 3.88　可靠性增长试验原理框图

（10）当试验进行到规定的总试验时间 $5 \times T_0$，利用试验数据估计的 MTBF 值已达到 $1.5 \times T_0$ 时，可以结束试验；反之应立即停止试验，对纠正措施进行全面分析，以确定纠正措施的有效性，转入步骤（8）。

3.7.3　可靠性鉴定和验收试验

1. 试验目的

可靠性鉴定试验与可靠性验收试验同属于统计试验，用来度量产品的可靠性，得出给定技术状态产品的可靠性验证值，为产品定型或接收提供决策信息。具体来说，可靠性鉴定试验的目的是验证数字电子控制器的平均故障间隔时间（MTBF）是否达到了协议所规定的 MTBF 要求，为状态鉴定提供依据。可靠性验收试验的目的是确定已通过可靠性鉴定试验而转入批生产的产品在规定的条件下是否达到规定的可靠性要求，验证产品的可靠性是否随批生产期间工艺、工装、工作流程、零部件质量等因素的变化而降低。

可靠性试验采用任务模拟试验，即真实地模拟使用中遇到的主要环境条件及其动态变化过程以及各任务的相互比例，如 GJB 899A－2009 附录 B 中规定了一套根据任务剖面确定环境剖面，再将环境剖面简化为试验剖面的方法，使所得到的试验剖面基本上能反映产品在执行任务中遇到的主要应力及其随时间变化的动态情况。在环境剖面简化过程中，采取去除出现时间很短的应力和对其余应力进行时间加权的原则。在可靠性试验中，产品只有一小部分时间处在较严酷环境作用下，大部分时间都处于工作中常遇到的较温和的应力作用下，其应力时间比取决于相应任务时间比。

2. 试验方案

可靠性鉴定和验收试验为度量产品的可靠性，所以首先得确定控制器的可靠性指标，如 MTBF、可靠度等，以此作为确定可靠性统计试验方案的有关参数的依据，主要参数如下：

（1）MTBF：平均故障间隔时间。

（2）MTBF 验证区间 θ_L, θ_U：在给定的试验条件下，产品实际的 MTBF 真值在规定的置信度下可能存在的区间估计。

（3）MTBF 观测值：这是受试产品在统计试验中观察到的可靠性值，它等于试验中产品总工作时间除以关联故障数。利用此观察值和相应的置信上限、置信下限系数，可得出相应置信度下的区间估计值。

（4）MTBF 检验下限（θ_1）：这是指的 MTBF 值。如果产品的 MTBF 真值（这一真值实际上存在但得不到）接近 θ_1 时，试验中应用的统计试验方案将以高概率拒收这一设备。显然，订购方（使用方）存在可能以低概率接收这不该接收的产品，一旦接收这一批产品，使用方将冒一定的风险，这种风险应当越小越好。

（5）MTBF 检验上限（θ_0）：这是指可接收的 MTBF 值，如果产品的 MTBF 真值接近于(θ_0),试验中应用的统计试验方案将以高概率接收这一设备,显然,还有可能存在低概率拒收这一本来应当接收的设备,使承制方(生产方)有一个以低概率被拒收的风险。

(6) 判决(决策)风险:判决风险由生产方风险(α)和使用方(β)风险确定。

(7) 生产方风险(α)物理定义是指生产的产品的可靠性已达到可接收的可靠性值(θ_0),而在试验中可能被拒收的危险;数学定义是指产品可靠性真值等于其检验上限(θ_0)时产品被拒收的概率。

(8) 使用方风险(β):物理定义是指生产的产品的可靠性只达到拒收的可靠性值(θ_1),而在试验中可能被接收的危险;数学定义是指产品可靠性真值等于其检验上限(θ_1)时产品被接收的概率。

(9) 鉴别/d等于检验上限(θ_0)除以 MTBF 检验下限(θ_1)。

可靠性统计方案以产品故障前工作时间符合指数分布(即故障率为常数)的假设为基础,分为以下几种:

(1) 序贯试验(若事先未规定可靠性验证时间,希望尽早对 MTBF 作出接收或拒收判决时,可选用序贯方案);

(2) 定时截尾试验(若已提供 MTBF 的验证值,并且有固定的截止试验时间时,必须选用定时试验方案),电子控制器选用此方案;

(3) 全数试验(若要求在可靠性验收试验中对每台产品都进行试验时,应选用全数试验统计方案)。

3. 试验条件

可靠性试验前应明确试验对象及样本量,受试样品的技术状态应符合鉴定技术状态或者产品交付状态,并获得用户认可。根据产品的技术协议规定的置信度要求进行确定统计试验方案,制定明确的可靠性试验方案,确认故障判别准则和可靠性试验任务剖面。按受试样品技术协议中的使用方风险,以及受试样品的 MTBF 值,按 GJB 899A‒2009《可靠性鉴定和验收试验》确定统计试验方案。

可靠性试验环境条件通常使用温度、振动、湿度和电应力综合一起施加,模拟受试样品在使用中遇到的主要应力及其时序。一般情况下,应力值的确定优先顺序为:① 实测应力,根据受试样品在实际使用中执行典型任务剖面时,在其安装位置测得的数据,经过分析处理后确定的应力;② 估计应力,根据处于相似位置,具有相似功能的产品,在其执行相似任务剖面时测得的数据,经过分析处理后确定的应力;③ 参考应力,按 GJB 899A‒2009《可靠性鉴定和验收试验》给出的应力或提供的经验数据、公式和推荐的方法导出的应力。电子控制器的可靠性试验应力剖面一般分成冷天和热天两个阶段,分别在低温(冷天状态)和高温(热天状态)各自模拟控制器的任务工作情况下的环境应力,如对应于停放在机场阶段,只施加浸泡温度而无振动,对应于飞机滑跑和起飞,应施加起飞振动和飞行振动量值,并与快速温度变化综合在一起施加,湿度一般考虑在热天贮存时地面的湿度。

受试产品在试验设备上安装前必须进行性能检测,以确认受试产品在安装前其状态符合试验要求,并对测试结果进行记录。受试产品检测合格后,应尽量模拟其在现场使用的方式安装在可靠性试验设备上,其安装要求应符合 GJB 150.1A - 2009 等有关标准的规定。当必须使用安装支架时,应不影响受试产品的固有特性及其所承受应力的情况;对于电缆、气管等应按实际安装情况进行固定和支撑,避免这些缆线,管路对受试产品产生附加应力。受试产品安装完后,应对受试产品进行安装后检测,以确认没有因安装不当而造成受试产品损坏。

可靠性试验应模拟机上任务剖面工作情况,电子控制器需要按各飞行任务剖面给出一个典型的任务剖面,一般是地面慢车、起飞、爬升、巡航、空中慢车、最大连续、着陆慢车,控制器控制的各参数指标按任务剖面加载。

4. 试验设备

可靠性试验一般为三综合试验(温度-湿度-振动),试验设备同可靠性增长试验。

5. 试验示例

可靠性试验原理同可靠性增长试验。一个任务剖面对应一个试验循环,根据总的 MTBF 值确定计算试验循环数。试验期间,当出现重大事件和故障时,应尽量将试验箱恢复至标准大气条件下暂停试验,记录发生重大事件和故障时的时间、现象及环境应力条件,试验值班人员均应立即向试验工作组报告,如故障发生在低温状态,应将试验箱升至 40℃烘干 1 h 并按规定处理。

试验方法如下:

1)开始试验

检查试验箱内是否有多余物,各出线孔是否堵好。检查完毕后,封闭箱门,按试验程序中的规定,启动试验设备。

2)施加可靠性试验应力

试验过程中按程序施加试验剖面中规定的应力。

3)试验中的测试和监测

试验过程中,承试单位、客户代表和产品研制单位人员共同进行检测,记录检测结果,并对检测结果进行会签。在检测过程中,若检测发现故障而无法判断故障发生的具体时间,则认为故障发生的时间为上一次的检测时间。

试验过程中,承试单位应对试验装置进行连续监测,以保证电应力、温度应力、湿度应力及振动应力在规定的容差范围内,并对监测结果进行连续记录。

4)试验中受试产品故障的判定和分类

试验过程中,只有责任故障才能作为判定受试产品合格与否的依据。责任故障应按下面的原则进行统计:

（1）可证实是由于同一原因引起的间歇故障只计为一次故障。

（2）当可证实多种故障模式由同一原因引起时,整个事件计为一次故障。

（3）有多个元器件在试验过程中同时失效时,若不能证明是一个元器件失效引起了另一些器件失效,每个元器件的失效计为一次独立的故障;若可证明是一个元器件的失效引起的另一些器件失效,则所有元器件的失效合计为一次故障。

（4）已经报告过的由同一原因引起的故障,由于未能真正排除而再次出现时,应和原来报告过的故障合计为一次故障。

（5）多次发生在相同部位、相同性质、相同原因的故障,若经分析确认采取纠正措施后将不再发生,则多次故障合计为一次故障。

（6）在故障检测和修理期间,若发现受试产品中还存在其他故障而不能确定为是由原有故障引起的,则应将其视为单独的责任故障进行统计。

5）试验中故障的处理

试验发生故障时,应填写可靠性试验故障报告表。故障确认后,应按下面的程序进行故障处理:

（1）暂停试验,将试验箱中的温度恢复到标准大气条件后,取出故障产品。

（2）产品研制单位和承试单位共同对故障产品进行故障分析,填写可靠性试验故障分析报告表。

（3）当需要对故障进行再现或调查时,承试单位与产品研制单位应共同进行故障再现或故障调查。

（4）当故障原因确定后,产品研制单位应对故障产品进行修复,修复时可以更换由于其他元器件失效引起应力超出允许额定值的元器件,但不能更换性能虽已恶化但未超出允许容限的元器件;当更换元器件确有困难时,为了保证试验的连续性,经使用方同意,可临时更换模块或部件。

（5）经修理恢复到可工作状态的产品,在证实其修理有效后,重新投入试验,但其累积试验时间应从发生故障的温度段的零时开始记录。

（6）产品研制单位应将推荐的纠正措施填写在可靠性试验故障纠正措施报告表中。

6）试验过程的预防性维修

试验期间只允许进行产品使用期间规定的和已列入经批准的试验程序中的预防性维修。

7）试验结果的判决

可靠性鉴定试验是根据抽样理论,运用所抽取的有限样本的试验结果来推断母体统计特性的过程,在正式试验前已经确定了统计试验方案。因此,无论是使用方还是承制方首先关心的是根据事先确定的统计试验方案,试验结果是否达到规定的要求,如达到即被判为接收,否则被判为拒收。

当试验过程中的任一时刻出现的关联责任故障累积数超出统计试验方案规定的接收故障数时,即可做出拒收判决,经有关部门同意后,此次鉴定试验结束。

当累积试验时间达到试验方案中规定的试验时间,且受试产品发生的关联责任故障数小于试验方案规定的拒收故障数时,即可做出接收判决。对于多台产品试验,只要有一台产品的累积试验时间少于全部受试产品平均试验时间的一半则不应作出合格判决。

在接收状态下结束试验后,应按试验大纲的要求对产品进行性能检测,并将检测结果与试验前和试验期间的检测结果进行比较,以确定产品性能变化的趋势。

不同的统计试验方案和不同的试验结果(发生的故障数、接收或拒收等),将给出不同的可靠性估计结果。

第4章
控制软件测试

4.1 控制软件研制概述

4.1.1 控制软件简介

现代武器装备中,软件逐步替代硬件,实现了越来越多的功能。资料显示,在美军第二代战斗机 F-111 中,硬件实现了 80% 的航电系统功能,软件实现了 20% 的功能。在其第三代战斗机 F-16 中,硬件和软件分别实现了 60% 和 40% 的航电系统功能。到第四代战斗机 F-22 中,硬件和软件实现的航电系统功能比例发生了逆转,软件实现了 80% 的功能。在航空发动机控制系统中,控制软件实现的功能占比也越来越高,日益成为航空发动机控制系统的核心,其实现的主要功能如下:

(1)航空发动机各种起动功能的控制(地面、空中、遭遇起动,冷运转、油封启封等),包括起动过程中的逻辑指令以及燃油的计算和输出控制;

(2)航空发动机工作在稳态和过渡态时的风扇、压气机的导叶计算和输出控制;

(3)航空发动机工作在稳态和过渡态时的尾喷口位置、矢量角计算和输出控制;

(4)航空发动机加力燃烧室加力逻辑指令以及加力燃油供油进行计算和输出控制;

(5)航空发动机喘振、涡轮超温、转子超转、进口滑油压力等运行检查和保护;

(6)控制系统的自检测和故障诊断和处理;

(7)航空发动机运行状态的监视和数据存储;

(8)与其他系统进行通信。

目前控制软件在国内的研制过程中面临以下几个挑战:

(1)研制周期长、需求频繁变更。航空发动机研制从项目立项、原型演示、试验样机以及后续正式装备飞机服役和运维,时间跨度前后有几十年。控制软件的研制覆盖了航空发动机的整个生命周期,研制周期长;同时航空发动机控制系统的复杂性,尤其是安全性、可靠性、可维护性等方面的设计考虑,在研制初期还不能完全确定,往往需要通过在具体型号的各项试验不断地验证、纠正和最终确定,因此控制软件的需求经常处于迭代变化的状态,控制软件的变更也极其频繁。

（2）研制过程中基线的并发和收敛复杂。航空发动机在研制过程中,为了适配不同的使用场景和满足台架、高空台、装机试飞等不同阶段试验目标,控制软件会出现多个软件基线状态同时维护并存、特定基线状态上快速落实其他基线状态形成新的基线分支,以及多个基线状态最终合并成一个基线的情况。

（3）严苛质量要求的开发、测试与管理。控制软件作为安全关键软件,直接关系发动机以及飞机的使用安全。控制软件的开发、测试过程需要满足 GJB 5000B‐2021《军用软件能力成熟度模型》要求,对于民用航空发动机还要满足 RTCA/DO‐178C《机载系统和设备合格审定中的软件考虑》要求。

4.1.2　控制软件的研发流程

控制软件的研发要建立生命周期的开发模型,根据模型按照过程进行控制,保证每个过程达到要求,这样才能保证产品质量,减少后期的返工。发动机的研制从提出方案到定型周期比较长,发动机的运维时间更长,为了能够推进发动机项目的不断成熟,把研制分为多个阶段,方案（F）设计、初样（C）设计、试样（S）设计、设计定型（D）阶段。

每个软件研发生命周期阶段的项目都会经历需求、设计、实现、集成和测试过程,在"V 模型"的基础上,控制软件项目生命周期模型主要执行以下工程过程,各过程及关联关系如图 4.1 所示。

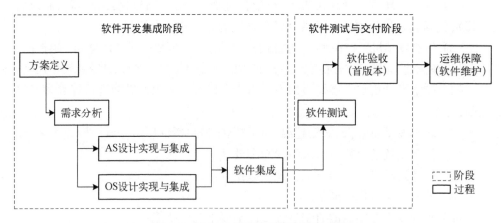

图 4.1　控制软件研发过程各活动关系

注: AS 为应用软件;OS 为操作系统。

1. 方案定义过程

定义软件系统需要解决的业务任务和用户问题,基于业务任务范围和用户问题,在一个确定的环境中,建立用户期望的软件系统运行能力,并基于此提供一个能够满足用户需要的解决方案,通过一系列一致的视图对方案和软件系统运行能力进行表达和说明,形成功能基线。

2. 需求分析过程

依据方案定义,以软件产品的技术视角,挖掘、分析并定义用户对软件产品的需求、期望和约束;将软件系统运行能力,转换为计算机软件配置项(CSCI)运行能力和 AS/OS 部件运行能力,明确满足用户需要的软件系统和各 CSCI 的特征、属性、功能和性能等需求定义,并通过一系列一致的视图对 CSCI 架构方案进行表达和说明,保证 CSCI 架构方案和软件系统运行能力、CSCI 需求定义和 AS/OS 需求分配之间相互匹配一致,并在产品架构不断细化过程中进行需求的层次递进展开和迭代,以建立足以支撑软件设计过程和测试过程开展工作的需求定义,形成分配基线。

3. AS 设计实现与集成过程

依据软件需求规格说明、CSCI 架构设计,对 AS 部件进行详细设计(低层需求)和编码,完成静态分析、代码审查、单元测试及相关评审。

4. OS 设计实现与集成过程

依据软件需求规格说明、CSCI 架构设计,对 OS 部件进行详细设计(开发低层需求),并完成编码、静态分析、代码审查及相关评审。

5. 软件集成过程

软件集成包含部件、CSCI 和产品集成,主要工作项包含编译和链接、接口和功能调试,并且完成开发段的审查。

6. 软件测试过程

建立项目的测试计划和测试报告;以系统需求为基础,建立对软件需求的理解,并检查其一致性;设计测试用例,执行测试并形成测试报告;建立测试用例与每个 CSCI 软件需求、系统需求的双向追溯,并通过审查测试证据链的完整性和正确性。

7. 软件验收过程

形成软件支持文档并配合用户执行软件验收程序,验收完成后,软件人员将软件及配套产品交付给用户;获取软件在用户现场运行的情况并识别偏离。

8. 运维保障过程

支撑软件全生命周期的维护,并持续捕获用户的业务改进期望或需求,为项目的改进设计、开发新特性或新产品提供源端需求。

4.1.3　控制软件测试

软件测试作为提高软件质量的重要手段,也引起了各方的重视。在通用软件开发行业,软件测试工作已经贯穿于开发的全过程。在需求分析阶段就开始进行系统测试用例的设计,在软件集成过程中开展软件部件测试工作。通用软件开发行业还大量使用自动化测试工具,实现了分阶段测试和尽早测试,提高了软件测试发现问题的效率,降低了修正软件缺陷需要花费的成本。

在军用软件研发过程中,明确要求进行武器装备软件开发的组织,必须按照GJB 5000B－2008《军用软件能力成熟度模型》的要求对软件开发和测试过程进行管理,对其开发的软件进行充分的内部测试,关键、重要的软件在定型前还要通过第三方测评机构的测评。在 GJB/Z 141－2004《军用软件测试指南》中,对军用软件开发过程中应该开展的测试种类提出了指导意见,根据该指南的要求,一般应该开展静态分析、代码审查、单元测试、部件测试、配置项测试和系统测试等种类的软件测试。

在商用发动机方面,对软件测试提出了更高的要求。在民机适航管理规定RTCA/DO－178C《机载系统和设备合格审定中的软件考虑》中,要求的验证方法为评审、分析和测试。测试表明软件满足其需求,并以高置信度表明可能导致在系统安全性评估过程中确定的不可接受的失效状态的错误已被消除。DO－178C 标准要求的软件测试过程如图 4.2 所示。

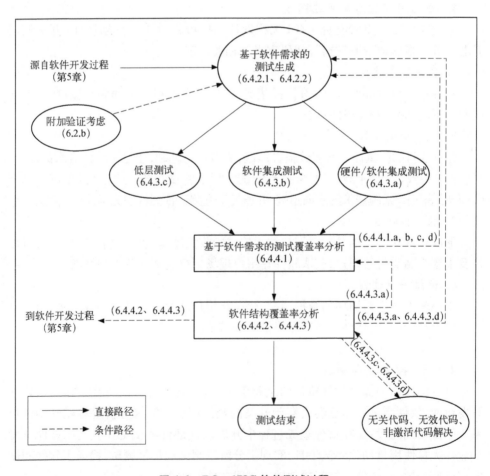

图 4.2　DO－178C 软件测试过程

对于低层测试,主要验证软件低层需求的实现。它检查低层功能性,例如算法的符合性、循环操作、正确的逻辑、输入条件的组合、对破坏或丢失的输入数据的正确响应、异常处理、计算顺序等。

对于软件集成测试,主要验证软件需求和部件之间的内部关系,验证软件需求和软件部件在软件体系结构中的实现。

对于软硬件集成测试,主要验证软件在目标机环境中的正确运行,验证中断处理、定时、对硬件瞬变或失效的响应、数据总线或其他带有资源竞争的问题、自检测、硬件/软件接口、控制回路行为、软件控制的硬件设备、堆栈使用、现场加载机制以及软件分区。

DO-178C 标准要求软件完成基于需求的测试后,还应使用基于需求的测试用例进行软件结构覆盖分析,特别是 A 级软件不仅要求达到 100% 的语句覆盖率和分支覆盖率,还应达到 100% 的修正判定条件覆盖率(MCDC),并进行目标码和源代码的追溯性分析。

4.2　控制软件测试方法

4.2.1　常用软件测试方法

软件测试一般分为静态测试和动态测试。静态测试时被测软件不运行,采用人工检测或计算机辅助静态分析的手段对软件进行检测。动态测试是指通过运行被测软件来发现软件错误的测试方法。

1. 测试级别

动态测试中,按照运行的被测软件对象的集成规模可分为单元测试、部件测试、配置项测试和系统测试。

1)单元测试

单元测试是软件测试的基础级别,单元测试的对象是一个个的软件函数或者相关功能的函数组合。单元测试目的是通过对独立的软件函数进行测试,评价软件函数的实现是否满足设计的要求。

单元测试一般应考虑以下测试要素:

(1)在对软件函数进行动态测试之前,应对软件函数的源代码进行静态测试;

(2)对软件设计文档规定的软件单元的功能、性能、接口等应逐项进行测试;

(3)每个软件特性应至少被一个正常测试用例和一个被认可的异常测试用例覆盖;

(4)测试用例的输入应至少包括有效等价类值、无效等价类值和边界数据值;

(5)语句覆盖率要达到 100%;

(6)分支覆盖率要达到 100%;

（7）对输出数据及其格式进行测试。

2）部件测试

部件测试的对象是软件部件,软件部件由一系列的软件函数组装而成。部件测试是单元测试的逻辑扩展,部件测试的目的主要是确定函数集成后的部件接口是否正常、一个函数不会对其他函数产生负面影响、功能可以正确执行。

部件测试一般应考虑以下测试要素:

（1）应对构成软件部件的每个软件单元的单元测试情况进行检查;

（2）若对软件部件进行必要的静态测试,应先于动态测试;

（3）组装过程是动态进行的,因此应标明组装策略;

（4）应建立部件测试环境,如桩模块和驱动模块,其测试环境应通过评审;

（5）应逐项测试软件设计文档规定的软件部件的功能、性能等特性;

（6）软件部件每个特性应至少被一个正常测试用例和一个被认可的异常测试用例覆盖;

（7）测试用例的输入应至少包括有效等价类值、无效等价类值和边界数据值;

（8）应测试软件单元和软件部件之间的所有调用,达到要求的测试覆盖率;

（9）应测试软件部件的输出数据及其格式;

（10）应测试软件部件之间、软件部件和硬件之间的所有接口;

（11）应测试运行条件(如数据结构、输入/输出通道容量、内存空间、调用频度等)在边界状态下,进而在人为设定的状态下,软件部件的功能和性能;

（12）应按设计文档要求,对软件部件的功能、性能进行强度测试;

（13）对安全性关键的软件部件,应对其进行安全性分析,明确每一个危险状态和导致危险的可能原因,并对此进行针对性的测试;

（14）发现是否有多余的软件单元。

部件测试按照部件形成的方式,一般有自顶向下集成、自底向上集成以及大爆炸集成的三种实施方式。

a）自顶向下集成

自顶向下集成采用增量式,逐步构造出程序的结构。如图 4.3 所示,在此过程中,从顶模块开始,沿着控制层次向下逐步把模块集成进来,形成部件 A、部件 B、部件 C 和部件 D。

自顶向下集成过程的步骤一般有:

（1）以主控制模块为所测模块兼驱动模块(比如 main);

（2）用桩模块代替所有隶属于测试驱动模块;

（3）根据集成方式,每次选择一个实际构件来替代一个桩模块;

（4）当一个构件集成后即实施测试;

（5）最后,所有的桩模块都被真实模块替换。

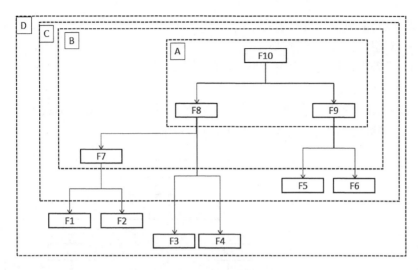

图 4.3　自顶向下集成形成部件

b）自底向上集成

自底向上集成首先对最底层的模块进行测试,当模块以自底向上方式集成时,因为隶属于某一个层次的模块已经存在,不需要桩模块。如图 4.4 所示,通过自底向上集成形成部件 A、部件 B、部件 C 和部件 D。

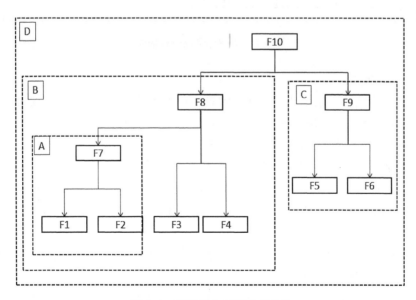

图 4.4　自底向上集成形成部件

自底向上集成过程的步骤一般有:

（1）最底层模块的组合;

（2）按功能对模块进行组合；

（3）对组合模块进行测试；

（4）沿着程序结构向上组合形成新的模块，再进行测试。

c）大爆炸集成

这种方式中，首先对每个函数进行单元测试，然后再把所有的函数组装在一起进行测试，最终得到要求的部件。如图 4.5 所示形成部件 A。

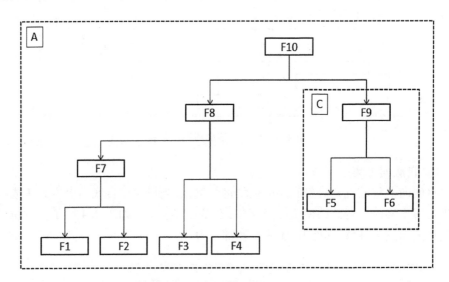

图 4.5　大爆炸集成形成部件

3）配置项测试

配置项测试的对象是计算机软件配置项（CSCI，以下简称配置项，是能够被独立地进行配置管理的，并能够满足最终用户功能的一组软件）。

配置项测试一般应考虑以下测试要素：

（1）必要时，在高层控制流图中作结构覆盖测试；

（2）应逐项测试软件需求规格说明规定的配置项的功能、性能等特性；

（3）配置项的每个特性应至少被一个正常测试用例或一个被认可的异常测试用例所覆盖；

（4）测试用例的输入应至少包括有效等价类值、无效等价类值和边界数据值；

（5）应测试配置项的输出及其格式；

（6）应测试人机交互界面提供的操作和显示界面，包括非常规操作、误操作、快速操作测试界面的可靠性；

（7）应测试运行条件在边界状态和异常状态下，或在人为设定的状态下，配置项的功能和性能；

（8）应按软件需求规格说明的要求，测试配置项的安全性和数据的安全保密性；

（9）应测试配置项的所有外部输入、输出接口（包括和硬件之间的接口）；

（10）应测试配置项的全部存储量、输入/输出通道和处理时间的余量；

（11）应按软件需求规格说明的要求，对配置项的功能、性能进行强度测试；

（12）应测试设计中用于提高配置项的安全性和可靠性的方案，如结构、算法、容错、冗余、中断处理等；

（13）对安全性关键的配置项，应对其进行安全性分析，明确每一个危险状态和导致危险的可能原因，并对此进行针对性的测试；

（14）对有恢复或重置功能需求的配置项，应测试其恢复或重置功能和平均恢复时间，并且对每一类导致恢复或重置的情况进行测试。

4）系统测试

系统测试的对象是完整的、集成的软件系统，重点是新开发的软件配置项的集合。系统测试一般应考虑以下测试要素：

（1）应按系统/子系统设计说明的规定，逐项测试系统的功能、性能等特性；

（2）系统的每个特性应至少被一个正常测试用例和一个被认可的异常测试用例所覆盖；

（3）测试用例的输入应至少包括有效等价类值、无效等价类值和边界数据值；

（4）应测试系统的输出及其格式；

（5）应测试配置项之间及配置项与硬件之间的所有接口；

（6）应在边界状态、异常状态或在人为设定的状态的运行条件下，测试系统的功能和性能；

（7）应测试系统的安全性和数据的安全性；

（8）应测试系统的全部存储量、输入/输出通道和处理时间的余量；

（9）应按系统或子系统设计文档的要求，对系统的功能、性能进行强度测试；

（10）应测试人机交互界面提供的操作和显示界面，包括非常规操作、误操作、快速操作测试界面的可靠性；

（11）应测试设计中用于提高系统安全性和可靠性的方案，如结构、算法、容错、冗余、中断处理等；

（12）对安全性关键的系统，应对其进行安全性分析，明确每一个危险状态和导致危险的可能原因，并对此进行针对性的测试；

（13）对有恢复或重置功能需求的系统，应测试其恢复或重置功能和平均恢复时间，并且对每一类导致恢复或重置的情况进行测试；

（14）有安装性要求的软件，应对软件按要求安装后的运行情况进行测试；

（15）对不同的实际问题应外加相应的专项测试。

2. 测试类型

将测试方法按特性划分就形成了测试类型。

嵌入式软件测试中常见的测试类型有文档审查、代码审查、静态分析、逻辑测试、功能测试、性能测试、接口测试、强度测试、余量测试、安全性测试、恢复性测试和边界测试。

1）文档审查

文档审查是对软件文档完整性、一致性和准确性所进行的一种检查。

文档审查应确定审查所用的检查单，为适应不同的文档审查，需要用不同的检查单，检查单的设计或采用应经过评审并得到确认。

2）代码审查

代码审查是检查代码和设计的一致性、代码执行标准的情况、代码逻辑表达的正确性、代码结构的合理性以及代码的可读性。

代码审查应根据所使用的语言和编码规范确定审查所用的检查单，检查单的设计或采用应经过评审并得到确认。表 4.1 是一个代码审查检查单示意。

表 4.1　代码审查检查单

代码审查检查单			
审查日期		审查人员	
被审查软件版本		文件名称	

审查维度：寄存器使用

序　号	审　查　内　容	结　　果
1	如果需要一个专用寄存器，指定了吗？	
2	默认使用的寄存器的值正确吗？	

审查维度：格式

序　号	审　查　内　容	结　　果
1	嵌套的 IF 是否已正确地缩进？	
2	注释准确并有意义吗？	
3	是否使用了有意义的标号？	
4	代码是否基本上与开始时的模块模式一致？	
5	是否遵循了全套的编码标准？	

审查维度：入口和出口连接

续　表

序　号	审　查　内　容	结　果
1	初始入口的最终出口正确吗？	
2	对另一模块的每一次调用：	
	全部所需的参数是否已传送给每一个被调用的模块？	
	被传送的参数值是否正确地设置？	
	栈状态和指针状态是否正确？	

审查维度：程序语言的使用

序　号	审　查　内　容	结　果
1	未使用内存的内容是否影响系统安全？是否处理？	

审查维度：初始化

序　号	审　查　内　容	结　果
1	每一个域在第一次使用前正确地初始化了吗？	
2	规定的域正确吗？	
3	每个域是否有正确的变量类型声明？	
4	存储器重复使用吗？可能发生冲突吗？	

审查维度：可维护性

序　号	审　查　内　容	结　果
1	标号和子程序命名符合代码的意义吗？	

审查维度：逻辑

序　号	审　查　内　容	结　果
1	全部设计是否均已实现？	
2	编码是否做了设计规定的内容？	
3	每个循环是否执行正确的次数？	

审查维度：多余物

序　号	审　查　内　容	结　果
1	是否有不可能执行到的代码？	
2	是否有即使不执行也不影响程序功能的指令？	
3	是否有未引用的变量、标号和常量？	
4	是否有多余的程序单元？	

3）静态分析

静态分析通过分析或检查源代码的语法、结构、接口等来检查源代码的正确性，静态分析一般借助工具开展。静态分析一般需进行：

（1）控制流分析；

（2）数据流分析；

（3）接口分析；

（4）表达式分析。

控制流分析是使用程序控制流图系统的检查被测程序的控制结构的工作。

控制流图是一种简化的程序流程图，控制流图由"节点"和"弧"两种图形符号构成。数据流分析用控制流程图来分析数据发生的异常情况，这些异常包括被初始化、被赋值或被引用过程中行为序列的异常。数据流分析也作为数据流测试的预处理过程。

数据流分析首先建立控制流程图，然后在控制流程图中标注某个数据对象的操作序列，遍历控制流程图，形成这个数据对象的数据流模型，并给出这个数据对象的初始状态，利用数据流异常状态图分析数据对象可能的异常。数据流分析可以查出引用未定义变量、对以前未使用的变量再次赋值等程序错误或异常情况。

接口分析主要用于程序静态分析和设计分析。接口一致性的设计分析涉及模块之间接口的一致性以及模块与外部数据库之间的一致性。程序的接口分析涉及子程序以及函数之间的接口一致性，包括检查形参和实参的类型、数量、维数、顺序以及使用的一致性。

表达式错误主要有以下几种：括号使用不正确、数组引用错误、作为除数的变量可能为零、作为开平方的变量可能为负、作为正切值的变量可能为 $\pi/2$、浮点变量比较时产生的错误。

4）逻辑测试

逻辑测试是测试程序逻辑结构的合理性、实现的正确性。逻辑测试应由测试人员利用程序内部的逻辑结构及有关信息，设计或选择测试用例，对程序所有逻辑路径进行测试。通过在不同点检查程序的状态，确定实际的状态是否与预期的状态一致。逻辑测试一般需要包含的测试内容有：语句覆盖、分支覆盖、条件覆盖、条件组合覆盖、路径覆盖。

5）功能测试

功能测试是对软件需求规格说明或设计文档中的功能需求逐项进行的测试，以验证其功能是否满足要求。功能测试一般需要包含的测试内容有：

（1）用正常值的等价类输入数据值测试；

（2）用非正常值的等价类输入数据值测试；

（3）进行每个功能的合法边界值和非法边界值输入的测试；

（4）用一系列真实的数据类型和数据值运行，测试超负荷、饱和及其他"最坏情况"的结果；

（5）在配置项测试时对配置项控制流程的正确性、合理性等进行验证。

6）性能测试

性能测试是对软件需求规格说明或设计文档中的性能需求逐项进行的测试，以验证其性能是否满足要求。性能测试一般需要包含的测试内容有：

（1）测试在获得定量结果时程序计算的精确性（处理精度）；

（2）测试其时间特性和实际完成功能的时间（响应时间）；

（3）测试为完成功能所处理的数据量；

（4）测试程序运行所占用的空间；

（5）测试其负荷潜力；

（6）测试系统中各配置项软件的协调性。

7）接口测试

接口测试是对软件需求规格说明或设计文档中的接口需求逐项进行的测试。接口测试一般需要包含的测试内容有：

（1）测试所有外部接口，检查接口信息的格式及内容；

（2）对每一个外部输入/输出接口必须做正常和异常情况的测试；

（3）测试硬件提供的接口是否便于使用，测试系统特性（如数据特性、错误特性、速度特性）对软件功能、性能特性的影响；

（4）对所有的内部接口的功能、性能进行测试。

8）强度测试

强度测试是强制软件运行在不正常到发生故障的情况下（设计的极限状态到超出极限），检验软件可以运行到何种程度的测试。强度测试一般需要包含的测试内容有：

（1）提供最大处理的信息量，提供数据能力的饱和实验指标；

（2）提供最大存储范围（如常驻内存、缓冲、表格区、临时信息区）；

（3）在能力降级时进行测试；

（4）在人为错误（如寄存器数据跳变、错误的接口）状态下进行软件反应的测试；

（5）通过启动软件过载安全装置（如临界点警报、过载溢出功能、停止输入、取消低速设备等）生成必要条件，进行计算过载的饱和测试；需进行持续一段规定的时间，而且连续不能中断的测试。

9）余量测试

余量测试是检验软件是否达到需求规格说明中要求的余量的测试。若无明确

要求时,一般至少留有 20% 的余量。根据测试要求,余量测试一般需要包含的测试内容有:

（1）全部存储量的余量;

（2）输入/输出及通道的吞吐能力余量;

（3）功能处理时间的余量。

10）安全性测试

安全性测试是检验软件中已存在的安全性、安全保密性措施是否有效的测试。测试应尽可能在符合实际使用的条件下进行。安全性测试一般需要包含的测试内容有:

（1）在测试中全面检验防止危险状态措施的有效性和每个危险状态下的反映;

（2）对设计中用于提高安全性的结构、算法、容错、冗余及中断处理等方案,必须进行针对性测试;

（3）对软件处于标准配置下其处理和保护能力的测试;

（4）应进行对异常条件下系统/软件的处理和保护能力的测试(以表明不会因为可能的单个或多个输入错误而导致不安全状态);

（5）对输入故障模式的测试;

（6）必须包含边界、界外及边界结合部的测试;

（7）对"0"、穿越"0"以及从两个方向趋近于"0"的输入值的测试;

（8）必须包括在最坏情况配置下的最小输入和最大输入数据率的测试;

（9）对安全性关键的操作错误的测试;

（10）对具有防止非法进入软件并保护软件的数据完整性能力的测试;

（11）对双工切换、多机替换的正确性和连续性的测试;

（12）对重要数据的抗非法访问能力的测试。

11）恢复性测试

恢复性测试是对有恢复或重置功能的软件的每一类导致恢复或重置的情况逐一进行的测试,以验证其恢复或重置功能。恢复性测试是要证实在克服硬件故障后,系统能否正常地继续进行工作,且不对系统造成任何损害。恢复性测试一般需要包含的测试内容有:

（1）能否切换或自动启动备用硬件的测试;

（2）在故障发生时能否保护正在运行的作业和系统状态的测试;

（3）在系统恢复后,能否从最后记录下来的无错误状态开始继续执行作业的测试。

12）边界测试

边界测试是对软件处在边界或端点情况下运行状态的测试。边界测试一般需要包含的测试内容有：

（1）软件的输入域或输出域的边界或端点测试；

（2）状态转换的边界或端点测试；

（3）功能界限的边界或端点测试；

（4）性能界限的边界或端点测试；

（5）容量界限的边界或端点测试。

其中，对（1）项，输入域或输出域的边界、端点测试通常体现为数值边界的测试。对单个功能需求来说，经过测试分析、分解后得到各个输入变量、输出变量，在此基础上结合变量的软件定义和物理含义约束，识别值域和边界点并进行测试，一般需要测试输入边界和输出边界。

对（2）项，状态转换的边界或端点测试，通常需要先识别系统状态模式的差异和转换条件，然后针对边界处可能的失效情况进行测试。

对（3）项，功能界限的边界或端点测试，通常需要结合功能的约束条件以及输出进行分析，并在达到约束的前置状态后，进行功能测试。

对（4）项，性能界限测试，通常结合性能指标进行分析（如处理速度、周期，精度等），对软件本身或者软件/硬件综合后进行测试，一般可以考虑多项性能指标接近边界值后的功能处理。

对（5）项，容量界限测试，通常对有数据存储和空间要求进行分析，并对空间耗尽至边界的情况进行测试。

3. 测试用例设计方法

1）等价类划分

等价类划分是在分析软件设计文档的基础上，把程序的输入域划分为若干数据类别，然后在每部分中选取代表性数据形成测试用例。步骤如下：

（1）划分有效等价类：对规格说明是有意义、合理的输入数据所构成的集合；

（2）划分无效等价类：对规格说明是无意义、不合理的输入数据所构成的集合；

（3）为每一个等价类定义一个唯一的编号；

（4）为每一个等价类设计一组测试用例，确保覆盖相应的等价类。

2）边界值分析

边界值分析是对等价类划分的补充。通常使用等于、小于或大于边界值的数据对程序进行测试。边界值分析与等价类划分密切相关，边界值划测试等价类的每个边缘。步骤如下：

（1）通过需求，找出所有可能的边界条件；

（2）对每一个边界条件，给出满足和不满足边界值的输入数据；

（3）设计相应的测试用例。

对满足边界值的输入可以发现计算错误,对不满足的输入可以发现域错误。该方法会为其他测试方法补充一些测试用例,绝大多数测试都会用到本方法。

3）判定表

需求中复杂的逻辑关系可以用判定表进行测试。通常判定表中的条件可以理解为输入,动作可以理解为输出,整个判定表能调试输入条件的组合以及与每一个输入组合对应的动作组合。

该方法的使用有以下要求:

（1）列出条件桩和动作桩;

（2）确定规则的个数,对规则进行编号;

（3）完成所有条件项的填写;

（4）完成所有的动作项的填写;

（5）合并相似规则,有两个或者多条规则具有相同的动作,并且条件项之间存在相似关系的就可以进行合并。

4.2.2 控制软件测试实施

1. 控制软件的测试级别与测试类型

航空发动机燃油及控制软件作为高安全关键的嵌入式软件,在遵循常用的软件测试方法基础上,按照 GJB/Z 141-2004 要求开展单元测试、部件测试、配置项测试和系统测试四个测试级别的软件测试,额外增加了 MCDC 的结构覆盖率测试要求,更加关注安全性和恢复性,同时控制软件在不同测试类型上有特定的测试考虑。

对于控制软件测试具体需要开展的测试级别,应根据项目实际情况进行策划考虑。

当配置项测试、系统测试独立开展时,应分别依据每个 CSCI 的软件需求开展配置项测试需求分析,再依据软件研制任务书或其他软件相关的研制要求开展系统测试需求分析。在系统测试级别应着重考虑的内容有:

（1）由多个 CSCI 共同实现的系统功能;

（2）涉及通道切换的处理;

（3）涉及不同通道的差异化行为;

（4）涉及多个 CSCI 运行的系统性能指标。

当控制系统多个通道下运行的软件配置项是同一个时,也可以将控制软件的配置项测试、系统测试进行合并,同时依据软件需求和系统需求提取需求,开展测试用例设计;此种情况下一种推荐的做法是,依据软件需求分解测试需求并利用追溯关系补充系统要求中所需额外测试的内容。

控制软件各个测试级别需要开展的测试类型,可参考表 4.2。

表 4.2 测试级别和测试类型关系表

测试类型	单元测试	部件测试	配置项测试	系统测试
逻辑测试	√	√		
功能测试	√	√	√	√
性能测试			√	√
接口测试	√	√	√	√
强度测试			√	√
余量测试			√	√
安全性测试			√	√
恢复性测试			√	√
边界测试	√	√	√	√

2. 控制软件测试的测试环境

测试环境是决定软件测试结论是否可信的重要一环,航空发动机数控系统控制软件的测试级别、测试环境众多,每一级测试所需解决的问题不尽相同,所以在开展航空发动机数控系统控制软件测试过程中,必须针对性地选择合适的测试环境。控制软件的测试环境与测试级别对应关系如下:

(1)单元测试环境,用于控制软件的单元或部件测试;

(2)全数字仿真环境,用于控制软件的部件测试;

(3)硬件在回路仿真环境,用于控制软件的配置项测试和系统测试。

1)单元测试环境

单元测试环境较为简单和成熟,一般直接采用商用的单元测试工具进行部署。

2)全数字仿真环境

全数字仿真环境主要由计算机和全数字仿真软件组成。全数字仿真软件一般可以划分为发动机模型仿真、执行机构模型仿真、AS 代码执行、人机交互 UI、输入输出信号转化、数据存储等模块。

在全数字仿真环境中,发动机、电子控制器以及传感器信号都是仿真模拟出来的。对于控制软件,也只有 AS 应用层部分的代码处于运行状态,而控制软件的 OS 以及底层硬件部分,都处于仿真状态。

3)硬件在回路仿真环境

硬件在回路仿真环境主要由计算机、信号输入与输出、信号调理模块、配线矩阵、故障注入装置、电子控制器等部分组成。计算机用于发动机模型的仿真、信号的人机交互和数据存储。输出和信号调理模块用于将模型计算的输出转化为传感器信号和开关量信号,输入和信号调理模块用于将电子控制器的输出转化为数字信号输入到计算机,故障注入装置用于在电子控制器的输入、输出线路上注入故障。

在不同测试环境开展测试的目的是在保证测试的充分性、有效性的基础上,降低验证的成本,提高验证的效率。航空发动机燃油及控制系统控制软件的需求对于测试环境一般要求如下。

必须在硬件在回路仿真环境进行验证的需求:

(1) 涉及外部接口的需求;

(2) 涉及硬件相关的需求;

(3) 影响到发动机安全的需求;

(4) 控制软件性能方面的需求;

(5) 安全性、强度、可恢复性方面的测试。

适合在硬件在回路仿真环境或全数字仿真环境进行验证的需求:

(1) 需要较长周期运行验证的需求;

(2) 涉及多通道或多配置项交互的需求;

(3) 涉及和前状态相关的需求;

(4) 需要集成到一定级别才能验证的需求。

适合在全数字仿真环境进行验证的需求:

(1) 复杂的软件逻辑需求;

(2) 控制算法类的需求;

(3) 有确认周期验证的需求;

(4) 需要注入数值边界且在硬件在回路仿真环境难于注入的需求;

(5) 输入或输出属于软件内部变量的需求;

(6) 涉及需要注入异常数据的需求;

(7) 对于现实中不能发生的情况的逻辑。

适合在单元测试环境进行验证的需求:需求功能比较独立,不存在调用其他函数的需求。

3. 控制软件测试的独立性考虑

为了保证验证活动开展的有效性,避免验证人员对需求、功能理解的同一化问题,GJB/Z 141-2004 和 RTCA/DO-178C 都对验证活动的人员独立性提出了要求。针对控制软件的测试特点,一般可做以下考虑:

(1) 单元测试可由软件开发人员实施,但单元测试人员不得参与被测单元的开发工作;

(2) 部件测试由专职软件测试人员实施;

（3）配置项测试由专职软件测试人员实施；

（4）系统测试由专职软件测试人员实施。

4. 控制软件测试过程

控制软件测试包含的活动有测试策划、用例设计、执行测试、编制测试报告。

1）测试策划

在进行测试策划时，应根据确定的软件测试级别、依据文档以及测试进度要求等，考虑如下的内容，进行软件测试的策划：

（1）依据测试输入文档，提取测试的需求；

（2）对测试的工作量、人员的工作效率进行估计；

（3）协调、安排测试工作进度；

（4）编制测试计划文档，并评审。

2）用例设计

根据不同的测试级别，进行测试用例的设计：

（1）按照 4.2.1 节中的测试方法对测试输入文档进行逐项覆盖并设计测试用例；

（2）建立并维护测试用例与要求之间的跟踪关系；

（3）编制测试说明文档并评审。

3）执行测试

在执行测试前，应检查是否满足以下入口条件：

（1）测试计划、说明已经过评审，被测软件已受控；

（2）测试环境与测试计划中规定的一致。

通过执行测试前的入口检查后，按照测试用例进行执行：

（1）按照测试用例中的步骤，操作测试设备/工具，设置需要的输入量数值。

（2）记录信号/状态的实际观测值。

（3）根据测试用例中每一步的期望值，判断当前步骤是否通过，如果实际观测值与期望值一致，则在用例结果中记录"通过"；如果实际观测值与期望值不一致，则在用例结果中记录"不通过"。

（4）对于判定为"不通过"的用例，还需要进行进一步的分析确认：如果经过分析"不通过"是软件测试环境造成的，则需要修正测试环境后重新运行该测试用例；如果经过分析"不通过"是测试用例设计错误造成的，则需要修正错误的测试用例，并且重新运行该测试用例；如果经分析"不通过"是设计文件或者软件编码错误造成的，则按要求填写问题报告单，上报缺陷。

4）编制测试报告

测试用例执行完后，应该参照软件测试报告模板，编制软件测试报告。软件测试报告的内容应该如实反映测试的结果。

4.3 控制软件单元测试

4.3.1 控制软件单元测试目标及意义

控制软件单元测试主要目的是证明控制软件的每一个函数符合对应的软件设计说明文档的功能、接口的要求。可检测到的典型错误一般有：

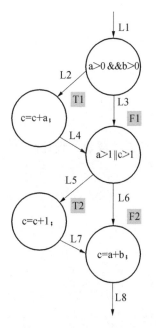

图 4.6 代码的控制流图

（1）控制软件算法不满足软件的设计文档；

（2）不正确的循环操作；

（3）不正确的逻辑判定；

（4）合法的输入条件组合处理失效；

（5）对缺失或破坏的输入数据的不正确响应；

（6）异常处理错误。

控制软件单元常用的结构覆盖率指标有语句覆盖率、分支判定覆盖率和修正条件判定覆盖率。

1. 语句覆盖率（SC）

语句覆盖指的是被测软件中执行的语句数与所有可能的语句数之间的比值。代码如下：

```
If(a>0 && b>0){c=c+a;}
If(a>1 || c>1){c=c+1;}
c=a+b;
```

分析代码的控制流图（图 4.6），只需要设计一个测试用例（表 4.3）覆盖 L1L2L4L5L7L8 路径，就能满足 100% 的语句覆盖。

表 4.3 满足语句覆盖 100% 测试用例

测试用例 ID	输入	期望输出	覆盖路径
Test001	a=1,b=1,c=1	a=1,b=1,c=2	L1L2L4L5L7L8

2. 分支判定覆盖率（DC）

分支判定覆盖也可以称为判定覆盖，就是指程序中的每个判定条件的取真分支和取假分支至少被执行一次。以图 4.6 所示的控制流图为例，代码中有两个判定。假定第 1 个判定（a>0 && b>0）取真用 T1 表示，取假用 F1 表示；第 2 个判定（a>1 ‖ c>1）取真用 T2 表示，取假用 F2 表示。可以得到满足 100% 条件判定覆盖的两条路径 L1L2L4L5L7L8（T1T2）和 L1L3L6L8（F1F2），即设计这两个测试用例

（表 4.4）就可以满足 100％的判定覆盖。

表 4.4　满足分支覆盖 100％的测试用例

测试用例 ID	输　入	期 望 输 出	覆 盖 路 径
Test001	a＝1,b＝1,c＝1	a＝1,b＝1,c＝2	L1L2L4L5L7L8
Test002	a＝−1,b＝1,c＝1	a＝−1,b＝1,c＝0	L1L3L6L8

3. 修正条件判定覆盖率（MCDC）

修正条件判定覆盖（MCDC）广泛应用于航空电子软件。MCDC 测试需要测试用例说明每一个布尔条件可以独立影响结果。

假如判定条件[A ‖ (B && C)]，有一个测试用例对 B 和 C 保持不变，仅改变 A 的状态时会改变结果，即 A 可以独立影响判定条件的结构，如下。

T1：A＝false,B＝false,C＝true,output＝false

T2：A＝true,B＝false,C＝true,output＝true

同样对于 B，需要一个测试用例对说明 A 和 C 保持不变时，B 可以独立影响结果：

T3：A＝false,B＝false,C＝true,output＝false

T4：A＝false,B＝true,C＝true,output＝true

对于 C，需要一个测试用例对说明 A 和 B 保持不变时 C 可以独立影响结果：

T5：A＝false,B＝true,C＝false,output＝false

T6：A＝false,B＝true,C＝true,output＝true

单独为每个判定条件创建测试用例对，可以看出 T1 和 T3 是相同的，T4 和 T6 也是相同的。把重复的测试覆盖项进行合并，最终得到满足 MCDC 覆盖的 4 个测试用例如表 4.5。其中，测试用例 1 和 2 说明 A 独立影响判定条件的结果，测试用例 1 和 3 说明 B 独立影响判定条件的结果，测试用例 3 和 4 说明 C 独立影响判定条件的结果。

表 4.5　满足 MCDC 覆盖 100％的测试用例

测试用例 ID	A	B	C	预期结果	测试覆盖项
Test001	false	false	true	false	T1,T3
Test002	true	false	true	true	T2
Test003	false	true	true	true	T4,T6
Test004	false	true	false	false	T5

4.3.2　控制软件单元测试实施

控制软件的单元测试按 4.2.2 节控制软件测试过程的要求开展测试策划、用例设计、执行测试、编制报告四个活动。

1. 测试策划

在进行软件单元测试策划时,应根据软件开发计划、软件设计文档,按如下要求进行策划:

(1) 依据软件设计文档、软件开发计划,列出需要测试的函数清单,确定测试范围。

(2) 确定测试的结构覆盖率指标要求,一般应满足 100% 的语句覆盖和分支覆盖;如项目有特殊要求(软件开发计划中特殊规定),则按项目要求确定指标(MCDC 覆盖要求)。

(3) 对单元测试的工作量、人员的工作效率进行估计;与相关的组和人员综合协调测试需要的资源可供使用的时间;与项目策划人员协调、安排测试工作进度。

(4) 编制软件单元测试计划文档。

2. 用例设计

根据函数的软件设计说明文档,设计单元测试用例。依据设计文档,理解函数所要求实现的功能,识别函数涉及的输入/输出变量。按照 4.2.1 节中功能测试的要求,对照函数要求实现的功能,采用等价类划分、边界值分析的用例设计方法,进行逐项覆盖设计测试用例。对软件设计文档规定的软件函数的功能逐项进行设计,测试软件函数在边界处能否正常工作,例如:测试处理 n 维数组的第 n 个元素;测试循环执行到最后一次执行循环体;测试取最大值或最小值;测试数据流、控制流中刚好等于、大于或小于确定的比较值。

按照 4.2.1 节中接口测试的要求,对照函数的输入/输出变量,采用等价类划分、边界值分析的用例设计方法,覆盖输入/输出变量的变量类型和数值范围(此项可结合上一步一并开展)。测试接口一般应包括以下内容:

(1) 调用被测单元时的实际参数与该单元的形式参数的个数、属性、量纲、顺序是否一致;

(2) 被测单元调用子模块时,传递给子模块的实际参数与子模块的形式参数的个数、属性、量纲、顺序是否一致;

(3) 是否修改了只作为输入值的形式参数;

(4) 调用内部函数的参数个数、属性、量纲、顺序是否正确;

(5) 被测单元在使用全局变量时是否与全局变量的定义一致;

(6) 在单元有多个入口的情况下,是否引用了与当前入口无关的参数;

(7) 常数是否当作变量来传递;

(8) 输入/输出文件属性的正确性;

（9）规定的输入/输出格式说明与输入/输出语句是否匹配；

（10）输入/输出错误是否检查并做了处理以及处理的正确性。

3. 执行测试

控制软件单元测试前，一般先完成代码审查、静态分析工作。每个函数的测试用例执行结束后，还要分析单元测试工具给出的结构覆盖率指标的满足情况，对于没有达到的结构覆盖率指标，需要结合代码进行如下原因分析：

（1）经确认，函数中存在冗余代码的，进行问题记录；

（2）因函数对应设计说明文档要素不全、信息有遗漏，导致测试用例设计不完整的，需要由软件开发人员补充设计文档相应内容后再重新测试；

（3）其他情况的，应按照设计测试用例的要求补充测试用例，并补充执行，直到满足上结构覆盖率指标的要求。

对于需要取得适航证的项目，为了满足适航验证目标的要求，在项目后期，全部的单元测试用例还应该在最终的目标机环境上开展一轮执行工作。

4. 编制报告

按照 4.2.2 节要求开展。

4.3.3　通过准则

控制软件单元测试的通过准则：

（1）计划开展测试的函数都已完成了测试；

（2）每个函数的功能与设计说明一致；

（3）覆盖测试达到规定的结构覆盖率；

（4）对发现的问题已进行修改并通过回归测试。

4.4　控制软件部件测试

4.4.1　控制软件部件测试目标及意义

控制软件部件测试重点关注软件需求之间的内部关系及软件结构对软件需求的实现。通过这种测试方法可检测到的典型错误包括：

（1）不正确的变量和常量的初始化；

（2）参数传递错误；

（3）数据破坏，特别是全局数据；

（4）不正确的事件和操作顺序。

4.4.2　控制软件部件测试实施

控制软件的部件测试按 4.2.2 节控制软件测试过程的要求开展测试策划、用例设计、执行测试、编制报告四项活动。

1. 测试策划

控制软件部件测试可以按照以下步骤进行策划。

（1）确定部件测试的策略。如果项目开发计划等上层输入文档中已经明确规定了部件集成的策略，如采用"自顶向下集成"形成部件并开展部件测试，则按上层输入文档规定的集成策略开展策划实施。上层输入文档没有明确规定的，控制软件的部件测试一般可以采用"大爆炸集成"的策略，把 AS 作为一个独立的部件进行测试。

（2）如图 4.7 所示，对于采用"大爆炸集成"形成的 AS 部件，依据控制软件需求规格说明文档，提取 AS 部件的功能需求；对于采用"自顶向下集成"或"自底向上集成"形成的，如 ISM 部件、FPM 部件、CLM 部件、OSM 部件、ECM 部件，需要结合软件设计说明文档，提取对应部件的功能需求。

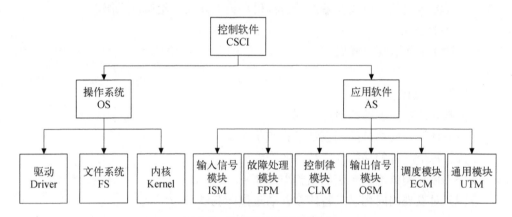

图 4.7　控制软件部件示意图

（3）对部件测试的工作量、人员的工作效率进行估计；与相关的组和人员综合协调测试需要的资源可供使用的时间。

（4）编制控制软件部件测试计划文档。

2. 用例设计

根据部件的需求文档，设计部件测试用例。

（1）识别部件涉及的输入/输出变量；

（2）按照 4.2.1 节中功能测试的要求，对照部件要求实现的功能，采用等价类划分、边界值分析的用例设计方法，进行逐项覆盖设计测试用例；

（3）按照 4.2.1 节中接口测试的要求，对照函数的输入/输出变量，采用等价类划分、边界值分析的用例设计方法，覆盖输入/输出变量的变量类型和数值范围（此项可结合上一步一并开展）。

3．执行测试

控制软件部件测试一般在宿主机环境上执行,部件测试环境可以采用成熟的商用单元测试工具来开展测试;对于采用大爆炸集成的 AS 部件测试,还可以利用全数字仿真环境开展测试。

对于需要取得适航证的项目,为了满足适航验证目标的要求,在项目后期,全部的部件测试用例还应该在最终的目标机环境上开展一轮执行工作。

4．编制报告

按照 4.2.2 节要求开展。

4.4.3　通过准则

(1) 计划开展的部件都已经进行测试;

(2) 每个部件的功能与设计文档要求一致;

(3) 对发现的问题已进行修改并通过回归测试。

4.5　控制软件系统测试

4.5.1　控制软件系统测试目标及意义

航空发动机控制系统是一个复杂的闭环控制系统,所以针对控制软件开展单元测试、部件测试后,必须在控制软件真实运行环境下开展系统测试。基于需求的系统测试的目标是确保目标机的软件满足高级需求。

控制软件系统测试是控制软件测试最重要和有效的环节,通过这种测试方法可检测到的典型错误包括:

(1) 中断处理错误;

(2) 不满足执行时间需求;

(3) 软件对硬件瞬变或硬件失效响应错误,如启动顺序、瞬态输入加载、电源瞬变;

(4) 数据总线和其他资源争用问题,如内存映射;

(5) 自检测无法检测失效;

(6) 硬件/软件接口错误;

(7) 控制回路行为错误;

(8) 软件控制下的内存管理硬件或其他硬件设备的控制错误;

(9) 堆栈溢出;

(10) 用于确认现场可加载软件的正确性和兼容性的机制运行错误。

4.5.2　控制软件系统测试实施

控制软件的系统测试按 4.2.2 节控制软件测试过程的要求开展测试策划、用例设计、执行测试、编制报告四项活动。

1. 测试策划

控制软件系统测试可以按照以下步骤进行策划：

(1) 提取软件的测试需求,控制软件系统测试的输入有系统需求、软件需求规格说明、故障处理对策、软硬件接口说明等文档；

(2) 对系统测试的工作量、人员的工作效率进行估计,与相关的组和人员综合协调测试需要的资源可供使用的时间；

(3) 编制控制软件系统测试计划文档。

2. 用例设计

根据识别的测试需求,逐项设计测试用例。

按照 4.2.1 节中功能测试的要求,进行逐项覆盖设计测试用例(表 4.6)。

(1) 首先要将控制软件整理成块功能,如发动机油封启封、发动机地面起动等；

(2) 然后针对具体功能,识别正常和异常的输入情况；

(3) 考虑功能的进入、退出以及功能重新触发进入等情况；

(4) 对于功能中有复杂逻辑的,采用判定表方法识别条件组合关系。

表 4.6　功能测试用例示例

类　别	内　　容
原始需求	发动机低压转子转速超限告警 【SRS. 1】当 N1>103.0%时,必须将"低压转子转速超限告警信号"置为有效。 【SRS. 2】当 N1<102.5%时,必须将"低压转子转速超限告警信号"置为无效。
测试用例	● 设置 N1 从 102.5%以下变化至 103.0%以上,再从 103.0%以上变化至 102.5%以下,检查。 ● N1 上升过程 　N1=102.4%时"低压转子转速超限告警信号"(预期: 无效); 　N1=102.6%时"低压转子转速超限告警信号"(预期: 无效); 　N1=102.9%时"低压转子转速超限告警信号"(预期: 无效); 　N1=103.1%时"低压转子转速超限告警信号"(预期: 有效)。 ● N1 下降过程 　N1=103.1%时"低压转子转速超限告警信号"(预期: 有效); 　N1=102.9%时"低压转子转速超限告警信号"(预期: 有效); 　N1=102.6%时"低压转子转速超限告警信号"(预期: 有效); 　N1=102.4%时"低压转子转速超限告警信号"(预期: 无效)。

按照 4.2.1 节中性能测试的要求,进行逐项覆盖设计测试用例(表 4.7);控制软件测试常用的性能指标有：

(1) 上电自检测时间、周期自检测时间；

(2) 初始化时间；

（3）看门狗复位时间；

（4）任务时间帧周期精度，如大、小闭环时间周期等；

（5）数据存储速率，如特殊事件历史数据记录周期等。

表 4.7　性能测试用例示例

类　别	内　容
性能指标	【SRS.1】上电自检测时间不大于 30 s
测试用例	在上电自检测模块的入口第一行代码处进行插桩，控制 GPIOx 的高电平； 在上电自检测模块的出口前最后一行处进行插桩，控制 GPIOx 的低电平； ECU 上电运行，使用示波器测量 GPIOx 电平变化，测量高电平变为低电平的时间； 重复 10 次并记录测量所得到的时间，如所有测量时间均不大于 30 s，则满足性能指标

按照 4.2.1 节中接口测试的要求，识别的接口，采用等价类划分、边界值分析的用例设计方法，覆盖输入/输出变量的变量类型和数值范围（此项可结合上一步一并开展）；接口测试应覆盖所有信号，包括通信类的协议头、数据长度、校验和、数据尾（表 4.8）。控制软件常见的接口包括：

（1）模拟量输入接口；

（2）频率量输入接口；

（3）开关量输入接口；

（4）开关量输出接口

（5）通信输入接口；

（6）通信输出接口。

表 4.8　接口测试用例示例

类　别	内　容
原始需求	【SRS.1】ECU 与台架监控上位机的通信，波特率必须为 460 800 b/s
测试用例	使用示波器测量 ECU 发送数据的波特率是否满足协议要求； 测试软件长时间运行后的表现是否正常？ 使用工具接收 ECU 发送的数据，并保存 10 s。查看数据包内容是否与协议要求一致

按照 4.2.1 节中强度测试的要求，进行逐项覆盖设计测试用例（表 4.9）。控制软件测试常用的强度测试：控制软件测试一般可以把长时间运行作为强度测试，如软件需求中要求软件能够正常运行 N 小时，则测试软件连续运行 $2N$ 小时的表现。

表 4.9　强度测试用例示例

类　别	内　　容
原始需求	【SRS.1】历史连续数据存储,必须按照下述要求进行:能够连续存储 20 h
测试用例	运行软件,通过 PLA 控制软件控制状态在"慢车-中间-最大"之间变化,运行 30 h; 软件回初始状态,读取存储的历史数据,查看存储的数据量是否为 30 h

　　按照 4.2.1 节中余量测试的要求,进行逐项覆盖设计测试用例(表 4.10)。控制软件余量测试时,需关注软件运行时空间、时间上的余量,如程序空间,数据空间(可调参数、历史寿命数据、历史连续数据、数据 ram 空间、程序 ram 空间)、堆空间、栈空间的余量测试,以及时间帧任务耗时的余量等。

表 4.10　余量测试用例示例

类　别	内　　容
原始需求	【SRS.1】控制软件内存使用余量≥20%
测试用例	查看 map 文件,记录给控制软件分配的可使用内存地址 Mstart(开始)、Mend(结束)、Mall(总量); 控制内存的余量=(1-(Mend-Mstart)/ Mall)×100%,如果余量大于 20%,则满足余量要求

　　按照 4.2.1 节安全性测试的要求,进行逐项覆盖设计测试用例(表 4.11);控制软件安全性测试时,需关注非正常条件下运行系统的初始化;超过正常响应时间的保护措施;与时间相关的功能,如滤波、积分、延迟等,算法溢出时保护机制是否有效。

表 4.11　安全性测试用例

类　别	内　　容
原始需求	【SRS.1】控制软件在进入周期任务前必须启动看门狗,在周期性任务完成后及时清看门狗以保证控制软件正常运行
测试用例	控制软件插桩,在周期任务中加入死循环,观测看门狗能否复位软件; 控制软件插桩,在初始化任务中加入死循环,观测看门狗能否复位软件

　　按照 4.2.1 节恢复性测试的要求,对有恢复或重置功能的需求进行逐项覆盖设计测试用例(表 4.12);控制软件恢复性测试时,需关注通信接收故障恢复、快启功能的状态建立。

表 4.12　恢复性测试用例示例

类　别	内　　　容
原始需求	【SRS.1】本通道有触发停车的 ECU 故障,对方通道无触发停车的 ECU 故障时,必须[SHALL]切换通道
测试用例	通道切换处理 验证无故障时,可手动切换通道,且控制状态连续; 验证有故障是否能切到无故障通道主控,故障恢复是否能切回主控,且控制状态连续

3. 执行测试

按照 4.2.2 节要求开展。

4. 编制报告

按照 4.2.2 节要求开展。

4.5.3　通过准则

（1）软件研制任务书、软件需求规格说明等文档所规定的软件功能和性能已进行测试;

（2）所有已发现的异常影响均被消除,并通过回归测试,或异常的影响虽未消除,但已弄清带着异常运行的风险,并经过确认;

（3）所有发现的问题都已经详细记录和描述,完成测试问题报告的编制;

（4）完成软件系统测试报告的编制并通过评审。

第 5 章
燃油泵及液压机械装置试验

5.1 燃油泵及液压机械装置研制概述

5.1.1 燃油泵及液压机械装置简介

航空发动机燃油系统主要包括燃油泵和液压机械装置。燃油泵的功能是向发动机液压机械装置提供高压燃油,液压机械装置的功能是通过控制供往发动机燃烧室的燃油流量来实现对发动机工作状态的控制,同时控制发动机的可变几何位置/形状,并实现停车以及消/防喘等功能。

燃油泵是向发动机主燃烧室、加力燃烧室和可变几何位置控制装置提供一定流量和一定压力燃油的能源部件,是航空发动机的"心脏",是发动机稳定运行和性能发挥的重要保障。在发动机燃油系统中,燃油泵通常按功能分为燃油增压泵、主燃油泵、加力燃油泵、伺服燃油泵。

液压机械装置按功能分为燃油计量装置和伺服作动装置,燃油计量装置根据电子控制器的指令将高压燃油经过计量和分配后供往燃烧室,伺服作动装置根据电子控制器的指令实现发动机可变几何位置/形状控制。

5.1.2 燃油泵及液压机械装置研制过程

作为航空发动机燃油及控制系统的组成部件,燃油泵及液压机械装置的研制阶段划分与航空发动机控制系统的研制阶段相适应。全寿命周期一般划分为论证阶段、方案阶段、工程研制阶段、设计定型阶段(状态鉴定)、生产定型阶段(列装定型)、批量生产阶段(在役考核)和使用保障阶段共 7 个阶段。其中,工程研制阶段又可分为初样阶段(C)和正样阶段(S)。

燃油泵及液压机械装置的研制阶段包括需求分析及定义、方案设计、详细设计、产品试制、产品验证、产品使用与维护。需求分析及定义的目的是获取并分析燃油泵及液压机械装置开展研发工作所需要的功能、性能、非功能性指标和接口、约束、试验等要求。方案设计的目的是根据需求分析的结果,确认燃油泵及液压机械装置功能性能指标分配基线,作为产品设计、测试、验证交付的基线,对产品进行架构设计和技术风险分析,指导设计开展,确保产品制造过程在受控条件下进行,满足燃油泵及液压机械装置设计技术要求。详细设计的目的是根据方案的结果,开展进一步详细设计,确定燃油泵及液压机械装置的技术方案和工程图样,形成对应接口控制文件,并对技术状态进行管控,迭代产品基线。产品试制主要包括工艺设计、产品制造和产品调试等工作内容。产品验证的目的是确认产品是否满足规定的各种环境下的设计需求。产品使用与维护是在真实的使用条件下分级验证燃油泵及液压机械装置的功能、性能及一般质量特性,包括燃油泵及液压机械装置参加系统集成试验和装机验证等。

5.1.3　燃油泵及液压机械装置试验概述

燃油泵及液压机械装置试验的目的是确认产品是否满足规定环境下的设计需求,验证产品是否满足发动机提出的各种性能指标以及结构完整性、使用可靠性和稳定性。燃油泵及液压机械装置试验按产品层级可分为元组件试验、燃油泵及液压机械装置产品级试验、系统试验和装机试验等。本章重点对燃油泵及液压机械装置产品级试验和元组件试验进行介绍,系统试验和装机试验参见本书第7章和第8章相关内容。

元组件试验用于检验组成产品的重要元组件的功能性能及结构设计的可行性、正确性,对于采用新方法、新材料、新工艺及新结构的元组件一般均应开展此类试验。

燃油泵及液压机械装置产品试验主要包含功能性能试验、环境试验、寿命试验和适航等规定的专项试验。功能性能试验主要用来验证在预定的条件下,燃油泵及液压机械装置的功能和性能符合性。环境试验主要验证产品对电磁环境、自然环境及力学环境的适应能力。电磁环境试验一般包括雷电防护试验、电磁兼容试验、高强辐射场等试验。自然环境试验一般包括低气压(高度)试验、高温试验、低温试验、温度冲击试验、爆炸性大气试验、湿热试验、霉菌试验、盐雾试验、砂尘试验、温度-高度试验、流体污染试验、淋雨试验。力学环境试验一般包括振动试验、机械冲击试验、加速度试验。寿命试验一般包括常规寿命试验、加速寿命试验和高加速寿命试验。专项试验主要指国军标、适航规章等要求的专项试验,主要包括燃油污染试验、燃油结冰试验、燃油泵高空试验、燃油泵超转试验、燃油超温试验、耐压试验、耐火试验等。

5.2　燃油泵及液压机械装置元组件试验

5.2.1　燃油泵及液压机械装置元组件试验概述

燃油泵及液压机械装置元组件试验对于产品开发而言是非常重要的环节,用于检验组成产品的重要元组件功能性能、结构设计的可行性及正确性,是检验设计的元组件是否满足设计要求的重要手段和方式。在方案设计初期,针对开发过程所面临的技术难点,提前验证所设计结构的可行性,为方案设计提供技术基础。在产品设计过程中开展元组件试验,提前验证元组件的可靠性和寿命。高可靠性、长寿命的燃油系统产品都是在大量的元组件试验基础上改进而来,因此元组件试验是燃油泵及液压机械装置研制过程中非常重要、必不可少的环节。

5.2.2 燃油泵元组件试验

航空发动机燃油泵类产品主要有齿轮泵、柱塞泵和离心泵。燃油泵中主要部件如轴承、齿轮、叶轮等均为旋转部件,对旋转部件的设计、材料、工艺及配合尺寸具有很高的要求,因此根据燃油泵的工作工况和性能设计,需要开展各类元组件试验。

1. 滑动轴承承载动态试验

滑动轴承承载动态试验主要利用专用的轴承工作元件试验设备,模拟轴承实际工作状态下的配合面油膜压力分布、油膜温度变化、润滑与冷却匹配关系,具体试验条件应根据燃油泵的额定转速、压力、工作环境来确定。

1) 试验条件

滑动轴承承载动态试验的试验条件一般要求如下。

a) 试验环境要求

(1) 环境温度: 15~35℃。

(2) 相对湿度: 20%~80%。

(3) 大气压力: 试验场所气压。

(4) 其他试验环境要求参照 GJB 150.1A-2009《军用装备实验室环境试验方法 第一部分: 通用要求》。

b) 测试设备功能要求

试验设备及检测设备应满足以下要求:

(1) 试验设备应能产生并保持试验方法中规定的试验条件并满足试验条件容差的要求,经检定或校准合格且在有效期内;

(2) 检测设备应经计量检定合格且在有效期内,用于被试品性能参数的检测设备的精度至少应为被测参数容差的三分之一。

2) 试验系统原理组成

典型滑动轴承承载动态试验原理如图 5.1 所示,由实验台体、机械传动系统、轴-轴承系统、润滑系统和测控系统组成。

实验台体用于安装整个实验台上的各种装置。机械传动系统由调速电机和联轴器组成,变频器控制电机运转,通过联轴器带动轴-轴承系统的主轴旋转。主轴

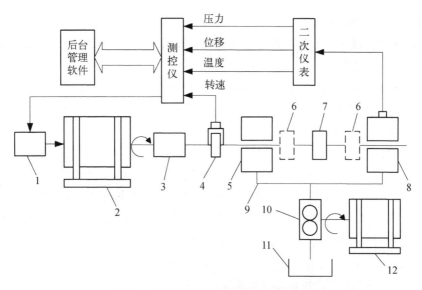

图 5.1　滑动轴承承载动态试验原理图

1. 变频器;2、12. 电机;3. 联轴器;4. 霍尔式转角转速传感器;5. 支撑轴承;6. 偏心块(固定在轴两侧);
7. 偏心块(固定在轴中间);8. 被测轴承;9. 润滑油路;10. 润滑油泵;11. 油箱

两端由轴承和被测轴承支撑,两者安装在箱体的同轴孔中。偏心块置于轴的中央或两侧,可以根据试验的要求调节,以满足模拟轴承不同工况负载。轴承配合内孔开润滑槽,用于模拟不同工况下的润滑情况。在联轴器与支撑轴承之间的轴上安装有触发轮,旁边设置霍尔式转角转速传感器,用于确定作用在轴上的载荷沿圆周方向的作用方位和检测轴的转速。

在被测轴承两端,设置到其中心距离相等的两个测量截面:截面Ⅰ和截面Ⅱ。在每个测量截面相互垂直的位置上,分别安装 2 个压阻式压力传感器、2 个电涡流传感器和 1 个热电偶温度传感器。通过压力传感器,可测量同一截面下两个相互垂直位置的油膜压力,可与前期轴承动压油膜设计值相对比。通过电涡流传感器,可测量同一截面下两个相互垂直位置的油膜厚度,由此可计算该截面下的轴心位置。根据两个截面的轴心位置,可以计算轴颈倾斜角。试验台的润滑油循环回路由电动泵站供油,经轴承供油孔进入轴承,再回流到电动泵站油箱。

3) 试验方法

(1) 将被测轴承按图 5.1 所示安装在滑动轴承专项试验台上,按技术指标要求,通入一定压力与流量的润滑油介质;

(2) 开启设备,按不同工况负载、不同转速、不同润滑油压力等指标进行模拟试验;

(3) 试验时观察油膜压力、油膜厚度等参数是否稳定,运行 2 h 后记录此时的轴承油膜压力、油膜厚度数值；

（4）根据油膜压力、油膜厚度数据，分析计算轴心运动的轨迹，绘制数据图。

4）试验结果评定

实测最小油膜厚度、油膜压力分别与设计计算的相关指标对比，一般最小油膜厚度应满足≥0.004 mm，油膜压力可满足轴承工作的最大承载压力。

2. 摩擦副磨损试验

燃油泵内部齿轮与轴承、传动杆与轴承、柱塞与转子等部件之间都存在摩擦。所以在燃油泵的设计阶段，应该开展模拟燃油泵实际工况下的各摩擦副磨损元组件试验；在不同的转速、压力、润滑等条件下，通过模拟摩擦副组件的实际配合结构位置和状态，开展配合组件间的摩擦副磨损试验，观察规定寿命期内的磨损情况，判断摩擦副材料、结构设计是否满足设计要求。

1）试验条件

试验条件同滑动轴承承载动态试验。

2）试验系统原理组成

典型摩擦副磨损试验原理如图 5.2 所示，试验类型分为两种，其中图 5.2(a)适用在干摩擦环境中，考核摩擦副在无油状态下的润滑与耐磨性能，实际工作时为往复式运动，其中钢球为摩擦副中的硬材料，试块为软材料；图 5.2(b)适用在燃油环境中，考核摩擦副在燃油介质下的润滑与耐磨性能，实际工作时为回转式运动，其中试环为摩擦副中的硬材料，试块为软材料。另外可以根据实际使用情况在试块上喷涂固体干膜润滑剂，以考核干膜润滑剂的润滑及耐磨性能。

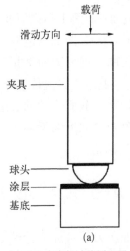
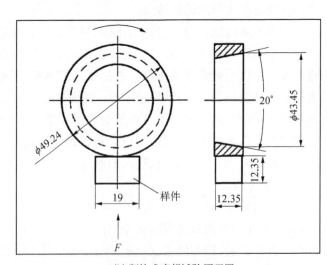

(a) 球盘式磨损试验原理图　　　　(b) 环块式磨损试验原理图

图 5.2　摩擦副磨损试验原理图

3）试验方法

（1）开启设备，安装球盘式驱动模块或环块式驱动模块，调试测力传感器，进行安装高度调试，使摩擦副贴紧；

（2）在空载状态下运行 5 min，确保运行状态正常后施加压力，试验过程的载荷、行程、往复频率需与实际工况一致；

（3）试验时观察载荷等参数是否稳定，记录此时的摩擦系数，运行 2 h 后停止试验，将试块放置在白光干涉仪下观察磨痕深度；

（4）打开白光干涉仪，观察磨痕形貌图，测量磨痕深度。

4）试验结果评定

摩擦副磨损试验的结果分析包括两项：摩擦系数和耐磨性。

通常摩擦系数在不喷涂干膜润滑剂时不超过 0.3，喷涂干磨润滑剂时不超过 0.2。

对于耐磨性，采用下式进行计算，耐磨性越大，则使用寿命越长，可根据计算的耐磨性大小判断材料是否满足实际寿命要求。

$$耐磨性(m/\mu m) = \frac{磨损时间(s) \times 线速度(m/s)}{磨痕深度(\mu m)}$$

当摩擦系数、耐磨性指标均满足设计指标或专用技术文件规定，即认为该元组件通过磨损试验。

3. 元组件密封性试验

针对燃油泵产品内部及外部密封的要求非常高，必须提前对燃油泵产品采用的密封结构开展密封能力验证。本节主要对机械密封试验进行介绍。

密封性试验主要是在元组件试验过程中，模拟密封部件的真实工况，针对动密封结构，还应模拟其工作状态，按照 1.25~1.5 倍的工作压力进行密封性试验。

1）试验条件

试验条件同滑动轴承承载动态试验。

2）试验系统原理组成

机械密封试验原理如图 5.3 所示，其中，机械密封试验工装由机械密封 4、密封圈 5、调整垫圈 6、壳体 7、传动轴 8 组成，燃油源 1、离心增压泵 2 提供稳定压力的燃油，压力传感器 3 测量实时的密封压力，量杯 9 测量机械密封的泄漏量。

3）试验方法

（1）依次将机械密封等零组件安装在壳体上，调整好垫圈 6 的初装厚度；

（2）开启离心增压泵 2，调节增压泵转速，使压力传感器 3 的读数达到要求的密封压力（一般取 1.25~1.5 倍的工作压力），利用量杯 9 测量该静止状态下的机

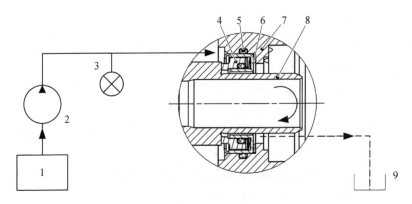

图 5.3   机械密封试验原理图

1. 燃油源;2. 离心增压泵;3. 压力传感器;4. 机械密封;
5. 密封圈;6. 调整垫圈;7. 壳体;8. 传动轴;9. 量杯

械密封泄漏量,若泄漏量达不到要求,则微调调整垫圈 6 的厚度重新测试静止状态密封性。

(3)开启传动装置,使传动轴达到要求的转速,调节增压泵转速以保证压力传感器 3 的读数达到要求的密封压力,利用量杯 9 测量该工作状态下的机械密封泄漏量。

4)试验结果评定

机械密封试验的结果分析主要为泄漏量。将静止状态和工作状态的泄漏量分别与指标要求的泄漏量对比,保证实际泄漏量小于指标要求。一般静密封要求为不渗漏液体,动密封泄漏量要求为不大于 5 ml/min。

5.2.3   液压机械装置元组件试验

在液压机械装置中含有大量的液压机械元件,一般包括执行元件、放大元件或电液转换元件和过滤元件等。执行元件通过液压力驱动机械机构动作,常用的执行元件包括计量活门、分配活门、作动筒等。将能量微弱的信号加以放大和转换的元件称为放大元件或电液转换元件。常用的放大元件或电液转换元件包括分油活门、电液伺服阀、电磁阀等。过滤元件用于对燃油进行过滤,保证燃油清洁度提高液压机械装置的可靠性和寿命。在液压机械装置中,常用的过滤元件是进口滤网、泵后油滤、伺服油滤等各种形式的油滤。本节仅对液压机械装置中主要的元组件试验进行介绍。

1. 分油活门试验

1)试验条件

a)试验环境要求

除另有规定外,应在下列标准大气条件下进行测量和试验。

（1）温度：15～35℃。

（2）相对湿度：20%～80%。

（3）大气压力：试验场所气压。

（4）其他试验环境要求参照 GJB 150.1A－2009。

b）进口燃油温度

进口燃油温度为 25±10℃。

c）试验工作介质

试验采用的工作介质为符合 GB 6537－2006 的 3 号喷气燃料,污染度等级建议优于 GJB 420B－7B/7C/7D/7E 级,且不能含有大于 100 μm 的颗粒。

d）测试设备性能要求

（1）环境适应能力：应确保传感器和测试设备在所处环境中能正常工作。

（2）校准：控制或检测试验参数的仪器和试验设备应检定合格（校准）,并在有效期内。其最大误差不应超过测量值允差的 1/3。

2）试验系统原理组成

分油活门的试验原理如图 5.4 所示,其中,分油活门及试验工装 12 由分油活门、调整钉、千分表等组成,燃油源 1 提供稳定压力的燃油,溢流阀 2 确保系统安全,流量计 3、8、9 用于测量各路流量,压力计 5、6、7 用于测量各路压力,温度计 4 用于测量介质温度,可调节流阀 10、11 用于控制出口的通断。

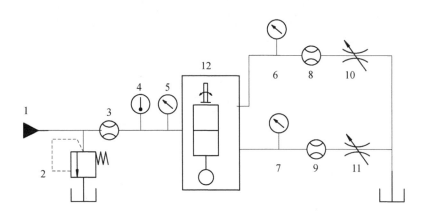

图 5.4　分油活门试验原理图

1. 燃油源;2. 溢流阀;3、8、9. 流量计;4. 温度计;
5、6、7. 压力计;10、11. 可调节流阀;12. 分油活门及试验工装

3）试验方法

分油活门是一种功率放大元件,通常输入为微弱的液压能（低压、小流量）,而输出为大功率液压能（高压、大流量）,其性能主要体现在输出功率、灵敏度

上。因此,分油活门组件一般需要开展位移-压力/流量特性试验,具体试验方法如下:

(1) 调整可调节流阀 10、11,使得流量计 8、9 所测流量相同的情况下,压力计 6、7 所测压力值相等;

(2) 将选配好的分油活门组件安装于测试工装上;

(3) 调整燃油源压力并保持恒定(即压力计 5 所测值为恒定值);

(4) 调整测试工装上的调整钉,使得分油活门处于中间位置(即压力计 6、7 所测压力值相等的位置);

(5) 调整测试工装上的调整钉,使得分油活门向一个方向以一定的步距(一般 0.01 mm)移动,直至最大止动位置,记录每个步距时的燃油进口处压力计 5、流量计 3,燃油出口处压力计 6、7 及流量计 8、9 的值;

(6) 调整测试工装上的调整钉,将活门重新调至中间位置;

(7) 调整测试工装上的调整钉,使得分油活门向反方向以一定的步距(一般 0.01 mm)移动,直至反向最大止动位置,记录每个步距时的燃油进口处压力计 5、流量计 3,燃油出口处压力计 6、7 及流量计 8、9 的值;

(8) 绘制分油活门的位置-压力/流量特性曲线,如图 5.5 所示。

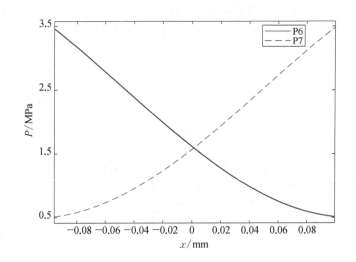

图 5.5　分油活门的位置-压力/流量特性曲线

4) 试验结果评定

分油活门的位置-压力/流量特性应符合技术要求或专用技术文件规定。

2. 计量活门试验

1) 试验条件

同分油活门试验条件。

2）试验系统原理组成

计量活门的试验原理如图 5.6 所示,其中,计量活门试验工装由计量活门、压差活门、计量 LVDT 和计量伺服阀组成。试验过程中,燃油源 1 提供稳定流量的燃油,通过调节溢流阀 2 和可调节流阀 9,调整计量活门试验工装的进口和出口压力,得到满足要求的计前压力和计后压力。计量活门的控制分为开环模式和闭环模式。开环控制模式时,小闭环控制器按要求给定计量伺服阀电流,控制计量活门移动,计量 LVDT 只采集计量活门的位置参数,不参与控制,由于计量活门型孔的开度发生变化,计量活门的输出流量也相应改变。闭环控制模式时,小闭环控制器根据给定位置要求计算出给定计量伺服阀的电流,控制计量活门移动,计量活门的位置由 LVDT 反馈给小闭环控制器,不断修正计量活门的位置与给定位置的差值,实现计量活门的闭环控制,输出满足要求的计量流量。温度传感器 7 和流量传感器 8 测量计量燃油的温度和流量。

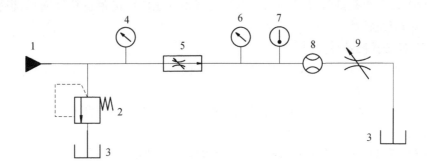

图 5.6　计量活门试验原理图

1. 燃油源;2. 溢流阀;3. 油箱;4、6. 压力传感器;
5. 计量活门试验工装;7. 温度传感器;8. 流量传感器;9. 可调节流阀

3）试验方法

a）计量流量范围调整

（1）通过调节溢流阀 2 和可调节流阀 9,调整计量活门试验工装的进口和出口压力,得到满足要求的计前压力和计后压力;

（2）采用开环控制模式,给定计量伺服阀电流,将计量活门控制在最大止动位置和最小止动位置,测量计量燃油的温度和流量;

（3）如果最大计量流量和最小计量流量不满足计量流量范围要求,则需要调整计量活门的止动机构,直至满足指标要求为止。

b）响应时间测试

（1）通过调节溢流阀 2 和可调节流阀 9,调整计量活门试验工装的进口和出口压力,得到满足要求的计前压力和计后压力;

（2）采用开环控制模式，给定计量伺服阀电流，将计量活门控制在最小止动位置；

（3）给定计量伺服阀额定正电流，开环控制计量活门至最大止动位置，稳定约3 s后，给定计量伺服阀额定负电流，开环控制计量活门至最小止动位置；

（4）测量计量活门的升程响应时间和回程响应时间。

c）流量特性测试

（1）通过调节溢流阀2和可调节流阀9，调整计量活门试验工装的进口和出口压力，得到满足要求的计前压力和计后压力；

（2）采用闭环控制模式，控制计量活门从最小止动位置向升程方向运动，按照规定的计量活门位置逐点测量计量燃油的温度和流量；

（3）重新调节计量活门试验工装的进口和出口压力，改变计前压力和计后压力，重复试验过程（2）；

（4）多次重复试验过程（3），可以绘制多条计量活门的流量特性曲线，得到计量活门的流量特性。

d）稳态控制特性测试

（1）通过调节溢流阀2和可调节流阀9，调整计量活门试验工装的进口和出口压力，得到满足要求的计前压力和计后压力；

（2）采用闭环控制模式，按照规定的要求，将计量活门闭环控制在多个位置点；

（3）测量稳态时计量LVDT的反馈波动情况和计量流量的波动情况。

e）稳态流量滞环检查

（1）通过调节溢流阀2和可调节流阀9，调整计量活门试验工装的进口和出口压力，得到满足要求的计前压力和计后压力；

（2）采用闭环控制模式，控制计量活门从最小止动位置向升程方向运动，按照规定的计量活门位置逐点测量计量燃油的温度和流量，然后控制计量活门从最大止动位置向回程方向运动，按照规定的计量活门位置逐点测量计量燃油的温度和流量；

（3）通过对比计量活门在相同位置时，升程流量和回程流量的差值，得到计量活门的稳态流量滞环。

4）试验结果评定

a）计量流量范围调整合格判据

最大计量流量和最小计量流量符合技术协议或专用技术文件规定。

b）响应时间合格判据

升程响应时间和回程响应时间符合技术协议或专用技术文件规定，一般应小于1 s。

c）流量特性合格判据

计量活门的流量特性符合技术协议或专用技术文件规定。

d）稳态控制特性合格判据

稳态计量流量的波动值符合技术协议或专用技术文件规定，一般应小于0.5%。

e）稳态流量滞环合格判据

稳态流量滞环符合技术协议或专用技术文件规定。

3. 分配活门试验

典型分配活门结构组成如图 5.7 所示，功能是在副油路喷嘴和主油路喷嘴之间自动地分配燃油流量，使喷嘴在最小供油量下能正常工作和良好地雾化，在最大供油量时，喷嘴前压力又不过高，同时具有保证系统最低燃油压力的功能。分配活门一般需要开展主、副油路打开压力，压力-流量特性和流阻特性试验。其主要设计指标如下：

（1）主、副油路打开压力：分配活门将计量燃油分为主、副两股，副油路先打开，主油路随着进口压力的增大而打开。

（2）主、副油路流量特性：分配活门上有主油路型孔和副油路型孔，根据喷嘴流量特性将计量燃油分为主、副两股，分别进入主、副燃油管路，流量特性规定了进口燃油压力变化时，主、副油路流量的分配关系。

（3）流阻特性：当通过分配活门的燃油流量为最大燃油流量时，分配活门前后压差不应过大，一般小于 1 MPa。

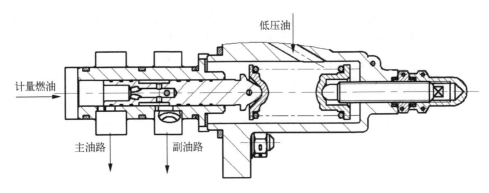

图 5.7　分配活门结构示意图

1）试验条件

同分油活门试验。

2）试验系统原理组成

分配活门的试验原理如图 5.8 所示，其中，燃油源 1 提供稳定压力的燃油，溢流阀 2 确保系统安全,流量计 3、8、9 用于测量各路流量,压力计 5、6、7 用于测量各路压力,温度计 4 用于测量介质温度,可调节流阀 10、11 用于控制出口的反压。

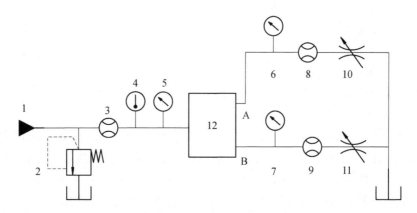

图 5.8　分配活门试验原理图

1. 燃油源;2. 溢流阀;3、8、9. 流量计;4. 温度计;
5、6、7. 压力计;10、11. 可调节流阀;12. 被试件

3）试验方法

按照图 5.8 搭建分配活门组件试验装置,具体试验方法如下。

(1) 在分配活门特性测试前,分别调整 10、11(也可用固定节流嘴来模拟当量喷嘴),使得 8、9 流量及 6、7 压力符合喷嘴特性要求。

(2) 按分配活门试验原理图连接好管路。

(3) 按要求调整最小燃油压力,并做好记录: ① 缓慢控制进口燃油压力 5,记录从 A 口/副油路刚出油(一般以 20 L/h 作为刚开始出油的判据)时的压力,即为副油路打开压力;② 若打开压力 5 不满足要求,通过调整分配活门内的弹簧安装力,重复①,直至满足要求;③ 测量并记录 B 口/主油路刚出油时的压力,即为主油路打开压力。

(4) 按一定步距(一般 0.1 MPa)调整进口压力 5 直至最大压力,记录出口流量 8、9 及压力 6、7,计算可得主、副油路流阻特性。

(5) 以进口压力 5 为横坐标、出口压力/流量为纵坐标绘制曲线,即可获取分配活门的主、副油路流量特性曲线。

4）试验结果评定

试验结果应符合设计指标或专用技术规范要求。

4. 作动筒试验

1）试验条件

同分油活门试验。

　　2）试验原理组成

　　作动筒的试验原理如图 5.9 所示,其中,试验作动筒由油缸与 LVDT 组成。试验过程中,燃油源提供稳定流量的燃油,通过调节比例流量阀 4 和可调节流阀 2,可以调节供油的压力。调整负载压力调节阀 7 可以调节负载缸两腔压差,观察压差计 9,根据负载缸的实际面积计算得到满足要求的负载力。作动筒的控制分为开环模式和闭环模式。开环控制模式时,通过给定伺服阀额定电流,控制作动筒移动,LVDT 只采集作动筒的位置参数,不参与控制,作动筒推动负载做直线运动。闭环控制模式时,小闭环控制器根据给定位置要求计算出伺服阀的给定电流,控制作动筒移动,同时作动筒的位置由 LVDT 反馈给小闭环控制器,不断修正作动筒的位置与给定位置的差值,实现作动筒的闭环控制。

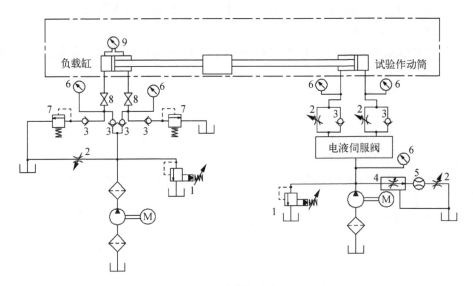

图 5.9　作动筒的试验原理图

1. 安全阀;2. 可调节流阀;3. 单向阀;4. 流量阀;5. 流量计;6. 压力计;
7. 负载压力调节阀;8. 截止阀;9. 压差计

　　3）试验方法

　　作动筒试验内容及方法如下。

　　a）物理行程

　　采用开环控制模式,给定伺服阀电流,将作动筒控制在最大止动位置和最小止动位置,测量作动筒的物理行程。

　　b）全程动态响应测试

　　（1）调节作动筒的供油和回油压力,得到满足要求的供油与回油压力;

（2）采用开环控制模式，给定伺服阀电流，将作动筒控制在最小止动位置；

（3）调节负载特性到规定的值；

（4）给定作动筒额定电流，开环控制作动筒至最大止动位置，稳定后，给定伺服阀反向的额定电流，开环控制作动筒至最小止动位置；

（5）测量作动筒的伸出响应时间和缩回响应时间。

c）稳态控制特性测试

（1）调节作动筒的供油和回油压力，得到满足要求的供油与回油压力；

（2）采用闭环控制模式，按照规定的要求，将作动筒闭环控制在规定的位置点；

（3）测量稳态时作动筒的反馈波动幅值。

d）摩擦力测试

在无压力无负载的条件下，推动作动筒缓慢运动，记录输入的力。

e）外部泄漏测试

作动筒以最大工作行程往复运行不少于 100 次循环，检查作动筒外部泄漏情况。

4）试验结果评定

a）物理行程调整合格判据

作动筒物理行程应符合技术协议或专用技术文件规定。

b）全程动态响应检查合格判据

作动筒伸出响应时间和缩入响应时间应符合技术协议或专用技术文件规定，一般不大于 1 s。

c）稳态控制特性检查合格判据

作动筒在规定位置点稳定时的反馈波动幅值应符合技术协议或专用技术文件规定，一般稳态波动小于全程的 0.2%。

d）摩擦力检查合格判据

作动筒摩擦力应符合技术协议或专用技术文件规定。

e）外部泄漏检查合格判据

作动筒不应出现永久性变形和明显的外部渗漏，密封处有湿润而不成滴。

5. 电液伺服阀试验

1）试验条件

a）试验环境

除非另有说明，电液伺服阀试验环境要求如下：

（1）环境温度：（20±5）℃；

（2）相对湿度：10%～90%；

（3）大气压力：试验场所大气压。

b）试验工作介质

除非另有说明,工作介质要求如下:

(1) 工作液温度:(40±6)℃;

(2) 工作介质:RP-3 GB 6537;

(3) 工作液污染度:不劣于 GJB 420B-2015 7 级;

(4) 供油压力:额定供油压力(容差为±2%)加回油压力;

(5) 回油压力:不超过 3% 额定供油压力。

c）试验设备

试验设备应满足以下要求:

(1) 液压源应是定压源,供油压力脉动应不大于 0.02 MPa。

(2) 液压管路要尽量短、拐弯少,导管截面积要足够大,试验台的机械和液压振动应尽量小。

(3) 负载节流阀在关闭状态下,应确保无泄漏。

(4) 试验台工作液污染度必须定期检查,建议在尽量靠近伺服阀进油口的地方安装过滤比为 $\beta_3 \geqslant 75$(相当于绝对过滤度 3 μm)的油滤,工作液污染度应不劣于 GJB 420B-2015 7 级。工作液每月或工作 200 h 抽样化验一次。

(5) 为减小容积弹性影响,测试压力增益的压力传感器安装部位应尽可能靠近伺服阀安装座,负载腔容积要尽量小。

(6) 伺服阀试验台流量计应满足以下要求:能在高压处测流量;能判别流向;测量范围从零到所需流量;流量计及其连接管道上的压降应不大于 2% 额定供油压力。

(7) 试验设备及测量仪器的各项性能指标应满足国家规定的有关标准或计量的检定规程,并按规定期限进行检定。

(8) 输入电流信号的信噪比不大于 0.1%。

(9) 液压系统应设置放气装置。

2）试验系统原理组成

电液伺服阀试验分为静态特性试验和动态特性试验,其中静态特性试验系统主要包括油箱、泵、油滤、蓄能器、调压阀、节流阀、溢流阀、压力传感器、流量计、温度传感器、信号发生器、数据采集装置(X-Y 记录仪)等,动态特性试验系统还包括了动态缸、位移传感器、速度传感器和示波器等。其中油箱、泵、蓄能器等组成燃油源提供稳定压力的燃油,油滤确保系统燃油清洁度,溢流阀确保进口燃油压力稳定及可调。压力传感器用于测量各油路压力,流量计用于测量负载流量,温度传感器用于测量介质温度,信号发生器用于给定伺服阀输入信号,数据采集装置绘制伺服阀流量、压力曲线,用以读取电液伺服阀各指标测试值。电液伺服阀静态特性试验装置和动态特性试验装置原理分别如图 5.10 和图 5.11 所示。

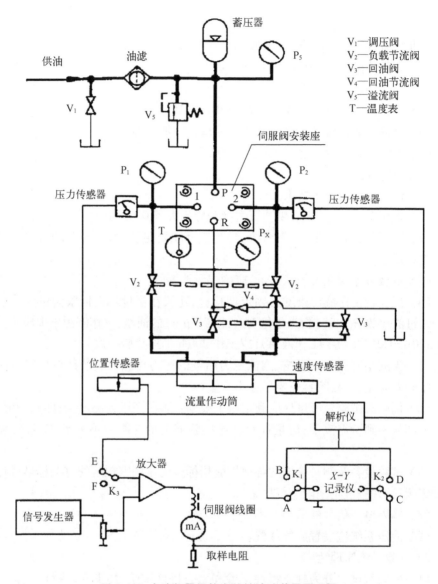

图 5.10 电液伺服阀静态特性试验装置原理图

动态特性试验装置除了满足电液伺服阀试验设备通用要求外,还应满足以下要求:

(1) 作动筒与阀的连接管路要短而粗;

(2) 作动筒运动部分的质量轻、摩擦小、泄漏小;

(3) 作动筒固有频率应远远大于伺服阀的固有频率;

(4) 线圈连接方式为串联线圈。输入电流信号应是无畸变的正弦波,其幅值不应随频率变化。

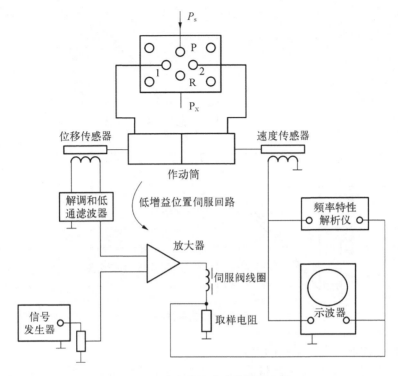

图 5.11　动态特性试验装置原理图

3）试验方法

a）额定流量、线性度、对称度、滞环、重叠量测试

按照图 5.10 开展试验准备,具体试验步骤如下:

（1）开启阀 V_4,关闭阀 V_3。

（2）开启负载节流阀 V_2。

（3）关闭阀 V_1,调整溢流阀 V_5 使供油压力 P_s 为额定供油压力 P_n 加回油压力 P_r,在最大控制流量时应满足此要求。

（4）K_3 接通 E,使作动筒活塞停在一端(通常停在靠近一端的适当位置)。

（5）K_3 接通 F,调整输入电流频率并使幅值为 $\pm I_n$,选择 $X-Y$ 记录仪合适的比例常数,对好零点,K_1 接通 A,K_2 接通 C。

（6）绘图笔抬起状态做一个完整循环,注意活塞不应碰到两端;全流量曲线的绘制周期不小于 100 s;当通过阀的零位时,为了避免由于流量测量活塞反向而在曲线上产生一个非线性部分,有时应适当降低循环速度。

（7）流量曲线的绘制。放下绘图笔,重复步骤（5）、（6）,记录完整循环即为流量曲线,如图 5.12 所示。

（8）按图 5.12 所示方法确定额定流量的实测值。通常也可用手动输入 $\pm I_n$,

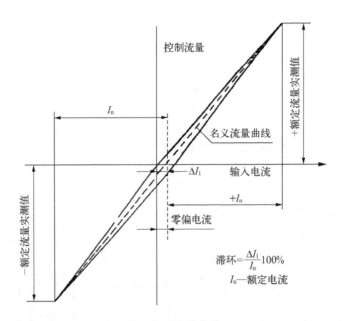

图 5.12 流量曲线

从流量计上读取额定流量实测值。

（9）由图 5.12 计量出流量曲线最大宽度的电流差值，与额定电流之比，以百分数表示，即滞环。

（10）在流量曲线的任一侧，按图 5.13 的定义确定线性度和对称度。

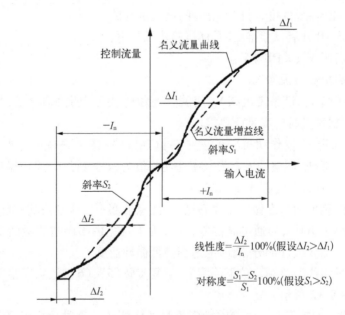

图 5.13 线性度、对称度

（11）适当增加 X - Y 记录仪的灵敏度（增大比例常数），相应减少输入电流幅值到 $\pm 0.2 I_n$，重复步骤（1）~（7），作出流量曲线，首先按图 5.14 确定重叠类型（零重叠、正重叠、负重叠），随后按下述方法计算重叠量：对每一极性分别作出名义流量曲线近似于直线部分的延长线，两延长线的零流量点之间的总间隔即为重叠，以其对额定电流的百分数表示。

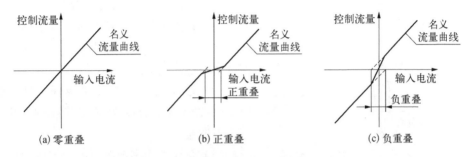

图 5.14　重叠类型（零重叠、正重叠、负重叠）

b）分辨率、零偏

按照图 5.10 开展试验准备，具体试验步骤如下：

（1）开启阀 V_4，关闭阀 V_3。

（2）开启负载节流阀 V_2。

（3）关闭阀 V_1，调整溢流阀 V_5 使供油压力 P_s 为额定供油压力 P_n 加回油压力 P_r，在最大控制流量时应满足此要求。

（4）K_3 接通 E，使作动筒活塞停在一端（通常停在靠近一端的适当位置）。

（5）K_3 接通 F，适当增加 X - Y 记录仪两个通道的灵敏度，使之能辨别出阀的分辨率，K_1 接通 A，K_2 接通 C。

（6）调整输入电流为名义零偏电流，电流以不小于 100 s 周期变化至 $+10\% I_n$ 绘制流量曲线，停留约 3 s，给定 $-10\% I_n$ 绘制流量曲线，再停留约 3 s，继续给定 $+10\% I_n$，输入电流波形如图 5.15 所示。

（7）分别计算 $\pm 10\% I_n$ 处流量变化所需的最小电流与额定电流之比，以百分数表示，取两者较大值即分辨率。

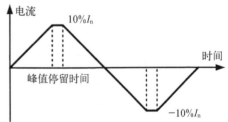

图 5.15　分辨率曲线输入电流波形

（8）分辨率曲线与横坐标交点之中点电流值与额定电流之比，以百分数表示即零偏。

c）压力增益、极性

按照图 5.10 开展试验准备，具体试验步骤如下：

（1）开启阀 V_4，关闭阀 V_3。

（2）关闭负载节流阀 V_2。

（3）关闭 V_1，调整溢流阀 V_5 使供油压力 P_s 为额定供油压力 P_n 加回油压力 P_r。

（4）调整输入电流扫描频率（应非常低，以避免速度效应）并使幅值为 $\pm 0.2I_n$，选择 X-Y 记录仪合适的比例常数，对好零点。K_3 接通 F，K_1 接通 B，K_2 接通 C。

（5）在绘图笔抬起状态做一完整循环。

（6）放下绘图笔，记录一个完整循环，即压力特性曲线，见图 5.16。

（7）取压差压力增益曲线任一侧，对应 $\pm 40\%$ 额定供油压力处两点连线的斜率，即压力增益。

（8）对应大于零偏电流的正输入电流，控制窗口压力 P_1 大于 P_2，即正极性；此时也可通过手动输入电流，观察控制窗口压力表的高低来检查极性。

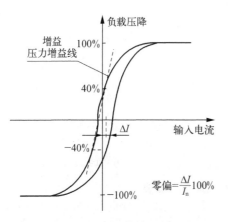

图 5.16　压力特性曲线

d）内漏

按照图 5.10 开展试验准备，具体试验步骤如下：

（1）开启阀 V_3，关闭阀 V_2、V_4。

（2）关闭阀 V_1，调整溢流阀 V_5 使供油压力 P_s 为额定供油压力 P_n 加回油压力 P_r，在最大控制流量时应满足此要求。

（3）K_3 接通 E，使作动筒活塞停在左端。

（4）K_3 接通 F，调整输入电流频率并使幅值为 $\pm I_n$，选择 X-Y 记录仪合适的比例常数，对好零点，K_1 接通 A，K_2 接通 C。

（5）记录从正额定电流到负额定电流变化时的内漏曲线。注意通过零位附近时，应减慢扫描速度。整个试验应在作动筒活塞碰上另一端前进行完。为避免活塞碰上另一端后使回油压力升高，试验装置中应采取适当的安全措施。

（6）内漏曲线的最高点对应的流量即内漏，见图 5.17。

注：高频脉动信号会使阀出现微小的负重叠，使内漏增大，所以测内漏时不加高频脉动信号。

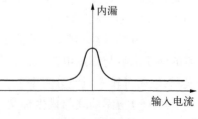

图 5.17　内漏曲线

e）零漂

零漂分为温度零漂、供油压力零漂、回油压力零漂和综合零漂，试验方法如下。

（1）温度零漂：在额定供油压力和回油压力的条件下，选取不同温度下的测试点，通过分辨率曲线测量其零偏值，每一测试点相对基本测试条件下测得零偏的最大偏离值与额定电流之比，以百分数表示，即温度零漂。

（2）供油压力零漂：在额定回油压力和常温的条件下，选取不同供油压力下的测试点，通过分辨率曲线测量其零偏值，每一测试点相对基本测试条件下测得零偏的最大偏离值与额定电流之比，以百分数表示，即供油压力零漂。

（3）回油压力零漂：在额定供油压力和常温的条件下，选取不同回油压力下的测试点，通过分辨率曲线测量其零偏值，每一测试点相对基本测试条件下测得零偏的最大偏离值与额定电流之比，以百分数表示，即回油压力零漂。

（4）综合零漂：选取所有测试点（变量包括温度、供油压力、回油压力），通过分辨率曲线测量其零偏值，每一测试点相对基本测试条件下测得零偏的最大偏离值与额定电流之比，以百分数表示，即综合零漂。

f）幅频宽（$-3\,dB$）、相频宽（$-90°$）

按照图 5.11 开展试验准备，具体试验步骤如下：

（1）给定输入为 $\pm25\%I_n$ 的正弦波电流信号（去除零偏影响）。

（2）使输入信号频率通常从 5 Hz 或 10 Hz 开始，按一定增量选择频率。对应每一个频率记录控制流量幅值，以及控制流量对输入电流的相位差。

（3）作出对数频率特性曲线，见图 5.18。

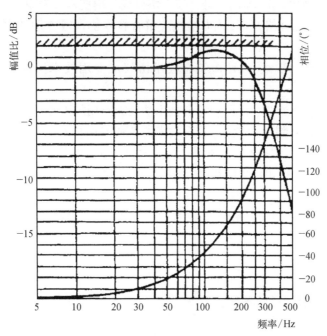

图 5.18　对数频率特性曲线

（4）按如下定义读取幅频宽（-3 dB）：在输入正弦电流的幅值保持恒定条件下,在特定频率下的控制流量幅值相对于低频（通常以 5 Hz 或 10 Hz）下的控制流量幅值之比称为幅值比,用 dB 表示,dB = 20 logAR（AR 即幅值比,Amplitude ratio）,当幅值比衰减到-3 dB 时所对应的那一特定频率为幅频宽（-3 dB）,单位为 Hz。

（5）按如下定义读取相频宽（-90°）：在特定频率下,控制流量对输入电流之间的即刻时间间隔称为相位差,单位为度（°）,当相位滞后达到-90°时所对应的那一特定频率为相频宽（-90°）,单位为 Hz。

4) 结果评定

（1）额定流量合格判据：额定流量应符合技术协议或专用技术文件规定。

（2）线性度合格判据：线性度应符合技术协议或专用技术文件规定,一般 ≤7.5%。

（3）对称度合格判据：对称度应符合技术协议或专用技术文件规定,一般 ≤10%。

（4）滞环合格判据：滞环应符合技术协议或专用技术文件规定,一般 ≤5%。

（5）重叠量合格判据：重叠量应符合技术协议或专用技术文件规定,一般为 -2.5% ~ +2.5%。

（6）分辨率合格判据：分辨率应符合技术协议或专用技术文件规定,一般 ≤1%。

（7）零偏合格判据：零偏应符合技术协议或专用技术文件规定。

（8）压力增益合格判据；压力增益应符合技术协议或专用技术文件规定,一般 ≥20%。

（9）极性合格判据：极性应符合技术协议或专用技术文件规定,一般为正极性。

（10）内漏合格判据：内漏应符合技术协议或专用技术文件规定。

（11）零漂合格判据：零漂应符合技术协议或专用技术文件规定,一般温度零漂 ≤5%,供油压力零漂 ≤2%,回油压力零漂 ≤3%,综合零漂 ≤7.5%。

（12）幅频宽（-3 dB）合格判据：幅频宽（-3 dB）应符合技术协议或专用技术文件规定。

（13）相频宽（-90°）合格判据：相频宽（-90°）应符合技术协议或专用技术文件规定。

6. 电磁阀试验

1) 试验条件

参考电液伺服阀试验条件。

2) 试验系统原理组成

典型燃油电磁阀试验系统原理如图 5.19 所示,主要包括油箱、泵、油滤、溢流阀、可调节流阀、流量计、压力传感器、压差传感器、压力表、稳压电压、采集装置。其中油箱、泵组成燃油源,提供稳定压力的燃油,油滤确保系统燃油清洁度,溢流阀确保系统安全,可调节流阀控制油路的通断,流量计和压差传感器用于测量被试件燃油电磁阀 P 口或 R 口的流量,压力表用于显示各条油路的压力,采集装置采集压力传感器和被试件电磁阀输入电压用于测试响应时间。试验系统和试验方法以两位三通燃油电磁阀为例进行说明,两位两通燃油电磁阀可参照执行。

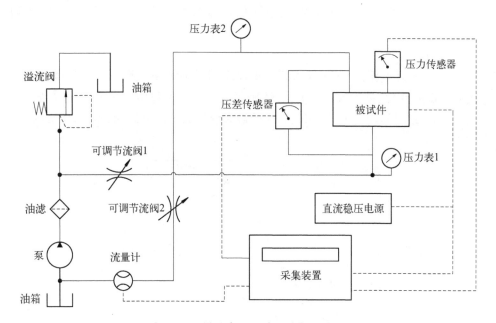

图 5.19　燃油电磁阀试验装置原理图

3) 试验方法

a) 电阻测试

使用数字万用表测量线圈引出线(或电插座插针)两端电阻。将测量结果按照下式换算为 20℃ 的电阻。

在温度 t 时的线圈电阻应符合公式:

$$R_{20} = R_t \frac{254}{234 + t}$$

式中,R_t 为室温为 t 时实测的线圈电阻值,Ω;R_{20} 为 20℃ 时线圈电阻值,Ω;t 为测量时的环境温度,℃。

b) 电感测试

使用频率 1 000 Hz 的交流信号的 LRC 测试设备测量线圈引出线(或电插座插针)两端电感。

c）绝缘电阻测试

使用 500 V 兆欧表测量线圈引出线（或电插座插针）与壳体之间的绝缘电阻。

d）绝缘介电强度测试

使用耐压测试仪检测线圈引出线（或电插座插针）与壳体之间在 50 Hz、500 V 电压作用下，不应出现击穿和闪络现象。

e）导通电阻测试

使用专用设备用 10 A 的电流检测引出线屏蔽层与壳体安装面之间导通电阻。

f）工作电流测试

电磁阀在环境温度−55℃下稳定 2 h 后，稳压电压源或类似设备给线圈引出线（或电插座插针）两端输入规定电压，使用示波器显示通过电流钳或专用设备测试线圈上电一定时间内的电流，测试曲线的最大值作为工作电流，如图 5.20 所示。

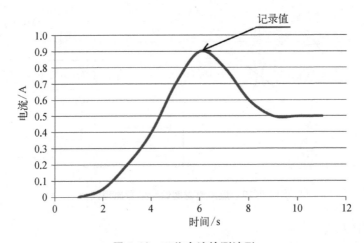

图 5.20　工作电流检测波形

g）启动与释放特性测试

对于两位三通燃油电磁阀启动电压、启动电流、释放电压、释放电流，具体测试方法如下：

（1）按照图 5.19 完成被试件油路连接，其中被试件的 P 口与试验设备进口连接，被试件出口 C、回油口 R 与试验设备出口连接，打开可调节流阀 1，关闭可调节流阀 2，压力传感器不与被试件连接。

（2）调节 P 口供油压力至规定值，直流稳定电压调节输出为零，缓慢增加供电电压，当观察到压力表 2 的显示压力急剧变化时，即急剧降至进口 P 压力的 10%以下或急剧升至进口 P 压力的 90%以上，此时的供电电压即为启动电压、电流即为启动电流。

（3）重复步骤（2）三次，最后一次作为验收记录值。

（4）供电电压调节为 $28_0^{+0.5}\text{V}$，然后缓慢减小，当观察到压力表 2 的显示压力急剧变化，即急剧上升至进口 P 压力的 90% 以上或急剧降至进口 P 压力的 10% 以下，此时的供电电压即为释放电压、电流即为释放电流。

（5）重复步骤（4）三次，最后一次作为验收记录值。

注：接近启动电压或释放电压时，供电电压每次步进不超过 0.1 V。

h）流量试验

两位三通燃油电磁阀流量具体测试方法如下：

（1）按照图 5.19 完成电磁阀油路连接，其中被试件的 P 口与试验设备进口连接，被试件出口 C 与试验设备回油口连接，回油口 R 空置，打开可调节流阀 1 和可调节流阀 2，压力传感器不与被试件连接。

（2）调节 P、C 口两端至规定压差，测试记录燃油电磁阀 P 口→C 口在规定压差下的额定流量。

（3）停止试验设备，关闭可调节流阀 1 和可调节流阀 2，更换油路连接，被试件 C 口与试验设备进口连接，被试件 R 口与试验设备出口连接，进口 P 空置，打开可调节流阀 1，打开可调节流阀 2，压力传感器不与被试件连接。

（4）调节 C、R 口两端至规定压差，测试记录燃油电磁阀 C 口→R 口在规定压差下的额定流量。

i）响应时间试验

两位三通电磁阀的响应时间测试方法如下：

（1）按照图 5.19 完成电磁阀油路连接，其中被试件的 P 口与试验设备进口连接，被试件回油口 R 与试验设备出口连接，出口 C 与压力传感器连接，打开可调节流阀 1 和可调节流阀 2。

（2）调节电磁阀 P 口压力至规定值，供电电压调节为 $28_0^{+0.5}\text{V}$。

（3）电磁阀通断电，使用示波器或专用采集设备采集供电电压和出口 C 压力信号，常闭阀的响应时间测试方法为：上电电压变化起始点至出口 C 压力达到进口 P 口压力的 90% 的时间为打开响应时间 T_1，断电电压变化起始点至出口 C 压力达到进口 P 压力的 10% 为关闭响应时间 T_2，如图 5.21 所示。常开电磁阀的响应时间测试方法为：上电电压变化起始点至出口 C 压力达到进口 P 压力的 10% 的时间为打开响应时间 T_1，断电电压变化起始点至出口 C 压力达到进口 P 压力的 90% 为关闭响应时间 T_2。

j）内漏试验

两位三通电磁阀内漏具体测试步骤如下：

（1）按照图 5.19 完成电磁阀油路连接，其中被试件的 P 口与试验设备进口连接，被试件出口 C 与试验设备回油口连接，回油口 R 空置，压力传感器不与被试件

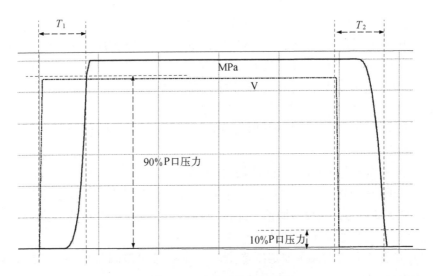

图 5.21   响应时间采集曲线

连接,打开可调节流阀 1,关闭可调节流阀 2。

（2）调节电磁阀 P 口压力至规定值,供电电压为 $28_0^{+0.5}$ V。

（3）电磁阀通断电 3 次,通过油口 C 压力显示判断电磁阀是否工作正常,待电磁阀稳定 3 min 后,分别测试电磁阀在上电、断电状态下回油 R 口 1 min 内的泄漏量,即为电磁阀内漏。

4）结果评定

（1）电阻合格判据:电阻符合技术协议或专用技术文件规定。

（2）电感合格判据:电感符合技术协议或专用技术文件规定。

（3）绝缘电阻合格判据:绝缘电阻在常温下 ≥20 MΩ,在温度冲击、盐雾和霉菌试验时 ≥2 MΩ;在湿热条件下 ≥1 MΩ,具体以技术协议或专用技术文件规定为准。

（4）绝缘介电强度合格判据:线圈引出线（或电插座插针）与壳体之间经受交流 500 V、50 Hz 电压,保持 1 min,不应有闪络、击穿等异常现象,漏电流应不大于 2 mA,具体以技术协议或专用技术文件规定为准。

（5）导通电阻合格判据:导通电阻符合技术协议或专用技术文件规定。

（6）工作电流合格判据:工作电流符合技术协议或专用技术文件规定。

（7）启动电压合格判据:启动电压在规定压力、温度条件下不大于 16 VDC,具体以技术协议或专用技术文件规定为准。

（8）启动电流合格判据:启动电流符合技术协议或专用技术文件规定。

（9）释放电压合格判据:释放电压在规定压力、温度条件下（0.2~8）VDC,具体以技术协议或专用技术文件规定为准。

（10）释放电流合格判据：释放电流符合技术协议或专用技术文件规定。

（11）流量合格判据：流量符合技术协议或专用技术文件规定。

（12）响应时间合格判据：响应时间符合技术协议或专用技术文件规定。

（13）内漏合格判据：内漏符合技术协议或专用技术文件规定。

7. 油滤试验

1）试验条件

a）试验环境要求

同分油活门试验要求。

b）进口燃油温度

（25±10）℃。

c）试验工作介质

（1）试验采用的工作介质为符合 GB 6537－2006 的 3 号喷气燃料，污染度等级建议优于 GJB 420B－7B/7C/7D/7E 级，且不能含有大于 100 μm 的颗粒。

（2）油滤结构完整性试验气源为洁净空气，试验液为异丙醇（或按专用技术条件）。

（3）油滤多次通过试验介质内污染物一般为 ISO 12103－A3 粉尘（根据油滤精度特点或专用技术要求可选择其他等级粉尘）、寿命试验中介质内污染物按油滤技术要求或标准要求执行。

d）试验设备要求

试验设备应满足以下要求。

（1）回油净化及除水过滤。

油滤过滤比试验、纳污容量试验、寿命试验在测试初始清洁介质时使用的净化过滤器的过滤效率应能有效滤除油液中≥4 μm 的颗粒（否则存在影响试验结果的可能）；用于从试验介质中除去游离水的聚结过滤器的过滤效率应使得离开聚结过滤器下游的最大游离水浓度不超过 20 ppm。

（2）污染物控制：油滤过滤比试验、纳污容量试验、寿命试验试验系统应保证：所用容器、管路、贮存器和其他设备元件轮廓光滑，无凹坑，以防止污染物被截留；所有管路的尺寸应使整个系统湍流最大化；油箱应采用光滑的锥形底部，夹角不超过 90°；进入油箱的流体（回油）应在流体表面下方进行扩散处理，避免气泡的生成，以排除气泡对自动颗粒计数器读数产生不利影响，同时扩散器的应用也有利于污染物分散；旁路和回流回路的分叉应采用 Y 形接头的形式，并在同一水平面上，以防止水或污染物在接合处沉降；液压泵的流量应满足试验所需的最大流量，并且从零至最大值连续可调；温度控制应符合相关试验的恒温要求，应使用热交换器控制油滤上游进口温度满足测试要求，使用热交换器时应保证其结构不会对污染物产生截留。

2) 试验系统原理组成

a) 流阻试验

流阻试验系统主要包括燃油源、流量控制阀、压力传感器、温度传感器、节流阀、流量传感器、压差传感器、净化过滤器、热交换器等。其中燃油源提供稳定流量的燃油,节流阀与流量控制阀调节通过被测试油滤的流量,压力传感器保证系统安全,温度传感器、热交换器保证试验介质温度(避免介质黏度影响试验结果),流量传感器、压差传感器直接测量被测试油滤的流量、压差,净化过滤器保证试验介质清洁度(避免被测试油滤寿命损耗)。

流阻测试试验系统组成如图 5.22 所示。

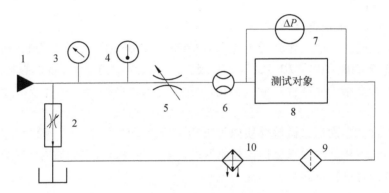

图 5.22　流阻试验系统原理

1. 燃油源;2. 流量控制阀;3. 压力传感器;4. 温度传感器;5. 节流阀;
6. 流量传感器;7. 压差传感器;8. 测试对象:燃油滤;9. 净化过滤器;10. 热交换器
注: 用于拥有两路出口的新型油滤(如漩涡油滤、冲刷油滤)测试时,试验系统中需相应增加一路可调节流量出口。

b) 结构完整性试验

结构完整性试验系统主要包括气源、节流阀、气体过滤器、调压阀、排气阀、测压装置、控制装置、被试滤芯、测温装置、试验液。其中气源提供稳定气压,节流阀、调压阀、排气阀保证进入滤芯内部气压无级可调,测压装置测量滤芯内部气压,控制装置保证滤芯进气端密封同时在测试时旋转滤芯,测温装置测量试验液温度(保证黏度不影响测试结果),试验液一般为异丙醇(或按专用技术条件)。

结构完整性试验系统组成如图 5.23 所示。

c) 多次通过试验

多次通过试验系统主要包括注污系统与油滤试验系统,其中注污系统提供浓度稳定的污染燃油,油滤试验系统将污染燃油进一步稀释并保证试验介质温度与污染浓度稳定、流量均匀地通过被试验油滤。

多次通过试验系统组成如图 5.24 所示。

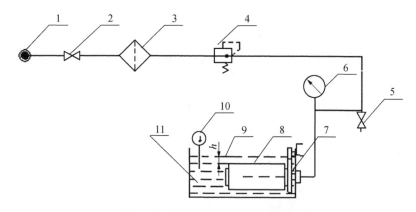

图 5.23　结构完整性试验系统原理

1. 气源；2. 节流阀；3. 气体过滤器；4. 调压阀；5. 排气阀；6. 测压装置；
7. 控制装置；8. 被试滤芯；9. 液面；10. 测温装置；11. 试验液

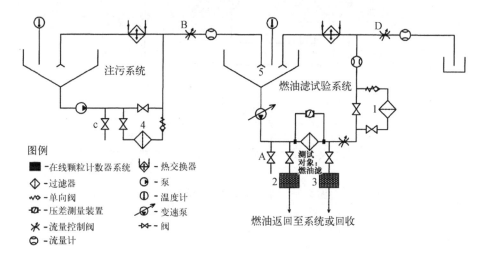

图 5.24　多次通过试验系统原理

注：用于拥有两路出口的新型油滤（如漩涡油滤、冲刷油滤）测试时，试验系统中需相应增加一路可调节流量出口。

d）寿命试验

寿命试验系统主要包括污染物传送装置、搅拌装置、盐水注入装置、水泵、油泵、压差传感器、流量计、水平 Y 型分流阀、系统清洗净化装置、油水分离器、热交换器等。其中污染物传送装置、搅拌装置、盐水注入装置等提供试验要求的污染油液，水泵、油泵为试验系统提供动力源，压差传感器、流量计测量试验流量与油滤流阻，水平 Y 型分流阀、系统清洗净化装置、油水分离器在试验前、后保证试验系统整体清洁度。

寿命试验系统组成如图 5.25 所示。

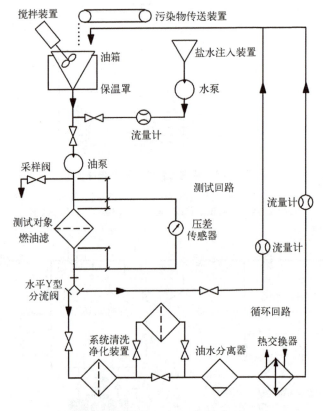

图 5.25　等效寿命试验系统组成

注:用于拥有两路出口的新型油滤(如漩涡油滤、冲刷油滤)测试时,试验系统中需相应增加一路可调节流量出口。

3) 试验方法

a) 流阻试验

油滤流阻试验方法如下:

(1) 检查确认试验介质清洁度等符合油滤试验条件要求。按照图 5.22 完成油滤测试油路连接。

(2) 使用通径相同的导管替代被试油滤装入测试工装,以 20% 额定流量的增幅从零逐步提高被试导管的过滤流量(升、降程)并绘制导管-工装流阻特性曲线。

(3) 使油滤旁通阀处于锁定闭合位置装入测试工装,以 20% 额定流量的增幅从零逐步提高被试油滤的过滤流量(升、降程)并绘制油滤-工装流阻特性曲线。

（4）将上述油滤-工装流阻减去导管-工装流阻得到并绘制油滤流阻特性曲线。

b）结构完整性试验

油滤结构完整性试验方法如下：

（1）检查确认试验容器中试验液（异丙醇或按专用技术条件）温度、污染度等符合油滤试验条件要求。使油滤主轴方向处于水平状态，浸泡于试验液中至少 5 min，在浸泡过程中滤芯不接气源。

（2）按照图 5.23 完成油滤测试系统连接，其中测试油滤一端出口通过专用工装密封堵住，另一端连接试验台进气口。

（3）将气体逐渐充入油滤内部，当液面不再升高时，调整油滤在液面下的深度，保证液面深度为（12±1）mm。当气压稳定时，将油滤绕其轴线方向缓慢地旋转，同时逐渐增大压力，每增加 100 Pa，油滤至少绕其轴向旋转 360°，试验中观察有无气泡产生。

（4）持续增加气体的压力直到达到技术要求规定的压力值，如果低于规定压力值时出现了连续气泡，则记录该压力值。

注：漩涡油滤等无滤网型油滤不适用本试验。

c）多次通过试验

油滤多次通过试验方法如下：

（1）根据油滤额定流量 Q、设计预估纳污容量 m，从 2 mg/L、3 mg/L、5 mg/L 或 10 mg/L 上游浓度中选取合适的上游浓度水平，使整体试验时间维持 30～120 min。保证注污系统注污流量不低于 0.25 L/min，注污系统中污染物总量为理论值 120% 的以上，同时保证试验系统油液总体积接近每分钟油滤过流流量的四分之一（最大不超过每分钟过流流量一半）。

（2）根据试验台操作规范校验注污系统、颗粒计数器精度，确认注污系统与颗粒计数器工作正常。

（3）启动试验台循环过滤回路，对试验系统进行清洁过滤至满足试验台规范要求清洁度水平。

（4）将所需量的污染物添加到污染物注入系统容器中，混合 30 min 以彻底分散污染物。

（5）启动试验台试验系统，调节流量至额定流量 Q。通过在线颗粒计数器系统记录每个粒径范围内的五个稳定的上游和下游计数结果，作为空白初始计数。

（6）从污染物注入系统开始向试验测试系统注污，同时启动计时器，监测并保持所需的注污流量。

（7）在整个试验过程中，连续记录油滤进、出口自动颗粒计数采样值，直至测得的进、出口压降监测值增加到极限压降。如果需要，应使用在线稀释以防止污染物浓度超出自动颗粒计数器饱和度。

(8)根据试验中记录上下游各尺寸颗粒数计算油滤过滤比,根据试验前后油滤拦截污染物重量计算得到油滤纳污容量。

d)寿命试验

寿命试验方法如下:

(1)根据油滤技术要求、型号规范或标准要求(涡喷、涡扇发动机可参照GJB 241A-2008,涡轴、涡桨发动机可参照 GJB 242A-2008),确定油滤寿命试验所用油液污染物浓度、成分。

(2)根据试验台操作规范校验注污系统,确认注污系统工作正常。

(3)启动试验台循环过滤回路,对试验系统进行清洁过滤并通过油液采样分析保证清洁至满足试验台规范要求清洁度水平。

(4)将所需量的污染物添加到污染物注入系统容器中,混合30 min以彻底分散污染物。

(5)启动试验台试验系统,调节流量至额定流量Q。

(6)从污染物注入系统开始向试验测试系统注污,同时启动计时器,监测并保持所需的注污流量。

(7)整个试验过程中,定时对油滤进口油液采样,用于试验后分析确认污染物浓度保持情况。连续记录油滤进、出口压差,直至测得的进、出口压降监测值增加到极限压降。

4)试验结果评定

a)流阻试验

油滤流阻应符合技术协议或专用技术文件规定,一般情况下,高精度伺服油滤流阻试验的合格判定要求应不大于0.13 MPa。

b)结构完整性试验

油滤结构完整性应符合技术协议或专用技术文件规定,一般情况下,高精度伺服油滤要求在其进口缓慢加压至1.5 kPa,同时使滤芯绕其轴线旋转360°,目视观察,滤芯表面不应有连续气泡溢出。

c)多次通过试验

油滤过滤比与纳污容量应符合技术协议或专用技术文件规定,一般油滤过滤最大粒子直径不大于30 μm的,过滤效率应不小于90%;过滤粒子直径大于30 μm的由滤材保证。

d)寿命试验

油滤寿命试验时数应符合技术协议或专用技术文件规定,其使用寿命应随系统、发动机的首翻期或者定期维护时数确定,一般情况下,首翻期不小于1 000 h、定期维护时数不小于300 h。

5.3　燃油泵及液压机械装置功能性能试验

5.3.1　燃油泵功能性能试验

燃油泵的功能性能试验用于检查燃油泵的基本功能性能是否满足产品技术协议书中的要求,具体试验项目以技术协议书中规定的功能性能要求为准。

1. 试验条件

同分油活门试验。

2. 离心泵功能性能试验

1）试验系统原理组成

离心泵功能性能试验原理如图 5.26 所示。动力源提供转速和扭矩,带动离心

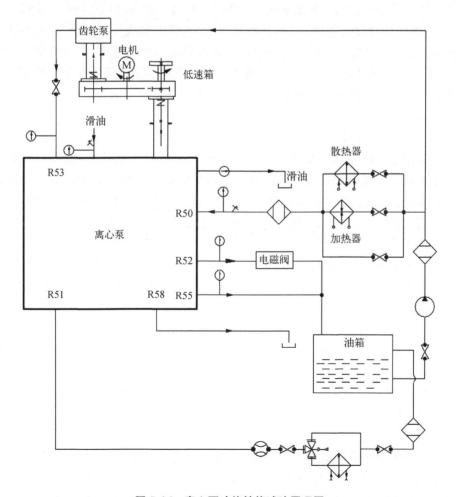

图 5.26　离心泵功能性能试验原理图

泵工作。油源系统通过油源泵给离心泵提供所需燃油。离心泵进出口设置温度传感器和压力传感器,检测离心泵进出口燃油温度和压力。流量计检测离心泵出口流量。出口调节阀调节离心泵出口流量大小,多路出口流量调节支路以满足不同流量测试需求,油滤过滤试验过程中可能产生的污染物。热交换器和温度控制器共同作用,控制离心泵进口燃油温度。回油调节阀将油源泵多余的燃油调节回油源系统。

2) 试验方法

离心泵功能性能试验的主要内容是通过测试不同转速条件下离心泵进出口压力、流量、消耗功率,来获得压力-流量、功率-流量特性曲线。通常离心泵的功能性能试验应包括(但不限于)以下内容。

a) 性能试验

性能试验是确定离心泵在不同转速条件下的增压能力、功率、效率和流量之间关系,并根据试验数据绘制离心泵性能曲线(也叫特性曲线)。性能试验按照试验大纲要求,在要求的不同试验转速条件下,调节离心泵出口流量,测定对应的增压值和功率值,并计算对应效率值。一般离心泵流量从零流量开始至少要测定到大于使用范围最大流量15%。根据测得的试验数据,绘制离心泵特性曲线,特性曲线全面、综合、直观地表示了离心泵的性能。

b) 气蚀余量试验

气蚀余量试验是确定临界气蚀余量与流量之间关系的试验,或者可以看作是验证离心泵的临界气蚀余量小于或等于规定的必须气蚀余量的试验。在离心泵工作范围内,应包括小流量点、规定流量点和大流量点在内的 3 个以上不同流量点进行气蚀试验。当采用流量保持恒定的试验方法时,对每一个流量点应逐渐降低气蚀余量,不同的气蚀余量值不应少于 15 个,并在试验曲线即将出现断裂的区域有较密集的试验点。进行气蚀试验时,逐渐降低气蚀余量值至恒定流量下离心泵扬程下降值与离心泵扬程之比达到规定值(如 3%),此时的气蚀余量值即为临界气蚀余量。根据试验数据绘制离心泵气蚀曲线,并加入特性曲线中。

在给定的离心泵转速和出口流量条件下,逐步降低离心泵进口压力,记录离心泵出口压力,当出口压力衰减达到原始性能的 3% 时,此时离心泵进口压力为该工况下的气蚀余量。逐一测试不同工况下的气蚀余量,并绘制气蚀余量曲线。

c) 出口压力波动量检查

出口压力波动量检查主要是检查离心泵出口流量压力脉动,借助压力传感器和数据采集系统对不同试验条件离心泵出口压力数值进行采集,应用数据分析软件对数据进行分析,考察离心泵出口压力脉动幅值、脉动频率、时域特性、频域特性等,有助于离心泵振动、噪声和后续调节系统影响分析和离心泵压力脉动改进优化。

d）漏油口漏油量检查

完成各项运转试验、性能试验和技术指标符合性检查等后，将离心泵进口压力调至指标要求大小，并按照指标要求给定转速，用量具测量漏油口的泄漏量，分别与指标要求的泄漏量对比，保证实际泄漏量小于等于指标要求，即认为符合要求。

e）外部泄漏检查

外部泄漏检查主要是对离心泵静密封的检查，离心泵外部禁止有任何泄漏及油渍。

3）试验结果评定

离心泵各项试验内容符合技术协议或专用技术文件规定，即认为该台离心泵通过功能性能试验。

3．齿轮泵功能性能试验

1）试验系统原理组成

齿轮泵功能性能试验原理如图 5.27 所示。齿轮泵由试验台电机带转，之间设置扭矩传感器；齿轮泵进口设置进口压力表；油源装置中的介质流向齿轮泵进口，经过齿轮泵增压后的介质经过出口回到油源装置，出口分别设置压力传感器、出口压力表、流量计、调压阀；当齿轮泵出口压力过高时，通过安全阀泄压到齿轮泵进口。

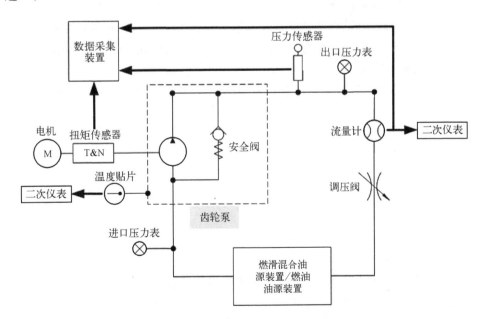

图 5.27　齿轮泵功能性能试验原理图

2）试验方法

通常齿轮泵的功能性能试验应包括（但不限于）以下内容。

a）齿轮泵流量特性试验

在规定的燃油进口压力下，根据要求调节齿轮泵转速至起动状态、额定状态，控制出口的调压阀，使齿轮泵出口压力达到指标要求，记录燃油流量、扭矩等参数。

b）安全活门特性试验

在齿轮泵达到额定状态时，逐渐减小出口调压阀的阀口开度，使出口压力逐步上升，直到安全活门打开，出口压力与出口流量骤降，记录安全活门的打开压力。安全活门的最大泄流测试可以在专用工装上完成，在安全活门进口压力达到打开压力后，继续增加压力至指标要求的压力点，记录此时的安全活门流量，判断是否达到指标要求的最小泄流量。

c）提取功率试验

提取功率检查分为直接采集法和间接采集法，直接采集就是在进行齿轮泵流量特性测试时增加提取功率信号（由变频器处获得），在最大状态下判断提取功率是否超限；间接采集就是通过采集最大状态下的扭矩值 $T(\mathrm{N} \cdot \mathrm{m})$，换算提取功率 $N(\mathrm{kW}) = T \times 2 \times \pi \times n / 60 / 1\,000$，代入转速 n 得到最大提取功率。

d）最小驱动力矩测试

非工作状态，利用扭矩扳手直接测量齿轮泵的最小驱动力矩。

e）漏油口漏油量检查

完成各项运转试验、性能试验和技术指标符合性检查等后，将齿轮泵进口压力调至指标要求大小，并按照指标要求给定转速，用量具测量漏油口的泄漏量。

f）外部泄漏检查

外部泄漏检查主要是对齿轮泵静密封的检查，齿轮泵外部禁止有任何泄漏及油渍。

3）试验结果评定

齿轮泵各项试验内容符合技术协议或专用技术文件规定，即认为该台齿轮泵通过功能性能试验。

4. 柱塞泵功能性能试验

1）试验系统原理组成

典型柱塞泵功能性能试验原理如图 5.28 所示。柱塞泵由试验台电机带转，之间设置扭矩传感器。柱塞泵进口设置进口压力表。油源装置中的介质分两路流向柱塞泵：一路流向柱塞泵控制腔入口，用于控制柱塞泵斜盘角度，控制油路上设置压力传感器；另一路进入柱塞泵进口，经过柱塞泵增压后的介质经过出口回到油源装置，出口分别设置压力传感器、出口压力表、流量计、调压阀。

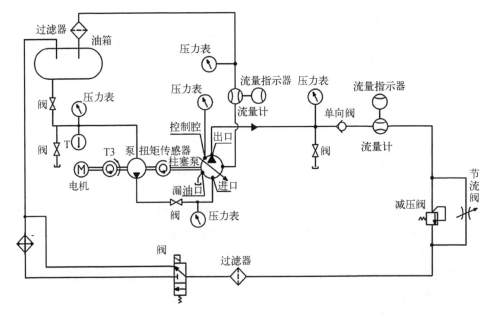

图 5.28　柱塞泵功能性能试验原理图

2) 试验方法

通常柱塞泵的功能性能试验应包括(但不限于)以下内容。

a) 不同转速下流量及增压性能测试

在规定的燃油进口压力下,根据要求调节柱塞泵转速,给定控制油压力,控制出口的调压阀,记录转速、控制压力、泵后压力、燃油流量、扭矩等参数。

b) 泵后压力控制性能测试

在规定的燃油进口压力下,根据要求调节柱塞泵转速,给定控制油压力,控制出口的调压阀至斜盘止动,记录转速、控制压力、泵后压力、燃油流量、扭矩等参数,绘制转速-流量-泵后压力曲线,检查泵后压力控制性能。

c) 斜盘响应时间性能测试

在规定的燃油进口压力下,根据要求调节柱塞泵转速,给定控制油压力,尽可能快地将泵后的调压阀从全开状态切换至关闭关态,记录转速、控制压力、泵后压力、燃油流量、扭矩等参数,绘制转速-流量-泵后压力曲线,出口流量突降至流量最小经过的时间为斜盘响应时间。

d) 额定功率测试

在规定的燃油进口压力下,将柱塞泵转速和泵后压力调至额定状态,记录转速、控制压力、泵后压力、燃油流量、扭矩等参数,根据测量的扭矩 $T(\mathrm{N \cdot m})$ 可计算得到柱塞泵的额定功率 $N[N(\mathrm{kW}) = T \times 2 \times \pi \times n/60/1\,000$,$n$ 为额定转速单位为 $\mathrm{r/min}]$。

e）内部泄漏量检查

将柱塞泵进口压力、转速、控制压力和泵后压力调至规定状态，通过装在回油口位置的流量计检查内部泄漏量。

f）漏油口漏油量检查

将柱塞泵进口压力、转速和泵后压力调至规定状态，用量杯测量漏油口的泄漏量。

g）出口压力波动量检查

在规定状态下，采用高频压力传感器检查柱塞泵出口压力的波动情况。

h）外部泄漏检查

外部泄漏检查主要是检查柱塞泵在验收试验或考核试验过程中，对相关密封面是否存在泄漏的检查，柱塞泵外部不允许有任何泄漏。

3）试验结果评定

柱塞泵各项试验内容符合技术协议或专用技术文件规定，即认为该台柱塞泵通过功能性能试验。

5.3.2　燃油计量装置功能性能试验

在航空发动机燃油及控制系统中，燃油计量装置按功能可分为主燃油计量装置和加力燃油计量装置。燃油计量装置功能性能试验用于检查燃油计量装置的功能性能是否满足产品技术协议书中对燃油计量装置所有功能性能的要求，具体试验项目以技术协议书中规定的功能性能需求为准。需要注意采用双线圈结构的电液伺服阀、电磁阀等电气元件，功能性能试验时两个线圈均需进行验证。

1. 主燃油计量装置功能性能试验

1）试验条件

a）试验环境要求

参考 5.2.3 节中分油活门的试验环境要求。

b）进口燃油温度

25±10℃。

c）试验工作介质

试验采用的工作介质为符合 GB 6537－2006 的 3 号喷气燃料，污染度等级建议优于 GJB 420B－7B/7C/7D/7E 级，且不能含有大于 100 μm 的颗粒。

d）测试设备性能要求

参考 5.2.3 节分油活门的测试设备性能要求。

e）陪试件要求

在主燃油计量装置开展功能性能试验时，陪试件通常包括主燃油泵和主燃油分配器，要求作为陪试件的主燃油泵和主燃油分配器应符合产品技术协议书中规定的所有性能需求。

f) 当量喷嘴及管路容积要求

在主燃油计量装置功能性能试验时,应根据发动机的主燃油喷嘴特性及主燃烧室反压数据在试验器上设置当量喷嘴进行测试,使试验器的当量喷嘴前压力与发动机台架试车时的喷嘴前压力保持一致。

在主燃油计量装置功能性能试验时,试验器管路应尽量模拟发动机实际的管路形状和容积,特别是当量喷嘴前的管路容积应与发动机的主燃油总管容积相同。主要由供油冷却系统、主燃油泵、柱塞伺服泵、主燃油计量装置、主燃油分配器及其他辅助设备组成。

2) 试验系统原理组成

主燃油计量装置功能性能试验原理见图 5.29。

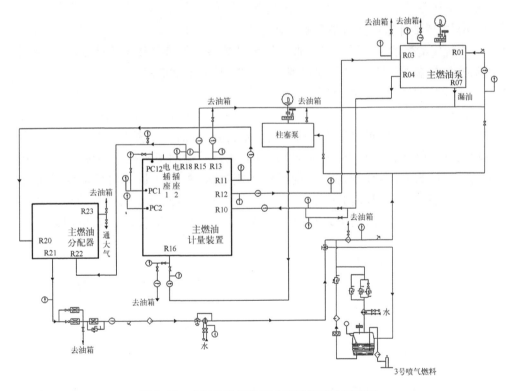

图 5.29　主燃油计量装置功能性能试验原理图

3) 试验方法

主燃油计量装置的功能性能试验应包括(但不限于)以下内容。

a) 放气性能检查

在每次起动前都必须进行放油,进口压力在规定值时,检查放气活门是否正常打开,放气口是否有燃油放出;当转速达到要求值时,检查放气口是否有燃油放出。

b) 主燃油计量活门移动速度测试

在规定的燃油进口压力与回油压力下,调节泵转速,开环/闭环控制电液伺服阀,检查计量活门从最小位置到最大位置、从最大位置到最小位置的全程运动时间,需满足发动机对计量活门全程响应时间的要求。

c) 主燃油计量燃油流量范围测试

在规定的燃油进口压力与回油压力下,根据要求调节泵转速,开环给定电液伺服阀控制电流,控制计量活门移动至最大、最小位置,记录计量燃油流量及 LVDT 反馈值。

d) 主燃油计量稳态精度测试

在规定的燃油进口压力与回油压力下,根据要求调节泵转速和计量活门位置,检查实测流量与名义流量的偏差不超过要求值。

e) 主燃油计量控制回路平衡电流测试

在规定的燃油进口压力与回油压力下,根据要求调节泵转速,闭环给定电液伺服阀控制电流,控制计量活门移动到指定位置,检查平衡电流。

f) 主燃油计量控制回路不灵敏电流测试

在规定的燃油进口压力与回油压力下,根据要求调节泵转速,闭环给定电液伺服阀控制电流,控制计量活门移动到指定位置,然后在平衡电流基础上以小步长逐渐增大电流,直到计量活门开始运动并可连续运动至机械止动位置,记录此时的电流值为 I_1;闭环给定电液伺服阀控制电流,控制计量活门移动到指定位置,然后在平衡电流基础上以小步长逐渐减小电流,直到计量活门开始运动并可连续运动至最小位置,记录此时的电流值为 I_2;电流值 I_1 与 I_2 的差值即为不灵敏电流。

g) 失效安全性能测试

在规定的燃油进口压力与回油压力下,慢车以上转速时断电,待计量活门位置稳定后,检查计量活门动作情况及运动时间。

h) 停车及消喘性能测试

该项检查需在燃油出口压力传感器检查合格后进行,在规定的燃油进口压力与回油压力下,控制计量活门在指定位置,给定停车/消喘指令,检查从接到停车/消喘信号开始到完全切断工作燃油的时间;给定恢复供油信号,检查从接到恢复供油信号到工作燃油流量开始恢复的时间。

i) 转换性能测试(适用于采用双电液伺服阀控制计量活门的架构)

在规定的燃油进口压力与回油压力下,根据要求调节泵转速,控制计量活门在指定位置,给定转换电磁阀通断电信号,检查转换时间及转换过程中工作燃油流量变化量。

j）外部密封测试

在规定的燃油进口压力与回油压力下，在最大转速下，控制计量活门在最大止动位置，保持一定时间后，检查各结合面的密封性。

4）试验结果评定

a）放气性能检查合格判据

放气性能符合技术协议或专用技术文件规定。

b）主燃油计量活门移动速度检查合格判据

主燃油计量活门的全程响应时间符合技术协议或专用技术文件规定，一般不大于 1 s。

c）主燃油计量燃油流量范围检查合格判据

主燃油计量燃油流量范围符合技术协议或专用技术文件规定。

d）主燃油计量稳态精度检查合格判据

主燃油计量稳态精度符合技术协议或专用技术文件规定，一般不大于 1%。

e）主燃油计量控制回路平衡电流检查合格判据

主燃油计量控制回路平衡电流符合技术协议或专用技术文件规定。

f）主燃油计量控制回路不灵敏电流检查合格判据

主燃油计量控制回路不灵敏电流符合技术协议或专用技术文件规定，一般不大于 0.2%。

g）失效安全性能检查合格判据

失效安全性性能符合技术协议或专用技术文件规定。

h）停车及消喘性能检查合格判据

停车及消喘性能符合技术协议或专用技术文件规定，停车切油时间一般不大于 0.2 s。

i）转换性能检查（适用于采用双电液伺服阀控制计量活门的架构）合格判据

转换时间及转换过程中工作燃油流量变化量符合技术协议或专用技术文件规定。

j）漏油量检查合格判据

漏油量符合技术协议或专用技术文件规定。

k）外部密封检查合格判据

外部密封性能符合技术协议或专用技术文件规定。

2. 加力燃油计量装置功能性能试验

1）试验条件

参考主燃油计量装置功能性能试验条件。

2）试验系统原理组成

加力燃油计量装置功能性能试验原理见图 5.30。主要由低压供油系统、加力燃油泵、加力燃油计量装置及其他辅助设备组成。

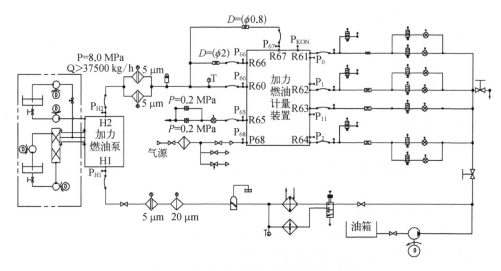

图 5.30　加力燃油计量装置功能性能试验原理图

3）试验方法

加力燃油计量装置的功能性能试验应包括（但不限于）以下内容。

a）加力各区计量活门移动速度测试

控制加力泵接通电磁阀和加力接通电磁阀通电，在规定的加力计量装置进口燃油压力及回油压力下，开环/闭环控制电液伺服阀，检查计量活门从最小位置到最大位置、从最大位置到最小位置的全程运动时间，需满足发动机对计量活门全程响应时间的要求。

b）加力各区燃油计量燃油流量范围

控制加力泵接通电磁阀和加力接通电磁阀通电，控制加力燃油泵转速，开环给定电液伺服阀控制电流，控制计量活门移动至最大、最小位置，记录计量燃油流量及 LVDT 反馈值。

c）加力各区燃油计量稳态精度测试

控制加力泵接通电磁阀和加力接通电磁阀通电，控制加力燃油泵转速，闭环给定电液伺服阀控制电流，控制计量活门在不同位置，检查实测流量与名义流量的误差范围不超过要求值。

d）加力燃油计量控制回路平衡电流测试

控制加力泵接通电磁阀和加力接通电磁阀通电，控制加力燃油泵转速，闭环给定电液伺服阀控制电流，控制计量活门移动到指定位置，检查平衡电流。

e）加力燃油计量控制回路不灵敏电流测试

控制加力泵接通电磁阀和加力接通电磁阀通电，控制加力燃油泵转速，闭环给定电液伺服阀控制电流，控制计量活门移动到指定位置，然后在平衡电流基础上以小步长逐渐增大电流,直到计量活门开始运动并可连续运动至机械止动位置,记录此时的电流值为 I1;闭环给定电液伺服阀控制电流,控制计量活门移动到指定位置,然后在平衡电流基础上以小步长逐渐减小电流,直到计量活门开始运动并可连续运动至最小位置,记录此时的电流值为 I2;电流值 I1 与 I2 的差值即为不灵敏电流。

f) 加力接通性能测试

控制加力泵接通电磁阀和加力接通电磁阀通电,控制加力燃油泵转速,加力各区电液伺服阀控制加力各区计量活门以最快速度打开,实测加力接通电磁阀通电到对应加力油路开始供油的时间。

g) 应急切加力性能测试

控制加力泵接通电磁阀通电,控制加力燃油泵转速,加力接通电磁阀通电,由加力各区电液伺服阀控制加力各区计量活门处于最大位置,当加力各路流量稳定后,加力接通电磁阀断电,检查加力各区切到最小位置的时间。

h) 加力关闭状态漏油量测试

调节加力燃油泵后压力到规定值,加力接通电磁阀未通电时,检查加力各路出口的燃油总泄漏量。

i) 密封性测试

在规定的加力计量装置进口燃油压力及回油压力下,控制加力泵接通电磁阀和加力接通电磁阀通电,控制加力各区计量活门在最大止动位置,保持一定时间后,检查各结合面的密封性。

4) 试验结果评定

a) 加力各区计量活门移动速度测试

加力各区计量活门全程响应时间符合技术协议或专用技术文件规定,一般不大于 1 s。

b) 加力各区燃油计量燃油流量范围

加力各区燃油计量燃油流量范围符合技术协议或专用技术文件规定。

c) 加力各区燃油计量稳态精度测试

加力各区燃油计量稳态精度符合技术协议或专用技术文件规定,一般不大于 1%。

d) 加力燃油计量控制回路平衡电流测试

加力燃油计量控制回路平衡电流符合技术协议或专用技术文件规定。

e) 加力燃油计量控制回路不灵敏电流测试

加力燃油计量控制回路不灵敏电流符合技术协议或专用技术文件规定,一般不大于 0.2%。

f) 加力接通性能测试

加力接通性能符合技术协议或专用技术文件规定。

g）应急切加力性能测试

应急切加力性能符合技术协议或专用技术文件规定。

h）加力关闭状态漏油量测试

加力关闭状态漏油量符合技术协议或专用技术文件规定。

i）密封性测试

密封性能符合技术协议或专用技术文件规定。

5.3.3　伺服作动装置功能性能试验

在航空发动机燃油及控制系统中,伺服作动装置用于根据电子控制器的指令实现发动机可变几何位置/形状控制。伺服作动装置通常由伺服控制装置和作动筒组成,根据发动机的实际需求,伺服控制装置和作动筒可分别设计成独立的部件,也可以设计成一体化结构。伺服作动装置的功能性能试验用于确认伺服作动装置的功能性能是否满足发动机的功能性能要求。

1. 试验条件

参考主燃油计量装置功能性能试验条件。

2. 试验原理组成

试验原理组成同 5.2.3 节中"4. 作动筒试验"。

3. 试验方法

伺服作动装置功能性能试验内容和方法如下。

1）极性试验

对作动装置进行开环控制,分别给电液伺服阀足够大的正电流和负电流(保证大于零偏电流),测试电流极性与作动装置输出方向的关系,即开坏极性;同时测试作动装置输出方向与传感器输出极性的关系,即反馈极性。

2）输出行程试验

对作动装置进行开环控制,在空载条件下检查作动装置的额定输出行程和极限输出行程。

3）耐压及密封试验

（1）在作动装置的每个进油口加 1.5 倍的额定进油压力,每次加压历时 3 min,检查作动装置变形情况和外部渗漏情况。

（2）在作动装置进油口加额定进油压力,回油口加额定进油压力或专用规范规定的耐压压力,保持 3 min,检查作动装置变形情况和外部渗漏情况。

4）内部漏油量试验

在作动装置进油口加额定进油压力,在回油口处测漏油量。应分别使作动筒、滑阀和电液伺服阀在不同位置及电磁阀通电与不通电时进行测量(或按专用规范要求进行测量)。

5）侧向力试验

将作动装置固定在试验台上,给作动装置加额定进油和回油压力,使活塞杆处于伸出极限位置,如图 5.31 所示。在图中所示载荷位置依次给活塞杆缓慢施加载荷 F(逐步增加至规定值,不允许有冲击载荷),保持 3 min 后卸载。每次卸载后,控制作动装置以稳定的速度往复运行 10 次,检查作动装置运行情况。

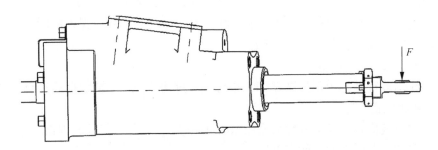

图 5.31　作动筒侧向力加载及方向示意图

6）最大输出力试验

在作动装置进油口加额定进油压力,回油口加额定回油压力,并给作动装置施加足以产生最大输出力的信号,测量作动装置活塞杆输出速度为零时的输出力。应分别在两个方向进行测量。

7）移动速度试验

对作动装置进行开环控制,给电液伺服阀不同的控制电流(应避开零偏电流),记录电流值与对应的反馈信号,根据反馈信号得到对应的全程移动时间或移动速度,记录全程移动时间或移动速度与控制电流的对应关系。

8）不灵敏电流和零偏电流试验

对作动装置进行开环控制,用 50% 的电液伺服阀额定电流使作动装置连续运行几个往复后,随即测量能使作动装置在两个方向上产生持续的、微小速度的输出运动的两个方向上的最小控制电流,分别为 I_{01} 和 I_{02},则 $(I_{01} + I_{02})/2$ 为零偏电流, $|I_{01} - I_{02}|$ 为不灵敏电流。

9）零漂试验

根据设计要求和试验条件进行以下零漂测试。

(1)供油压力零漂。改变供油压力,按第 8)条的方法得到不同供油压力下的零偏电流,求取进油压力零漂。

(2)回油压力零漂。改变回油压力,按第 8)条的方法得到不同回油压力下的零偏电流,求取回油压力零漂。

(3)温度零漂。改变工作温度(尽量涵盖实际工作温度范围),按第 8 条的方法得到不同工作温度下的零偏电流,求取温度零漂。

(4)加速度零漂。改变加速度(从零到规定的最大值),按第 8 条的方法得到不同加速度下的零偏电流,求取加速度零漂。

10)阶跃响应特性试验

对作动装置进行闭环控制,施加适当阶跃量的阶跃信号,记录给定信号与反馈信号,得到阶跃响应指标,包括上升时间、调节时间、超调量、稳态误差等。

给定阶跃信号的幅值一般为:全幅值的 5%~25%。一般应保证阶跃信号作用下,作动装置控制电流不大于额定电流。

11)斜坡响应特性试验

对作动装置进行闭环控制,施加一定斜率的斜坡信号,记录给定信号与反馈信号,得到斜坡跟踪误差。

给定斜坡信号的速率一般为全幅值时间 1~5 s。一般应保证斜坡信号作用下,作动装置控制电流不大于额定电流。

12)频率响应特性试验

对作动装置进行闭环控制,选取测试位置点,在测试位置点对给定信号叠加一定幅值的正弦信号,在适当频率范围(如 0.1~20 Hz)内选取适当数量的频率点作为给定扫频信号,根据给定信号和反馈信号的关系得到伺服回路的闭环频响特性,根据误差信号和反馈信号的关系得到伺服回路的开环频响特性。由闭环频响特性可确定伺服回路的幅频宽和相频宽。由开环频响特性可确定伺服回路的幅值稳定裕度和相位稳定裕度。

给定频率信号的幅值一般为全幅值的 2%~25%。一般应保证频率信号作用下,作动装置控制电流不大于额定电流。

频率响应试验可以通过控制器软件实现;若控制器可接收模拟给定信号,并输出模拟反馈信号,也可由频响分析仪实现。

13)刚度试验

对作动装置进行闭环控制,通过负载模拟装置对作动装置施加一定的静态负载或动态负载,记录输出位置信号,计算负载力与输出位移的变化量之比,即为静刚度或动刚度。

14)故障转换特性试验

多余度作动装置可进行故障转换特性试验。对作动装置进行闭环控制,给转换电磁阀通电(或断电),记录转换电磁阀控制信号和位置反馈信号,测试转换时间和转换波动量。转换时间指从控制器发出转换指令到备份通道取得控制作用的时间。转换波动量指整个转换过程的作动装置位置波动量。

15)失效安全特性试验

对作动装置进行闭环控制,给电液伺服阀断电,记录反馈信号,检查失效安全位置并根据反馈信号得到失效安全回位速度。

4. 试验结果评定

1）极性试验合格判据

作动装置极性应符合技术协议或专用技术文件规定。

2）输出行程试验合格判据

作动装置输出行程应符合技术协议或专用技术文件规定。

3）耐压及密封试验合格判据

作动装置不应有明显的外部渗漏（密封处有湿润而不成滴）和永久变形，并保证工作性能。

4）内部漏油量试验合格判据

作动装置内部漏油量应符合技术协议或专用技术文件规定。

5）侧向力试验合格判据

侧向力试验后，作动装置能平稳运行，不应有失控和明显的紧涩现象。

6）最大输出力试验合格判据

作动装置最大输出力应符合技术协议或专用技术文件规定。

7）移动速度试验合格判据

作动装置移动速度应符合技术协议或专用技术文件规定。

8）不灵敏电流和零偏电流试验合格判据

作动装置不灵敏电流和零偏电流应符合技术协议或专用技术文件规定。作动装置的不灵敏电流一般应不大于额定电流的 2%。

9）零漂试验合格判据

作动装置零漂应符合技术协议或专用技术文件规定。作动装置的综合零漂（各类零漂综合作用）一般应不大于 10%。

10）阶跃响应特性试验合格判据

作动装置阶跃响应特性应符合技术协议或专用技术文件规定。一般而言，阶跃响应的各项指标中，上升时间应在 0.3 s 以内，调节时间应在 1 s 以内，超调量应在 30% 以内，稳态误差应在全幅值的 1% 以内。

11）斜坡响应特性试验合格判据

作动装置斜坡响应特性应符合技术协议或专用技术文件规定。一般而言，以全程 2 s 的斜坡信号为例，斜坡响应的跟踪误差应在全幅值的 5% 以内，若斜坡信号速率增大或减小，则跟踪误差指标相应增大或减小。

12）频率响应特性试验合格判据

作动装置频率响应特性应符合技术协议或专用技术文件规定。一般而言，整个伺服作动回路的幅频宽和相频宽应在 3 Hz 以上，幅值稳定裕度应不小于 6 dB，相位稳定裕度应不小于 45°。

13）刚度试验合格判据

作动装置刚度应符合技术协议或专用技术文件规定。

14）故障转换特性试验合格判据

作动装置故障转换特性应符合技术协议或专用技术文件规定。

15）失效安全特性试验合格判据

作动装置失效安全特性应符合技术协议或专用技术文件规定。

5.4 燃油泵及液压机械装置环境试验

5.4.1 综述

环境试验验证产品对电磁环境、自然环境及力学环境下的适应能力。

电磁环境试验包括：雷电防护试验、电磁兼容试验、高强辐射场（HIRF）试验。

自然环境试验包括：低气压（高度）试验、高温试验（含介质）、低温试验（含介质）、温度冲击试验、爆炸性大气试验、湿热试验、霉菌试验、盐雾试验、砂尘试验、温度-高度试验、流体污染试验、淋雨试验。

力学环境试验包括：振动试验、机械冲击试验、加速度试验。

各环境试验项的试验目的及适用产品如表 5.1 所示。

表 5.1 燃油泵及液压机械装置环境试验项目表

试验项目	试 验 目 的	燃油泵等不带电气配套件产品	调节器等含电气配套产品
低气压（高度）试验	验证产品在常温条件下，在低气压环境及空气压力快速变化环境下的适应性	●	●
高温试验	验证产品在高温环境下贮存及工作能力	●	●
低温试验	验证产品在低温环境下贮存及工作能力	●	●
温度冲击试验	确定装备经受周围大气温度或工作介质温度急剧变化时，是否会对其造成物理损坏或性能下降	●	●
湿热试验	提供一个通用的应力环境以快速暴露装备可能存在的与湿热相关的潜在问题	●	●
霉菌试验	用于评定装备长霉的程度以及长霉对装备性能或使用的影响程度	●	●
盐雾试验	用于确定产品抗盐雾大气环境影响的能力	●	●
爆炸性大气（防爆）试验	验证在指定环境中产品引起易燃气体或蒸气产生爆炸的危险性是否可忽略	●	●

试验项目	试 验 目 的	燃油泵等不带电气配套件产品	调节器等含电气配套产品
砂尘试验	确定产品在砂尘条件下,防御尘埃渗透、沙粒腐蚀和阻塞效应的能力	●	●
温度-高度试验	考核产品在规定的温度、高度和压力下的性能特性	●	●
流体污染	确定在产品结构中使用的材料能否耐受流体污染的有害影响	●	●
淋雨试验	确定淋雨、滴水等环境对产品的影响	●	●
加速度试验	验证产品在结构上能够承受使用环境中由平台加速和机动引起的稳态惯性载荷的能力;验证产品承受坠撞惯性过载之后不会发生危险	●	●
振动试验	验证产品在承受其安装位置规定的振动量级时能否符合其性能标准要求	●	●
机械冲击试验	确定产品的抗机械冲击能力	●	●
电磁兼容试验	用于验证产品耐电磁环境及电磁辐射效应的能力	●	●
防雷电试验	用于验证产品耐受雷电效应的能力		●
高强辐射场试验	确定产品其互连电缆在受到射频调制功率电平通过射频场辐射,或注入探头对电源线和接口引线感应的影响时,是否可以在其性能指标范围内正常工作		●

大部分环境试验都是按标准要求来完成,GJB 150A‑2009、RTCA/DO‑160 中对其试验方法及合格判据都有明确要求,本书中仅对燃油泵及液压机械装置来说比较特殊或复杂性较高的试验项目进行介绍。

5.4.2 振动试验

1. 试验标准

振动试验标准主要有 GJB 150.16A‑2009 和 RTCA/DO‑160。GJB 150.16A‑2009 的试验方法为随机振动,RTCA/DO‑160 的试验方法为正弦扫频振动。

2. 试验条件

1)试验设备

按试验标准要求,燃油泵及液压机械装置应在工作状态进行振动试验,因此振动试验设备除了振动台外还需具备提供燃油泵传动、燃油介质供给的能力。

试验设备由燃油供油系统、传动系统、振动系统、测控系统、计算机系统以及配套保障系统(配电系统、循环水系统、空气系统)等组成,原理框图如图 5.32 所示。

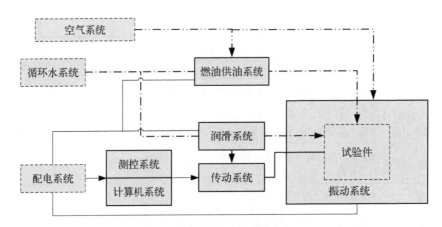

图 5.32   振动试验设备组成框图

2）振动夹具

原则上应使夹具的振动传动特性趋于 1，以避免试品的过试验或欠试验。要满足这一需求只有夹具是刚体时才能达到，但实际上只有试验频率低于夹具的第一阶固有频率时才能把夹具视为刚体。

在实际中很难使得夹具的最低共振频率低于 2 000 Hz，因此夹具在试验范围内会产生共振。对于试验样品的特定频率和特定位置，这些共振会导致很大的过试验或欠试验。

3）夹具的分类

夹具的种类很多，有专用和通用之分。专用夹具是专门为某个或某种类型试件设计；通用夹具则是可以用于不同试件。

夹具的功能主要是：连接或固定试件，传递力或振动参数，保持或改变振动方向。

根据上述要求，夹具设计应提出三项最主要的指标：

（1）允许的传递特性（频响函数），规定夹具的一阶共振频率不能低于某个频率值，高于这个频率值时有共振，但要限定放大倍数和 3 dB 带宽；

（2）限定允许的正交运动，即规定在非试验方向的振动值必须小于某个值，也就是限定各种横向运动；

（3）规定试件和夹具相连接的若干个固定点之间允许的振动输入偏差值，即不能因试件的模态引起试件各固定连接点的振动不均匀性。

4）夹具的设计原则

夹具的设计通常由负责振动试验工程的技术人员承担。实际上，振动台与夹具的连接是比较简单的，试件和夹具的连接则因试件的种类及结构不同而比较复杂，而且不同类型的试件有不同的动力特性，对夹具安装及连接的要求也不同。因此一个"好"的夹具应该由负责振动试验工程和负责产品设计工程两方面的技术人员合作完成。

夹具的动力特性计算是一件比较复杂的工作,尤其是大型夹具很难按设计图纸准确地计算出其频响特性。因此,在夹具制作完成后,必须通过试验(如正弦扫频振动试验、宽带白谱随机振动试验、标志测试分析试验等)测试出动力特性。如有可能,还应加上模拟"试件"的假负载后进行实测,以保证夹具的传递特性符合试验的要求,如不满足要求则应对已制成的夹具进行修正。如增加连接螺栓的个数、增大螺栓的预紧力、增添加强筋、改善局部刚度等措施。振动试验夹具的设计与制作既需要理论的指导,更需要积累丰富的实践经验。

设计夹具要遵守的原则如下。

(1)夹具的材料应采用比刚度大、阻尼大的材料,因此铝、镁及其合金是最常用的材料,尽可能不要用钢做夹具材料。材料的比刚度大意味着质量轻而刚度大,则夹具对推力影响小而其频响可展宽,故夹具对振动试验影响小而传递力或参数的性能却很好。另外也要考虑夹具的结构刚度,防止因刚度不足导致夹具被振坏。

(2)夹具的制造工艺优先采用整体铸造,其次可以采用焊接、螺接、粘接,环氧树脂成形等工艺。

(3)夹具的结构形式优先采用对称封闭形,如立方体、盒形、半球形和锥形,在垂直方向激振时,试件和夹具的合成重心尽可能地落在振动台的中心线上,以免引起振动台台面的摇晃振动,致使台面振动波形失真。

(4)夹具与振动台面连接孔都应做成埋头带台肩的孔。安装试件如需要螺纹孔时应采用螺纹衬套或钢丝螺套。

一般夹具设计要求见表 5.2。

表 5.2　夹具设计要求

典型试件	允许夹具的传递特性	允许夹具的正交运动	试件固定点间允许偏差
机电设备的小型零件,典型质量 2 kg 左右	(1) 1 000 Hz 以下没有共振峰; (2) 1 000 Hz 以上允许有三个共振峰,其 3dB 带宽大于 100 Hz,放大因子不超过 5	Y 向和 Z 向的振动均小于 X 向(直到 2 000 Hz)	(1) 1 000 Hz 以下允许振动偏差±20%; (2) 1 000～2 000 Hz 允许振动偏差±50%
机电设备的一般零件,典型质量 7 kg 左右、体积 164 cm^3 左右	(1) 1 000 Hz 以下没有共振峰; (2) 1 000 Hz 以上允许有四个共振峰,其 3 dB 带宽大于 100 Hz,放大因子不超过 5	Y 向和 Z 向的振动均小于 X 向(直到 2 000 Hz)	(1) 1 000 Hz 以下为±30%; (2) 1 000～2 000 Hz 时不大于±100%

典型试件	允许夹具的传递特性	允许夹具的正交运动	试件固定点间允许偏差
异形机械零件(如液压作动筒)、电子设备(如遥测发射器)、典型质量5～25 kg、体积0.03 m³左右	(1) 800 Hz 以下没有共振峰; (2) 800～15 00 Hz 允许有四个共振峰,3 dB 带宽大于100 Hz; (3) 1 500～2 000 Hz,3 dB 带宽大于 125 Hz,放大因子不超过 8	(1) 100 Hz 以下,Y 向和 Z 向均小于 X 向; (2) 1 000 Hz 以上允许为 $2X$; (3) 离开共振区 200 Hz 以外个别地方允许为 $3X$	(1) 1 000 Hz 以下为±50%; (2) 1 000～2 000 Hz 时可到±100%; (3) 离开共振区 200 Hz 以外个别两点间允许偏差±400%
较大型机电设备质量约为 25～250 kg、体积约为 0.2 m³	(1) 500 Hz 以下没有共振峰; (2) 500～1 000 Hz 允许有两个共振峰,3 dB 带宽大于 125 Hz,放大因子不超过 6; (3) 1 000～2 000 Hz 允许有三个共振峰,3 dB 带宽大于150 Hz,放大因子不超过 8	(1) 500 Hz 以下,Y 向和 Z 向均小于 X 向; (2) 500～1 000 Hz,小于 $2X$; (3) 1 000～2 000 Hz,小于 $2.5X$,离开共振区 200 Hz 以外可允许为 $3X$	(1) 500 Hz 以下为±50%; (2) 500～1 000 Hz 为±100%; (3) 1 000～2 000 Hz 为±150%,离共振区 200 Hz 以外允许偏差±200%

3. 试验方法

振动试验验证产品能否承受寿命周期内的振动条件并正常工作。

1) 载荷谱的确定

如果有类似产品的实测载荷谱,可把实测载荷谱作为功能试验谱。使用实测载荷谱生成耐久试验时应首先对产品在功能谱下的最大应力响应值进行分析和测试,然后根据产品材料的疲劳曲线和损伤模式选择合适的加速因子,根据选择的加速因子确定耐久试验的试验载荷谱量值。如果没有实测载荷谱,按标准中规定的载荷谱进行试验。

2) 控制方法

随机振动的载荷谱为加速度谱密度,正弦振动的载荷谱为双振幅量值,试验方法均采用加速度输入控制方法。

加速度输入控制是振动试验的传统方法。控制用的加速度传感器应安装在夹具上与试验件连接部位,不应安装在产品上。振动台采用多点反馈控制时,控制用的加速度传感器应尽可能安装在夹具上与试验件连接部位,安装在其他部位时应满足载荷谱控制精度要求。

3) 试验步骤

试验步骤一般为:

(1) 试验前,对试验件进行外观和性能检查,记录相关结果;

(2) 将试验件按在发动机上安装方向安装到振动台工作面上;

(3) 每个方向先开展功能试验、再开展耐久试验;

（4）试验后,先对试验件进行外观和性能复测,再对试验件进行分解检查,记录相关结果。

4）合格判据

振动试验合格判据一般为：

（1）试验后试验件性能仍满足要求；

（2）产品外观不应该出现紧固件松动、结构破坏等现象；

（3）产品内部不应该出现零件损坏、变形等现象。

5.4.3 高温试验

1. 试验标准

高温试验按 GJB 150.3A‒2009 的有关规定执行,试验程序一般选择"程序Ⅰ——贮存"和"程序Ⅱ——工作"。高温试验一般分高温贮存试验和高温工作试验。贮存试验时,燃油泵及液压机械装置不工作。工作试验时,燃油泵及液压机械装置按规范要求的工作谱进行工作,在接受环境高温作用的同时,工作介质也需要维持在高温状态,试验中介质温度通常需要到最高稳态温度。

2. 试验条件

贮存试验为非工作态离线试验,需要防爆温箱,试验时需要接入氮气源,温箱内部须监控含氧量,将氧气含量控制到安全水平以内。

工作试验时需要燃油泵及液压机械装置处于工作状态,除了防爆温箱外,还需要具备燃油介质加热能力的燃油泵及液压机械装置功能性能测试台。燃油泵及液压机械装置高温试验装置如图 5.33 所示。试验件安装在防爆温箱中,温箱用来模拟试验件环境温度,传动系统用于燃油泵转速和功率驱动,燃油供给系统提供的燃油,经介质制冷系统加温后将符合要求的高温燃油供给试验件,数据采集与测控系

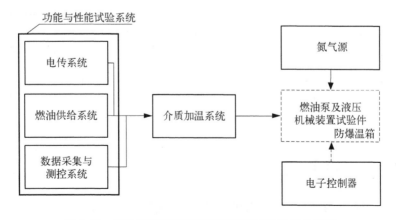

图 5.33 燃油泵及液压机械装置高温试验装置示意图

统用于试验器的控制和流量、压力、温度等物理量测量、处理。电子控制器用于试验件的控制。

燃油泵及液压机械装置高温试验风险较大,须充分做好风险预案,考虑试验中可能遇到的高温燃油泄漏喷射等危险状况,做好隔离防护、消防等准备。

3. 试验方法

高温贮存试验按照标准要求的步骤执行即可。高温贮存一般选择循环贮存,7个高温日循环共计 168 h。

对于燃油泵及液压机械装置高温工作试验,需要同时施加环境高温和介质高温,一般过程如下。

(1)按照相关技术文件的要求,对燃油泵及液压机械装置进行外观、电气检查和性能检查。

(2)将燃油泵及液压机械装置的进口燃油温度、环境温度升高至所需温度值,待温度稳定后,按照工作载荷谱进行试验循环,完成所需的循环次数;高温试验工作载荷谱需覆盖产品工作包线内的最高环境温度和介质温度,同时兼顾转速、压力、流量的满载工况。高温工作通常 3 个循环,计 72 h。若工作环境温度要求中存在最大短时工作环境温度要求,则按标准规定的速率将环境温度提高到最大短时环境温度,并保持一定时间。

(3)试验完成后,按照相关技术文件的要求,对燃油泵及液压机械装置进行外观、电气检查和性能检查。

4. 高温工作试验合格判据

(1)试验过程中,燃油泵及液压机械装置执行工作载荷谱时,各项功能正常,性能指标符合产品规范要求;除规定的漏油外,不允许有漏油现象。

(2)试验后,燃油泵及液压机械装置的外观检查,试验件无紧固件松动、结构破坏或损伤等现象。

(3)高温试验前、后,燃油泵及液压机械装置的电气和性能检查项,符合相关技术文件的要求,不允许出现功能失效和性能指标超差。

对于燃油泵及液压机械装置来说,介质温度的影响比环境温度更直接,若介质温度范围可以覆盖环境温度范围,或经评估环境高温和介质高温同时作用时环境温度的影响很小,在试验条件限制的情况下,则只需进行介质高温试验来表明符合性。

5.4.4 低温试验

1. 试验标准

低温试验按 GJB 150.4A - 2009 的有关规定执行。试验程序一般选择"程序 Ⅰ——贮存"、"程序 Ⅱ——工作"和"程序 Ⅲ——装拆操作"。低温试验一般包含低温贮存试验和低温工作试验。贮存试验时,燃油泵及液压机械装置不工作。工作试验时,燃油泵及液压机械装置按规范要求的工作谱进行工作,在接受环境低温作用的同时,工作介质也需要维持在低温状态,试验中介质温度通常需要到最低温度。

2. 试验条件

贮存试验为非工作态离线试验,需要防爆温箱,试验时需要接入氮气源,温箱内部须监控含氧量,将氧气含量控制到安全水平以内。

工作试验时需要燃油泵及液压机械装置处于工作状态,除了防爆温箱外,还需要具备燃油介质制冷能力的燃油泵及液压机械装置性能测试台。燃油泵及液压机械装置低温试验装置如图 5.34 所示。试验件安装在防爆温箱中,温箱用来模拟试验件环境温度,电传系统用于燃油泵转速和功率驱动;燃油供给系统提供的燃油,经介质制冷系统冷却后将符合要求的低温燃油供给试验件;数据采集与测控系统用于试验器的控制和流量、压力、温度等物理量的测量、处理。电子控制器用于试验件的控制。

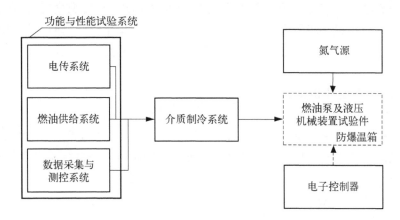

图 5.34　燃油泵及液压机械装置低温试验装置示意图

装拆操作为非工作态离线试验,考虑到该试验需要模拟实际发动机装拆操作,安装工装需要按照发动机实际条件进行模拟,所以试验需要的低温温箱要有较大的容积。

3. 试验方法

低温贮存试验按照标准要求的步骤执行即可。试验件在 $-55℃$ 非运转工作状态下保持 1 h 使其温度稳定后,然后再保持 24 h。

对于燃油泵及液压机械装置低温工作试验,需要同时施加环境低温和介质低温,一般过程如下:

(1) 按照相关技术文件的要求,对燃油泵及液压机械装置进行外观、电气检查和性能检查。

（2）将燃油泵及液压机械装置的进口燃油温度、环境温度冷却至所需温度值，待温度稳定后，按照工作载荷谱进行试验循环，完成所需的循环次数；低温试验工作载荷谱须覆盖产品工作包线内的最低环境温度和介质温度，对于燃油泵及液压机械装置主要考核低温启动特性。

（3）试验完成后，按照相关技术文件的要求，对燃油泵及液压机械装置进行外观、电气检查和性能检查。

4. 低温工作试验合格判据

（1）试验过程中，燃油泵及液压机械装置执行工作载荷谱时，各项功能正常，性能指标符合产品规范要求；除规定的漏油外，不允许有漏油现象。

（2）试验后，燃油泵及液压机械装置的外观检查，试验件无紧固件松动、结构破坏或损伤等现象。

（3）低温试验前后，燃油泵及液压机械装置的电气和性能检查项，符合相关技术文件的要求，不允许出现功能失效和性能指标超差。

对于燃油泵及液压机械装置来说，介质温度的影响比环境温度更直接，若介质温度范围可以覆盖环境温度范围，或经评估环境低温和介质低温同时作用时环境温度的影响很小，在试验条件限制的情况下，则只需进行介质低温试验即可。

5.4.5 温度冲击试验

1. 概述

对于燃油泵及液压机械装置来说，介质温度冲击对附件功能性能影响更大，若分析证明附件外部电气部件等受环境温度冲击的影响可以通过介质温度冲击试验进行考核，建议环境温度冲击试验可以不做，以节约资源。

2. 环境温度冲击试验

1）试验标准

环境温度冲击试验按 GJB 150.5A-2009 或 RTCA/DO-160 第 5 章的要求执行。

2）试验条件

温度冲击试验采用温度冲击试验箱，温度冲击试验箱一般由一个高温箱和一个低温箱组成。早期的温度环境试验箱系统中没有专门的温度冲击试验箱，而是用位置相邻的一台高温试验箱和一台低温试验箱组合而成，试验时，两个试验箱的温度预先设定到规定的环境条件，由人工将试验件从一个温度箱转移到另一个温度试验箱，如此往复进行，也称"两箱法"。随着技术发展，目前已有多种形式的温度冲击试验箱，如一箱两区式温冲箱、一箱三区式温冲箱等。目前温度冲击试验要求两箱之间转移时间不大于 1 min（从两箱开门到关门算起）。

对于燃油泵和液压机械装置,环境温度冲击试验进行的是非工作态的离线试验。因为内部存在燃油,所以温度冲击试验箱需要防爆,否则应将燃油泵和液压机械装置内部燃油介质完全排放干净后再进行试验,以免出现危险。

3)试验方法

试验程序一般选择程序 I 中恒定极值温度冲击。冲击次数一般不少于三次。

测试步骤如下:

(1)在试验的标准大气条件下,对被试品进行试验前外观检查和功能、性能检测;

(2)将被试品放置在试验箱内搁物架上,并处于试验箱的有效容积内;

(3)试验从低温段开始,试验过程中,高温为最高短期工作温度点,低温为-55℃,高、低温保持时间均为 1 h,高、低温间的转换时间不大于 1 min,共进行 3 个循环,试验过程中被试品处于非运转工作状态;

(4)试验结束后,被试品处于 70℃ 高温状态,打开箱门使被试品在试验的标准大气条件下恢复 2 h;

(5)恢复处理结束后,在试验的标准大气条件下对被试品进行外观检查和功能、性能检测。

4)试验通过合格判据

试验后外观检查和功能、性能检测无异常。

3. 介质温度冲击试验

1)概述

对于燃油泵及液压机械装置来说,介质温度冲击试验主要考核当发动机状态发生较大变化时,产品内部介质温度短时变化对产品功能、性能的影响,带来的风险主要是其内部活门耦件、精密配合的轴承组件等由于短时温度分布不均且梯度过大而导致卡滞、卡涩等问题发生,以及产品表现出的功能失效、性能衰减等现象。考虑到实际工况,速率最快的温度变化过程应出现在高温到低温,如发动机状态从慢车快速拉到起飞,短时间内大量冷油进入产品内部;而低温到高温的变化速率会小得多,因为其燃油温升主要由内部回油功率损耗产生的热引起。

2)试验条件

燃油介质温度冲击试验装置原理如图 5.35 所示。图中 LGt 代表液压机械装置计量活门位置反馈信号,IGt 为电液伺服阀电流信号。

燃油介质温度冲击试验所采用的试验装置,是在一般的液压机械装置性能测试试验台上,燃油油箱增加燃油制冷装置,管路进出口增加插入式温度传感器。燃油制冷装置将油箱中的燃油降低到指定温度,通过管路进入燃油泵及液压机械装置进口,燃油泵及液压机械装置进口处的温度传感器测量进口燃油温度。试验中

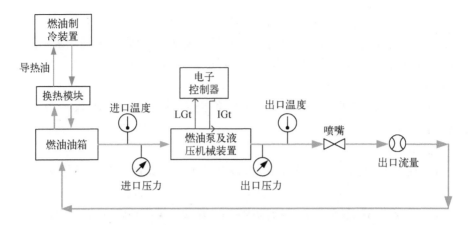

图 5.35　液压机械装置燃油温度冲击试验装置原理图

采用小闭环控制,燃油泵及液压机械装置接受电子控制器(或小闭环控制仪)的信号,控制计量活门移动到指定位置,从而改变出口流量;LVDT 测量计量活门位置,反馈给电子控制器,形成闭环控制。同时,测量并记录液压机械装置出口的燃油流量、温度、压力。燃油介质温升冲击通常通过燃油泵的回油温升来实现,先是低转速计量活门开口最大状态,然后迅速切换到高转速计量活门小开口状态。

若是有特殊需求,要求温度升高速率很快,可以设置高温油箱和低温油箱,通过切换高、低温燃油供给来实现进口燃油的温度快速变化。

3) 试验方法

a) 摸底试验

在正式的燃油介质温度冲击试验前先进行摸底试验,以确定如下内容:

(1) 确定合适的油箱低温温度值,以使液压机械装置出口燃油温度满足需求;

(2) 确定升温、降温过程中的计量活门开度,以获得合适的升温、降温速率和满足需求的稳态高温、低温数值;

(3) 降温过程中,根据计量活门开到最大到液压机械装置出口燃油温度基本稳定的时间 t,确定检查计量活门是否卡滞的合适时间点。

b) 正式试验

正式燃油温度冲击试验的步骤如图 5.36 所示。

正式燃油温度冲击试验的步骤如下:

(1) 起动燃油制冷装置,冷却油箱燃油直至燃油温度降到摸底试验中确定的温度值;

(2) 将液压机械装置转速设定为最大转速,计量活门位置设为摸底试验中

确定的小位置,减小出口流量,使得出口燃油温度升高,直至温度超过需求值;

(3) 液压机械装置出口燃油温度超过需求值的瞬间,立即将计量活门开到最大,增大出口流量,使得出口燃油温度降低;

(4) 从计量活门开到最大开始计时,经历摸底试验确定的时间 t 之后,立即将计量活门开度从最大开到最小,再从最小开到最大,检查此时计量活门运动是否存在卡滞;

(5) 试验结束后,待油箱温度和液压机械装置恢复至常温,按照相关技术文件的要求对试验件进行外观、电气检查和性能检查,并与燃油温度冲击前的各项指标进行对比。

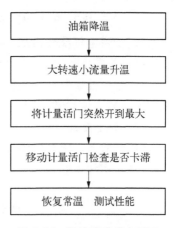

图 5.36 燃油温度冲击试验方法流程图

4) 试验合格判据

燃油泵及液压机械装置燃油介质温度冲击试验合格判据如下:

(1) 进行温度冲击试验过程中,计量活门运动不存在卡滞;

(2) 试验后,液压机械装置的外观检查,试验件无紧固件松动、结构破坏或损伤等现象;

(3) 温度冲击试验前、后,液压机械装置的电气和性能检查项,相差不大并且符合相关技术文件的要求。

5.4.6 其他环境试验简述

本节主要对燃油泵及液压机械装置来说比较特殊或复杂性较高的试验项目,如振动试验、高温试验、低温试验、温度冲击试验等进行了详细介绍。其他试验进行简要说明如下。

1. 流体污染试验

对于燃油泵及液压机械装置,试验时试验件处于非工作态,污染流体类别中,燃油介质暴露程度为"浸渍"及"喷洒",其余流体介质暴露程度为"喷洒"。

2. 电磁兼容试验

对于带电气配套件的燃油泵及液压机械装置,可通过随控制系统一起通过电磁兼容试验及电气二次配套件通过电磁兼容试验来表明符合性。

3. 雷电防护试验

对于带电气配套件的燃油泵及液压机械装置,按照 GJB 2639 - 1996《军用飞机雷电防护》、GJB 3567 - 1999《军用飞机雷电防护鉴定试验方法》要求进行雷击试验,间接效应 4 级。

4. 高强辐射场（HIRF）试验

对于带电气配套件的燃油泵及液压机械装置，可随控制系统一起进行。

5. 爆炸性大气

对于燃油泵及液压机械装置，在试验条件限制的情况下，可开展非工作态离线试验，试验方法通常按"程序 I——在爆炸性大气中工作"执行。

6. 加速度试验

在试验条件限制的情况下，对于大部分燃油泵及液压机械装置产品，一般开展非工作态离线试验。

5.5   燃油泵及液压机械装置寿命试验

5.5.1   常规寿命试验

1. 概述

常规寿命试验分为工作寿命试验和贮存寿命试验。常规寿命试验指各型号项目普遍开展的 1 : 1.2、1 : 1.5 等按典型飞行剖面开展的寿命试验，根据试验样本的数量，确定试验是全寿命 1.2 倍或 1.5 倍等。但是对于长寿命产品，试验时间太长，通常状态鉴定前只做首翻期，还需要辅以加速寿命试验来共同表明其预计寿命可满足要求。

2. 寿命试验目的

寿命试验的目的，一是发现产品中可能过早发生耗损的零部件，以确定影响产品寿命的根本原因和可能采取的纠正措施；二是验证产品在规定条件下的使用寿命、贮存寿命是否达到规定的要求。

3. 适用时机

寿命试验与评估工作适用于产品设计定型阶段、试用阶段和使用阶段。

4. 寿命参数

产品耐久性：产品在规定的使用、储存与维修条件下，达到极限状态之前，完成规定功能的能力，一般用寿命参数度量。极限状态是指由于耗损（如疲劳、磨损、腐蚀、变质等）使产品从技术上或从经济上考虑，都不宜再继续使用而必须大修或报废的状态。

产品主要的寿命参数如下。

（1）首次大修期限：在规定条件下，产品从开始使用到首次大修的寿命单位数，也称首次翻修期限。

（2）使用寿命：产品使用到无论从技术上还是经济上考虑都不宜再使用，而必须大修或报废时的寿命单位数。

（3）大修间隔期限：在规定条件下，产品两次相继大修间的寿命单位，即翻修间隔期。

（4）总寿命：在规定条件下，产品从开始使用到报废的寿命单位数。

（5）储存寿命：产品在规定的储存条件下能够满足规定要求的储存期限。

（6）可靠寿命：给定的可靠度所对应的寿命单位。

5. 使用寿命试验

使用寿命试验就是在一定环境条件下，模拟使用状态的试验。其目的是验证产品首次大修期限或使用寿命指标。

1）寿命试验方案

一般采用工程经验法。

a）试验条件

试验条件是产品的环境条件、工作条件和维护条件的总称。进行寿命试验时，应尽可能模拟实际的使用条件。

b）试验时间

对于航空装备的机载产品一般取产品首次大修期限的 $1 \sim 1.5$ 倍作为试验时间，其他武器装备的产品可根据其使用特点确定试验时间。

c）被试产品的选择

对新研制的产品应选取具备定型条件的合格产品作为被试样品；对已定型或现场使用的产品，应选用在现场使用了一定时间的产品作为被试产品。

d）被试产品数量

被试产品数量一般不应少于 2 台（套）。

2）寿命试验评估

a）关联故障

凡发生在耗损期内的，并导致产品翻修的耗损性故障为关联故障。

b）数据处理

如果受试产品寿命试验到 T 截止时，全部产品均未发生关联故障时，应按公式 (5.1) 评估产品的首次大修期限或使用寿命 T_0。

$$T_0 = \frac{T}{K} \tag{5.1}$$

式中，T 为每台受试产品试验时间；K 为经验修正系数，或用理论修正系数。

如果受试产品寿命试验到 t_0 截至时，有 γ 个关联故障发生，则应按公式 (5.2) 评估产品的首次大修期限或使用寿命 T_{0r}：

$$T_{0r} = \frac{\sum_{i=1}^{\gamma} t_i + (n - \gamma) t_0}{n K_0} \tag{5.2}$$

式中,t_i 为第 i 个受试产品发生关联故障的时间;n 为被试产品数量;γ 为发生的关联故障数;K_0 为经验修正系数,或用理论修正系数。

如果受试产品试验到 t_n 截至时,全部被试产品先后发生关联故障,则应按公式(5.3)评估产品的首次大修期限或使用寿命 T_{on}。

$$T_{on} = \frac{\sum_{i=1}^{n} t_i}{nK_1} \tag{5.3}$$

式中,K_1 为经验修正系数,或用理论修正系数。

5.5.2　加速寿命试验

1. 概述

加速寿命试验(简称 ALT)属于统计试验范畴。它是在进行合理工程及统计假设的基础上,利用与物理失效规律相关的统计模型对在超出正常应力水平的加速环境下获得的可靠性信息进行转换,得到产品在额定应力水平下可靠性特征可复现的数值估计的一种试验方法。

加速寿命试验是在失效机理不变的基础上,通过寻找产品寿命与应力之间的物理化学关系——加速模型,利用高(加速)应力水平下的寿命特征去外推评估正常应力水平下的寿命特征的试验技术。简言之,加速寿命试验是在保持失效机理不变的条件下,通过加大试验应力来缩短试验周期的一种寿命试验方法。加速寿命试验采用加速应力水平来进行产品的寿命试验,从而缩短了试验时间,提高了试验效率,降低了试验成本,使产品寿命与可靠性评估成为可能。同时,通过加速寿命试验较快地暴露产品薄弱环节,为改进设计、提高质量提供了依据。

加速寿命试验是一种可在短时间内获得产品失效率数据的方法,它要求了解在正常应力下的主要失效机理与失效模式、环境应力水平与产品寿命特征的关系,一旦求得这种关系,即可确定有关应用环境的失效率估计值。加速寿命试验可以有效获得零件、部件或系统的失效率,可以减少测定低失效率产品寿命试验时间,是一种十分有效的寿命试验方法。

2. ALT 目的

加速寿命试验目的包括:

(1)暴露产品薄弱环节,改进设计,提高耐久性;

(2)试验验证产品的耐久性指标。

3. ALT 设计流程

加速寿命试验设计流程如图 5.37 所示。

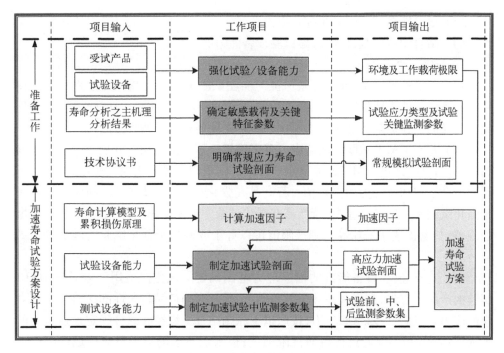

图 5.37 加速寿命试验设计流程图

首先,根据耐久性分析得到的产品敏感载荷,结合试验设备能力,确定实际开展寿命试验需要施加的试验载荷类型,包括工作载荷和环境载荷。并根据这些试验载荷类型在产品实际工作中典型取值,制定产品在实际正常条件下的常规模拟寿命试验剖面。

其次,根据耐久性分析确定的加速模型以及极限载荷的情况,基于常规模拟寿命试验剖面中的试验载荷大小,确定产品加速因子并得到加速寿命试验剖面。极限载荷的确定可依据产品前期开展的 HALT 结果,也可依据产品特点,由工程经验确定。

再次,同样根据耐久性分析得到的综合影响等级为中等及以上的耗损性失效机理、产品规范中规定的功能性能参数以及加速寿命试验载荷类型,综合制定试验测试参数集。

最后,编制试验大纲,开展加速寿命试验并进行评估。

4. ALT 施加应力

应力种类的选取应综合考虑以下因素:

(1)产品耐久性分析得到的产品主耗损性机理和敏感载荷(包括环境载荷与工作载荷);

(2)产品规范给出的寿命载荷谱;

（3）尽可能在试验中采用综合应力；

（4）结合型号研制进度，考虑试验设备能力。

5. 加速应力范围

在进行加速寿命试验时，必须保证产品在试验中施加的高应力条件和正常使用应力条件下的主要故障模式和故障机理保持一致，即所设定的试验条件不允许超出产品的工作极限。加速应力范围的确定主要通过以下两种方法。

（1）基于 HALT 试验的加速应力范围确定。该方法适用于开展了 HALT 试验的产品。首先，通过 HALT 试验确定产品的工作极限和破坏极限。然后，按照以下原则综合确定加速应力的极限值：若产品在强化试验中发生失效，则极限值应小于强化试验施加的最高应力；若产品在强化试验中未发生失效，仅出现退化速率增加现象（如磨损速率增加等），则极限值可以等于或略高于强化试验所施加的最高应力。

（2）基于经验/设备能力的加速应力范围确定。该方法适用于未开展 HALT 试验的产品。首先，在耐久性分析的基础上，确定影响产品耐久性的主机理及其对应的应力。然后，针对这些应力，按照以下原则结合工程经验综合确定加速应力的极限值：极限值不能超过材料的极限强度；极限值对应的应力不应造成产品失效机理发生改变。

6. 加速因子

加速因子确定流程如图 5.38 所示。加速因子的确定主要包括以下两种方法。

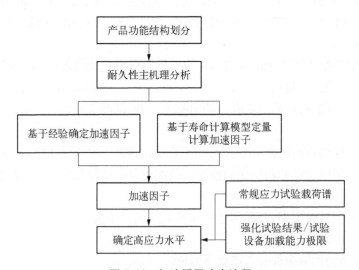

图 5.38 加速因子确定流程

（1）基于经验的加速因子确定，主要适用于基于以往相似产品加速系数确定新研产品的加速因子。应用前提是：首先需进行耐久性主机理定性分析，从影响产品寿命的耗损机理及耗损特征出发,通过分析确定新研产品与以往相似产品的综合相似程度,然后基于相似产品的加速系数确定新研产品的加速因子。

（2）基于理论计算的加速因子确定,主要适用于新研产品的加速因子。应用前提是：首先需进行耐久性主机理定性分析,然后基于不同机理及其寿命计算模型分别确定加速因子,然后综合考虑多种机理与应力类型之间的相互耦合关系,综合确定加速因子。

7. ALT 类型

根据试验应力施加历程的不同,可将 ALT 试验分为四种类型,即恒定应力加速寿命试验、步进应力加速寿命试验、序进应力加速寿命试验和变应力加速寿命试验。

1）恒定应力加速寿命试验

恒定应力试验是把全部试验样本分成几组,每组样品都在某个恒定加速应力水平下进行试验,试验到规定时间（亦称截尾时间）或规定的失效数（亦称截尾数）时结束,如图 5.39 所示。一般进行恒定应力加速寿命试验时,要求应力水平 l 不得少于 4 个。最低应力水平 S_1 的数值应适当靠近产品正常工作时的应力水平,这样可使估计出的正常工作条件下的寿命较为精确,但 S_1 又不能太靠近正常条件的水平,否则影响整个加速寿命试验节省试验时间的

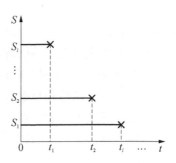

图 5.39　恒定应力加速寿命试验应力

效果。最高应力水平 S_1 应在不改变故障机理的条件下尽量高,在选择最高应力水平时还要考虑试验时的测试条件和能力,避免因为元件故障得过快引起测试技术发生困难。在确定了最低应力水平和最高应力水平后,中间的各应力等级应适当分散。

由于恒定应力试验相对简单,它的统计分析方法也得到了最先的发展。随着恒定应力试验统计分析理论的建立与日趋成熟,恒定应力试验在实际中的应用也得到很大发展。恒定应力加速寿命试验可以采用常规的统计方法进行参数估计和正常应力下寿命的评估,如基于 Weibull 概率纸的图估法、极大似然分析方法、最小二乘估计方法等,我国也于 1981 年颁布了恒定应力试验的国家标准（GB 2689.1-1981）,给出了恒定应力加速寿命试验的推荐统计方法。恒定应力加速寿命试验方法目前较为成熟,它的精度也相对较高,但它的代价是需要大量的试验样本量和试验时间。

2）步进应力加速寿命试验

在恒定应力试验中,应力水平最低的一组试验时间仍然很长,因此需要进一步改进试验应力的施加方法,于是步进应力试验就应运而生。步进应力试验是把全部样品先放在某个加速应力水平下进行试验,在试验持续一段时间后,将失效的样

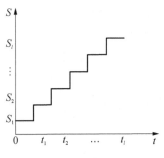

图 5.40　步进应力加速
寿命试验应力

品退出试验,把试验应力步进增加到下一更高的应力水平下由未失效的样品继续试验,如此进行下去,直至全部样品失效或者到达某一时间后结束试验,如图 5.40 所示。

步进应力试验的优点是可以降低加速寿命试验对试样数量的要求,具有比恒定应力试验更高的加速效率。它的失效问题一般是由多个不同阶段的应力共同作用的结果,因此如何从这样的失效数据中分离出各阶段应力水平下的失效信息,是困扰步进应力统计分析的一个难题。针对这个问题,1980 年 Nelson 提出了著名的 Nelson 原理(累积损伤模型)。国内外学者在 Nelson 原理的基础上对步进应力试验的统计方法做了大量的工作。

3) 序进应力加速寿命试验

序进应力试验和步进应力试验基本相同,只是施加的加速应力是一个随着时间增加而连续上升的函数。它的基本思想是一种极限的方法,将试验阶段分成若干个小区间,当小区间长度趋于 0 时,其极限函数就是序进应力试验对应的分布函数,如图 5.41 所示。

序进应力试验的加载应力随时间不断上升,可以更快地激发试样失效,从而进一步提高加速寿命试验的效率。但序进应力试验需要专门的装置来产生符合要求的序进应力,这给应用带来一定难度。

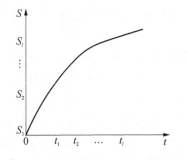

图 5.41　序进应力加速寿命试验应力

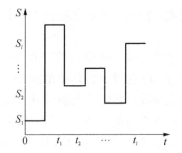

图 5.42　变应力加速寿命试验应力

4) 变应力加速寿命试验

前面的几种加速寿命试验在应力的施加历程上都有一定的规律和特殊要求,而实际的工况条件下,应力载荷谱的施加常常是变化的,如图 5.42 所示。为了使加速寿命试验更接近实际情况,采用产品实际承受的载荷进行加速寿命试验更有意义,因此变应力试验逐步发展起来。变应力试验可以直接采用实际应力-时间载荷谱试验,并且可以利用其他试验的有效数据共同进行参数评估,因此既可以减少试验样本量,也可以提高估计精度,是加速寿命试验的方向。

变应力加速寿命试验是近十多年发展起来的试验方法,由于它具有多应力变载荷的特点,因此它的统计分析方法也是最复杂困难。

8. ALT 模型

1) 故障机理分析

由于加速寿命试验的目的是利用加强应力的办法,以较短的试验时间预测出产品在正常应力作用下的寿命特征。因此,加速寿命试验的前提必须是不改变产品的故障机理,否则用一种故障机理的数据去预测另外一种故障机理的可靠性寿命特征是不合理的。有必要在进行加速寿命试验前,对受试产品进行故障模式与故障机理分析。

所谓产品的故障机理是产品故障的内在原因,亦即导致发生故障的物理、化学或机械的过程。故障机理依产品种类和使用环境的不同而不同,但往往都以磨损、疲劳、腐蚀、老化等简单的形式表现出来。

产品所承受的工作应力、环境应力和工作时间是产生故障的外因,而故障机理是产品故障的内因。不同的应力促进不同的故障机理发展,对应不同的故障模型。产品故障机理与故障模型有密切关系,产品具体的故障机理是各种各样的,但经过统计与分析可归纳成以下常用的故障模型,如已知产品的故障模型就可以对产品的可靠性与寿命进行预测。

2) 故障模型

常用的故障模型有以下几种。

a) 反应论模型

这一类产品故障发生的原因是氧化、磨损和疲劳等因素。一般来说,当产品有害反应持续到一定限度,故障即随之产生,这样的模型称为反应论模型。

从正常状态进入退化状态的过程中,存在着能量势垒,越过这种势垒所必需的能量由环境应力提供。越过此能量势垒(激活能 ΔE)而故障将按一定概率发生,如图 5.43 所示。

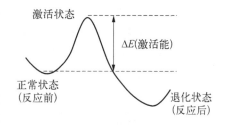

图 5.43　产品故障过程

属于反应论模型的故障模型有:阿伦尼斯模型、幂律模型、艾林模型等。

b) 损伤累积模型

本模型用于元件材料在不加应力或施加交变应力时的退化过程的描述。在这类模型中广为采用的是线性损伤累积模型,又称迈因纳法则。

首先假定:即使应力大小变化而退化机理或故障机理不变。可以认为一个产品在施加交变应力下,材料的损伤是线性累积的,当材料的累积能量一旦到达一定值(所做的功为 W),就会引起元部件的故障。

c)变应力混合威布尔模型

通常产品在实际工况中所承受的应力很少是典型的恒定应力、步进应力或序进应力,产品实际承受的载荷谱常是变应力,为了使加速寿命试验估计更贴近实际情况,需研究变应力加速寿命试验模型。

根据可靠性理论,如果产品的某一局部失效会引起系统的全局失效,则该产品寿命服从威布尔分布。由于大多数机械产品符合以上规律,且机械产品在恒定应力下故障分布常服从威布尔分布,由累积损伤理论可以得到变应力混合威布尔分布模型。

9. ALT 统计方法

1)图估法

图估法适用于恒定应力加速寿命试验统计。对产品在各应力水平下获得的故障数据,图估法利用图纸来分析这些数据,以求得所要求的结果。图估法要用到两种类型的图纸:一种是概率纸,另一种是对数坐标纸。概率纸主要是可以分别得到各应力水平 $S_1, S_2, \cdots, S_i$ 条件下的寿命分布及其可靠性寿命特征值,并预测在正常应力水平 S_0 下的寿命分布及其可靠性寿命特征值。对数坐标纸用于得到加速寿命曲线,估计出正常应力水平 S_0 下寿命特征值。

2)极大似然法

首先建立加速寿命试验的极大似然函数,然后对极大似然函数进行参数估计,进而获得正常应力下产品的寿命指标。

3)优化估计方法

早在 17 世纪,英国的伟大科学家牛顿(Newton)发明微积分的时代,已经提出极值问题,后来又出现拉格朗日(Lagrangian)乘数法。1847 年法国科学家柯西(Cauchy)研究了函数值沿什么方向下降最快的问题,提出了最速下降法。1939 年苏联数学家提出了解决下料问题和运输问题这两种线性规划问题的求解方法。20 世纪 40 年代末(1947 年)丹齐格(Dantzig)提出求解一般线性规划问题的单纯形法之后,最优化理论与算法才形成了一个独立的学科。现在,解线性规划、非线性规划以及随机规划、非光滑规划、多目标规划、几何规划、整数规划等各种最优化问题的理论的研究发展迅速,新方法不断出现,实际应用日益广泛。

4)参数估计

利用遗传优化算法求得参数点估计,从而获得可靠性和寿命指标。

10. ALT 其他因素的确定

1)试验样本的选取和数量确定

在选取样品时,必须在同一批产品中随机选取,先随机抽取 N 个样品,然后再

随机地分为 $n_1,n_2,\cdots,n_i$ 份,各应力水平下试验样品数 n_i 可以相等,也可以不相等。应保证 n_1 与 n_i 数目最多,以保证在寿命试验的精度,各水平的试验样品数都不应少于 3 个。

2）故障判据和测试周期的确定

用故障判据来确定试验元件是否存在故障,由此来确定元件的故障时间。一般情况下,元件故障判据由元件技术条件规定。

在寿命试验中最好有自动检测的设备,这样能准确地得到各元件的故障时间。但这样做在费用上和技术上有困难。通常采用定时检测,为了不使故障元件过于集中在几个测试周期内,最好使一个测试周期内都有一两个元件故障,故测试时间间隔一般不相等,而与产品的寿命分布形状和产品的筛选情况有关。对经过严格筛选的产品,在开始时,测试时间可选得比较长,以后逐渐缩短,然后又逐渐加长。对筛选不好的产品,在开始时测试周期要短,然后逐渐加长。在每一个应力水平下,寿命试验的测试点的个数不应少于 5 个。

3）试验停止时间的确定

如果是初次进行某类元件的加速寿命试验,由于对元件的寿命分布不了解,最好做到样品全部故障为止,即进行完全寿命试验。如果确实做不到全部故障,则要求较高应力水平的寿命试验做到全部故障,而对低应力水平下的寿命试验可做截尾寿命试验。

如试验前已知产品寿命分布类型,试验到某一程度即可终止截尾。何时终止呢？根据数理统计的要求,最好在每一次寿命试验中故障元件数与全部试样数之比要达到 50%~60% 以上,至少也要达到 30%。如果在高应力水平时故障数据的规律性很强,并确实知道在低应力下试验是正常的,那么在低应力条件下故障元件数与全部元件数的比少于 30% 便可截尾。但不能在没有一个故障数据的情况下就停止试验。

11. 模拟工作试验

当前还没有一种成熟的可准确预测液压机械装置寿命的加速试验方法。目前国际上的惯例是通过模拟工作试验(含高温老化、介质高低温、室温污染耐久、燃油泵气蚀等)来表征液压机械装置产品已具备视情维护的能力(一个较长寿命)。国内一些重点型号项目也采用了该方式,整个模拟工作试验的工作载荷谱将会加速,需完成全寿命周期内的循环数,对于作动类产品一般仅需完成循环次数的加速。

模拟工作试验通常包括以下项目。

1）加速老化试验

加速老化试验主要针对非金属材料,如液压机械装置中的橡胶密封圈等,加速老化试验过程中,被试件不工作(包括电气附件无需通电)。

环境温度：不低于 71℃ ;

试验时间：不少于 168 h。

加速老化试验在干燥的高温环境箱中进行。

在试验后，被试件需满足以下要求：试验件外观合格，紧固件无松动、结构件无损伤，裸露的非金属件无明显的老化、裂纹等；试验件功能正常，试验件性能在允差范围内。

2) 燃油高温持久试验

试验件应经受高温持久试验，其每个试验循环中试验件的输入和输出应至少经受一次其功能的最大范围的工作。

试验件通常运转至少 150 h，在循环过程中：环境温度可不进行控制；试验过程中，试验件的进口或出口温度应该保持在其最高稳态工作温度条件下；在最后一个循环中需要验证超转保护等应急功能。

3) 室温燃油污染持久试验

试验件应经受室温及污染持久试验。试验时间通常不少于 150 h，试验污染物浓度通常按轻度连续污染试验标准执行，如本书 5.6.1 节中的燃油污染物（连续工作）表。进行该试验，通常需要带发动机进口油滤一起进行，试验中允许更换进口油滤滤芯。

4) 燃油低温持久试验

试验件应被置于低温环境（不高于最低介质温度）条件下至少 10 h，以使其完全冷透。在冷浸结束之后，当试验件经受试验循环时，环境温度应保持不变，试验通常应至少包括 10 次冷启动模拟，总试验时间通常至少为 10 h，试验期间，只有在低于要求的最低温度下进行的试验部分才可计算到 10 h 的试验时间内。

5) 燃油温度冲击试验

试验件应经受至少 25 次高温到低温、低温到高温的燃油温度冲击。其主要目的是验证试验件承受由冷天及较长、较缓慢的降落时受到冷热冲击的容忍能力。冲击的温度通常要达到使用要求的最高和最低温度，冲击速率根据具体发动机确定。

6) 燃油泵气蚀试验

该试验项目仅针对燃油泵，如果条件允许的话，从发动机进口到燃油泵进口间的部件都应该在被测装置中模拟出来。这些部件包括管路、油滤等。试验件应以最大额定转速模拟发动机在海平面高度条件下所要求的最大流量和出口压力条件下运转 47 h，进口处的气液比不低于 0.45。

5.5.3　高加速寿命试验

1. 概述

高加速寿命试验（以下简称 HALT）属于工程试验范畴。与传统的环境模拟试验相反,HALT 试验是一种激发试验(stimulation test)。该技术的理论依据是故障物理学(physics of failure),它通过施加加速环境应力使设计和生产中缺陷以故障的形式暴露出来,通过故障原因分析、失效模式分析和改进措施消除缺陷,提高产品可靠性,并大幅度提高试验效率,降低成本。

美国 G. K. Hobbs、K. A. GRAY 和 L. W. Condra 等是最早从事可靠性强化试验研究的几位专家,他们称这种试验为高加速寿命试验(HALT)和高加速应力筛选(HASS),前者针对设计过程,后者针对生产过程。从 20 世纪 80 年代末到 90 年代初开始,国外特别是美国各工业部门开始研究可靠性强化试验,并相继推广应用,到目前已广泛应用于通信、电子、计算机、医疗、能源和交通等工业部门,呈现出蓬勃发展的趋势。如美国加伍德试验公司(Garwood Labratories)公司把可靠性强化试验作为全面提高用户产品质量、根除产品保证期召回率的一项重要技术手段,它所服务的客户在军事工业方面包括雷神飞机、波音、诺斯罗普格鲁曼(Northrop Grumman)等公司;波音公司在 20 世纪 90 年代研发新一代战机的过程中,针对军机更新换代周期加快的现实背景,为保持美国的技术领先优势在军机研制过程中应用了高加速寿命试验技术,已于 1994 年在波音- 777 飞机上成功采用强化试验方法,并在新一代波音- 737 飞机上得到进一步应用;德国产品服务公司(TUV Provide Service)公司也把 HALT 作为一种重要的服务提供给客户,用以提高产品可靠性;美国福特公司、惠普公司,它们现在所开发和生产的新产品都要反复采用HALT 技术,查找产品的潜在缺陷来使产品在尽可能短的时间内具有较高的可靠性,并加快产品更新换代研制步伐。

我国对可靠性强化试验技术的认识比较晚,直到 20 世纪 90 年代中期,国内可靠性工程界才开始关注国外可靠性强化试验技术的研究和应用动态,随后国内在电子等行业进行了大量研究,其中国防科技大学对模块级电子产品可靠性强化试验方法进行了研究,江南计算技术研究所对军用电子产品的高加速寿命试验技术进行了探索,北京卫星环境工程研究所将 HALT 应用在卫星电子组件中,华为公司在国防科技大学可靠性实验室对其电子产品进行了此项试验,而将 HALT 应用在液压机械装置产品方面的研究还未有相关报道。

2. HALT 基本原理

HALT 试验是一种激发试验方法,其理论依据是故障物理学,通过把故障或失效当作研究的主要对象,通过激发、研究和根治产品缺陷达到提高可靠性的目的。

基本加速模型——米勒(Miner)模型:

$$D = n \cdot a^b$$

其中,D 为累积疲劳损失,统一化单位为 1;n 为应力循环次数;a 为机械应力(单位面积作用力);b 为 S-N 曲线导出的材料特性常数,一般在 8~12 之间。

若应力 a 扩大 2 倍,b 为 10,则 n 为原来循环次数的 1 000 分之一。

对于有缺陷的产品,缺陷处应力集中系数高达 2~3 倍,寿命就相应降低了好几个数量级,这样就使有缺陷元件和无缺陷元件在相同的强化应力作用下疲劳寿命拉大了档次,使有缺陷元件迅速暴露的同时无缺陷元件损伤甚小。

3. HALT 目的

HALT 试验目的包括:

(1) 对产品施加高于规范规定的应力值,在短期内充分暴露产品在设计、工艺等方面的缺陷;

(2) 对在试验中激发缺陷的故障模式、机理进行分析,并从设计、工艺和材料等方面改进,从而提高产品的健壮性;

(3) 为产品回归分析、再设计、再分配提供依据;

(4) 缩短产品的成熟周期;

(5) 降低产品外场故障率;

(6) 通过增强的综合载荷,覆盖生命周期的载荷和环境应力,及早发现安全性缺陷、可靠性缺陷、耐久性缺陷和保障性缺陷,研究缺陷的发展规律,为后续的服役使用和视情维护提供依据。

未经和经 HALT 的产品寿命曲线如图 5.44 和图 5.45 所示,比较可知经过 HALT 试验迭代优化改进后,产品几乎不存在早期故障和恒定故障率,耗损模式时间延长。

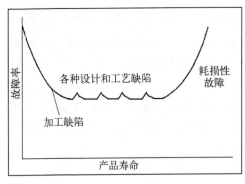

图 5.44 未经 HALT 的产品寿命

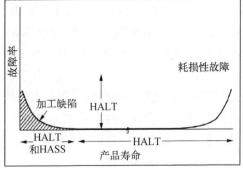

图 5.45 经 HALT 的产品寿命

4. HALT 流程

HALT 试验流程如图 5.46 所示,依次选择试验项目、选择应力、步进应力、发现缺陷、改进缺陷、重复循环以上步骤,直至不能改进为止。

5. HALT 施加应力

根据不同载荷下产品故障模式分析,综合得到不同故障模式的敏感载荷,进而确

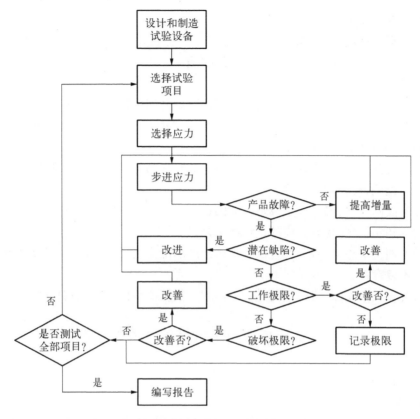

图 5.46 HALT 试验流程

定 HALT 施加的应力。施加应力通常包括：① 环境低温；② 环境高温；③ 环境温度循环；④ 环境温冲；⑤ 介质高温；⑥ 介质低温；⑦ 介质温冲；⑧ 介质 & 环境温度综合；⑨ 介质污染；⑩ 压力；⑪ 压力循环；⑫ 振动；⑬ 振动 & 温度综合；⑭ 多应力综合等。

6. HALT 试验有效性的基本保障

（1）HALT 试验样件的选择，在能够代表设计、元件、材料和生产所使用的制造工艺都已落实的样件上进行。

（2）HALT 试验所需资源：设计、制造、装配、材料、质量和可靠性、管理等方面的人员；HALT 试验技术小组、HALT 试验小组、夹具设计技术人员、监测系统和试件缺陷检测设备。

7. HALT 开展时机

HALT 试验适用于产品研制阶段。优点是能够快速暴露产品潜在缺陷，并通过改进优化设计，降低产品对环境、工作等载荷的敏感性，从而提高产品的可靠性和适应性。缺点是产品超出现场水平的应力，设计者可能会拒绝改进任何东西，选择忽略或搪塞这些故障，是首次做 HALT 暴露时的典型情况。

8. HALT 结果

（1）形成健壮、高可靠产品；

（2）暴露薄弱环节，发现设计和制造缺陷；

（3）获得产品改进设计措施；

（4）建立产品能力数据库，为研发提供依据并缩短设计制造周期；

（5）形成 HALT 载荷谱，为部件 ALT 载荷谱的开发和分配提供依据。

9. 成功 HALT 评判

（1）暴露缺陷，将潜在的或不可检测的缺陷变为明显的或可检测的缺陷；

（2）检测，确定现有故障；

（3）故障分析，确定发生故障的原因；

（4）纠正措施，更改相应的设计和工艺；

（5）纠正措施的验证，通过试验来确定产品确实进行了改进，并且造成问题的缺陷已不复存在；

（6）输入数据库，将得到的经验教训纳入数据库，可以进行知识复用。

5.6　燃油泵及液压机械装置专项试验

5.6.1　燃油污染试验

1. 概述

据不完全统计，在飞机服役期内发动机燃油及控制系统有三分之一的故障是由油液污染引起的，污染成了燃油系统的第一大危害。燃油污染试验主要来源于军标要求、适航要求，用于验证在含有符合要求的固体和液体污染物的试验介质环境下燃油系统的工作能力以及燃油附件的耐受程度。燃油污染试验主要包括正常工作模式下连续性工作的污染试验和燃油滤临界阻塞（报警）以后的污染试验。具体要求如下：

1）JSSG - 2007 要求

JSSG - 2007B《航空涡喷涡扇涡轴涡桨发动机联合使用规范指南》关于燃油污染试验要求。

a）正常工作模式下连续性工作污染试验

JSSG - 2007B 的 A. 4. 11. 2. 1. 3（控制和外部附件的任务试验）和 A. 3. 7. 3. 2. 1（燃油污染）中要求如下。

发动机每一个试验附件应该按适当的附件功能试验循环，运转至少为 300 h 或 1 800 个循环（选择较长者），采用表 5.3 的污染物成分。同时在其经验教训中提及：为了试验的经济性起见，美国空军发动机，按照表 5.3 污染成分，连续工作试验一般被限制为 300 h。

表 5.3　燃油污染物（连续工作）

污　染　物	颗 粒 尺 寸	质　　量
亚-正铁氧化物（Fe_3O_4，黑色磁铁矿）	$0 \sim 5 \ \mu m$	0.264 mg/L
三氧化二铁（Fe_2O_3 赤铁矿）	$0 \sim 5 \ \mu m$	1.321 mg/L
粉尘配置（按公路粗粉尘）	按下述成分混合： $0 \sim 5 \ \mu m (12\%)$ $5 \sim 10 \ \mu m (12\%)$ $10 \sim 20 \ \mu m (14\%)$ $20 \sim 40 \ \mu m (23\%)$ $40 \sim 80 \ \mu m (30\%)$ $80 \sim 200 \ \mu m (9\%)$	0.528 mg/L
棉绒纤维	7 级以下（原农业部标准）	0.026 4 mg/L
盐水（将盐溶解在蒸馏水或固体总量不大于万分之二的水中）	NaCl 重量占 4 份 H_2O 重量占 96 份	0.01%（以体积计）

　　对于油滤纳污能力要求：如发动机燃油系统装有燃油滤，则在试验期间燃油滤按发动机承研单位推荐的方法进行维护，但维护时间间隔应不少于中间推力状态连续工作 12 h 累计燃油流量的等量时间。

　　试验中的燃油泵转速、燃油压力等载荷按照发动机标准载荷谱执行，其中燃油泵转速在最大状态转速的时间不低于总试验时间的一半。

　　b）燃油滤临界阻塞（报警）以后的污染试验

　　燃油滤临界阻塞（报警）以后的污染试验可分为两个阶段：燃油滤临界阻塞（报警）到旁路打开和旁路打开以后两个阶段。

　　(1) 关于燃油滤临界阻塞（报警）到旁路打开的规定。JSSG－2007B 的 A3.7.3.2.8（要求指南）中要求：从临界阻塞到旁路打开油滤应能够满足完成至少两个战斗任务。采用表 5.3 的污染物成分进行试验。实际试验中，在标准载荷谱下，燃油滤旁通活门维持关闭状态的最低时间根据发动机使用场景和控制系统抗污染设计结果来确定，这与油滤的结构设计、纳污能力等有较大关系。

　　(2) 关于旁路打开以后的规定。JSSG－2007B 的 3.7.3.2.1（燃油污染）中要求：当在油滤旁路打开状态下，按照表 5.4 污染成分，应至少完成相当于 1 次飞行任务所需要的燃油量。实际试验中，在无进口燃油滤的情况下，利用表 5.4 污染水平的燃油，在标准载荷谱下，控制系统应至少可以正常工作一段时间，这个时间与发动机使用场景有关，国内目前该类试验时间通常不低于 2 h。

表5.4　燃油污染物(短时间)

污　染　物	颗　粒　尺　寸	质　　　量
亚-正铁氧化物(Fe_3O_4,黑色磁铁矿)	$0 \sim 5 \, \mu m$	0.396 mg/L
三氧化二铁(Fe_2O_3,赤铁矿)	$0 \sim 5 \, \mu m$	7.66 mg/L
碎石英	$300 \sim 420 \, \mu m$ $150 \sim 300 \, \mu m$	0.528 mg/L 0.528 mg/L
粉尘配置(按公路粗粉尘)	按下述成分混合: $0 \sim 5 \, \mu m$(12%) $5 \sim 10 \, \mu m$(12%) $10 \sim 20 \, \mu m$(14%) $20 \sim 40 \, \mu m$(23%) $40 \sim 80 \, \mu m$(30%) $80 \sim 200 \, \mu m$(9%)	2.11 mg/L
棉绒纤维	7级以下(原农业部标准)	0.026 4 mg/L
盐水(将盐溶解在蒸馏水或固体总量不大于万分之二的水中)	NaCl 重量占 4 份 H_2O 重量占 96 份	0.01%(以体积计)

2) 适航要求

适航中关于燃油污染试验的主要要求来源于发动机适航规定中 33.67(燃油系统)和 33.91(发动机系统和部件试验)两个条款。

33.67 中针对燃油系统污染试验要求如下:33.67(b)5 中直接阐述了对于燃油污染的内容要求——申请人必须验证在燃油被污染到工作中可能遇到的最大程度的颗粒尺寸和密度时,过滤装置具有保证发动机在其批准的极限内继续运转的能力(与发动机使用限制相对应)。必须验证发动机在这些条件下,按局方可接受的一段时间内工作,这段时间由下列装置开始指示过滤器临近阻塞时算起:

(1) 现有的发动机仪表;

(2) 装在发动机燃油系统的附加装置。

AC 33 - 2B 中要求:33.67/(b)5 符合性可接受的方法可由申请人表明从油滤堵塞即将来临的最早指示开始,发动机能满意地继续工作至少达(预期适用的航空器的)最大飞行时间的一半。真实的或台架模拟的发动机试验运转应当在使用中预期最关键任务燃油流量的条件下运行。

3) 小结

实际操作中,燃油污染试验要求应综合考虑飞机要求和发动机要求后确定,污染物成分根据不同的要求而确定。目前国内涡扇涡喷项目,污染耐久试验多采用表5.3,短时重度污染试验多采用表5.4。

2. 试验系统原理组成

典型的燃油污染试验原理如图 5.47 所示,燃油污染试验系统主要包含注污设备、试验件控制设备、试验件、数据采集设备等。燃油系统污染试验中使用注污设备为试验件提供符合规定污染程度的试验介质。试验件控制设备向试验件提供外部输入指令,控制试验件工作状态改变。燃油系统污染试验中使用数据采集设备对试验台运行状态和试验件运行状态进行测量。

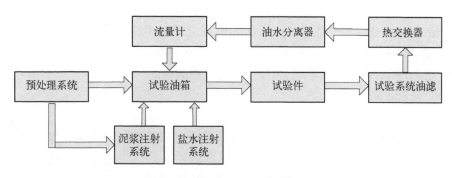

图 5.47　燃油污染试验原理示意图

试验中污染浓度控制及检测方法如下。

1)污染浓度控制

污染浓度控制通常有两种方法,即泥浆注入法和传送带法。由于传送带法对试验环境温度及湿度要求较为苛刻,采用较少,国内污染试验都是采用泥浆注入法。

泥浆注入式污染试验设备主要是将调和均匀且呈泥浆状的颗粒试验粉尘加入泥浆油箱,形成高污染浓度的油液,然后源源不断地注入试验回路的管路中,同时也将调和均匀的高浓度游离盐水按规定剂量注入回路中,以建立试验件入口所需的污染条件,并保证试验件出口的燃油经过过滤、除水和降温后,能够洁净地返回供给油箱;并在此期间保持注入流量和污染物浓度的稳定。

由于泥浆注入法中污注油箱内的燃油含高浓度的污染物,设备通过参数调整保证其浓度符合要求值,且一定时间内保持稳定。同时为实现注污系统满足大流量、长时间的试验需求,通常使用双污注油箱的方法,一个主污注油箱,一个辅助污注油箱,两个油箱共同配置高浓度污染燃油,主油箱用完后,辅助油箱将其加满并重新配置污染燃油。

2)污染试验前浓度调试方法

由于污染试验污染物浓度很大,且含有 1 500 μm 的大颗粒,无法使用颗粒计数器进行在线检测,国内外也均无在线测量污染物浓度的设备,故只能使用离线采样分析的方式进行检测。燃油污染试验为破坏性试验,产品经过污染试验后通常无法再正常使用,试验成本较高,因此正式污染试验前需要对设备浓度进行预先调试校准,必须保证污染控制设备供给的污染燃油浓度符合要求,所以必须建立合理有效的试验前校准方法,结合实际试验,对各类调试方案进行对比试用,根据试验结果与调试结果比对,选取最优的调试方案。

3)燃油污染试验固体污染物检测方法

通常以 SAE ARP785《控制过滤重量分析法测定液压流体中颗粒污染的程序》为基础建立燃油污染试验固体污染物检测工艺。针对其中技术难点可进行 DOE(design of experiments)设计,确定最优的一种工艺组合,其中滤膜规格、滤膜烘干温度、滤膜烘干时间为其中最重要的因子。根据污染物分布情况一般选择两种滤膜规格,根据 SAE ARP785 及 ASTM D2276《航空燃料中线粒体污染物的标准试验方法》选取两种滤膜烘干温度,根据 ASTM D2276 选取两种滤膜烘干时间。最后列出有交互作用的全因子试验表,并逐一进行对照试验。

3. 试验方法

1)执行标准

对于燃油系统污染试验方法,主要参照 SAE AIR4023B《飞机涡轮燃油污染跟踪和耐久性试验要求》、SAE AIR4246D《飞机涡轮发动机燃油系统部件试验污染物》、SAE MAP749C《飞机涡轮发动机燃油系统部件耐久性试验规范(室温条件下污染燃油)》等标准执行。

2)载荷谱

根据试验大纲要求明确燃油系统污染试验载荷谱(或模拟工作循环),试验载荷谱模拟发动机典型工作状态以及工作时间。状态参数应包括泵物理转速、计量流量(包括主计量流量、加力计量流量等)、发动机可变几何(如风扇作动筒位置、压气机作动筒位置、喷口作动筒位置等)等需要控制状态参数。

3)污染物浓度检测

污染试验需要对污染物浓度进行检测,目前基本上还都是采用人工采样分析方式,典型的污染物检测要求如下。

(1)取样点:试验件入口前设置皮托管式取样点。

(2)取样次数:整个试验过程取样次数不少于 5 次。

(3)取样状态:整个试验过程取样状态不小于 3 个。

(4)合格判据:污染物的浓度应满足试验大纲中规定的范围。

固体颗粒物的浓度采用称重法进行检测,盐水浓度采用测量试验介质中游离水含量进行检测,粗环烷酸浓度可不检测。

4)试验步骤

a)试验前准备

(1)试验介质准备。带饱和溶解水、固体污染度不劣于 GJB 420B 5A/5B/5C/5D/5E/5F 级的试验介质。

(2)固体污染物及其注污设备准备。根据试验大纲要求,确定固体污染物浓度的调配方法、固体污染物添加方式及添加量,准备固体污染物。在固体污染物准备时,一般应在质量理论计算值上增加 5%。

（3）液体污染物及其注污设备准备。根据试验大纲要求,确定液体污染物浓度的调配方法、液体污染物添加方式及添加量,准备液体污染物。

（4）油滤称重。需更换的系统油滤以及试验设备净化油滤烘干后记录重量。

（5）试验设备清洗。通过试验设备净化循环,使用试验介质固体污染度不劣于 GJB 420B 6A/6B/6C/6D/6E/6F 级。

b）试验前性能录取

在固体污染度不劣于 GJB 420B 6A/6B/6C/6D/6E/6F 级的试验介质下试验件性能录取。

c）试验件状态确认

确认试验件状态已符合试验要求,如按大纲要求去除低压油滤等。

d）正式试验

（1）开启试验系统,到达载荷谱要求第 1 个的试验工况之前 10 s 内污染物开始注入;

（2）按载荷谱及循环次数要求循环试验工况;

（3）试验过程中记录试验件性能参数;

（4）当达到载荷谱内停车工况或按试验大纲完成阶段试验时,试验件及污染注入系统应在 30 s 内停车,停车过程中污染注入系统应先停;

（5）完成载荷谱停车工况或进入下一阶段试验,重复步骤（1）到（4）,直至完成试验大纲中规定的试验时间或次数。

e）试验后性能录取

按试验大纲要求完成试验件性能录取。

4. 试验结果评定

试验合格判据通常需要满足以下三条准则:

（1）污染试验过程中试验件性能参数应满足试验大纲要求;

（2）污染试验后试验件复测性能参数应满足试验大纲要求;

（3）试验件分解检查后表明无影响后续使用的磨损和腐蚀。

满足上述三条准则后,才能给出试验通过的结论。对于燃油污染试验,通常要求试验件系统维持正常功能即可,允许控制品质下降,但一般不允许发生引起发动机推力降级的事件。

5.6.2　燃油结冰试验

1. 概述

燃油结冰试验来源于适航要求,发动机适航规定（CCAR33－R2）第 33.67

条燃油系统(b)(4)(ii)条款中要求:验证在27℃的含水的初始饱和燃油中,每升加入0.2毫升游离水,并冷却到工作中可能遇到的最危险的结冰条件下,燃油系统在其整个流量和压力范围内能持续工作。然而,这一要求可以通过验证特定的经批准的燃油防冰添加剂的有效性来满足;或者燃油系统带有燃油加热器,它能在最危险结冰条件下将燃油滤或燃油进口处的燃油温度保持在0℃以上。

　　燃油中的水与冰相互转化过程如图5.48所示。

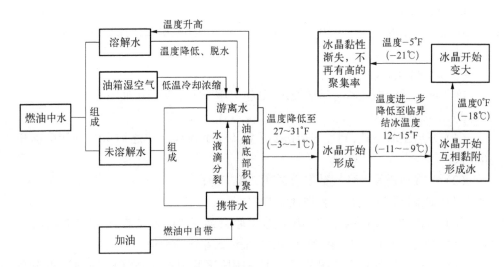

图 5.48　冰晶在燃油中的存在形式

图 5.49　管路内壁依附冰(软冰)

　　低温下水在燃油系统产品中通常以软冰形式存在,如图5.49所示。

　　2. 试验系统原理组成

　　燃油结冰试验设备根据试验油液的配置方式可分为以下两类。

　　1) 单程方式

　　单程方式(a single pass test)即一次配置出足够的燃油准备试验,然后在单程系统和部件中流通全部燃油,即所有配置油箱中的燃油流过系统或部件后返回到回油箱中,如图5.50所示。因考虑到试验油箱(配液油箱)的容积,一次配液满足一个温度点试验,下一个温度点试验需重新配液。SAE ARP1401B《飞机燃油系统和部件的结冰试验》推荐使用单程方式,美国派克(Parker)公司、英国罗罗公司也是采用的单程方式。

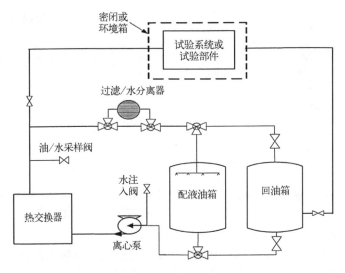

图 5.50　单程试验方式

2）再循环方式

再循环试验方式如图 5.51 所示,试验油箱的燃油在供往试验系统的同时,也接收从试验系统返回的燃油。若采用该种方案,试验燃油中的冰流经被试验燃油系统时将被油滤、油嘴等阻拦、吸附,导致返回试验油箱的燃油含水量减少,试验燃油的温度因试验件系统热功率注入及与外界热交换而升高。因此这种方案需要可靠的设备和方法在线测量燃油含水量,同时在线配制试验用燃油,这对注水装置和燃油温度控制装置也提出了很高的要求。在不能保证

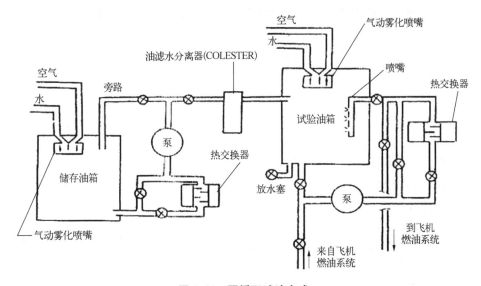

图 5.51　再循环试验方式

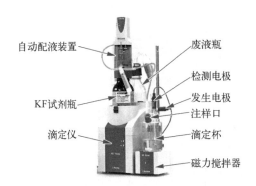

图 5.52　卡尔-费休水分测试仪

在线测量可靠性时,应谨慎评估使用该类设备。

燃油结冰试验除常规的转速、压力、流量和温度测量外,主要涉及对燃油含水量进行检测,一般采用卡尔-费休滴定法,需使用专业测试仪器完成,如图 5.52 所示。具体测量过程应按照 GB/T 11333 - 2015《石油产品、润滑油和添加剂中水含量的测定》规定执行,选用该标准中的质量直接滴定法。

3. 试验方法

试验程序和步骤可参照 HB 20589 - 2021《航空燃气涡轮发动机燃油系统结冰试验方法》执行。

1)试验介质

试验介质应选用发动机专用规范允许使用的燃油,一般为满足 GB 6537 - 2018 或 GJB 560A - 1997 要求的喷气燃料,尽量用新油。燃油中的芳香烃含量为 10% ~ 25%,除非飞机飞行手册中规定必须使用防冰添加剂,否则试验燃油中不应添加防冰添加剂。试验燃油的污染度等级应优于 GJB 420B - 2015 规定的 7 级。

2)试验温度

最危险的结冰条件通常定义为实际最低工作温度,一般为 -40℃(或设备能达到的最低),结合 SAE ARP1401,飞机燃油系统试验时要求 -2℃ 和 -11℃ 的温度点, -2℃ 为刚开始结冰的点, -11℃ 为冰晶黏性最大的点,很容易聚集黏附。

3)试验载荷谱

试验载荷谱的系统工况参照国外适航取证时的做法,为最大起飞+最大连续工况。试验过程中,试验件系统要求具备持续工作能力,持续工作只要求维持功能正常,允许控制品质下降、通道切换,试验过程中油滤堵塞信号报警乃至旁通打开也可以。

4)注水方式

注水方式主要有以下三种:

(1)SAE ARP1401 中推荐的使用气动雾化喷嘴向试验油箱中喷入定量的雾化水;

(2)先配置高浓度的燃油、水混合液,然后再向试验油箱中使用启动雾化喷嘴喷射混合液;

(3)在循环泵流道上通过注水装置注水的方式。

目前国内多采用第 3 种方式,技术基础好,可以较均匀地注水配水。

5)油液冷却

油液冷却主要有两种方式,一种是直接在试验油箱中冷却,另一种是在循环管路中冷却。两种冷却方式都要注意不能直接使用液氮进行冷却,要注意控制冷却速度,保证热交换器中的燃油温度和冷却液的温度差不应超过13℃(规范、国外试验报告中均有要求),避免冷却过程中水分冷凝在冷却装置上。

6)配置次序

注水和冷却的次序有两种:① 常温配水,先配水,含水量符合要求后,再开始冷却,飞机燃油系统试验规范中都是这种方式;② 低温配水,先除水至饱和含水燃油,然后冷却到试验温度,再根据需要的注水量(计算值)向低温燃油注入一定量的配置好的混合液。两种方式配置好试验燃油后都需要进行采样测量,三次采样测量平均值符合要求才可以开始试验。国内目前采用的为第一种方式。

7)试验流程

典型的燃油结冰试验流程如图5.53所示。

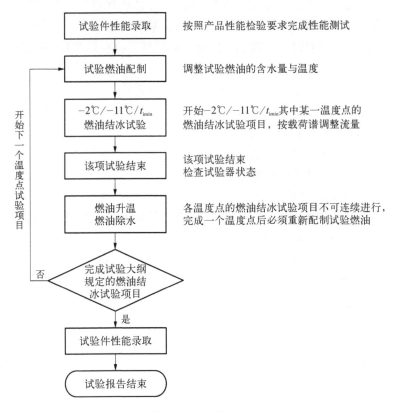

图 5.53　试验流程

4. 试验结果评定

通常只要求整个试验过程中被试件系统的主要功能正常,允许控制品质的下降。

FAA 在条款修订过程中的一些解读指出：FAA 基本采纳了该建议，但根据评论意见对 25.951(c)条款文字上作了修订，明确结冰要求仅适用于航空涡轮发动机，因为结冰是喷气燃料所特有的现象。此外，由于针对结冰要求的实质是防止燃油系统功能的中断，而不是要求工作无限时间，因此条款修订为要求"持续"工作（sustained operation），而不是"连续"工作（continuous operation），即只要燃油系统功能得以维持即可，不必追求是否连续工作。

5.6.3 燃油泵高空试验

1. 概述

燃油泵高空试验验证高空发动机最大设计性能所需的流量和压力条件下，产品的工作能力。GJB 241A－2010、GJB 242B－2018 均有燃油泵高空试验验证要求。JSSG－2007B《航空涡喷涡扇涡轴涡桨发动机联合使用规范指南》中提到"应根据试验观察及合格鉴定期间获得的经验验证燃油系统是否满足要求"和"应通过燃油泵高空验证试验、附件试验、发动机低温与高温状态试验以及代用燃油与应急燃油试验完成验证工作"。

在试验过程中及试验后，被试件需满足以下要求：

（1）试验期间油泵的性能和经校准试验所确定的性能恶化符合设计规范的规定，并对发动机性能不造成有害影响；

（2）符合油泵的自吸能力的要求；

（3）分解检查无零件故障或隐患。

2. 试验系统原理组成

一般情况下，燃油泵高空试验不专门建设试验设备，在燃油泵性能试验台上考虑、预留部分功能即可满足试验需求。

性能试验台设计时主要考虑燃油箱设计及燃油箱到试验件进口管路方案设计，油箱设计要求具有抽真空功能，油箱液位和被试件进口应有高度差，油箱至试验件进口管路无节流、安装高度低于被试件进口高度，燃油系统为开式循环（即出口介质直接回油箱），燃油系统有温度控制功能。满足以上要求基本可以开展燃油增压泵高空试验。

燃油增压泵高空试验原理见图 5.54，安装示意图见图 5.55，主要功能部件包括节流闸阀、气液比测试仪、玻璃直管段。高空试验时按规范要求调节油箱压力，通过节流闸阀调节满足气液比要求及试验件进口压力要求；气液比可通过计算取得，也可通过气液比测试仪测试；玻璃直管段用于观察燃油泵高空试验过程中汽液两相体的状态。为了精确控制气液比，并且使进入试验件进口的汽液两相体比值满足要求，在节流闸阀后管路通径应一致，不能存在气体形成局部聚集的结构。

特别注意，高空试验是非常危险的试验项目，试验过程中对气液比的控制、监

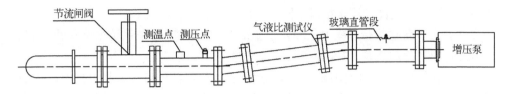

图 5.54　燃油泵高空试验原理图

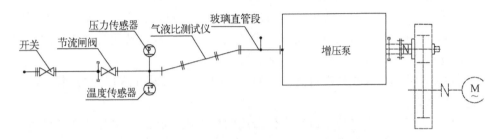

图 5.55　燃油泵高空试验安装示意图

测必须十分谨慎,切勿出现断油现象,增压泵高速运转过程中断油后,温度将会急剧升高,甚至达到 400℃ 以上,这是极其危险的状态。

试验设备设计及操作需遵守以下原则。

(1) 试验设备的油箱应足够大,以保证在试验过程中试件出口的油气在进入油箱后可以迅速分离,循环进入进口管路中必须保证为不含气体的液态燃油,燃油箱容积按照下列标准执行:① 最小燃油体积等于 2 min 内系统输出流量的燃油量再加 57 L;② 最大燃油体积等于 5 min 内系统输出流量的燃油量再加 57 L;③ 燃油箱容积应不小于上述燃油体积的 1.1 倍。

(2) 试验过程中由于温度对试验数据的影响比较大,因此燃油箱内的温度 T_1 和试件进口的燃油温度 T_2 之间的温差应不大于 1℃。

(3) 燃油箱液面与试件进口的高度差不大于 150 mm。

(4) 试验过程中由于管路沿程损失对产品进口压力的影响比较大,因此在进口管路中各种阀门全开状态下,通过规定的系统输出流量的燃油量时,油箱液面压力 P_1 和试件进口压力 P_2 之间的压力损失应不大于 6.665 kPa。

(5) 在进行高空试验过程中,由于产品进口压力较低时,燃油汽化后气泡破裂做功,产品温升会比较大,因此产品壳体表面应设计有表面温度传感器,用以实时监测产品温度,避免调试试验过程中温度较高而发生试验事故。

(6) 高空试验前应排除产品进口管路中存在的空气,避免试验过程中存留的气体对试验结果的影响,另外考虑气液比计的安装要求,因此产品进口处管路应与水平管路有 15° 的夹角。

(7) 为了便于试验过程中的状态监测,产品进口处应设计有一段不小于

300 mm 的玻璃直管段,用于拍摄不同进口压力下的流体状态。

（8）由于高空试验过程中试件处于非正常工作状态,整个系统温升较快,因此试验设备应有冷却装置,以保证产品试验时的进口温度 T_2。

（9）若使用汽-液比计算法进行高空试验,由于试件进口压力是根据温度按照 HB 6171－1988 中的方法计算出来的,试件进口温度必须严格控制在要求的范围之内,因此试验设备应能控制并保证试验过程中的温度公差在±2℃。

（10）由于高空试验过程中,试件的进口压力是用进口管路上的调节阀节流保证的,而此时试件对进口压力比较敏感,因此进口的调节阀应选用行程比较大而调节精度比较高的节流阀,建议选用不锈钢闸阀。

（11）若使用气液比计进行高空试验,气液比计应安装在进口压力调节阀后,靠近试件入口处。

（12）为了避免进口管路口径变化造成的燃油流动状态变化对试件进口压力的影响,试件进口管路与成件、测量元件等的内径应尽量保持一致。

3. 试验方法

试验应尽量模拟从发动机燃油进口到发动机燃油泵这一部分的燃油系统,应包括油管、接头、油滤和其他装置,以及燃油泵下游可能对泵有影响的任何燃油系统部件,如调节器等。气液比定义和计算符合 HB 6171－1988 要求。

涡扇涡喷产品按 GJB 241A－2010 执行,涡轴涡桨产品按 GJB 242A－2018 执行。某涡扇发动机燃油泵高空试验程序如下:

（1）按照产品性能检验要求进行试验件性能录取。

（2）按照 10 km 高度对应的状态录取试验件性能。

（3）设置试验条件,包括:

试验件工作状态设置,按照 10 km 高度对应的最大设计性能所需的流量和压力;

调节试验件进口气液比,气液比不小于 0.45;

调节试验件出口状态。

（4）正式开始试验 5 h。

（5）按照产品性能检验要求进行试验件性能录取,对试验件分解检查,评估试验件试验中产生的有害磨损和损伤。

4. 试验结果评定

（1）燃油泵功能正常,性能指标符合大纲要求。

（2）燃油泵分解检查无零件故障或隐患。

5.6.4　燃油泵超转试验

1. 概述

燃油泵超转试验的目的是验证燃油泵在转速超出额定转速一定数值后的安全

性。本试验主要基于结构完整性要求开展,考核燃油泵结构强度是否满足要求。MIL–STD–3024《推进系统完整性大纲》提出:设计必须也要有能力去支持不同潜在故障条件,例如超转和超温、包容性和叶片飞出、不平衡负载、喘振/失速事件;应分析所有安全和飞行关键的控制和子系统部件以满足出现异常工作条件和/或故障情景时项目需求,这些分析的例子包括对于超转、超温、超压、爆炸性大气、暴露于火和叶片脱落的设计裕度;所有的控制和子系统部件应考虑测试台和/或台架测试以验证在出现异常工作条件和/或故障情况下满足项目需求的能力,这些试验的例子包括超转、超温、考验爆裂压力、设计增长能力、性能裕度,以及升额/降额。

2. 试验系统原理组成

燃油泵超转试验通常用具备燃油泵转速驱动、燃油供给能力的功能性能试验器即可,试验器传动系统需要具备足够的驱动能力(转速、功率、扭矩)。

需要充分考虑试验不通过导致的风险,如燃油泵卡死、结构变形漏油等,做好软硬件防护,避免设备损坏和人员伤害。

3. 试验方法

通常的做法是,燃油泵在最大转速限控值的 115% 下工作 5 min;在 122% 的最大限控转速值工作 30 s。在 115% 转速工作时,部件不应出现永久变形;在 122% 转速工作时,部件不应出现断裂。试验分以下两步开展。

1) 115% 转速试验

在燃油泵起动前,调整泵进口压力和温度至燃油泵正常工作要求。将泵的转速依次调整至 48%、64%、80%、100%、115%,在每个工作点稳定后持续工作 5 min 并记录燃油泵的性能数据,各工作点出口压力条件需符合燃油泵实际工况。

试验后进行以下检查:

(1) 试验结束后,对试验件进行外观检查,记录紧固件有无松动、结构破坏现象等;

(2) 分解试验件,对零组件进行目视检查,重点检查零组件是否出现磨损或气蚀痕迹,并做相应记录;

(3) 对零组件进行精密计量并记录检测数据;

(4) 对零组件进行无损探伤检查,并做相应记录。

试验结果评定判据:

(1) 试验过程中,产品不出现明显异常,流量压力无突变;

(2) 试验结束后,齿轮、轴承、叶轮轴、主传动轴等不产生永久变形;

(3) 试验结束后经无损探伤检查的零组件未出现裂纹。

2) 122% 转速试验

将完成 115% 转速超转试验的燃油泵重新装配,并调试合格。在燃油泵起动前,调整泵进口压力和温度至燃油泵正常工作要求。先将泵的转速调整至 115%,再快速上升到 122%,停留 30 s,其间记录燃油泵的性能数据,然后将燃油泵转速降到 0,停止试验。

试验后进行以下检查:

(1) 试验结束后,对试验件进行外观检查,记录紧固件有无松动、结构破坏现象等;

(2) 分解试验件,对零组件进行目视检查,重点检查零组件是否出现磨损或气蚀痕迹,并做响应记录;

(3) 对零组件进行精密计量并记录检测数据;

(4) 对零组件进行无损探伤检查,并做响应记录。

4. 试验结果评定

分解检查中,未出现零部件断裂情况。

5.6.5　燃油超温试验

1. 概述

燃油超温试验目的是验证燃油附件短时工作在超出最高稳态工作温度一定数值后的安全性,考核其在可能的极限高温情况下还能保证系统安全。本试验同燃油泵超转试验一样,主要基于结构完整性要求开展,考核在短时超温异常工况下燃油泵结构强度是否满足要求。MIL－STD－3024《推进系统完整性大纲》中相应要求见 5.6.4。

2. 试验系统原理组成

燃油超温试验需要用到带燃油加温的燃油泵及液压机械装置功能性能测试台,试验台加温能力须满足超温试验要求中的温度要求。

因超温试验比正常的高温试验中燃油介质温度更高,需要特别注意高温防爆问题,对产品或试验管路可能因高温失效而产生的泄漏喷射等危害性事件做好预案,主要是做好消防和隔离防护,设备和试验件控制系统也要做好告警和紧停设置。试验中,严禁人员进入未经充分防护的燃油试验区域。

3. 试验方法

本试验无明确的标准规范规定,某项目在充分借鉴国外案例后,提出在最高工作燃油温度基础上增温 27.8℃(即 150℃),工作 5 min。

其燃油泵及液压机械装置超温试验过程如下:

(1) 将转速控制至 57.4%,打开燃油加热器,将燃油升温至齿轮泵出口 145～150℃;

(2) 将转速控制至 100%,开始燃油超温试验并保持 5 min,其间燃油温度最高达到 150℃以上;

（3）将转速控制至 57.4%，计量活门打开至最大，打开燃油散热器将燃油温度降至室温，停止试验器。

试验完成后，进行外观检查和性能检查，并记录监测数据。

4. 试验结果评定

（1）外观检查不应出现零件松动、结构损坏等异常现象；

（2）试验完成后，试验件主要功能不丧失。

5.6.6　耐压试验

1. 概述

耐压试验的目的是考核产品的耐压力强度。存储和传输燃油、液压油的部件应开展液压耐压力试验。连通高压气体的部件，应开展高压气体耐压力试验。

1）CCAR - 33R2 航空发动机适航规定

CCAR - 33R2 第 33.64 条发动机静承压件中关于强度给出了如下明确的要求：

强度。申请人必须通过试验、已验证的分析或两者结合的方法，确定承受较大气体或液体压力载荷的所有静子零件，可以稳定保持一分钟：

（1）当承受 1.1 倍的最大工作压力、1.33 倍的正常工作压力或者大于正常工作压力 35 kPa 的压力作用时，不会出现超过使用限制的永久变形，或者发生可能导致危害性发动机后果的泄漏；

（2）当承受 1.15 倍的最大可能压力、1.5 倍的最大工作压力或者大于最大可能压力 35 kPa 的压力作用时，不会发生破裂或爆破。

在满足本条要求时必须考虑：

（1）零件的工作温度；

（2）除压力载荷外的任何其他重要静载荷；

（3）代表零件材料和工艺的最低性能；

（4）型号设计允许的任何不利的几何形状。

2）SAE ARP 5757A 发动机部件试验指南中 5.21 耐压试验要求

耐压试验用于验证部件在承受最大流体压力时不会出现损伤或者外部泄漏，适用于传输或者包含燃油、滑油或者高压空气的所有部件。一般来说该要求对所有气体压力高于环境压力的气体处理部件均适用。

合格/失效判据应包括在试验条件下部件在指定限制条件下运行，通过检查确认未出现会导致失效的损伤。在指定限制条件下运行可以通过在运行时会遭受高流体压力的部件的符合性试验确认。此外，由于本试验一般只在部件的个别部分进行，可通过部件进行试验的部分在试验过程中功能保持正常来进行分析。

3）SAE ARP 5757A 发动机部件试验指南中 5.22 爆破压力试验要求

爆破压力用于验证部件承受最大流体压力时不会出现爆裂或者裂纹。当许用压力要求适用时,爆破压力要求也将适用。试验必须考虑部件的工作温度、材料特性、加工工艺和任何型号设计允许的不利几何条件。

合格/失效判据应包括通过检查确认部件未出现裂纹或爆裂。密封件处和密封面处的泄漏是允许的,但因容腔自身失效引发的泄漏是不允许的。部件试验后出现的损伤是允许的并不要求部件在试验后继续服役或者可修。

2. 试验系统原理组成

燃油泵及液压机械装置耐压试验需要工作态进行,所以试验一般在燃油泵及液压机械装置的功能性能试验台上进行,但需要充分评估压力上升带来的试验设备电机等负荷增大情况。压力可通过设计工装或后端节流憋压实现。

因耐压试验会超出正常试验压力,尤其是爆破压力试验,试验过程具有较大的风险,试验件本身及试验工装、管路均有可能出现爆裂,需要做好防护,考虑防爆、碎片冲击、燃油大量泄漏喷射等风险,做好试验风险预案,如出现爆裂后迅速泄压切油等。

3. 试验方法

一般情况下,耐压试验按照 1.5 倍最大工作压力进行,爆破压力试验按照 2.0 倍最大工作压力进行,燃油温度为最大稳态工作温度,持续时间均不小于 5 min。若同一部件不同容腔内最大工作压力不同,则应分别按照对应工作压力进行试验。

除按上述方法外,可依据 CCAR - 33R2 和 SAE ARP 5757 中的要求并结合产品具体技术要求确定试验方法,以某型号发动机燃油齿轮泵为例,试验件耐压试验和爆破压力试验方法的具体要求如下。

1)试验压力选取

a)强度

$$PP = MAX(1.1×MWP, 1.33×NWP, NWP+0.035) = 8.1 \text{ MPa}$$
$$UP = MAX(1.15×MPP, 1.5×MWP, MPP+0.035) = 11.3 \text{ MPa}$$

b)其他考虑因素

(1)零件的工作温度:

$$耐压试验温度系数(\alpha_{pp}): \alpha_{pp} = \sigma_{0.2试验温度} / \sigma_{0.2工作温度}$$
$$爆破压力试验温度系数(\alpha_{up}): \alpha_{up} = \sigma_{b试验温度} / \sigma_{b工作温度}$$

(2)除压力载荷外的无任何其他重要静载荷。

(3)代表零件材料和工艺的最低性能。

耐压试验材料和工艺系数(K_{pp})(实测的材料性能与最小性能之比,没有实测值就采用最大性能与最小性能之比):

$$K_{pp材料} = \sigma_{0.2实测} / \sigma_{0.2-MIN}$$

$$K_{\text{pp 制造}} = 1.15$$

$$K_{\text{pp}} = \text{MAX}(K_{\text{pp 材料}}, K_{\text{pp 制造}})$$

爆破压力试验材料和工艺系数(K_{up}):

$$K_{\text{up 材料}} = \sigma_{\text{b 实测}} / \sigma_{\text{b-MIN}}$$

$$K_{\text{up 制造}} = 1.25$$

$$K_{\text{up}} = \text{MAX}(K_{\text{up 材料}}, K_{\text{up 制造}})$$

(4)型号设计允许的任何不利的几何形状:

$$T = T_{\text{up}} = T_{\text{pp}} = 任何不利的几何形状的最厚实测值与最薄实测值之比$$

c)试验压力

$$\text{PP} = \text{MAX}(1.1 \times \text{MWP}, 1.33 \times \text{NWP}, \text{NWP} + 0.035) \times \alpha_{\text{pp}} \times K_{\text{pp}} \times T$$

$$\text{UP} = \text{MAX}(1.15 \times \text{MPP}, 1.5 \times \text{MWP}, \text{MPP} + 0.035) \times \alpha_{\text{up}} \times K_{\text{up}} \times T$$

2)试验步骤

(1)试验件正确安装,与在发动机上的安装方式一致;

(2)试验在室温条件下进行(20±5℃);

(3)按要求设置试验参数,保压时间至少1 min;

(4)试验前和试验过程中,观察到的任何泄漏应记录到试验报告中;

(5)完成耐压试验后进行试验后检查,继续完成爆破压力试验后再次进行试验后检查。

3)试验判据

a)耐受压力试验

(1)无可能导致危害性发动机后果的泄漏和渗漏;

(2)无可见裂纹;

(3)一般要求无大于0.2%的永久变形。

b)爆破压力试验

产品无破裂或爆破。

5.6.7　耐火试验

1. 概述

按适航和军标的要求,航空发动机控制系统燃油附件必须满足5 min 的耐火要求。当针对动力装置,如液体输送管路、易燃液体系统部件、线缆、空气管路、动力装置控制机构,耐火(fire resistant)指的是一种材料或部件,在高温或其他可能在特定区域发生并承受1 100℃(±80℃)的火焰5 min 的情况下表现出它固有功能。通常航空发动机燃油附件需要耐火 5 min,而航空发动机滑油系统附件则需要防火 15 min。

试验件工况应满足试验大纲中规定的特殊工况条件。若无特殊要求,试验件试验工况应选择实际工作中可能遇到的最苛刻工作环境作为稳态工作条件,即试验件的工作介质温度、流量和压力所能组成的最苛刻组合。试验件工况应为实际存在的发动机工况,而不是不同状态下不同极限应力的拼凑,否则极有可能因过试验而导致试验失败。

对于燃油泵及液压机械装置,最苛刻的试验工况组合一般为高温天空中的慢车工况,试验件进口介质温度通常都设定为最高进口介质温度。

火焰冲击位置通常选取试验件上防耐火能力最薄弱的位置,其位置的确定要综合考虑材料、密封特性、内部介质压力与流量、表面涂层、关键功能部位等因素。同时要考虑潜在火区的位置,识别不能被火焰直接冲击的位置或特征进行防护。原则上一个试验件只进行一个位置的防耐火试验考核,如果需要对多个面进行考核,可选择多个试验件进行。

对于燃油泵及液压机械装置来说,火焰冲击位置中心通常选择在有密封结构的结合面、接头部位或可能引起发动机危险事件发生的功能模块位置,如两个壳体的结合面、油液进出口接头、燃油停车电磁阀等部位。

火焰冲击位置在试验大纲中应进行明确。根据试验件火焰冲击位置选择水平火焰冲击、垂直火焰冲击或试验大纲要求的特殊角度火焰冲击。试验时,可根据具体情况调整试验件安装方位,在保证火焰冲击位置的前提下,可选择水平火焰冲击或垂直火焰冲击。

2. 试验系统原理组成

耐火试验系统由燃烧器、火焰温度校准设备、火焰热流密度校准设备、工况条件模拟装置、试验件测量系统(转速、流量、压力、温度等参数测量装置)、数据采集系统及消防和摄像等设备组成。燃烧系统设备相对位置如图 5.56 所示。

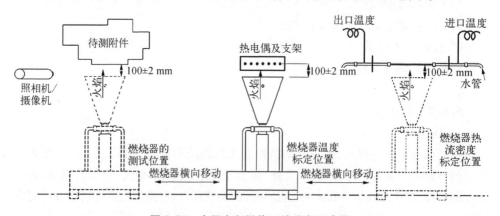

图 5.56　水平方向燃烧系统设备示意图

　　燃烧器是耐火试验中对被试件施加标准火焰的设备,分为气体燃烧器和液体燃烧器。根据 ISO 2685‑1998 的规定,液体燃烧器或具有同等功能的气体燃烧器均适用于本试验,建议使用 HB 6167.14‑2014 推荐的典型液体燃烧器,原因在于大型气体燃烧器燃烧剧烈程度不及液体燃烧器,而发动机实际着火时的火源燃料是液体燃料,采用液体燃烧器更加符合实际状况,美国适航局方也建议使用液体燃烧器。长远看来,液体燃烧器是趋势,国内外目前液体燃烧器也是主流,绝大多数的型号项目的防耐火试验都是使用液体燃烧器完成的。根据 GB/T 19839‑2005,液体燃烧器一般包含燃油雾化器、电磁阀、点火装置、燃烧器枪体、供风设备、锥形管和燃油供油设备,宜使用 3 号喷气燃料,典型液体燃烧器如图 5.57 所示。

图 5.57　典型液体燃烧器(水平火焰)

　　应用于试验的燃烧器主要指标要求如下:
　　(1) 连续工作时间不少于 30 min,并能保证火焰稳定性;
　　(2) 燃烧器应能根据试验件大小提供具有代表性的火焰覆盖范围;
　　(3) 燃烧器具有调节并保持供油和供气流量的功能,能保证燃烧器火焰达到标准火焰要求。

　　温度校准设备用于校准燃烧器的火焰温度,由支架、7 支火焰温度传感器、补偿导线及其他配件组成。按火焰方向要求,支架分为水平和竖直两型。

　　火焰温度传感器通常使用 K 型热电偶。热电偶金属丝直径应不超过 1 mm,如果采用金属护套,最大直径应不超过 3 mm。

　　将 7 支火焰温度传感器固定在支架上,位置要求如下:
　　(1) 每个热电偶间隔 25±5 mm;
　　(2) 热电偶支架高度应可调节,具体高度可根据燃烧器高度设定。

　　火焰温度传感器与燃烧器锥形管相对位置具体要求如下:

（1）7 支火焰温度传感器一字排开，其感温点形成的校准线应与燃烧器锥形管径向中心线平行；

（2）燃烧方向为水平方向时，校准线应高于燃烧器锥形管径向中心线 25±2 mm，此时正视图如图 5.58 所示；

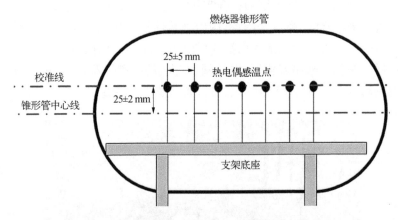

图 5.58　水平燃烧方向火焰温度传感器与燃烧器锥形管正视图

（3）燃烧方向为垂直方向时，校准线应与燃烧器锥形管径向中心线重合，此时俯视图如图 5.59 所示；

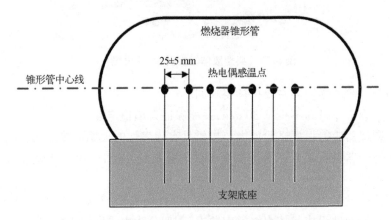

图 5.59　垂直燃烧方向火焰温度传感器与燃烧器锥形管俯视图

（4）水平/垂直燃烧方向时，校准线应与燃烧器锥形管端面直线距离为 100±2 mm，此时距离示意图如图 5.60 所示。

火焰热流密度校准方式有水管式热流密度校准和热流计法两种，宜采用 HB 6167.14－2014 和 HB 7044－2014 推荐的水管式热流密度校准法进行热流密度校准。

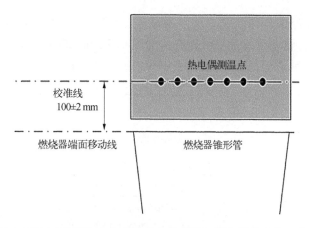

图 5.60　水平/垂直燃烧方向火焰温度传感器与燃烧器锥形管距离示意图

　　水管式热流密度校准装置主要由铜管、热防护板、温度计、流量计和辅助管路等部件组成,其中铜管直径为 12~13 mm,壁厚为 0.8 mm,长度为 380 mm,如图 5.61 所

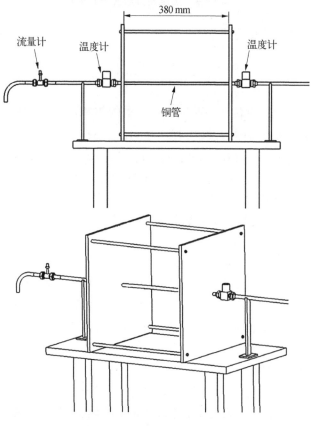

图 5.61　水管式热流密度计

示。通过测量流经铜管的固定流量水的温升,计算得到火焰的热流量密度。校准时,铜管与燃烧器锥形管端面直线距离应为100±2 mm,如图5.62所示。每次校准前应使用细钢丝绒清洁铜管表面,检查铜管内壁应无生锈且无水垢。

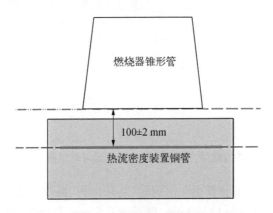

**图 5.62　水平/垂直燃烧方向热流密度校准
设备与燃烧器锥形管端面距离**

水管式热流密度计算公式如下:

$$q = \frac{q_v \rho c (T_2 - T_1)}{3.14 \times D \times L}$$

式中,q 为热流量密度,单位为 kW/m²;q_v 为水的体积流量,单位为 m³/s,通常取 $(6.33\pm1.67)\times10^{-5}$ m³/s,即 (3.8 ± 0.1) L/min;ρ 为在平均温度 $(T_1+T_2)/2$ 下水的密度,约 1 000 kg/m³;c 为在平均温度 $(T_1+T_2)/2$ 下水的比热,约 4.185 kJ/(kg·K);T_1 为热转换管入口处水温的时间平均值,单位为 K,水温通常控制在 283~294 K;T_2 为热转换管出口处水温的时间平均值,单位为 K;D 为热转换铜管的实际直径,单位为 m;L 为暴露于火焰的热转换铜管长度,单位为 m,通常按燃烧器锥形管出口宽度 0.28 m 计算。

热流计是一个圆箔式热流量计量器,具有适当计量范围(如 0~170 W/m²),测量误差为±3%。传感器的发射率不应低于 0.94。使用时应保证热量计端面与燃烧器出口锥平面平行,不应清洗传感器的表面,任何类型的清洁剂都有可能影响表面涂层的完整性以及校准的精确性。对于轻微的烟灰堆积,可使用空气压缩机将其表面吹干净。如果压缩空气不足以清除积聚的灰尘,那么将会对测量结果产生影响,不应在试验中使用。

3. 试验方法

对于燃油泵及液压机械装置,进行 5 min 的耐火试验。试验流程图 5.63所示。

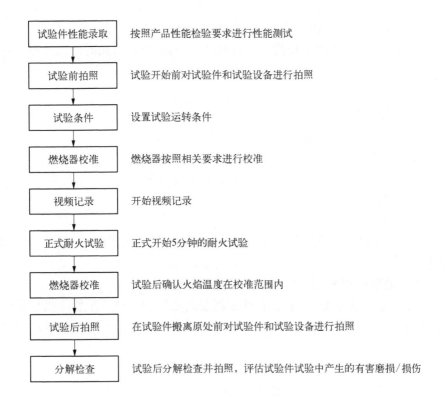

图 5.63　试验流程图

1）试验件性能录取

在进行耐火试验前，试验件已按产品性能验收规程完成性能录取和验收，相关指标符合要求。该试验在符合要求的性能测试台（验收台）上进行。

2）试验前拍照

对按试验连接要求安装在耐火试验设备上的试验件进行拍照，包括试验设备。拍照要不留死角，重点部位要有特写。

3）试验条件

按试验大纲要求设置试验件状态，包括转速、流量、压力、温度等。

4）燃烧器校准

燃烧器通过滑轨装置在试验件和校准装置间移动，正式试验前，火焰温度和热通量密度需要经过校准，符合要求。

5）视频纪录

开始视频纪录，采用 1 个或多个可遥控的高清摄像头进行视频纪录，摄像头安装在便于记录试验件试验情况的位置，且不受试验条件的影响。

6）正式耐火试验

（1）燃烧器从试验件下方移入试验件正下方，开始计时；

（2）第 4 分钟 59 秒将火焰（燃烧器）从试验件下方移开；

（3）对于含有停车电磁阀的液压机械装置，移开燃烧器同时试验件停车电磁阀通电，保持 5 分钟；

（4）关闭试验件驱动装置，电子控制装置断电。

7）燃烧器校准

试验完成后火焰温度和热通量密度需要经过校准，符合要求。

8）试验后拍照

在试验件下架和搬离原处前进行拍照，试验件除安装配合面外均要拍到，注意细节。包括试验设备也要拍照留存。

9）分解检查

对下架后的试验件进行分解检查，所有分解细节均须拍照。分解按产品相关规定进行，并评估试验件试验中产生的有害变化。

对于燃油泵及液压机械装置，试验通过准则通常如下：

（1）5 分钟着火试验期间，试验件不能泄漏燃油和导致一个发动机危险事件（发动机危险事件结合具体项目进行安全性分析后确定，如导致推力失控的部件失效等）；

（2）燃油计量流量能被停车电磁阀切断；

（3）当试验火焰移去后，试验件在试验条件下产生的火焰将自行熄灭；

（4）移除火焰后 5 分钟内，除了漏油口不能有明显的燃油泄漏，此时停车电磁阀通电。

5.6.8　叶片飞出冲击试验

1. 概述

叶片飞出冲击试验的目的是验证产品在遇到发动机叶片断裂时产生冲击作用下的结构完整性。本试验主要基于结构完整性要求开展，考核燃油泵及液压机械装置结构强度是否满足要求。MIL‑STD‑3024《推进系统完整性大纲》提出：设计必须也要有能力去支持不同潜在故障条件，例如超转和超温、包容性和叶片飞出、不平衡负载、喘振/失速事件。

2. 试验系统原理组成

燃油泵及液压机械装置叶片飞出冲击试验在工作态进行，需要考虑辅助燃油泵转速驱动和燃油供给，根据载荷量级可考虑在冲击试验器上进行。

在试验过程中，产生产品结构破坏的可能性很大，需做好充分的风险预案。

3. 试验方法

当发动机发生叶片飞出故障时，燃油泵及液压机械装置应能承受动不平衡负荷而不产生结构损坏，并具备控制切断燃油的能力。国内无开展此试验的经验和案例,也未有国外试验案例的报道,目前在某些项目中通过计算仿真来表明其符合性,产品受到的冲击负载量值由发动机方提出。某发动机项目提出当发生叶片飞出故障时,燃油泵-调节器应能承受动不平衡负荷(按照 120 g 过载、0.04 s,远离转子的部件可按照 60 g 过载、0.04 s 要求)而不产生结构损坏,并具备控制切断燃油的能力。

第6章
传感器及电气部件试验

6.1 概　　述

传感器和电气部件是发动机控制系统中的机电类部件,其中传感器用于测量发动机及控制系统各类控制和监控参数,表征发动机和控制系统的状态。电气部件用于发电和提供电源、传输各类模拟和数字电信号、进行电信号放大等。传感器和电气部件是发动机控制系统中的"眼睛"和"神经",在发动机控制系统中发挥着重要作用,其试验是控制系统研制中的重要环节,一般应根据传感器和电气部件原理特征,围绕与发动机环境及控制系统性能紧耦合的指标来开展。

6.1.1　传感器概述

目前,在控制系统中得到广泛应用的传感器种类有转速传感器、温度传感器、压力传感器、位移传感器、扭矩传感器、振动传感器、喘振探测传感器、火焰探测器、金属屑末传感器等,下文简要介绍其中常用传感器的原理和主要技术指标。

1. 转速传感器原理与主要技术指标

常用的转速传感器从原理上分有光电式、磁电式、霍尔式、测速发电机式等几类。考虑到可靠性,在航空发动机控制系统上得到广泛应用的是磁电式转速传感器和测速发电机式转速传感器。对于测速发电机式转速传感器,一般采用交流发电机形式,其输出交流电压的幅度和频率均与转速相关,交流电压的频率信号即可反映转速大小。由于磁电式转速传感器兼有耐高温、非接触式测量、脉冲信号输出等特性,从而成为航空发动机转速测量的主流选择。

磁电式转速传感器原理与结构如图 6.1 所示。采用磁电式转速传感器的转速测量组件包括一个采用铁磁性材料制成的带齿的音轮(由发动机转子带动旋转)和一个转速探头,转速探头的核心由铁芯、永磁体以及环绕在铁芯上的线圈组件构成。当音轮转动,轮齿的齿顶和齿谷交替掠过转速探头时,由于气隙的变化,转速探头和音轮构成的磁路上的磁阻发生交替变化,导致磁感应强度发生交替变化,从而在线圈上产生交变的感应电动势,该电势的频率与转速成正比。

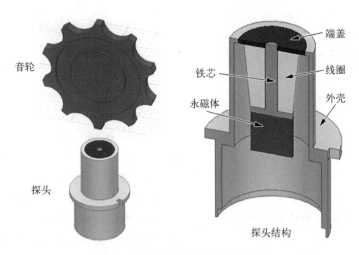

图 6.1　磁电式转速传感器测量组件

通常采用交流电动势的频率量表征转速大小,其公式如下所示。

$$f = \frac{n \times z}{60}$$

式中,n 为被测轴的转速;z 为测速齿轮的齿数。从上述公式可知,传感器输出波形的频率与被测轴的转速和测速齿轮的齿数相关,在齿数确定后,输出信号的频率仅与转速有关,因此,通过测量输出信号的频率,便可计算出被测轴的转速。

转速传感器的主要技术指标如下。

1)阻抗-频率特性

磁电式转速传感器工作时可等效为一个含有内阻的电压源,考虑传感器线圈电感及分布电容的电路模型如图 6.2 所示。随着频率的提高,转速传感器的阻抗增加,由于阻抗中包含的感抗特性容易和自身电容及发动机长线电缆的分布电容等因素构成 LCR 谐振电

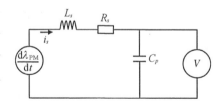

图 6.2　转速传感器的电路模型

路,可能引起特定转速段的谐振,为便于信号接口电路及电缆的设计和选用,通常应规定转速传感器的阻抗-频率特性指标。

2)幅值-频率特性

为了提高抗干扰性性能,转速传感器的信号处理电路输入阻抗不宜太大(否则信号电流太小易受干扰),同时由于转速传感器自身的阻抗-频率特性,会导致转速传感器在带负载之后的输出幅值会存在较大的变化,给信号处理电路带来了一些挑战,因而一般要规定特定间隙下的幅值频率特性,使得在最小最大转速下,转速传感器输出信号幅值满足信号处理电路的要求。

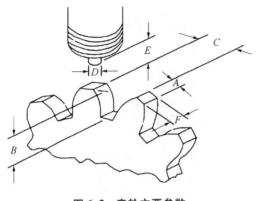

图 6.3　音轮主要参数

3）间隙-幅值特性

转速传感器输出信号受多种参数影响，主要影响因素如图 6.3 所示。图中 A 为齿宽，B 为齿高，C 为槽宽，D 为探头直径，E 为间隙，F 为齿厚。当其他参数不变时，空气间隙 E 直接决定了转速传感器的输出信号幅值大小。发动机旋转部件高速旋转过程中，由于偏心或安装误差等因素，音轮的转动并不平稳，间隙 D 会存在一定的变化，如果间隙过大，低转速下输出幅值过小将导致信号处理电路不能正常捕获到波形，因而间隙-频率特性往往有明确规定。

4）总谐波畸变率

由于齿形特征的限制，转速传感器输出信号通常存在较大的高次谐波。随着转速逐渐升高，原始信号中的高次谐波频率可能接近电路模型的 LCR 谐振频率，信号中高次谐波幅值变大，相位角发生变化，在转速信号的时域中表现为畸变，如图 6.4 所示。

原始信号时域及频域图　　　　高次谐波谐振　　　　畸变信号时域及频域图

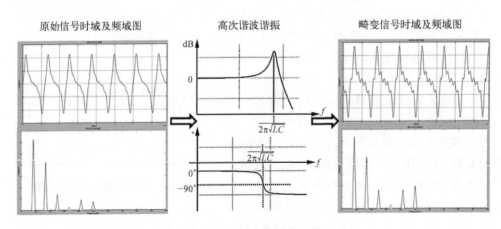

图 6.4　转速信号畸变过程

由于发动机常见的转速信号处理电路是采用比较器得到方波后进行测频或测周来计算的，当转速信号中的谐波幅值过大时，会导致转速信号处理电路比较器误动作，谐波将被当成一个正常的波形而被响应，从而给转速测量带来了问题，其过程如图 6.5 所示。

因而，规定转速传感器的总谐波畸变率十分重要。总谐波畸变率通常定义为谐波含量的均方根值与基本分量的均方根值之比。有时为了方便测试，工程上也

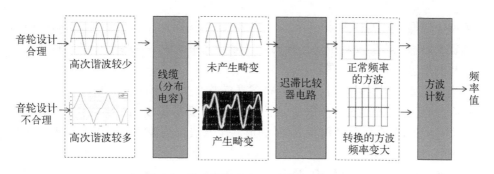

图 6.5 转速信号畸变导致转速采集异常

规定一定气隙和一定频率范围内,二次或三次谐波的幅值不应超过规定的范围。

2. 温度传感器原理与主要技术指标

发动机上常用的温度传感器有热电偶、热电阻两类。热电偶温度传感器通常用于测量涡轮后的排气温度,最高测量范围一般在 1 000℃以上。由于铠装热电偶具有能弯曲、耐高压、热响应时间较快和坚固耐用等优点,在航空发动机控制系统中获得了广泛应用,常用的热电偶温度传感器如图 6.6 所示。

图 6.6 热电偶温度传感器

热电偶传感器的基本原理是金属之间的热电效应,如图 6.7 所示,两种不同的导体或半导体材料 A 和 B 组成闭合回路,如果 A 和 B 所组成回路的两个接合点处的温度不相同,则回路中就有电流产生,说明回路中有电动势存在,这种现象叫做热电效应,也称为塞贝克效应。由此效应所产生的电动势称为热电动势。

热电动势的大小受导体 A 和 B 材料的性质和接触点的温度影响。组成闭合回路的 A 和 B 称为热电极。两个连接点中,温度较高的一端称为工作端或热端(图 6.7 中 T 端),测温时将它置于被测温度场中;另

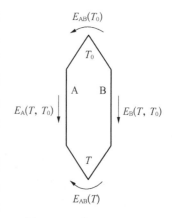

图 6.7 热电效应示意图

一个温度较低端称为自由端(亦称参考端)或冷端(图 6.7 中 T_0 端),测温时将自由端置于某一恒定温度场中。这种由两种导体或半导体组合起来将温度转化为热电动势的传感器称为热电偶。

当没有冰点恒温装置时,则可以将参考端置于大气中或者某些可以设定温度的场合,然后读取万用表的读数后,通过查表便可获得温度值(为 $T_1 - T_0$),然后再加上参考端的温度值 T_0 即可得到 T_1 的值。该方法在实验室里使用万用表配合热电偶测温时较为常见。

在航空发动机控制系统中,热电偶的应用模型如图 6.8 所示。

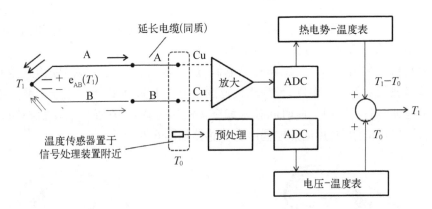

图 6.8　带数字采集热电偶应用模型

由于热电偶传感器的航空连接器输出端不便设置测温传感器,于是采用与热电偶材料近似相同延伸电缆的方式,将需要测量的温度点移至便于测温的地方,如图 6.8 所示的信号处理装置的内部。注意须使测量 T_0 的温度传感器尽量靠近延长电缆与信号处理电路内的铜导线的节点,若不便安装时,则可使用与延长电缆相同材料的补偿插针和内部补偿延长线连接至信号处理板上。在电路板上的电气连接处布置测温传感器,可以减少误差。

通常,考虑介质耐受性、测温范围,同时兼顾成本和精度,航空发动机上常使用 K 分度热电偶,其正极材料为镍铬,负极材料为镍硅。考虑到延长导线的负极和热电偶负极材料不同,其最大误差可达±4℃,因此航空发动机上的延长电缆通常采用与热电偶材料完全相同的镍铬-镍硅电缆来提高测量精度。

有关专业介绍测温热电偶的内容,读者可以参考 ASTM 温度测量 E-20 委员会和热电偶第Ⅳ小组委员会主编的《测温热电偶应用手册》。

热电阻温度传感器是根据铂等金属材料的阻值随温度升高而增加的特性来测量温度的,通常用于测量发动机风扇和压气机进口气体温度、燃油或滑油系统温度等,其测量范围较小(-200~500℃),如图 6.9 所示。由于连接导线的阻值也会随环境温度的变化而变化,因此测量电路中一般采取三线制或四线制消除连接导线对测量准确度的影响。

热电阻温度传感器的工作原理为:当金属的成分和加工情况保持不变时,其电阻仅与温度有关,即一定条件下的电阻与温度成一定的函数关系。绝大多数金属的电阻值随温度而变化,温度越高电阻越大,即具有正的电阻温度系数,其关系式如下式所示。

图 6.9　热电阻温度传感器

$$R_t = R_0(1 + At + Bt^2 + Ct^3)$$

其中,R_t 是热电阻在 t℃时的电阻值;R_0 是热电阻在 0℃时的电阻值;A、B、C 为常数。表征关系常被称为分度表。

通过研究发现,金属铂(Pt)的电阻值随温度变化而变化的规律具有很好的重现性和稳定性,并且由于金属铂具有物理和化学性能非常稳定、耐氧能力很强、工作温度范围宽、电阻率较高、易于提纯、复制性好、容易加工(可制成极细的铂丝或极薄的铂箔)等突出优点,是目前制作热电阻的最佳材料。发动机控制系统绝大多数热电阻温度传感器也均为铂电阻温度传感器。

按 IEC 751 国际标准,铂电阻的温度系数 TCR = 0.003 851,Pt100($R_0 = 100 \, \Omega$)、Pt1000($R_0 = 1\,000 \, \Omega$)为统一设计型铂电阻,也有 Pt50、Pt200 等不常用的规格。TCR = $(R_{100} - R_0)/(R_0 \times 100)$,其中分度号为 Pt100 的铂电阻,0℃时标准电阻值 R_0 为 100.00 Ω,100℃时标准电阻值 R_{100} 为 138.51 Ω;同理分度号为 Pt1000 的铂电阻,0℃时标准电阻值 R_0 为 1 000.0 Ω,100℃时标准电阻值 R_{100} 为 1 385.1 Ω。

铂的纯度用 $W(100)$ 表示,其关系式如下:

$W(100)$ = 1.391 时,A = 3.968 47 $\times 10^{-3}$/℃,B = $-$5.847 $\times 10^{-7}$/℃^{2},C = -4.22×10^{-12}/℃^{4};

$W(100)$ = 1.389 时,A = 3.948 51 $\times 10^{-3}$/℃,B = $-$5.851 $\times 10^{-7}$/℃^{2},C = -4.04×10^{-12}/℃^{4}。

热电阻温度传感器主要指标包括允差检定、自热误差、绝缘电阻等。其中和控制系统关联比较紧密的主要技术指标如下。

1) 时间常数

发动机上相关介质的温度的测试,绝大多数采用接触式温度传感器,只有温度传感器与被测介质达到热平衡后,传感器反映的温度值才是所需测试介质的温度。

在传感器时间常数的实际测试中,我们常用温度传感器对阶跃温度的响应来描述其动态响应特性,一般规定传感器在介质发生温度变化的情况下,传感器采集温度上升到63.2%所需要的时间。传感器的响应时间或时间常数不但与传感器本身的材料、构造有关,还与被测流体、使用和校准工况都有关系。

2) 总温恢复误差(总温传感器)

温度传感器在测量发动机工质时,由于气流是实质气体带有黏性,气流动能在传感器的测量段不能完全转换为热能,使得传感器的指示温度低于实际的气流总温,从而产生速度恢复误差,称之为总温恢复误差。

3. 压力传感器原理与主要技术指标

航空涡轮喷气发动机的相关截面压力的测量对发动机控制、安全限制十分重要,目前在航空发动机压力测量领域,主流解决方案为基于微机电系统(MEMS)技术的硅压阻压力传感器;对于高温测量场合,电感式压力传感器仍然存在。这里简单介绍 MEMS 硅压阻压力传感器,电感式压力传感器的相关内容在后续喘振传感器小节进行介绍。

MEMS 硅压阻压力传感器和其他压阻式压力传感器的主要区别是使用蚀刻的硅杯作为感压膜片及基座固支,代替了机械加工的金属或陶瓷膜片,并且在硅衬底的正面扩散电阻和背面蚀刻硅杯,没有将力敏元件烧结或溅射在感压膜片上,力学结构更简单,性能更优异,其迟滞、重复性、非线性指标更好。由于其易于与微电子元器件集成的特点及低成本优势,逐渐成为压力测量领域的主流解决方案。

考虑介质兼容性和可靠性要求,航空发动机上常用的是充油隔离气密性封装的硅压阻压力传感器,其原理如图6.10所示。其主要零组件的功能为:耐腐蚀的

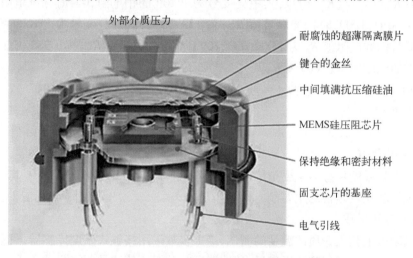

图 6.10　MEMS 硅压阻压力传感器(敏感器件)原理图

超薄金属隔离膜片感受外部介质压力,并隔离外部介质对内部微电子零件的影响。在隔离膜片的下方,填充有稳定的、杨氏模量极高的硅油或氟油,用来传递膜片承受的压力,并将此压力均匀地作用在 MEMS 硅压阻芯片上。

　　工作时,硅压阻芯片感受硅油传递过来的压力,硅压阻芯片上的硅薄膜相应的区域产生应变,应变区的电阻条感受应力,其压阻系数发生变化,从而改变了电阻。四个电阻条组成惠氏通电桥后,在激励电源的作用下,便可以输出与压力成比例的电压信号,其测压的功能模型见图 6.11。

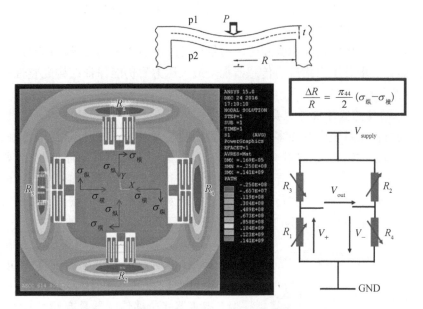

$$\frac{\Delta R}{R} = \frac{\pi_{44}}{2} (\sigma_{纵} - \sigma_{横})$$

图 6.11　MEMS 硅压阻压力传感器测压的功能模型

　　硅压阻压力传感器的主要技术指标在 GJB 4409‐2016 中有具体规定,主要包括输入输出阻抗、常温输出特性、高低温输出特性等。但在控制系统中,硅压阻式压力传感器的主要技术指标如下。

　　1)不可校准误差

　　主要指重复性、压力迟滞、温度迟滞等不能被电路或软件校准的误差。发动机上某些压力参数要求较高的测量置信度,由于技术条件或成本的限制,当压力传感器自身不能进行高精度数字信号校准时,则利用发动机数字电子控制器的信号处理能力对压力传感器的信号进行实时的软件校准。由于软件校准对温漂、非线性误差具备很高的补偿能力,但对于压力重复性、压力迟滞、同一压力下的温度重复性和温度迟滞等误差不能很好地消除,因而这些误差被视为不可校准误差。

　　2)通道间的一致性

　　主要指多通道压力传感器的各通道对同一压力输入时的输出的差异,该指标可用于故障检测时的比较等用途。

3）短期稳定性

由于长期稳定性在产品规范中专门考核,短期稳定性在一定温度的通电状态下,按照一定的时间间隔,在数日的周期内评价压力传感器输出结果的漂移情况。

4）疲劳寿命

指输入压力交替变化的情况下,压力传感器能够承受足够多的次数而不发生疲劳损坏或漂移的能力。通常用于较高压力且压力呈长期脉动变化的场合。

5）过载及爆破压力

过载指压力传感器在承受超过压力量程之外的压力后仍能满足原有压力测量性能的能力。爆破压力指压力传感器承受最大压力后仍能保证结构完整性的能力（不要求测量性能）。

4. 位移传感器原理与主要技术指标

发动机控制系统中存在多个几何位置控制装置,包括燃油计量活门控制装置、喷口喉道面积控制装置、导叶角度控制装置等,为了实现位置闭环控制,需要将计量活门位置、喷口喉道面积、导叶角度位置等进行实时测量和反馈。此外,油门杆或总距杆的角度也需要位移传感器来测量并作为控制系统指令输入。目前常用的位移传感器有电位计式、差动变压器式、正余弦解算器式。

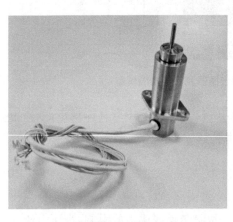

电位计式位移传感器由于存在使用磨损,长期使用的可靠性较差,目前在航空发动机控制系统中应用较少。正余弦解算器式位移传感器具有测量精度高、抗干扰能力强的特点,但调制解算电路较复杂。目前在航空发动机控制系统中广泛应用的位移传感器是差动变压器式（LVDT 或 RVDT）。差动变压器式、正余弦解算器式位移传感器均是基于互感原理测量位移的,实际使用时在原边施加交变的激励电流,在副边检查两个线圈感应电势的幅度差,该幅度差与铁芯的位移量

图 6.12   线性差动变压器式位移传感器

成正比。图 6.12 为某型线性差动变压器式位移传感器的实物图。

线性差动变压器式位移传感器（LVDT）于 1940 年由 G. B. Hoadley 获得专利,RVDT 基本原理与 LVDT 相似,不同的是 LVDT 是铁磁性磁心作直线运动,因而用来测量线位移,而 RVDT 铁磁性磁心绕转轴旋转,用来测量角度位移。

LVDT 的测量原理是将非电量的变化转换为线圈间互感的变化,很像变压器

的工作原理,且多采用差动形式,故称为差动变压器。在理想情况下(忽略线圈寄生电容及衔铁损耗),差动变压器的等效电路如图6.13所示。图中,1为初级线圈激励电压;L_1、R_1分别为初级线圈的电感和电阻;M_1、M_2分别为初级与次级线圈1、2间的互感;L_{21}、L_{22}分别为两个次级线圈的电感;R_{21}、R_{22}分别为两个次级线圈的电阻。次级线圈感应电势分别为

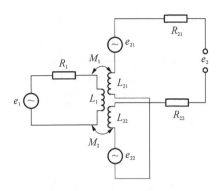

图 6.13　差动变压器的等效电路

$$\dot{E}_{21} = -j\omega M_1 \dot{I}_1$$

$$\dot{E}_{22} = -j\omega M_2 \dot{I}_1$$

$$\dot{E}_2 = \dot{E}_{21} - \dot{E}_{22} = -j\omega(M_1 - M_2)\dot{I}_1$$

当衔铁在中间位置时,若两个次级线圈参数及磁路尺寸相等,则$M_1 = M_2 = M$,所以$\dot{E}_2 = 0$

当衔铁偏离中间位置时,$M_1 \neq M_2$,由于差动作用,所以

$$M_1 = M + \Delta M_1$$

$$M_2 = M - \Delta M_2$$

在一定范围内,$\Delta M_1 = \Delta M_2 = \Delta M$,其差值$(M_1 - M_2)$与衔铁位移成比例,在负载开路情况下,输出电势为

$$\dot{E}_2 = -j\omega(M_1 - M_2)\dot{I}_1 = -j2\omega\frac{E_1}{R_1 + j\omega L_1}\Delta M$$

差动变压器输出电势与衔铁位移之间的关系如图6.14所示:图中e_{21}、e_{22}分别为两个次级线圈的输出电势;e_2为差动输出电势,x表示衔铁偏离中心位置的距离。

LVDT型位移传感器的主要技术指标如下。

1)行程范围

电气行程范围直接决定了位移传感器的位移测量范围,需有明确规定。此外,有时也规定机械行程范围。

2)零位电压

零位电压指传感器在基准电气零位位置时的差动输出电压,零位电压作为一个基准值,直接决定了其他位移点的输出电压,因此需将零位电压规定在一定范围内。

3)输出相位

动子铁芯由基准电气零位位置向外伸出或者向里收缩时,两个输出线圈电压

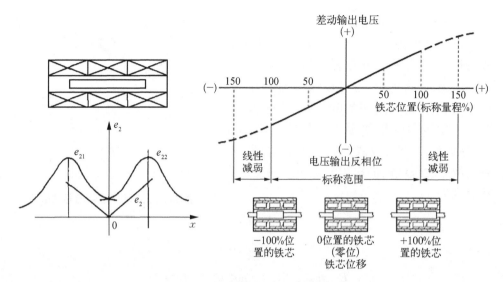

图 6.14　差动变压器的输出特性

值变化应满足设计要求。通常规定向外伸时为工作量程的正行程方向,正向移动时,V_A 幅值增大,V_B 幅值减小。

4) 灵敏度

传感器输出的变化量(差动输出电压与和值输出电压比值)与传感器输入的位移变化量之比,即传感器灵敏度的输出特性曲线的斜率。需给出输出梯度要求,单位为 $V/(V \cdot mm)$ 或 $V/(V \cdot °)$。

5) 电气误差

电气误差通常规定一个误差带,是指由于传感器本身的种种原因,造成其输出值与规定的基准线或曲线的最大偏差区域。

6) 重复性

在相同条件下,对传感器输入的位移量按同一方向连续多次测量时所得结果之间的符合程度。位移传感器实际使用中,为了获得更高精度,通常会对传感器进行标定后使用。标定会减小传感器非线性误差的影响,但无法减小重复性误差的影响,因此需规定重复性误差。

7) 温漂

在规定的温度范围内,由于温度变化而引起的被测量值输出的误差。

8) 通道间交叉干扰

对于多通道传感器,任一个通道通电时对其他未通电通道产生的感应电压与满量程输出特性用百分比表示,即为通道间交叉干扰。

5. 振动传感器原理与主要技术指标

测量发动机振动主要有磁电式动圈速度型传感器和压电式加速度传感器两种

解决方案。由于磁电式动圈速度型传感器体积大、频响低、高温性能差、寿命短,在航空发动机上的应用越来越少。目前主流的解决方案是采用压电式加速度传感器测量发动机相关部件的振动,其主要有如下优势:

(1) 非常宽的频率范围;

(2) 在很宽的动态范围内具有良好的线性;

(3) 加速度信号通过电子线路的积分可以得到速度和位移数据;

(4) 由于是自发电的,无需外部电源供电;

(5) 无活动部件,因而坚固耐用;

(6) 极其紧凑且有很高的灵敏度质量比。

压电式加速度传感器的原理和实物剖视图见图 6.15。其工作过程为:传感器内部的质量弹性阻尼系统在外部加速度作用下产生受迫振动,采用刚性连接的压电陶瓷质量块,由于压电效应,在强迫振动的作用下,压电陶瓷元件产生与加速度成比例关系的电荷,采用专门的技术测量电荷的多少,便可以测量出外部的加速度。

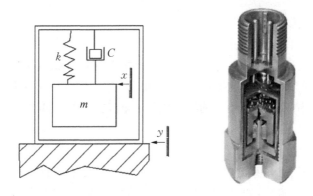

图 6.15　压电式加速度传感器原理及实物图

压电式加速度传感器的主要指标包括电荷灵敏度、横向灵敏度、幅值线性度、灵敏度频率响应、电容等。由于发动机工作场合温度范围较宽,因而灵敏度温漂指标也需要关注。

1) 电荷灵敏度

指传感器在测量轴向上的输出电荷与输入的被测量(加速度)的比值,表征传感器的输出特性,其单位为 Pc/g。

2) 灵敏度温漂

由于发动机工作温度范围宽,在高温下,压电元件的性能有所漂移,灵敏度温漂则规定温度范围内灵敏度的变化情况。图 6.16 为特定频率和加速度下,某型高温振动传感器的灵敏度温度响应曲线。

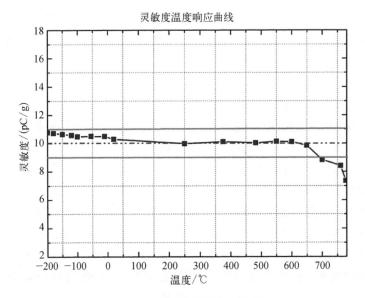

图 6.16　灵敏度温漂响应曲线

3）横向灵敏度

传感器的横向灵敏度是指传感器受到垂直于其安装轴向的加速度时,其输出的最大灵敏度值,通常是以它与主轴线方向灵敏度的百分比值来表示,也称为横向灵敏度比,一般不大于电荷灵敏度的 5%(30 Hz 时),即横向灵敏度比不大于 5%,需要注意的是,横向灵敏度和主轴线的安装共振频率有关,随着频率的增加,该指标将所有增加。

4）幅值线性度

线性度是任何测量系统的基本要求。在传感器要求的频率和动态范围内,压电加速度传感器的输出应与输入的加速度成线性关系。一般用于振动测量和冲击测量时,幅值线性度误差不大于 5%。

5）灵敏度频率响应

频率响应是指振动传感器整个频率范围对其输出响应的影响大小,通常定义为相对于参考灵敏度的一个允许误差范围。共振频率是指传感器频率响应中输出灵敏度最大的频率点。在工作频率范围内,传感器灵敏度频率响应幅值偏差不大于 ±5%,共振频率一般不小于 15 kHz。

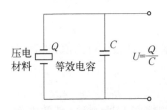

图 6.17　压电加速度传感器电路模型中的等效电容

6）电容

压电加速度传感器的模型如图 6.17 所示,其等效电容对后续的信号处理电路的设计和选择有影响,故通常要规定传感器的电容。

6. 喘振传感器原理与主要技术指标

发动机喘振信号测量是控制系统实现喘振控制的基础,当前采用电感式原理的喘振传感器仍在大量使用。喘振传感器内部结构类似于变压器,主要由受感器组合、弹簧片组合、铁芯连线圈组合、外罩等组件及相关零件组成,结构和原理如图6.18所示。受感器组合中的膜片作为压力敏感元件,感受被测压差,膜片产生位移带动中心杆上下移动,改变磁路间隙,若主线圈电压不变,则副线圈输出电压会随磁路间隙变化而变化。传感器的两只线圈接交流电桥的相邻两臂,另外两个桥臂由电阻组成,整体构成了全桥,由交流电源供电,在电桥的另一对角端即为输出的交流电压。

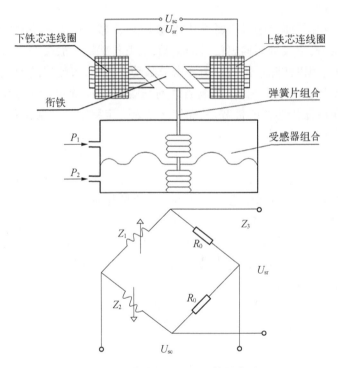

图 6.18　传感器原理图及等效电路

在起始位置时,衔铁处于中间位置,两边的气隙相等,因此两只电感线圈的电感量在理论上是相等的,电桥的输出电压等于0,电桥处于平衡状态。

当衔铁偏离中间位置向上或者向下移动时,造成两边气隙不一样,使两只电感线圈的电感量一增一减,电桥就不平衡。电桥电压的输出幅值大小与衔铁移动量的大小成比例,其相位则相反。因此,通过测量其输出电压的大小和相位,就能决定衔铁位移的大小和方向。表征喘振压差信号的衔铁位移与电桥输出电压之间的关系曲线如图6.19所示。

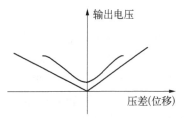

图 6.19　压差-位移与电桥输出
电压之间的关系曲线

除了一般机电式传感器的输入输出阻抗、绝缘电阻等常规指标外,由于喘振传感器的结构原理及使用场景的宽温域、动态压力(差)的特点,喘振传感器的主要技术指标如下。

1) 输入输出特性的温漂误差

喘振传感器工作环境温域较宽,且由于信号处理电路很难对喘振传感器的温漂进行补偿,因而喘振传感器的输入输出特性的温漂误差是一个较为重要的指标。

2) 动态特性

发动机喘振时,压差信号有时变化比较剧烈,为减少压力脉冲对传感器结构件的过载冲击影响,以及抑制输出信号的扰动,喘振传感器一般会在输入的压力通道中安装节流器,用以滤除过快的压力冲击或脉动。但是,节流器的流阻过大也会影响喘振压差传感器的动态响应,影响后续的判喘阈值的测量。而动态特性测试则可以用来评价喘振传感器的带宽,从而使之既能一定程度上抑制压差的脉动,同时又不影响喘振信号的测量。

3) 过载特性

喘振传感器的内部压力敏感元件,在多次压差负荷下,其输出特性可能存在漂移,因此通过过载特性评价传感器在压差负载下的稳定性。

4) 气密性

由于喘振传感器依靠密封圈实现内部活动零件的密封,依靠压力膜盒来实现两个压力腔的隔离,一旦气密性失效,传感器的压力基准将出现问题,故气密性是喘振传感器的重要指标。

7. 金属屑末传感器原理与主要技术指标

金属屑末传感器由电感线圈构成,由于电磁感应的作用,磨粒对磁场会产生影响,引起磁场磁通量的变化,通过检测该变化可以了解磨粒的特性。该类型传感器最典型的代表为加拿大 GasTops 公司开发的测量油液中金属磨粒的 Metal-SCAN 传感器。传感器包括 3 个线圈,它们都缠绕在一个磁惰性的导管上,导管中通过油液,其中两边的线圈为激励线圈,中间线圈作为测量线圈。两边的线圈缠绕方向相反,当它们通过交流电以后,在中间测量线圈上产生的磁通相互抵消为零,当有磨粒通过导管时,会引起测量线圈失衡,其内部磁场发生变化,磁场变化的幅值转换成电压信号,该信号的相位和幅值分别代表了磨粒的材质和大小。金属屑末传感器的结构见图 6.20。

在实际应用中,为提高传感器的灵敏度,传感器激励常采用 LC 谐振的方式,为此传感器的激励端和反馈端会增加并联电容,其结构模型如图 6.21 所示。

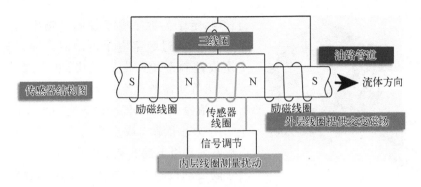

图 6.20　金属屑末传感器结构

金属屑末传感器的主要技术指标如下。

1）可检测屑末尺寸与检出率

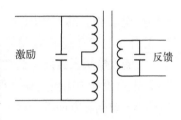

图 6.21　金属屑末传感器信号处理结构模型

金属屑末传感器通常对铁磁性和非铁磁性屑末检测能力分别提出了指标要求,屑末根据大小进行分档,检出率为屑末传感器识别出每个档位的颗粒数量除以该颗粒测试次数,随机误差为屑末传感器识别出的颗粒大小与颗粒真实大小的差值,同时也规定了不同尺寸规格的屑末检出率和随机误差,该指标通常和屑末信号处理电路结合在一起考核。

某型金属屑末传感器的技术指标如下:

(1)铁磁性屑末尺寸:125~300 μm,检出率≥80%,随机误差≯±30 μm。

(2)铁磁性屑末尺寸:>300~500 μm,检出率≥90%,随机误差≯±50 μm。

(3)铁磁性屑末尺寸:>500 μm,检出率=100%,随机误差≯名义值的±10%。

(4)非铁磁性屑末尺寸:500~700 μm,检出率≥80%,随机误差≯±70 μm。

(5)非铁磁性屑末尺寸:>700 μm,检出率=100%,随机误差≯名义值的±10%。

2）振动误差

实际应用中发现,当屑末传感器发生振动尤其是轴向振动时,其输出信号容易受到干扰,使得屑末测量系统的检出能力下降,因而通常规定一定振动条件下,屑末测量系统对于标准屑末颗粒的额外检出误差。

6.1.2　电气部件概述

1.交流发电机原理与主要技术指标

发动机控制系统用交流发电机专门用于发动机控制系统供电,如图 6.22 所示。其一般由多绕组定子和永磁体转子组成,转子安装在发动机附件机匣输出轴上,定子安装在附件机匣壳体上,发电机通过附件机匣输出轴带动转子高速运转进

图 6.22 交流发电机

行发电,定子为数字电子控制器输出宽范围三相交流电,通过数字电子控制器内部整流电路变换成控制系统中电路模块、电磁阀、作动装置、点火等所需的直流或交流电源。

交流发电机为永磁式交流同步发电机,定子采用双绕组结构或多绕组结构,典型交流发电机在发动机上的安装如图 6.23 所示。发电机转子随发动机附件机匣传动轴驱动旋转时,粘接在转子轴套上的磁钢产生稳定旋转磁场,定子上两套独立电枢绕组分别切割磁力线产生三相感应电动势。其工作原理为闭合电路一部分导体在磁场中做切割磁力线运动时,导体中会产生感应电动势,其值可用公式(6.1)进行分析计算。发动机控制系统用交流发电机根据高安全性的要求,需要能够长期进行短路而不发生过热起火等故障,电机设计中需要选择合理的极槽配合和线圈匝数,并通过增加绕组电阻及漏抗和减小负载电势方面综合设计,调整发电机负载特性曲线,从而减小短路电流。

$$E = B \times L \times v \times \cos \theta \tag{6.1}$$

式中,E 为感应电势,单位 V;B 为磁场的磁感应强度,单位 T;L 为导线长度,单位 m;v 为导体相对磁场的运动速度,单位 m/s;θ 为磁场方向与导线运动方向之间的

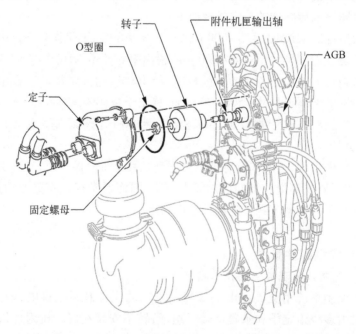

图 6.23 交流发电机在发动机附件机匣上安装示意图

夹角,单位°。

交流发电机通过电连接器实现与外界电气设备的电气连接,当转速不小于固定转速(一般为风车转速)时,发电机产生的三相交流电经过数字电子控制器的功率变换模块实现整流稳压切换,为发动机数字电子控制系统提供稳定的直流电源。发电机为控制器供电的工作原理如图 6.24 所示。

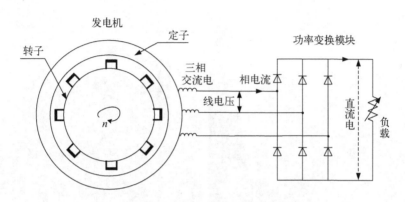

图 6.24　交流发电机供电原理示意图

交流发电机主要技术指标包括工作转速、极对数、输出功率、温升等。

1) 工作转速

交流发电机工作转速指其工作转速范围,一般从风车转速到发动机最高工作转速。交流发电机安装在附件机匣上,工作转速可以通过与高压压气机转子转速之间的传动比来计算获得。

2) 极对数

交流发电机中磁极总是成对出现,一个 N 极和一个 S 极称为一极对,极对数反映了发电机在工作转速下的输出频率。

3) 输出功率

交流发电机的功率从几十瓦到几百瓦不等,主要通过发电机工作过程中的输出电压和输出电流来表征。

4) 温升

交流发电机工作中铜损和铁损产生的热量导致温升,温升体现了交流发电机的效率,同时还能表征发电机的可靠性,因为温升过高会导致发电机内阻变大、绕组绝缘下降。有的控制系统中为交流发电机提供了滑油冷却,滑油冷却的流量、温度和压力对温升有重要的影响,在试验中需要进行充分的模拟。

2. 发动机电缆原理与主要技术指标

发动机电缆是航空发动机控制系统中的"神经"。发动机电缆采用电连接器、导线、护套等将系统各附件连接到一起,满足控制系统信号采集、电源供给、控制输出等电信号的准确无误传输要求,为飞机、发动机、电子控制器、传感器、液压机械装置之间提供稳定可靠的电信号传输,发动机上的电缆如图 6.25 所示。

图 6.25　发动机上的电缆

发动机电缆一般安装在航空发动机表面,通过卡箍进行固定。一般发动机电缆线束结构和外形图如图 6.26 所示。

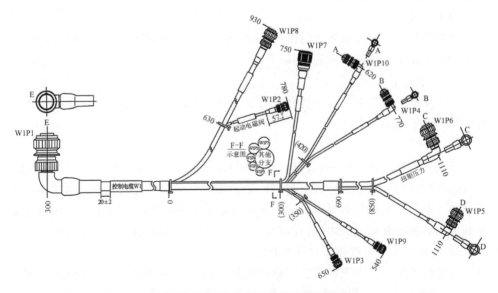

图 6.26　发动机电缆线束结构及外形图

电缆主要由高性能航空导线、航空插头、电磁防波套、耐环境护套等组成,其构成如图 6.27 所示。

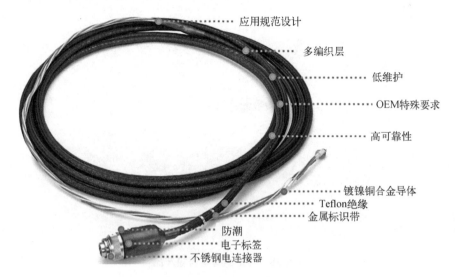

应用规范设计

多编织层

低维护

OEM特殊要求

高可靠性

镀镍铜合金导体
Teflon绝缘
金属标识带
防潮
电子标签
不锈钢电连接器

图 6.27　发动机电缆构成

发动机电缆的主要技术指标如下。

1)常规性能

发动机电缆较长,且绝缘和屏蔽要求较高,因而导通电阻、搭接电阻、绝缘电阻、分布电容等常规性能指标对信号传输和处理均有一定的影响,需要进行测试。

2)屏蔽效能

随着飞机上电子电气设备的增多,发动机面临的电磁环境日益复杂,因而电缆的屏蔽效能也是一个重要指标。

3)抗拉脱能力

作为控制系统的"神经",一旦电缆出现松脱或断裂,其影响是灾难性的。因而,特殊场景下的电缆的抗拉脱能力也是一个需要保证的指标。

4)抗弯曲能力

受限于发动机上紧凑的安装空间,电缆经常要弯折布置,其在弯曲条件下保持正常工作的能力也是一个需要关注的指标。

3. 继电器箱原理与主要技术指标

继电器箱是航空发动机控制系统中对电子控制器的输出信号进行放大或逻辑组合、输出执行大功率负载(如起动电磁阀、点火装置、补氧电磁阀等)的电子部件。其典型产品如图 6.28 所示。继电器箱主要由电磁继电器、线圈保护电路、触点保护电路等组成。发动机数字电子控制器给出较小的控制指令驱动继电器箱内继电器执行一定逻辑工作,继电器闭合后接通大电流执行起动、点火、转换等功能。

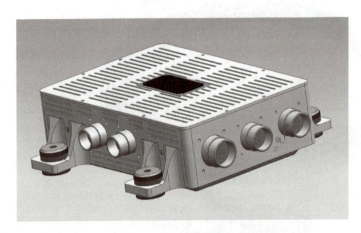

图 6.28　典型的继电器箱产品

继电器箱的电气参数指标包括绕组电阻、触点电接电阻、吸合电流(电压)、额定工作电流(电压)、释放电流(电压)、额定触点负荷、绝缘电阻、抗电强度等。时间参数指标包括吸合时间、释放时间、衔铁转换、触点抖动、脉冲失真等。继电器作为控制系统中一个含有输入输出控制和驱动能力的电气部件,主要技术指标如下。

1) 带载能力

由于继电器箱驱动的负载,如点火装置、起动装置、补氧或防除冰部件的特性较为复杂,因而对继电器箱在带负载情况下的带载电压、带载电流、切换时间等指标及继电器箱触点特性的保护功能等特性指标进行规定和测试很有必要。

2) 控制逻辑

继电器箱驱动的负载较多,且有一定的时序和逻辑关系,一般应规定继电器箱的控制逻辑。

4. 轴流风机原理与主要技术指标

轴流风机一般安装在发动机风扇机匣上,根据发动机控制系统主动风冷的需要,为数字电子控制器、数据采集器等部件提供冷却气流。轴流风机由进口管道、出口管道、风机本体、驱动模块、电连接器等组成,风机本体由驱动电机、叶轮组成,典型的轴流风机结构如图 6.29 所示。

风机的驱动电机采用高可靠无刷直流电动机结构形式,当给电机控制器加直流电时,控制器驱动电机转子与叶轮一起旋转,冷却气体经进口管道进入叶轮,再

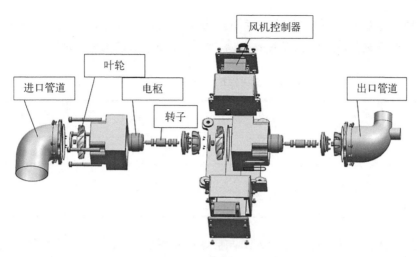

图 6.29　轴流风机结构示意图

经叶轮加压后从出口管道排出。工作过程中,无刷直流电动机将电能转化为机械能,而风机本体将机械能转化为风能。

轴流风机的主要技术指标如下。

1) 转速。转速是轴流风机的基本性能指标,单位是每分钟旋转次数,一般用 r/min 来表示,指轴流风机扇叶每分钟旋转的次数。

2) 风量。风量是衡量轴流风机排出或纳入空气能力的指标。用轴流风机每分钟排出或纳入的空气总体积来表征,常用的单位为立方英尺每分钟。风量越大,轴流风机排出或纳入空气的能力越高。

3) 风压。风压与风量是相对概念。为了让轴流风机有较大风量,有时需要牺牲一些风压。如果一个轴流风机能够带动大量的空气流动,但是风压却较小,风就吹不到电子控制器的出口部,电子控制器散热效果就不好。

6.2　传感器功能性能试验

6.2.1　转速传感器试验

转速传感器作为机电类产品,其绝缘电阻、介电强度等常见指标及试验方法读者可参见 GJB 7790－2012《航空发动机转速传感器通用规范》,本节重点介绍转速传感器与控制系统功能、性能密切相关的专用指标试验方法。

1. 阻抗-频率特性试验

转速传感器可视为一个带铁芯的线圈,其交流阻抗为复阻抗 $Z = R + j\omega L$,其中 R 为实部电阻,L 为电感。转速传感器的交流阻抗试验方法为,在标准大气条件下,用 LCR 测试仪设置相应的激励电压和频率点,扫描得到转速传感器的阻抗-频率特性,填入表 6.1,其范围应满足专用技术协议或技术要求的规定。需要注意的是,频率点应覆盖转速传感器的最小、最大工作范围(包含超转时频率)。

表 6.1 交流阻抗-频率特性测试结果

阻抗 \ 频率	F_1	F_2	$\ldots$	F_n
R				
L				
$Z = R + \mathrm{j}\omega L$				

图 6.30 为某转速传感器的 R、L 与频率的示意图,可见传感器的实部电阻也是一个随频率变化的值,并不等于直流电阻。

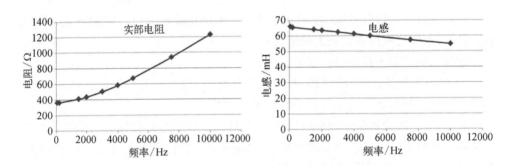

图 6.30 某传感器实部电阻、电感与频率的实际关系图

2. 幅值-频率特性试验

由于转速传感器信号处理电路常采用比较器的方式对波形进行预处理,当输出信号的幅值过小或过大都可能影响信号处理的功能,故幅值-频率特性规定了传感器输出信号在不同的转速(频率)点下的幅值范围。较简单的方式是对转速传感器在低频点和高频点提出幅值范围要求,两个转速点分别对应低频和高频。更完善的方式规定负载特性,同时测量更密集的频率,绘制幅值-频率(转速)特性。幅值-频率特性试验原理如图 6.31 所示。

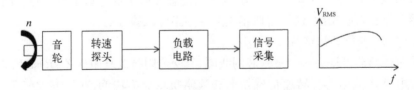

图 6.31 幅值-频率特性测试原理框图

　　具体可在专用的转速传感器测试台(如图6.32所示)上进行输出特性测量,测试台上应尽量选用发动机上的测速齿轮,测速齿轮的转速与发动机转速对应关系、测速齿轮与传感器安装间隙、传感器外接负载应与实际装发动机状态一致。

图6.32　转速传感器测试台

　　根据技术协议或技术要求规定的频率或转速设定测试台转速,用示波器或采集设备测量传感器输出电压的波形与幅值,观察和评价传感器输出特性是否符合要求,图6.33为某传感器在负载条件下的幅值-频率特性试验曲线。

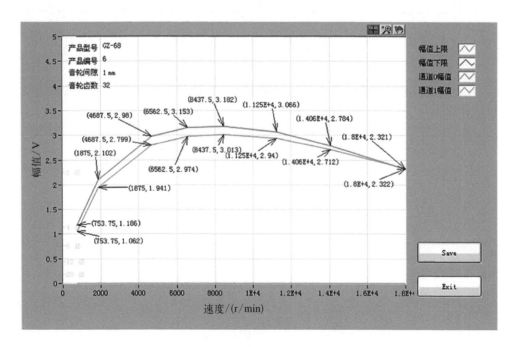

图6.33　某转速传感器幅值-频率特性曲线

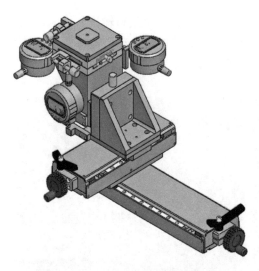

图 6.34　转速测试台的可调间隙模块

3. 间隙-幅值特性试验

转速传感器测试台中设计有三轴直角滑台调节组件,将传感器安装在滑台上,可以实现三轴向的距离调节,并通过仪表数字显示,见图 6.34。将传感器调整至接触音轮齿中心,滑台仪表置零,调节不同气隙进行测量,观察和评价传感器输出特性是否符合要求。

具体试验时,按图 6.34 所示定量调节探头和音轮的间隙,并根据间隙测量装置的读数,记录不同间隙、频率点下,幅值的大小是否满足要求,记录在表 6.2 中。

表 6.2　不同频率下幅值-间隙特性测试结果

幅值 ＼ 频率	F_1	F_2	$\cdots$	F_n
间隙下限				
间隙中位				
间隙上限				

图 6.35 为某转速传感器在同一频率下的输出信号幅值与空气间隙的试验结果曲线。

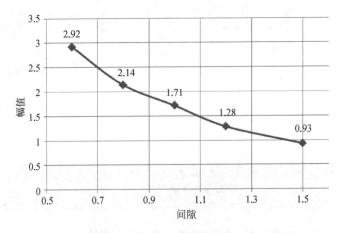

图 6.35　特定频率下转速传感器输出信号幅值-间隙的关系

4. 谐波分量试验

转速传感器谐波分量试验方法为在标准大气条件下,使用示波器或数据采集设备对转速传感器的输出信号进行 FFT 处理和分析,得到相应转速下转速信号谐波分量的幅值和相位角信息,如图 6.36 所示。通过计算二次或三次谐波的范围与增益或总谐波分量的均分根值与基波比较,判断其是否符合专用技术规范的要求。

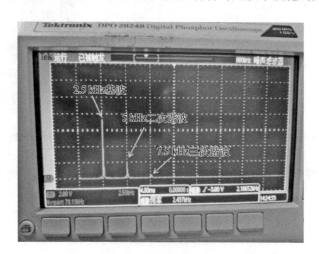

图 6.36　转速传感器输出信号的谐波分量测量

6.2.2　温度传感器试验

发动机上常用的铠装热电偶温度传感器的允差、绝缘电阻等指标的测试条件与测试方法可参照 JJS 1262 – 2010《铠装热电偶校准规范》以及 GJB 7396 – 2011《热电偶温度传感器通用规范》;有关热电阻温度传感器的允差、自热等指标的测试条件与方法参照 GJB 2433A – 2011《热电阻温度传感器通用规范》,本节主要介绍时间常数、总温恢复系数等与控制系统功能、性能密切相关的专用指标的试验方法。

1. 时间常数试验

时间常数试验方法、数据记录格式主要参考 JJF 1049 – 1995《温度传感器动态响应校准》的规定。采用热校准风洞测量温度传感器时间常数的原理及设备示意如图 6.37 所示。

根据校准要求,选择合适的校准风洞,并在校准测试前,对主要的监控传感器进行现场标定。随后按校准要求将被校温度传感器固定在试验段的安装座上。开启并调节风洞系统,使校准试验段的气流速度和气流总温达到要求值。调整温度阶跃装置,将阶跃气流温度和速度调整到所需温度阶跃量状态。记录初始状态(气流总压、静压、大气压、总温,被校传感器温度),待初始状态稳定后,启动温度阶跃装置,使被校传感器处于温度阶跃后的风洞流场中,产生温度突变,连续记录被校

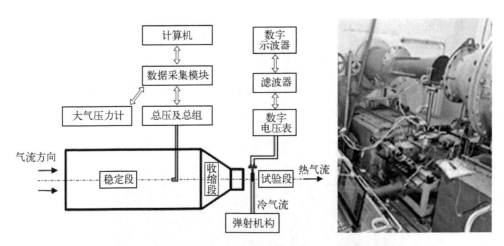

图 6.37　气流环境中温度传感器动态响应校准示意图和设备图

温度传感器的温度与时间之间的变化关系,采样记录系统的采样周期应比温度传感器的时间常数快 10 倍及以上。

尽管风洞的测试条件和测量气流介质的传感器比较类似,但是因为风洞成本较高,并且有些温度传感器用于液体温度测量,因此在水流环境中对温度传感器的时间常数进行测试的方法也比较常见,其测试设备如图 6.38 所示。测试前在圆柱形容器中注满水后,启动加热器对水进行加热,同时搅拌容器中的水使其温度分布均匀,直至容器内水温稳定。随后将固定在试验架上的温度传感器投入水容器中,同时开始记录温度传感器测量的温度和测温时间。对于热电偶传感器,温度阶跃

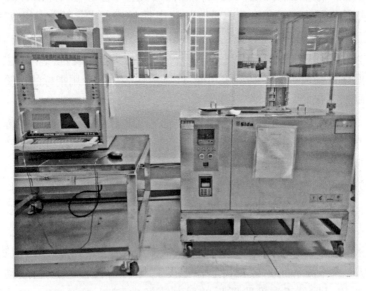

图 6.38　水流环境中温度传感器动态响应校准设备图

量为 40~50℃,对于热电阻传感器,温度阶跃量应小于 10℃,测量结束后,将温度传感器从水中提出,恢复到初始状态。

2. 总温恢复系数试验

对于总温型温度传感器,其总温恢复系数试验方法为通过风洞试验设备(类似图 6.37),在不同马赫数下测量标准的总温传感器与待测的总温传感器的稳态示值结果,求得总温恢复系数与气流马赫数之间的关系,应满足专用规范的要求。

6.2.3　压力传感器试验

有关硅压阻式压力传感器的常温输入输出特性、输入阻抗、输出阻抗、介质耐电压、绝缘电阻、过载及爆破压力测试等常规指标的试验方法参见 GJB 4409－2016《压力传感器通用规范》。本节主要介绍与控制系统功能、性能密切相关的专用指标的试验方法。

1. 不可校准误差试验

不可校准误差试验原理如图 6.39 所示,其测试方法为:在常温下测试压力传感器的重复性误差、常温压力迟滞误差,然后对传感器进行 2 个及以上的常温→高温→常温→低温→常温循环,测试各个温度点下温度重复性误差,以及同一温度点下,传感器的零点输出误差,填入表 6.3、表 6.4 中,按照通用规范或专用规范的规定计算相应误差。

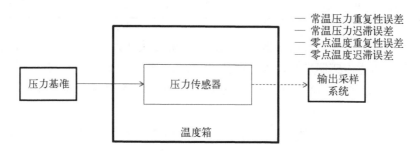

图 6.39　压力传感器不可校准误差试验原理框图

表 6.3　压力传感器误差记录表

温　　度	$T = 25℃$					
压　　力	P_0	P_1	P_2	P_3	P_4	P_n
第 1 次升程						
第 1 次回程						
第 2 次升程						

续　表

温　度	$T = 25℃$					
压　力	P_0	P_1	P_2	P_3	P_4	P_n
第 2 次回程						
第 3 次升程						
第 3 次回程						

压力重复性误差:

压力迟滞误差:

表 6.4　压力传感器温度影响误差表

压　力	常　温	高　温	常　温	低　温	常　温
第 1 次循环					
第 2 次循环					
第 3 次循环					

零点压力时温度重复性误差:

零点压力此时温度迟滞误差:

　　不可校准误差的合成可根据专用规范规定的方式计算。若无需发动机数字电子控制器对压力传感器进行再次补偿校准,则不可校准误差指标可以不测试,或仅就某项指标(如零点温度迟滞误差)做单项规定,不规定总的不可校准误差。

　　2. 通道间一致性误差试验

　　试验原理如图 6.40 所示,主要目的是检验压力传感器各通道在高温、低温等不同温度下,对不同输入压力的最大极差是否满足要求。

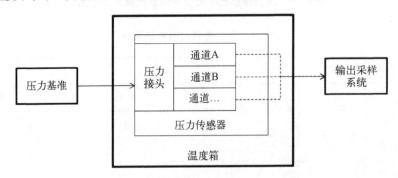

图 6.40　多通道传感器一致性误差测试原理框图

考虑试验成本,通常在低温、常温、高温三个温度点下检测压力传感器的零点和满量程点,结果填入表 6.5 中,并按通用规范或专用规范的要求计算误差。

表 6.5　多通道压力传感器一致性误差记录表

温　度	低　温　点		常　温　点		高　温　点	
压　力	P_L	P_H	P_L	P_H	P_L	P_H
通道 A						
通道 B						
通道…						
极差						
最大极差	一般可取极差一行中 6 个数据的最大值					

由于压力传感器通常已经规定了校准后的总误差 $\pm\delta\%\mathrm{FS}$,其已经保证了每个通道的误差都在该误差带内,通常极限条件下的极差就是 $2\delta\%\mathrm{FS}$,考虑误差分布,统计范围内的实际极差要略小于 $2\delta\%\mathrm{FS}$。若非特殊要求,此指标不建议专门规定。

3. 短期稳定性试验

短期稳定性试验方法可以在专用规范规定的温度条件下进行。试验过程中使传感器处于通电状态,然后按照一定的时间间隔,在一定时间范围内(根据传感器实际连续工作时间选取,一般不超过 72 小时),测量传感器输出(通常是零点)的漂移及恢复情况。测试表单如表 6.6 所示。

表 6.6　短期稳定性误差记录表

温　度	通常选取高温					
测量次数	V_{t0}	V_{t1}	V_{t2}	V_{t3}	…	V_{tn}
零点压力输出						
最大漂移误差						

4. 疲劳寿命试验

疲劳寿命试验方法为:采用交变压力发生设备,给受试件持续施加脉动的压力(梯形波),持续规定的次数之后,检查传感器输出性能(零点特性或常温输入输出特性)是否出现异常以及结构是否完整。

一般情况下,对于发动机气路静压压力测量,由于全寿命期内压力循环次数不多(数千次或数万次),疲劳寿命测试意义不大。对于压力脉动较大的(如柱塞泵)的压力测量,可以根据工作时长及压力脉动情况,折算出相应的次数,若次数达到几十万次及以上,可以考虑进行相应的试验,一般在鉴定试验中进行,试验设备如图6.41所示。

6.2.4　位移传感器试验

位移传感器作为机电类产品,其绝缘电阻、介电强度等常见指标及试验方法可参见GJB 8350-2015《线位移传感器通用规范》,本节重点介绍位移传感器与控制系统功能、性能密切相关的专用指标试验方法。

1. 零位(差动)电压试验

传感器的铁芯在行程的中间平衡位置时,由于对称的两个次级线圈反向串联,理论上感生电动势大小相等,方向相反,因而差动输出电压为零。但实际上,由于结构上的不完全对称以及高次谐波等的影响,输出电压并不为零,这个电压即为零位(差动)电压。

图 6.41　压力传感器疲劳寿命试验设备

测量方法为将传感器安装于测长仪或转台或其他专用工装夹具上,调节传感器的位置,使其处于行程的中间位置,给传感器施加规定的激励电压,测量传感器的零位电压,一般应不大于 25 mV。

2. 满量程(差动)输出电压试验

传感器的铁芯在工作行程内上、下极限位置时,其差动输出电压值理论上大小相等,相位相反,这个电压即为满量程(差动)输出电压,一般不小于 1 V。

测量方法为将传感器安装于测长仪或转台或其他专用工装夹具上,用信号发生器或交流电源等给初级线圈施加规定的激励电压,调节传感器的位移,分别使其处于工作行程的上、下极限位置,数字万用表正负极分别连接两个次级线圈的同名端,测量两次级线圈的差动输出电压值。

3. 输出特性误差试验

传感器输出特性 $\left[\begin{array}{l}\end{array}\right.$ 按不同的使用要求,规定输出特性为次级线圈输出(V_A、V_B)、差动输出($V_A - V_B$),或者差值比和值 $\left(\dfrac{V_A - V_B}{V_A + V_B}\right)\Bigg]$ 误差应满足专用技术协议或技术要求的规定。

测量方法为将传感器安装于测长仪或转台或其他专用工装夹具上,施加规定的激励电压,按要求测量的位置点调节传感器动子铁芯位置,用数字万用表测量并记录传感器输出特性,按下式计算公式计算输出特性误差。

$$\delta_L = \frac{U_{i实测值} - U_{i理论值}}{U_N} \times 100\%$$

式中,$U_{i实测值}$ 为在行程 i 处输出实测值;$U_{i理论值}$ 为在行程 i 处输出理论值;U_N 为满量程输出理论值,U_N 由下式确定:

$$U_N = U_M - U_O$$

式中,U_M 为行程为上限值(即 x_{max})时理论输出值;U_O 为行程为下限值(即 $-x_{max}$)时理论输出值。

4. 和值误差试验

传感器两个次级线圈的输出电压之和 $(V_A + V_B)$ 被称为和值电压,一般用于 BIT 检测,通常为 3~5 V。和值误差为各位置点和值电压与零位和值电压相比较的最大偏差,一般不超过 ±15%。

测量方法为将传感器安装于测长仪或转台或其他专用工装夹具上,施加规定的激励电压,按要求测量的位置点调节传感器动子铁芯位置,用数字万用表分别测量并记录两个输出绕组单独输出电压 V_{Ai}、V_{Bi},按下式计算各点和值误差,计算结果最大值为该传感器的和值误差。$V_{A0} + V_{B0}$ 为电气零位位置即 0 行程点的和值电压。

$$\delta_S = \frac{(V_{Ai} + V_{Bi}) - (V_{A0} + V_{B0})}{(V_{A0} + V_{B0})} \times 100\%$$

5. 重复性误差试验

位移传感器多用于执行机构控制,精度要求比较高,有时需要进行标定,这就要求传感器具有较好的重复性指标,一般不大于 ±0.15%FS。

测量方法为将传感器安装于测长仪或转台或其他专用工装夹具上,施加规定的激励电压,共进行三个测试循环,按下式计算重复性误差 δ_R:

$$\delta_R = \frac{|\Delta R|}{V_N} \times 100\%$$

式中,$|\Delta R|$ 为同一行程的输出三次测量值之间的最大差值;V_N 为满量程特性输出 (U_N)。

6. 通道间交叉干扰试验

交叉干扰是多余度传感器各通道间由于磁路的不完全闭合而相互影响的一种特性,即给任意通道施加激励电压时,会在其他未通电的通道中产生微小的感生电动势,从而影响产品的输出精度和稳定性。通常用任一个通道通电时对其他未通电通道产生的感应电压与满量程输出特性的百分比表示,一般不大于满量程的 0.25%。

测量方法为将传感器安装于测长仪或转台或其他专用工装夹具上,依次对每个通道施加专用技术协议或技术要求规定的激励电压,按不同的行程点测量其他未通电的通道产生的感应的差动输出电压或灵敏度。按下式计算通道交叉干扰误差 δ_D。

$$\delta_D = \frac{|\Delta D|}{V_N} \times 100\%$$

式中,$|\Delta D|$ 为对任一通道激励,其他未通电通道的输出 $\left[$ 差动输出($V_A - V_B$)或灵敏度 $\frac{(V_A - V_B)}{V_A + V_B}\right]$ 测量值的最大差值;V_N 为满量程特性输出(U_N)。

7. 温漂试验

温度变化会影响线圈的电阻和导磁材料的磁导率,从而导致线圈的阻抗发生变化,这就使传感器输出特性受温度影响而产生了误差,即传感器的温漂。一般不超过 $\pm 0.01\% \sim \pm 0.015\%$ FS/℃。

测量方法为将传感器安装于测长仪或转台或其他专用工装夹具上,施加规定的激励电压,将动子固定在工作量程内某一位置或者某几点位置,按要求将传感器置于不同的温度条件下的试验箱中保温 1 h 或达到稳定工作温度(以时间长者为准),测出该位置处的输出。按下式计算温漂。

基准温度点:t_1,一般为(25 ± 1)℃;

变温点:t_2,根据要求选择需要检查的若干个温度点;

保温时间:每个温度 1 h 或达到稳定工作温度(以时间长者为准);

保温到时后在箱内测量,并计算温漂。

温漂计算公式为

$$\delta_t = \frac{U_T - U_P}{(t_2 - t_1) U_N} \times 100\%$$

式中,δ_t 为每单位温度变化引起的误差;U_T 为 t_2 温度下测量处输出实测值;U_P 为 t_1 温度下测量处输出实测值;U_N 为满量程输出理论值。

6.2.5 振动传感器试验

1. 电荷灵敏度试验

具体采用比较法进行电荷灵敏度测试(参照 JJG 233-2008《压电加速度计检定规程》),如图 6.42 所示。将被检传感器和参考传感器背靠背安装在振动台中心位置,按照技术协议的要求设置振动台输出的振动幅值和频率,按下式计算被检传感器灵敏度。

$$S_2 = \frac{X_2}{X_1}S_1$$

式中,S_1 为参考电荷灵敏度,单位为 pC/g;X_1 为参考加速度输出值,单位为 pC;X_2 为被检加速度计输出值,单位为 pC;S_2 为被检电荷灵敏度,单位为 pC/g。

图 6.42 电荷灵敏度测试

2. 灵敏度温漂试验

在设定的频率和加速度下,通过改变传感器的环境温度范围,测量其灵敏度与温度之间的关系,通常在高低温振动校准设备上进行。图 6.43 为用于测量压电加速度传感器灵敏度温漂的高低温试验设备。

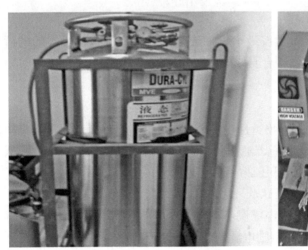

图 6.43 加速度传感器高低温试验设备

3. 灵敏度频率响应及共振频率试验

灵敏度频率响应测试方法参照 JJG 233－2008 中的检定方法,将待检传感器安装于振动台上,设定振动台输出振动幅值为一固定值,逐渐改变振动频率,读取待检传感器输出电荷值与振动频率的关系,在工作范围内,电荷输出值偏差应当不大于±5%,在这个过程中读取峰值频率值,记录为共振频率。

4. 横向灵敏度试验

传感器的横向灵敏度具体试验方法参照 JJG 233－2008 附录 B 中的 B.2 方法,将传感器组件安装在标准振动校准系统上,传感器组件电荷灵敏度轴向与激振方向垂直,在规定的参考幅值和频率下起振,激励轴绕传感器组件电荷灵敏度轴转动 360°,

找出横向振动灵敏度最大值的方向,按下式计算最大横向灵敏度比,应符合要求。

$$\text{TSR} = \frac{S_{T\max}}{S_Z} \times 100\%$$

TSR 为横向振动灵敏度比,%;$S_{T\max}$ 为被检加速度计的最大横向灵敏度值,mV/$(m \cdot s^{-2})$ 或 pC/$(m \cdot s^{-2})$;S_Z 为被检加速度计的轴向灵敏度值,mV/$(m \cdot s^{-2})$ 或 pC/$(m \cdot s^{-2})$。

5. 幅值线性度试验

幅值线性度具体试验方法参照 JJG 233–2008 中的 6.3.4 方法,将被检传感器和参考传感器安装在振动台中心位置,测量传感器的电荷灵敏度,按下式计算幅值线性度。

$$r = \frac{S - S_o}{S_o} \times 100\%$$

式中,r 为幅值线性度,%;S 为按最小二乘法拟合直线上被检传感器的电荷灵敏度,pC/g;S_o 为按最小二乘法拟合直线的截距,pC/g。

6.2.6　喘振传感器试验

喘振传感器的常温输入输出特性误差、输入输出阻抗、绝缘电阻等常见指标可参考 GJB 4409–2016《压力传感器通用规范》进行测试,其输入输出特性测试与压力传感器略有差异,测试中其低压侧应通大气。

1. 输入输出特性温漂误差试验

喘振传感器输入输出特性温漂误差试验原理见图 6.44,将喘振传感器置于温度可调的温度箱内,在相应的激励电源的作用下,将其低压侧通大气,高压侧使用压力基准设备设置不同的压力,在表 6.7 中记录不同的温度点下,压力(压差)点的输入输出特性,然后计算其相当于常温点下的最大温漂。

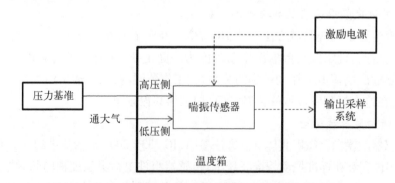

图 6.44　喘振传感器输入输出温漂特性测试原理框图

表 6.7 喘振传感器温漂误差记录表

温 度	低 温 点			常 温 点			高 温 点		
压点(压差)点	P_0	...	P_N	P_0	...	P_N	P_0	...	P_N
输出电压									
温漂误差									

2. 动态特性试验

喘振传感器的动态特性试验,可按照 JJG 624 - 2017《动态压力传感器检定规程》实施。图 6.45 为采用频率可调的正弦压力发生器、采用扫频的方式对喘振传感器的动态特性进行测试的场景。根据专用规范的要求,最后以幅频、相频特性来描述传感器的动态指标,见图 6.46。

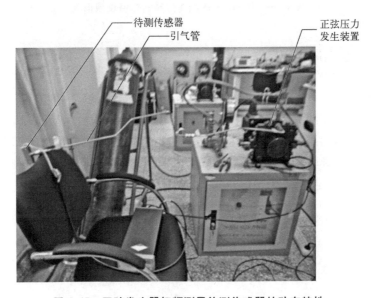

图 6.45 正弦发生器扫频测量待测传感器的动态特性

按照设定的频率点,按表 6.8 记录和计算幅值、相位与频率的测试结果,绘制相应曲线,得到喘振传感器的幅频与相频特性。

表 6.8 喘振传感器的幅值、相位与频率的测试记录表

频 率	f_0	f_1	f_2	...	f_n
幅值比/dB					
相位滞后/(°)					

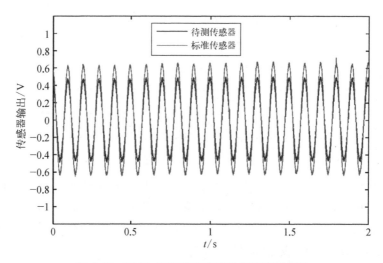

图 6.46　10 Hz 下待测传感器的幅值衰减情况

6.2.7　金属屑末传感器试验

1. 可检测屑末尺寸及检出率试验

屑末传感器的可检测屑末尺寸(等效直径)、检出率试验一般在同一个试验台上进行。比较常用的方法是采用干法(无油环境)下的颗粒运动模拟装置来控制特定尺寸和数量的屑末通过传感器的方式进行。颗粒运动模拟装置如图 6.47 所示,主要由电机、导轮、皮带等部件组成。皮带通过金属屑末传感器,在皮带上嵌入标准金属颗粒,设定皮带运动速度进行检出率和检测精度测试。

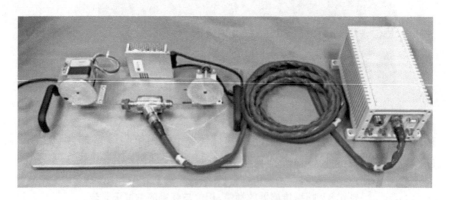

图 6.47　颗粒运动模拟装置

颗粒运动模拟装置仅能进行基本的功能性能检测,无法模拟滑油磨粒检测时的真实工况,滑油的流量、温度、气泡等因素均可能导致测量误差。为了更真实地模拟和对比屑末传感器的检出能力,也会在湿法(带油环境)下,通过标准测量系统和受试件进行对比试验。

　　将金属屑末传感器通过工装夹具安装在油液循环模拟装置的油路中,在油路中放入大小不等的铁磁性金属磨粒。将金属屑末传感器通过电缆与用于屑末信号处理的综合诊断器进行连接,并通过测试上位机对颗粒数量进行统计。将标准测试设备传感器也串联安装在油路中,并通过标准测试设备颗粒检测系统对通过颗粒数量进行检测,原理见图 6.48。

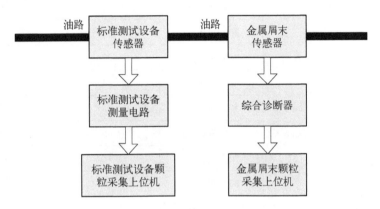

图 6.48　滑油磨粒检测示意图

　　湿法环境下被测金属屑末传感器与标准传感器的对比测试如图 6.49 所示。根据实际工作环境设定相应的流速,并等到液压系统稳定后,添加相应的颗粒并开

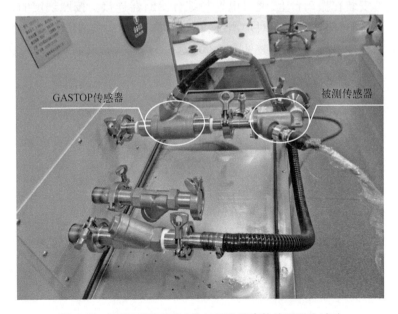

图 6.49　湿法环境下受试件与标准件磨粒检测对比试验

始统计颗粒数量,在一定时间内,记录测试信息。表6.9为某型受试件对不同颗粒的检测结果对比。

表 6.9 试验结果

序 号	油液流量	颗粒大小	受试传感器统计值	标准传感器统计值
1		125~200 μm	0	0
2		200~300 μm	11	3
3		300~400 μm	22	20
4		400~500 μm	4	4
5	60 L/min	500~600 μm	3	3
6		600~700 μm	5	5
7		700~800 μm	18	17
8		800~925 μm	16	15
9		925~1 075 μm	50	48

2. 振动干扰试验

振动干扰试验用于验证金属屑末传感器的抗振动能力。将金属屑末传感器通过工装夹具安装在振动台上,通过电缆与综合诊断器连接。按照规定的振动谱进行振动试验,通过测试上位机对虚假颗粒数量进行统计。振动试验应分别按照传感器轴向和径向进行,试验安装见图6.50、图6.51,试验结果填入表6.10中。

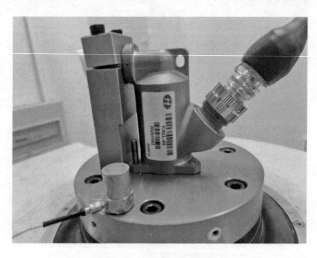

图 6.50 轴向振动试验图

图 6.51　径向振动试验图

表 6.10　振动干扰试验结果

序号	虚假颗粒大小	轴向振动 虚假颗粒数量	径向振动 虚假颗粒数量
1	铁磁性颗粒：$125 \sim 300 \ \mu m$		
2	铁磁性颗粒：$>300 \ \mu m \sim 500 \ \mu m$		
3	铁磁性颗粒：$>500 \ \mu m$		
4	非铁磁性颗粒：$500 \ \mu m \sim 700 \ \mu m$		
5	非铁磁性颗粒：$>500 \ \mu m$		

6.3　电气部件功能性能试验

6.3.1　交流发电机试验

1. 发电性能试验

交流发电机的性能指标主要包括输出电压、电流、功率、温升等，一般采用高速电动机拖动交流发电机进行工作，通过空载试验检查交流发电机空载输出电压，通过带载试验检查交流发电机带载输出电压、输出电流、电机功耗、温升等以及与电子控制器电源变换器的匹配情况，试验原理见图 6.52，典型的试验场景见图 6.53。

空载情况下，交流发电机输出端不接电源变换器，直接测量交流发电机输出的

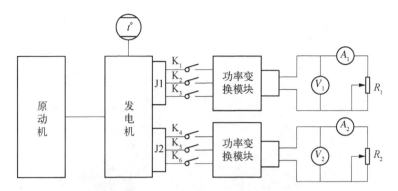

图6.52 交流发电机带载测试原理框图

图6.53 交流发电机性能试验

相电压,一般交流发电机相电压与转速成正比。带载情况下,交流发电机输出接电源变换器,通过对功率变换模块进行加载不同工况负载,测量交流线电压、相电流、直流电压、电流。每个转速工况下试验保持3~5 min,直至输出稳定,同时监测试验中发电机传动轴上的振动量,一般应不超过4 mm/s。

试验中,按照转速工况测量并记录空载输出线电压,整流输出直流电压、电流,负载输出直流电压、电流,并采用下述方法进行发电机输出功率计算:

$$P = U \times I$$

式中,P 为输出功率,W;U 为负载直流电压,V;I 为负载直流电流,A。

发电机性能试验中温升指标通过在发电机壳体表面加装温度传感器进行监测,温升指标的计算按照如下公式:

$$\Delta T = T_1 - T_2$$

式中,ΔT 为电机温升,℃；T_1 为试验后电机最高温度,℃；T_2 为试验前电机表面温度,℃。

注：试验前、试验后均测试电机机壳表面中间位置的温度,两次测试位置需一致。

2. 负载试验

交流发电机的负载试验一般根据 GJB 241A－2010 或 GJB 242A－2018 的要求,对交流发电机在 106% 发动机最高转速下（注意不是发电机最高转速）,每个绕组均带额定最大负载,工作 1 h,并记录交流发电机的输出电压、负载电流、功率、温升等指标,指标应满足设计要求。负载试验需要考察交流发电机在负载条件下承受极限温度的能力,因此需在产品规定的最高环境温度下进行。

3. 缺相工作试验

交流发电机作为发动机控制系统的主电源,为了保证供电的可靠性,在规定转速一个或多个绕组单相缺相时仍能供电,规定转速一般选择 45%、慢车转速、最大巡航转速等转速点,试验原理见图 6.54。试验中采用开关对交流发电机绕组输出的三相逐一进行断路模拟缺相,每次缺相时间应不低于 10 min,保证缺相试验中发电机状态达到稳定,随后监测交流发电机带功率变换模块后的发电情况,一般功率下降不应大于 30%。在缺相试验中,还应关注没有缺相的绕组不应受到影响,以及交流发电机不平衡运转不应引发发电机传动轴额外的振动超标。

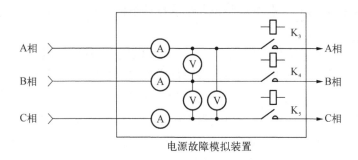

电源故障模拟装置

图 6.54　缺相工作试验原理

4. 短路试验

发动机控制系统用交流发电机需要能够长期短路,主要出于两个目的：一个是为了高安全性,确保在最恶劣的短路情况下避免产生高温、起火等现象;另一个是用于短路整流,通过短路整流便捷地实现宽频率、宽电压范围的交流转直流目的。一般交流发电机短路试验中采用交流发电机短路模拟装置对发电机输出线路进行三相同时短路或者三相整流后短路,短路试验时间一般应不低于 10 min,试验原理见图 6.55。

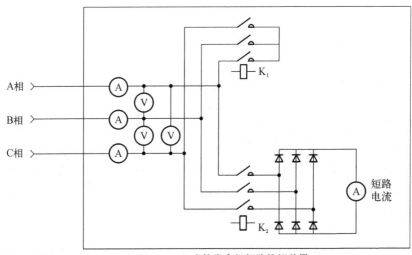

交流发电机短路模拟装置

图 6.55　短路工作试验原理

5. 超转试验

交流发电机的超转试验一般按 GJB 241A - 2010 或 GJB 242A - 2018 的要求，对交流发电机在 115% 发动机最高转速下（注意不是发电机最高转速），空载工作 5 min，试验中发电机传动轴上振动量不超过 4 mm/s，试验后应该严格检查定子、转子的结构状态，检查定子绕组的阻值及绝缘特性指标。

6. 包容性试验

交流发电机的包容性试验主要为了验证发电机在最高工作转速下，由于产品本身故障导致转子系统机械损坏时，故障件应被包容在发电机壳体内，故障零组件不应飞出对飞机和发动机造成损坏。交流发电机包容性试验首先需要计算交流发电机转子破裂的临界转速，然后对交流发电机施加高于临界的转速使得转子破裂，验证定子壳体能否包容转子破裂产生的碎片。有时由于交流发电机转子破裂临界转速很高，难以模拟，也可以选择远高于额定转速的转速工况对发电机进行验证，检查转子的机械结构特性。比如 JSSG - 2007B 规范中就介绍了 T700 发动机控制系统交流发电机在 190% 的额定转速下进行验证，发电机结构特性完好，证明发电机符合包容性要求。

采用高于临界转速的方法进行包容性试验时，首先开展临界转速计算，待获得转子临界转速点后，再开展试验。试验中采用拖动电机使得交流发电机工作转速超过临界转速，转子内部结构应力使粘接胶开始失效，同时高转速下定子铁耗、转子涡流损耗等引起的温升加剧胶失效，转子前端磁钢首先剪切转子护套，护套形变增加的情况下外加测试系统振动环境联合引发定转子扫膛，转子前端

护套受内部磁钢剪切和外部定子剧烈
线摩擦而烧蚀并断裂,随后瞬间发生
转子磁钢、磁轭及后端挡板、套筒整体
脱离现象。试验过程中应记录发电机
传动轴的振动情况以及破裂转速,转
子破裂后,应全部包容在定子壳体内,
定子应不产生裂纹和明显结构损伤。
某交流发电机包容性试验后的实物见
图 6.56。

图 6.56 某交流发电机包容性试验后的实物

6.3.2 发动机电缆试验

1. 发动机电缆性能试验

发动机电缆性能试验,主要对电缆接口两端的连接正确性、导通电阻、搭接电阻、绝缘电阻等指标进行测试确认。以往电缆测试多为人工采用万用表、绝缘电阻表进行测试,由于线缆复杂,测试效率低下,容易引入人为错误,现在多采用线缆测试仪进行自动化测试。

线缆测试仪通过对电缆各芯线施加低压和高压检测各芯线的连接关系、导通电阻、绝缘电阻以及介质耐压特性,并根据检测结果自动判断是否超出研制要求的参数值。所有测试点均采用 Kelvin 电桥四线测试法,消除接入误差提高测试精度 $2\% \pm 0.002\ \Omega @ 1\ 000$ mA。线缆测试仪通过精确判断电阻微小变化,有效找出接触不良、不可靠、导线芯线断股等电阻精度在 mΩ 级难以识别的缺陷。

采用线缆测试仪对电缆进行测试,需要采用工装将电缆的两端连接到线缆测试仪上,线缆测试仪根据预先编好的测试程序进行电缆连接正确性、导通电阻、搭接电阻、绝缘电阻等指标的自动测试,并自动判定是否满足设计要求。一般符合性标准是控制线缆的导通电阻不大于 1 Ω(控制系统电缆中如果有热电偶导线,阻值会大些),绝缘电阻不小于 20 MΩ。需要注意的是,在测试电缆过程中需要控制测试环境的常温条件,防止温度波动过大带来阻值测试的误差。电缆性能测试用电缆测试仪见图 6.57,其工作原理见图 6.58。

图 6.57 电缆测试仪

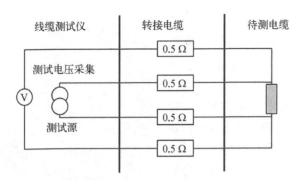

图 6.58　线缆测试仪的基本工作原理

2. 发动机电缆屏蔽效能试验

发动机电缆的屏蔽效能可有效表征电缆在系统中的电磁兼容性,发动机电缆屏蔽效能一般与电缆的屏蔽层编织角度、编织材料、布线参数、接地方式有关。电缆屏蔽效能从金属介质平板屏蔽效能引申而来,一般定义为在芯线电流不变条件下,电缆有无屏蔽层时,空间某点的场强比值,可以用下述公式表示。

$$SE(\text{dB}) = 20\lg\left(\frac{E_1}{E_2}\right)$$

其中,E_1 为无屏蔽层时的场强;E_2 为有屏蔽层时的场强。

在工程应用中,屏蔽电缆通常采用转移阻抗来表征屏蔽层的屏蔽效果,转移阻抗越小,屏蔽效果越好。转移阻抗函数主要用于表征外界电磁场对屏蔽电缆的电磁耦合能力,定义为单位长度上有单位电流流过屏蔽层时,在电缆芯线与屏蔽层间所形成的开路电压,如下式描述。发动机电缆转移阻抗函数典型地用衰减对频率的函数来表示为一个曲线,如图 6.59 所示。

$$Z_T = \frac{1}{I_s}\frac{\text{d}V}{\text{d}Z}$$

其中,I_s 为屏蔽层电流;$\frac{\text{d}V}{\text{d}Z}$ 为单位长度上的电压。

发动机电缆屏蔽效能试验一般通过获取电缆转移阻抗函数的方式(图 6.59)来量化确认电缆屏蔽特性,一般采用两种方法进行屏蔽电缆转移阻抗测试,然后根据结果计算电缆的屏蔽效能。方法一是脉冲注入法,是在导线束上注入干扰脉冲,测量耦合到芯线上的开路电压和短路电流响应然后用来确定传递函数,原理见图 6.60。方法二是扫描频率测量法,利用网络分析仪或其他相似的源通过放大器向屏蔽导线束注入几安培的电流,然后在内部导线上测量耦合响应,原理见图 6.61。两种测量的结果都是获取响应电压或电流对驱动电流的比值,它是频率的函数。

这一比值直接给出了屏蔽传递函数。图 6.62 给出了一个典型发动机电缆屏蔽效能测试的现场图片。

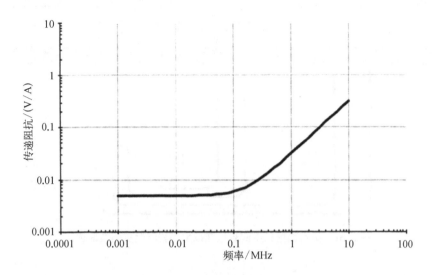

图 6.59　电缆转移阻抗函数

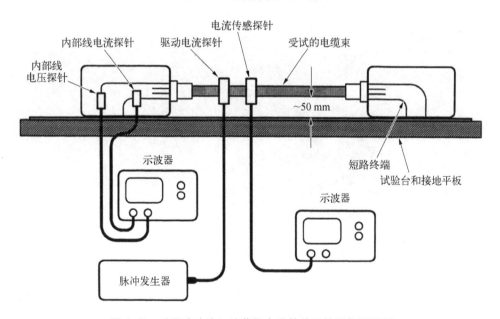

图 6.60　采用脉冲注入法获取电缆转移阻抗函数配置图

3. 发动机电缆拉脱试验

　　试验目的是确定在承受偶然的轴向张力负荷时,电缆、连接器和尾部附件能够可靠连接、夹紧和工作。试验设备由一台能沿着连接器和电缆(带有夹紧或固紧电

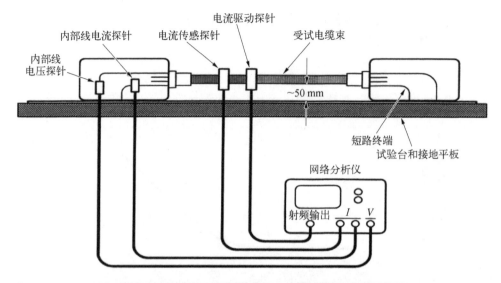

图 6.61　采用扫描频率测量法获取电缆转移阻抗函数配置图

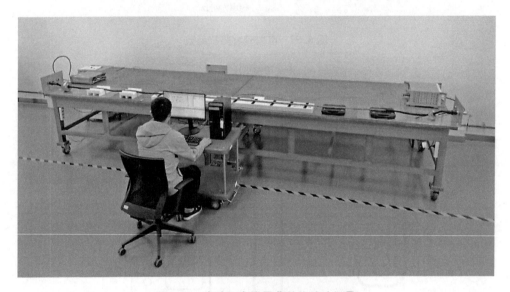

图 6.62　发动机电缆屏蔽效能试验场景

缆的夹具)逐渐增加轴向负荷的设备组成,设备能施加最小 4 N 的张力,并可逐渐加大到 556 N,具体试验条件见表 6.11。同时还需要一台电缆导通连续性检测仪(不大于 1 μs),电缆拉脱试验设备参见图 6.63。

　　试验程序是将发动机电缆插头完全啮合在夹具插座上,夹住电缆电连接器的自由端并把电缆牢固地夹在拉力机上,施加规定的负荷的速率为(90±4)N/min 并保持 1 h。试验中通过接触件的电流一般最大为 100 mA。

表 6.11 电缆拉脱试验条件和张力负荷表

试 验 条 件	张力负荷/N
A	111
B	222
C	334
D	445
E	556

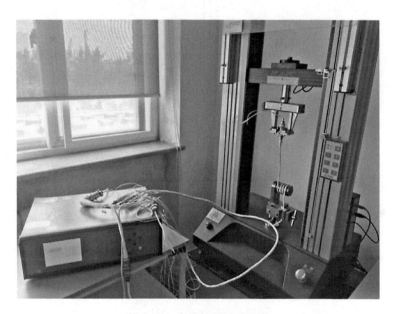

图 6.63 电缆拉脱试验设备

试验后应对电连接器、电缆夹紧装置和电缆的损伤情况进行检查,试验的符合性准则是:电缆外护套没有明显损伤,导线的绝缘和导体无损伤,电缆尾部端接未失效,电缆中导线从尾部附件未脱出或在规定的允许范围内。

4. 发动机电缆弯曲试验

电缆弯曲试验是通过将力加载到模拟的插头组装件上,使插头组装件在一个平面内交替弯折,验证其耐受可能遭遇到的反复交替的电缆弯曲应力的能力,试验原理参见图 6.64。

某型电缆的弯曲试验示例见图 6.65,首先将试验电缆安装到电缆弯曲机上,使两个轮轴之间保持松动且处于切接位置,运行设备加载外力使模压护套绕着滚

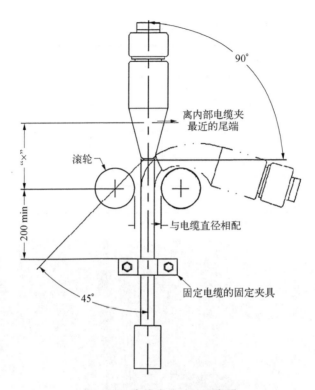

图 6.64 电缆弯曲试验示意图

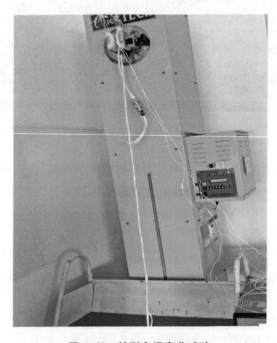

图 6.65 某型电缆弯曲试验

轮在同一平面按相反两个方向反复弯曲180°,弯曲速率为12~14次/min。试验中两个方向各弯曲一次180°称一个循环,共试验100个循环,检查被试电缆的导电连续性情况。试验的符合性准则为:被试电缆不出现密封损伤、护套损坏;不出现导线与接触件连接变脆或破坏,引发电气性能缺陷;试验中或试验后不出现短路或断路的瞬态现象。

6.3.3 继电器箱试验

1. 继电器箱工作逻辑测试

继电器箱产品在完成研制、参与系统集成试验前,应按照技术协议要求,对其逻辑控制、带载能力、切换特性等逻辑进行测试,检查继电器箱的功能性能是否满足研制要求,测试原理参见图6.66,测试设备参见图6.67。

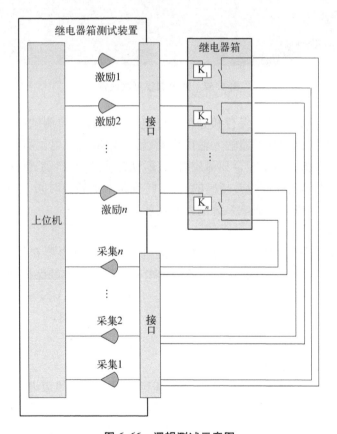

图6.66 逻辑测试示意图

采用专用的继电器箱测试设备测试继电器箱的绕组电阻、触点电接电阻、吸合电流(电压)、额定工作电流(电压)、释放电流(电压)、额定触点负荷、绝缘电阻、抗

图 6.67　继电器箱测试设备

电强度等,对测试数据进行保存和分析。继电器箱工作逻辑测试中应该充分考虑故障状态的测试,比如继电器输入输出中断、输入输出控制电压瞬态变化、触点抖动等。时间参数指标包括吸合和释放时间、衔铁转换、触点抖动、脉冲失真等,需要严格关注继电器箱的时间参数指标的测试,特别是触点转换时间,一般带载情况下不能大于 5 ms,否则可能影响系统的控制功能。

　　2. 带载能力测试

　　对继电器箱带载能力进行测试,检查继电器箱内各继电器在带载情况下的带载电压、带载电流、切换时间等指标,检测继电器箱触点特性的保护功能,以及继电器箱输出控制大功率负载的触点拉弧特性。负载可以选择真实电磁阀、固定功率电阻或电子负载等多种负载类型,带载测试示意图见图 6.68。

6.3.4　轴流风机试验

　　轴流风机性能一般按照 GB/T 1236 - 2017 构建标准化风道进行风机的规定转速下风量、风压、功耗等指标测试,测量原理如下:充满管道的流体经过管道内的节流装置,在节流件处形成局部收缩,流速增加,静压力降低,在节流件前后产生静压力差(或称压差)。流体的流速越大,在节流件前后产生的压差也越大,因此可以根据能量守恒定律和流动连续性方程,通过测量差压来衡量流体通过节流装置时的流量大小,质量流量与差压的关系公式:

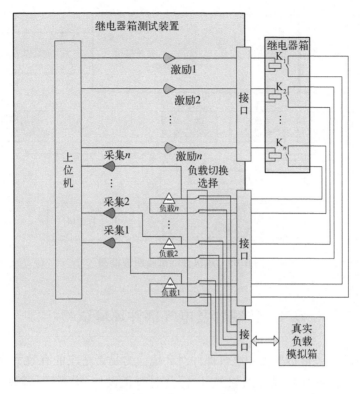

图 6.68　带负载测试示意图

$$q_m = \frac{C}{\sqrt{1+\beta^4}} \varepsilon \frac{\pi}{4} d^2 \sqrt{2\Delta P \rho_1}$$

体积流量与差压的关系

$$q_v = \frac{q_m}{\rho}$$

　　发动机控制系统轴流风机的测试根据 GB/T 1236–2017 构建风机测试仪，通过对轴流风机的大气压力、出口静压和流量喷嘴前后压差、喷嘴上游气体温、温度湿度等参数的测量，计算出轴流风机的流量特性。风机测试仪采用多喷嘴圆形风室型式，主要由静压室、测量段（一般包括多个流量喷嘴）和流量调节系统三个部分组成。静压室接口的开度具有一定的伸缩性，能满足被测风口尺寸、结构多样性的需求；测量段中通过改变喷嘴组合，实现测量流量的精确匹配；流量调节系统采用高压头变频离心风机，利用 PID 调节技术，根据设定的被测风机出口静压或流量，准确确定被测风机工作点的稳定区域。轴流风机试验装置原理见图 6.69。

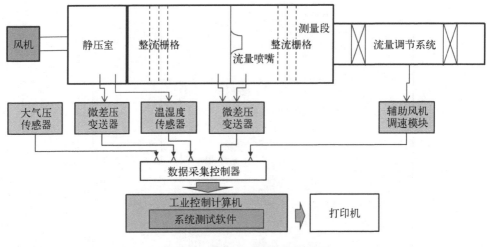

图 6.69　风机性能试验原理框图

6.4　传感器及电气部件环境试验

环境试验是评价传感器和电气部件对环境应力是否适应的有效手段。其目的之一是发现产品耐环境设计的缺陷,以便及时改正设计,提高产品的环境适应能力,如产品研制阶段的环境试验。另一方面是确认产品的环境适应性是否满足预定(如技术协议、产品规范)研制要求,如产品定型前后开展的鉴定试验、验收试验和例行试验。

当前传感器及电气部件环境试验主要根据 GJB 150-2009 进行,如果产品能耐受相应环境试验条件的考核,就认为该产品预期暴露和使用在实际环境条件下时,不会损坏并能在其全生命周期内正常地工作。为了更好地模拟实际工作环境条件,需要结合传感器及电气部件产品的使用特点,对通用性环境标准进行分析、剪裁,制定符合产品特点的试验大纲,工作内容主要包括:环境条件的选择与剪裁;环境试验顺序的选择;环境试验设备及环境条件的检测;试验的实施及试验过程的控制;试验数据的记录、采集和分析;故障判据及试验符合性的判定。

传感器及电气部件根据实际工作存在的环境效应开展相应试验,环境效应主要包括电磁环境、自然环境和机械环境。

电磁环境试验主要包括雷电防护试验、电磁兼容试验等。自然环境试验包括低气压(高度)试验、高温试验、低温试验、温度冲击试验、爆炸性大气试验、湿热试验、霉菌试验、盐雾试验、砂尘试验、温度-高度试验、流体污染试验、淋雨试验等。机械环境试验包括振动试验、机械冲击试验、加速度试验等。

各典型的环境试验条件要求参见表 6.12。

表 6.12　通用基本环境参数的变化范围、允许误差及测试精度表

环境参数	参数变化范围	允 许 误 差	测 试 精 度
温度	$-70 \sim +150℃$（$220℃$） $+200 \sim +1\,100℃$	$\pm(0.5 \sim 1.0)℃$ $\pm(1 \sim 2)℃$	$\pm(0.1 \sim 0.3)℃$
湿度	$(10 \sim 100)\%\ RH$	$\pm 5\%$	$\pm(1\% \sim 2\%)$
压力	$1\ kPa \sim 2 \times 10^3\ kPa$	$\pm 5\%$	$\pm(1\% \sim 2\%)$
风速	$0.5 \sim 2\ m/s$ $10 \sim 29\ m$	$\pm 0.15\ m/s$	$\pm 0.05\ m/s$ 0.5%
加速度	$1 \sim 2\,000\ m/s^2$	$\pm 10\%$	$\pm 3\%$
速度	$0.1 \sim 20\ m/s$	$\pm 10\%$	$\pm 3\%$
幅值（振动）	$0.1 \sim 10\ mm$ $0.1 \sim 1\,000\ mm$	$\pm 10\%$	$\pm 3\%$
频率	$1 \sim 10 \times 10^3\ Hz$	$\pm 2\%$ $\pm 0.5\ Hz$	$\pm 0.5\%$ $\pm 0.15\ Hz$
滴雨量	$\sim 280\ L/(m^2 \cdot h)$	$+300\ L/(m^2 \cdot h)$	$\pm 3\%$
雨滴直径	$0.5 \sim 0.4\ mm$		$\pm 0.15\ mm$
盐雾沉降率	$(1 \sim 2)\ mL/(80\ cm^2 \cdot h)$		
吹砂浓度	$0.177 \sim 2.2\ g/m^3$	$\pm 20\%$	$\pm 7\%$
吹尘浓度	$10.6\ g/m^3$	$\pm 7\ g/m^3$	$\pm 20\%$
试验时间量级	h	min	s

6.4.1　低气压(高度)试验

低气压环境可能导致产品出现密封壳体漏气、漏液,密封容器变形、破损或破裂,真空密封失效等问题。因此传感器及电气部件应进行抗低气压环境设计和试验,能够在低气压环境下正常工作,能耐受空气压力快速的变化。

传感器及电气部件低气压(高度)试验首先需要根据控制系统装机使用或飞行剖面确定试验条件,主要包括试验压力、高度变化速率、快速减压时间、试验持续时间以及试验中产品的工作状态。然后根据 GJB 150.2A-2009 要求选择合适试验箱构建试验环境,开展低气压试验,一般包含四个程序:贮存/空运;工作/机外挂飞;快速减压;爆炸减压。其中爆炸减压与快速减压类似,减压速率快于快速减压速率,可以根据实际工作环境进行二选一,试验中高度变化速率一般不应超过 10 m/s。传感器和电气附件低气压试验符合性评价准则是试验中产品未出现明显的外形变化、结构损伤现象,产品的绝缘、功能性能在产品规范规定的范围内。

典型传感器和电气部件低气压(高度)试验步骤如下。

1. 贮存试验

按照 GJB150.2A‐2009 中"程序 Ⅰ——贮存/空运"中规定的试验方法进行,具体试验步骤如下:

(1) 在试验的标准大气条件下,对被试品进行试验前外观检查和功能/性能检测并记录;

(2) 将被试品放置在试验箱内搁物架上,并处于试验箱的有效容积内;

(3) 被试品处于试验所设置的非工作状态,以不大于 7 kPa/min 压力变化速率将箱内压力降至 4 570 m(57 kPa)后保持 1 h,试验期间试验箱内的温度保持在常温条件下;

(4) 保持常温结束后,以不大于 7 kPa/min 压力变化速率将试验箱内压力恢复至常压(101.1 kPa)后打开箱门;

(5) 恢复处理结束后,在试验的标准大气条件下对被试品进行外观检查和功能/性能检测。

2. 工作试验

按照 GJB 150.2A‐2009 中"程序 Ⅱ——工作/机外挂飞"中规定的试验方法进行,具体试验步骤如下:

(1) 在试验的标准大气条件下,对被试品进行试验前外观检查和功能/性能检测并记录;

(2) 将被试品放置在试验箱内搁物架上,并处于试验箱的有效容积内,被试品电气性能检测线缆通过密封处理后通入试验箱外部;

(3) 以不大于 7 kPa/min 压力变化速率将箱内压力降至 4 570 m(57 kPa),之后启动被试品工作并进行检测和记录,要求整个测试过程中对数据实时检测、采集;

(4) 检测结束后,以不大于 7 kPa/min 压力变化速率将试验箱内压力恢复至常压(101.1 kPa)后打开箱门;

(5) 恢复处理结束后,在试验的标准大气条件下对被试品进行外观检查和功能/性能检测。

某型交流发电机的低气压工作试验见图 6.70。

图 6.70 某型交流发电机低气压试验

6.4.2 低温试验

低温试验的目的是确定传感器及电气部件在低温环境下贮存或使用的适用性。所谓低温条件下的适用性是指产品在恒定的低温条件下贮存或使用时,能保持完好,不受损坏并能正常工作的能力。

传感器及电气部件典型低温失效模式包括:

(1) 材料的硬化和脆化;

(2) 在对温度瞬变的响应中,不同材料产生不同程度的收缩,以及不同零部件的膨胀率不同,引起零部件相互咬死;

(3) 由于黏度增加,润滑油的润滑作用和流动性降低;

(4) 电子器件(电阻器、电容器等)性能改变;

(5) 破裂与龟裂、脆裂、冲击强度改变和强度降低,水的冷凝和结冰;

(6) 金属低温冷脆,表现为屈服强度和极限拉伸强度更高,但耐冲击(或碰撞)韧性降低很多,有的甚至出现粉化。

由于低温对产品几乎所有的基体材料都有不利的影响,可能会对其工作性能造成暂时或永久的损害,所以传感器及电气部件应进行抗低温环境设计和试验,验证产品在最低环境温度贮存、工作和拆装过程中,对发动机的安全性、完整性和性能的影响,验证产品在最低工作介质温度时,产品的工作性能。

试验程序和方法按 GJB 150.4A - 2009 执行,一般包含三个程序:低温工作、低温贮存、低温拆装。

贮存为恒温贮存：贮存温度不高于−55℃，时间为 24 h。低温工作时间为试验件在规定的最低工作温度稳定 2 h，并在最低工作介质下进行性能检查，如需进行低温拆装，可在低温工作性能检查后进行。试验的符合性准则一般为：产品在试验中、试验后产品的外观、输入输出性能、满足产品规范的要求，绝缘电阻一般不应低于 2 MΩ，介质耐电压应无飞弧现象，漏电流低于 2 mA。某型交流发电机的低温试验见图 6.71。

图 6.71 某交流发电机低温试验

典型传感器和电气部件低温试验步骤如下。

1. 低温贮存试验

按照 GJB 150.4A−2009 中"程序Ⅰ——贮存"规定的试验方法进行，具体试验步骤如下：

（1）在试验的标准大气条件下，对被试品进行试验前外观检查和功能/性能检测；

（2）将被试品放置在试验箱内搁物架上，并处于试验箱的有效容积内，被试品电气性能检测线缆通过密封处理后通入试验箱外部；

（3）试验箱开机，以不超过 3℃/min 的速率将试验箱温度调节至−55℃，被试品在非运转工作状态下保持 1 h 使其到温度稳定后，然后再保持 24 h；

（4）保温结束后，以不超过 3℃/min 的速率将试验箱温度调节至 30℃，被试品在该温度下保持 1 h 使其达到温度稳定；

（5）打开箱门，在试验的标准大气条件下对被试品进行外观检查和功能/性能检测。

2. 低温工作试验

按照 GJB 150.4A‑2009 中"程序 II——工作"规定的试验方法进行,具体试验步骤如下:

(1) 在试验的标准大气条件下,对被试品进行试验前外观检查和功能/性能检测;

(2) 被试品放置在试验箱内搁物架上,并处于试验箱的有效容积内,被试品电气性能检测线缆通过密封处理后通入试验箱外部;

(3) 试验箱开机,以不超过 3℃/min 的速率将试验箱温度调节至‑55℃,被试品在非运转工作状态下保持 1 h 使其达到温度稳定后,然后启动被试品连续工作 2 h,要求整个测试过程中对数据进行实时检测、采集、记录(试验过程中需要滑油润滑应采用加热措施保证滑油温度在‑40℃ 以上,同时防止残留滑油在低温环境中造成滑油管路阻塞等,确保滑油系统安全可靠工作);

(4) 检测结束后,使被试品处于非运转工作状态,以不大于 3℃/min 的速率将试验箱温度调节至 30℃,被试品在该温度下保持 1 h 使其达到温度稳定;

(5) 打开箱门,在试验的标准大气条件下对被试品进行外观检查和功能/性能检测。

3. 低温拆装试验

按照 GJB 150.4A‑2009 中"程序 III——拆装操作"规定的试验方法进行,具体步骤如下:

(1) 在试验的标准大气条件下,对被试品进行试验前外观检查;

(2) 被试品放置在试验箱内搁物架上,并处于试验箱的有效容积内;

(3) 试验箱开机,以不超过 3℃/min 的速率将试验箱温度调节至‑55℃,被试品在非工作状态下保持 2 h 使其达到温度稳定后,操作人员戴上厚手套,手从打开的试验箱门伸入,将受试品采用合适的工具从工装上拆卸下来,限时 15 min,然后关闭试验箱门待温度再次稳定到‑55℃,手再次从打开的试验箱门伸入,采用合适的工具将受试品装配到试验工装上,限时 15 min,记录拆、装操作试验中所用时间;

(4) 拆装操作结束后,以不大于 3℃/min 的速率将试验箱温度调节至 30℃,被试品在该温度下保持 1 h 使其达到温度稳定;

(5) 打开箱门,在试验的标准大气条件下对被试品进行外观检查。

6.4.3　高温试验

高温试验的目的是确定传感器及电气部件在高温环境下贮存或使用的适用性。高温环境效应包括因材料及结构的热膨胀引发的物理效应,热老化和加速氧化以及物质的软化、熔化、升华、挥发等引发的化学效应,这些物理和化学效应综合引发产品失效。

传感器及电气部件典型高温失效模式包括:

(1) 热状态下材料及结构尺寸全部或局部膨胀,导致结构应力增加甚至胀裂;

(2) 高温下绝缘电阻下降,介电常数和电抗(阻抗、容抗、感抗)发生变化,导致产品性能偏离;

(3) 间隙及介电常数的变化引发继电器、电磁作动或电热动作装置的吸合/释放范围变化;

(4) 润滑油黏度降低,润滑剂泄漏或外溢引发润滑、冷却性能下降;

(5) 有机材料褪色、裂解或龟裂纹、合成材料放气。

高温会改变产品所用材料的物理性能,进而会暂时或永久性地降低产品性能。因此传感器及电气部件应进行抗高温环境设计和试验,在最高环境温度下,最高工作介质温度条件下,验证产品的工作性能。

传感器及电气部件试验程序和方法一般按照 GJB 150.3A - 2009 进行裁剪执行。试验设备选用满足试验要求的高温箱,试验主要包含高温工作、高温贮存两个程序。高温贮存试验一般选择循环贮存,7 个高温日循环共计 168 h。高温工作试验时要求产品在最大工作压力、温度和电气负载下进行,不少于 3 个循环,典型的试验曲线见图 6.72。T_1 为长期工作最高温度,T_2 为短时最高工作温度。在每循环的设定时刻开始满载工作,持续 2 h,并检测产品的输出性能。

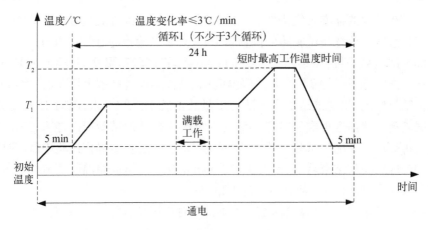

图 6.72　高温工作试验曲线

试验的符合性准则一般为:产品在试验中、试验后产品的外观、输入输出性能满足产品规范的要求,绝缘电阻一般不应低于 2 MΩ,介质耐电压应无飞弧现象,漏电流低于 2 mA。某交流发电机的高温试验见图 6.73。

典型传感器和电气部件高温试验步骤如下。

图 6.73　某交流发电机高温试验

1. 高温贮存试验

按照 GJB 150.3A - 2009 中"程序 I ——贮存"规定的试验方法进行,某产品典型的试验步骤如下:

(1) 在试验的标准大气条件下,对被试品进行试验前外观检查和功能/性能检测;

(2) 将被试品放置在试验箱内搁物架上,并处于试验箱的有效容积内;

(3) 试验箱开机,按表 6.13 高温贮存日循环表设置相应的试验程序,以不大于 3℃/min 的温度变化速率将试验箱内温度升至或降至各时间点对应的温度值并保持该温度至 1 h,试验期间,被试品处于非运转工作状态,完成 7 个循环贮存;

表 6.13　高温贮存日循环表

一天中的时间	基本热诱发条件温度/℃	一天中的时间	基本热诱发条件温度/℃	一天中的时间	基本热诱发条件温度/℃
01:00	35	05:00	33	09:00	44
02:00	34	06:00	33	10:00	51
03:00	34	07:00	36	11:00	56
04:00	33	08:00	40	12:00	63

一天中的时间	基本热诱发条件温度/℃	一天中的时间	基本热诱发条件温度/℃	一天中的时间	基本热诱发条件温度/℃
13: 00	69	17: 00	67	21: 00	41
14: 00	70	18: 00	63	22: 00	39
15: 00	71	19: 00	55	23: 00	37
16: 00	70	20: 00	48	24: 00	35

（4）试验结束后,直接打开箱门,并在试验的标准大气条件下对被试品进行外观检查和功能/性能检测。

2. 高温工作试验

按照 GJB 150.3A－2009 中"程序Ⅱ——工作"规定的试验方法进行试验,某产品(图 6.73)典型的试验步骤如下:

（1）在试验的标准大气条件下,对被试品进行试验前外观检查和功能/性能检测;

（2）将被试品放置在试验箱内搁物架上,并处于试验箱的有效容积内,被试品电气性能检测线缆通过密封处理后通入试验箱外部;

（3）试验箱开机,设置环境温度为 70℃,以不超过 3℃/min 的速率将试验箱温度调节至产品最高长期工作温度,在该温度下被试品在非运转工作状态保持 13 h,然后启动被试品连续满载工作 2 h 后,工作时要求整个测试过程中对产品工作运行数据实时检测、采集,完成后继续在最高长期工作温度环境下处于非运转工作状态保持 7 h;

（4）5 min 内将试验箱温度调节至最高短期工作温度点,启动被试品连续满载工作 30 min;

（5）以不超过 3℃/min 的速率将试验箱温度调节至 70℃,被试品在非工作状态下保持 5 min;

（6）重复(3)~(5),共完成 4 个循环;

（7）打开箱门,在试验的标准大气条件下对被试品进行外观检查和功能/性能检测。

6.4.4　温度冲击试验

温度冲击试验的目的在于确定传感器及电气部件在周围环境温度或工作介质温度急剧变化时,是否产生物理损坏或性能下降。这里的"急剧变化"是指温度变化率大于 10℃/min。温度冲击通常对靠近产品外表面的部分影响更严重,当环境温度突然发生温差较大的变化时,对于传感器及电气部件产品各部分的热容量不同,其吸热、导热、散热能力也存在差异,急剧的温度变化可能会暂时或永久地影响产品的工作,容易引发不同材料的收缩或膨胀率不同而导致的断路、变形、开裂、接触不良以及绝缘失效等问题。

　　试验程序和方法按 GJB 150.5A - 2009 执行。有两种试验程序可以选择:恒定极值温度冲击、高温循环冲击。恒定极值温度冲击相对于高温循环冲击更为严苛,在希望采用更严酷的冲击(例如要评价安全性或初始设计)时应该选择恒定极值温度冲击试验程序。

　　最高温度、最低温度及变化速率要求按相关文件的要求,至少进行 3 个循环。试验后产品外观、性能应符合相关文件的要求。

　　温度冲击试验采用温度冲击试验箱进行,温度冲击试验箱一般由一个高温箱和一个低温箱组成。早期的温度环境试验箱系统中没有专门的温度冲击试验箱,实施温度冲击试验是用位置相邻的一台高温试验箱和一台低温试验箱组合而成,试验时,两个试验箱的温度预先设定到规定的环境条件,由人工将试验件从一个温度箱转移到另一个温度试验箱,如此往复进行,也称“两箱法”。随着技术的发展,目前已有多种形式的温度冲击试验箱,如一箱两区式温冲箱、一箱三区式温冲箱等。目前温度冲击试验要求两箱之间转移时间不大于 1 min(从两箱开门到关门算起)。

　　典型传感器和电气部件温度冲击试验按照 GJB 150.5A - 2009 中“程序 Ⅰ——恒定”规定的试验方法进行,步骤如下:

　　(1)在试验的标准大气条件下,对被试品进行试验前外观检查和功能/性能检测;

　　(2)将被试品放置在试验箱内搁物架上,并处于试验箱的有效容积内;

　　(3)试验从低温段开始,试验过程中,高温为最高短期工作温度点,低温为 $-55℃$,高、低温保持时间均为 1 h,高、低温间的转换时间不大于 1 min,共进行 3 个循环,试验过程中被试品处于非运转工作状态;

　　(4)试验结束后,被试品处于 70℃ 高温状态,打开箱门使被试品在试验的标准大气条件下恢复 2 h;

　　(5)恢复处理结束后,在试验的标准大气条件下对被试品进行外观检查和功能/性能检测。

6.4.5　淋雨试验

　　淋雨试验的目的在于确定传感器及电气部件在暴露于淋雨、水喷淋或滴水有关的环境时,壳体和密封圈的有效性、有水渗入时满足其性能要求的能力、产品包装的有效性等。

试验程序和方法按 GJB 150.8A - 2009 有关规定执行。没有防降雨和吹雨措施的产品应进行降雨和吹雨,有防雨措施,但可能存在冷凝或表面泄漏而产品滴水的产品可进行滴水试验,试验后不应出现其结构、功能和性能下降或者失效。

要求有风源的淋雨:降雨强度 1.7 mm/min(标准推荐值),降雨速率 9 m/s,时间为每个淋雨面 30 min。

典型传感器和电气部件淋雨试验步骤如下:

(1)在试验的标准大气条件下,对被试品进行试验前外观检查和功能/性能检测;

(2)对被试品安装插头,将被试品放置在试验箱内搁物架上,并处于试验箱的有效容积内;

(3)调节试验箱内降雨强度 15 cm/h,雨滴直径 0.5~4.5 mm,测量并调整水温,使水温低于试件温度(10±2)℃;

(4)启动降雨,对每个淋雨面淋雨 30 min,试验过程中被试品处于工作状态;

(5)从试验箱中取出被试品,采用擦拭的方式清除被试品表面附着的雨水,操作时特别注意避免引入另外的雨水或扰乱可能早已进入被试件的雨水;

(6)检查并记录受试件内部发现游离水的情况,在标准大气条件下对被试品进行外观检查和功能/性能检测。

6.4.6　湿热试验

潮湿的环境会对产品产生物理和化学影响,温湿度的变化可以导致产品内部出现凝露现象,进而引发腐蚀、短路、绝缘下降等问题。因此传感器及电气部件应进行抗湿热环境设计和试验,传感器及电气部件中各电气、电子控制装置应能在湿度 95% 或者更高的相对湿度、最大温度 60℃ 的高湿热环境下正常工作,表面不应产生腐蚀、起泡等现象,电气绝缘性能应不小于 10 MΩ,不应引起其结构、功能和性能下降或者失效。

试验程序和方法按 GJB 150.9A - 2009 执行。不应有影响产品功能和结构强度方面的腐蚀或其他缺陷。

根据标准的规定,高温高湿阶段的试验温度为 60℃、湿度为 95%,低温高湿阶段的试验温度为 30℃、湿度为 95%,试验周期数为 10 个(每个试验周期为 24 h)。

典型传感器和电气部件湿热试验步骤如下:

(1)在试验的标准大气条件下,对被试品进行试验前外观检查和功能/性能检测;

(2)将被试品放置在试验箱内搁物架上,且处于试验箱的有效容积内;

(3)启动试验箱,将试验箱内的温度调节为 23℃,相对湿度调至 50%,并保持 24 h;

（4）调节试验箱内的温度为 30℃,相对湿度为 95%;

（5）在 2 h 内,将试验箱温度由 30℃升到 60℃,相对湿度保持 95%;

（6）在 60℃及相对湿度 95% 的条件下保持 6 h;

（7）在 8 h 内将试验箱温度降到 30℃,降温过程中,保持箱内相对湿度在 85% 以上;

（8）在 30℃及相对湿度 95% 条件下保持 8 h;

（9）重复（5）~（8）,共进行 10 个周期试验,在第 5 个周期和第 10 个周期结束时,将被试品自试验箱内取出,立即采用兆欧表(电缆一般采用线缆测试仪)检测被试品绝缘电阻,绝缘电阻应不小于 2 MΩ,并对产品进行功能性能检查;

（10）检测结束后,打开箱门使被试品恢复 2 h;

（11）恢复处理结束后,对被试品进行记录;

（12）在试验的标准大气条件下对被试品进行外观和功能/性能检测。

湿热试验后被试品外观应满足下列要求:

（1）允许金属结构件轻度变暗和变黑,但不得腐蚀;

（2）金属结合处无腐蚀;

（3）金属防护层边缘及棱角处不得有腐蚀,其余腐蚀面积应小于金属防护层总面积的 20%。

（4）允许涂漆层光泽颜色减退和有少量的直径不大于 0.5 mm 的气泡,但不应有起皱、开裂及涂漆层脱落现象,且底金属不得出现腐蚀;

（5）非金属材料无明显泛白、膨胀、起泡、皱裂、脱落及麻坑等。

6.4.7　霉菌试验

由于霉菌生长会改变产品的物理性质而削弱产品的功能或影响使用,能够使电气或电子系统出现绝缘问题或影响电特性。因此传感器及电气部件应进行抗霉菌环境设计和试验,从而具有抑制霉菌滋生的能力,或当霉菌生长后产品的物理特性不被改变、产品的功能不被削弱或影响使用。

试验程序和方法按 GJB 150.10A-2009 执行。如果有证据表明所有使用的材料都不能促使霉菌生长,经利益相关方同意后该项试验可以免做。在试验前后,附件应进行校准或适当的功能检查,但在试验时不需要工作。试验周期为 28 d,产品的长霉等级一般不超过 2 级。

典型传感器和电气部件霉菌试验按 GJB 150.10A-2009 中规定的试验方法进行,试验步骤如下:

（1）试验前,按 GJB 150.10A-2009 制备无机盐溶液、孢子悬浮液和对照样品,并进行了孢子活力检验。所用化学药剂不低于国家标准规定的化学纯试剂的纯度;

（2）试验前 72 h 将被试品(传感器和电气附件产品或零部件、配套件等)采用

汽油清洗干净,并在 110~121℃高温箱中干燥 3 h;

（3）在试验的标准大气条件下对被试品外观进行检查;

（4）将被试品安装在试验箱内,对照样件挂放在试验箱的有效容积内,被试品和对照样品在温度（30±1）℃,相对湿度（95±5）%条件下预处理 4 h;

（5）用喷雾器将混合孢子悬浮液以雾状喷在被试品及对照样品的表面上,使其和对照样品在霉菌箱中同时接种;

（6）试验箱按表 6.14 规定的试验条件运行 7 d 后,对照样件及孢子活力检查的各单一孢子在培养基表面长霉面积均已达 90%以上,符合标准规定的长霉面积大于 90%的要求,本次试验有效,从接种之日起计算试验时间,试验运行 28 天;

表 6.14　霉菌试验条件表

温度/℃	温度容差/℃	相对湿度/%	相对湿度容差/%	每周期时间/h	试验周期/d
30	±1	95	±5	24	28
试验菌种		黑曲霉、黄曲霉、杂色曲霉、绳状青霉、球毛壳霉			

（7）试验结束后,在试验的标准大气条件下对被试品表面霉菌生长情况进行检查,检查过程中应注意对产品内腔的检查,并按试验大纲要求评定霉菌试验结果,一般长霉等级 0~2 级为合格。表 6.15 给出了试验霉菌生长程度评定依据。

表 6.15　长霉程度评定表

等级	长霉程度	霉菌生长情况
0	不长霉	未见霉菌生长
1	微量生长	霉菌生长和繁殖稀少或局限,生长范围小于试验样品总面积的 10%。基质很少被利用或未被破坏。几乎未发现化学、物理与结构的变化
2	轻微生长	霉菌的菌落断续蔓延或松散分布于基质表面,霉菌生长占总面积 30%以下,中量程度繁殖
3	中量生长	霉菌较大量生长和繁殖,占总面积 70%以下,基质表面呈化学、物理与结构的变化
4	严重生长	霉菌大量生长繁殖,占总面积 70%以上,基质被分解或迅速劣化变质

6.4.8　盐雾试验

盐雾环境可能导致产品出现腐蚀效应、电气损坏、机械部件的活动部分阻塞或卡死以及涂层起泡等问题。因此传感器及电气部件应进行抗盐雾环境设计和试验,应能在海洋大气环境等含盐量高的大气中贮存和正常工作,同时材料保护层和装饰层不应有破坏性损伤,盐的沉积物对成附件物理和电气性能不应产生影响。

试验程序和方法按 GJB 150.11A–2009 执行。一般推荐使用交替进行的 24 h 喷盐雾和 24 h 干燥两种状态共 96 h(2 个喷雾湿润阶段和 2 个干燥阶段),产品应保持正常的功能和性能,且金属件表面无明显发黑,结合处无严重锈蚀,金属主体不出现锈蚀;非金属件不应出现气泡、起皱和开裂等。如需对产品耐腐蚀环境的能力给出更高的评价(如产品工作在海洋大气环境中),可以增加试验的循环次数,或采用 48 h 喷盐雾和 48 h 干燥的试验程序。图 6.74 为经过盐雾试验后的某发动机电缆。

图 6.74 盐雾试验后的电缆

典型传感器和电气部件盐雾试验步骤如下:

(1)在试验的标准大气条件下,对被试品进行试验前外观检查和功能/性能检测;

(2)试验前,试验箱应经过 16~24 h 空载运行,当确定可保持稳定的试验条件时,方可投入被试品进行试验,在 5 天内使用过的试验箱不必先空载运行;

(3)将被试品放置在盐雾试验箱内,并处于试验箱的有效容积内;

(4)将试验箱内温度调至 35℃,使被试品在该温度下保持 2 h,然后连续喷雾 24 h;

表 6.16 盐雾试验条件表

试验温度/℃	盐 溶 液				盐雾沉降率/ [ml/ (80 cm² · h)]	喷雾方式	试验时间/h
	成分	浓度/%	允差/%	pH			
35	NaCl	5	±1	6.5~7.2	1.0~3.0	间歇喷雾	连续喷雾 24 h→干燥 24 h 交替进行,共计 96 h。干燥期间,温度保持在 15~35℃,相对湿度≤50%

（5）喷雾结束后，打开试验箱，让被试品在温度为 15~35℃，相对湿度 ≤50% 条件下干燥 24 h；

（6）重复（4）~（5）共进行 2 个循环，试验时间共计 96 h；

（7）试验结束后，从试验箱中取出被试品，去除被试品表面积盐，对被试品表面状态进行记录；

（8）在试验的标准大气条件下对被试品进行外观和功能/性能检测。

6.4.9 砂尘试验

砂尘环境可以造成产品表面的磨损和磨蚀、密封渗透、活动部件卡滞、电性能劣化等问题，因此传感器及电气部件应进行抗砂尘环境设计和试验，应能在吹砂环境下贮存和正常工作，并具有对可能阻塞开口、渗入接头的灰尘的抵御能力。

试验程序和方法按 GJB 150.12A - 2009 执行。应根据有关文件的规定确定产品在砂尘环境中或在砂尘环境中贮存后应完成的功能，以及产品预期使用的地域和微环境中的砂尘量值。当暴露在预定的砂尘条件下，所有机械、光学、电气、电子、电化学和机电装置应能正常工作。

本试验包含三个试验程序：吹尘、吹砂、降尘。一般情况下开展吹尘和吹砂试验，降尘用于研究在几乎没有空气流动的、尘土可以长时间积存和遮盖或封闭的区域。根据标准的要求，一般选择如下试验条件：吹尘浓度（10.6±7）$\mathrm{g/m^3}$，吹砂浓度（2.2±0.5）$\mathrm{g/m^3}$。图 6.75 为某发动机电缆的吹尘和吹砂试验。

图 6.75　电缆线束吹尘和吹砂试验

典型传感器和电气部件砂尘试验步骤如下。

1. 吹尘试验

按照 GJB 150.12A - 2009 中"程序 Ⅰ——吹尘"规定的试验方法进行，具体试验步骤如下：

（1）在试验的标准大气条件下，对被试品进行试验前外观检查和功能/性能检测；

（2）试验前,试验箱应经过 16~24 h 空载运行,当确定可保持稳定的试验条件时,方可投入被试品进行试验,在 5 天内使用过的试验箱不必先空载运行;

（3）将被试品安放在试验箱内,并处于试验箱的有效容积内;

（4）将试验箱内温度调节到 23℃,空气速度调整到 8.9 m/s,调节尘的注入控制装置,使尘浓度达到（10.6±7）g/m^3;

（5）调节被试品,使电连接器安装面正对步骤（4）规定条件下的尘流,维持暴露时间 6 h,试验过程中,被试品处于非运转工作状态;

（6）6 h 试验结束时停止供尘,降低试验箱内风速至 1.5 m/s,按设备能达到的最大温变率调节试验箱温度至 71℃,保温 1 h;

（7）保温时间达 1 h 时,重新调节试验箱内空气速度达 8.9 m/s,调节尘的注入控制装置,使尘浓度达到（10.6±7）g/m^3;

（8）再次调节被试品,使电连接器安装面正对步骤（4）条规定的条件下的尘流,维持暴露时间 6 h,试验过程中,被试品处于非运转工作状态（装配配套插头或金属防尘盖）;

（9）试验结束后,从试验箱中取出被试品,采用擦或刷的方式清除被试品表面积累的尘,操作时特别注意避免引入另外的尘或扰乱可能早已进入被试件的尘,检查并记录受试件的磨蚀、堵塞效应及任何砂渗透的迹象;

（10）在试验的标准大气条件下对被试品进行外观和功能/性能检测。

2. 吹砂试验

按照 GJB 150.12A‐2009 中"程序Ⅱ——吹砂"规定的试验方法进行,具体试验步骤如下:

（1）在试验的标准大气条件下,对被试品进行试验前外观检查和功能/性能检测;

（2）将被试品安放在试验箱内,处于试验箱的有效容积内,且距离砂注入点 3 m 内;

（3）将试验箱内温度调节到 71℃,空气速度调整到 18~29 m/s,调节砂的注入控制装置,使砂浓度达到（2.2±0.5）g/m^3;

（4）调节被试品,使电连接器安装面正对步骤（3）规定条件下的砂流,维持暴露时间 90 min,试验过程中,被试品处于非运转工作状态（装配配套插头或金属防尘盖）;

（5）试验结束后,从试验箱中取出被试品,采用擦或刷的方式清除被试品表面积累的砂,操作时特别注意避免引入另外的砂进入被试件;

（6）在试的标准大气条件下,检查并记录受试件的磨蚀、堵塞效应及任何砂渗透的迹象;

（7）在试验的标准大气条件下对被试品进行外观和功能/性能检测。

6.4.10 爆炸性大气试验

爆炸性大气试验的目的在于确定产品在混合的燃料和空气爆炸性大气中工作而不引起爆炸的能力,确定带外壳的产品内部发生火焰与爆炸而不至于蔓延到外部。传感器及电气部件所有不密封可能引起爆炸的电子、电子装置要进行防爆设计和试验。

试验程序和方法按 GJB 150.13A - 2009 执行。本试验包含两个试验程序:在爆炸性大气中工作和隔爆试验。试验温度为产品的最高工作温度,试验高度为地面环境高度和最高使用高度(一般不超过 12 200 m),产品工作在可燃气体环境中,应不引起爆炸或被爆炸引发产品的功能失效进而使得爆炸蔓延到外部。需要注意的是,在高于 16km 时,由于缺氧而不会点燃爆炸性大气。

典型传感器和电气部件爆炸性大气试验按照 GJB 150.13A - 2009 中"程序Ⅰ——在爆炸大气中工作"规定的试验方法进行,步骤如下:

图 6.76 爆炸性大气试验箱

(1) 在试验的标准大气条件下,对被试品进行试验前外观检查和功能/性能检测;

(2) 将被试品安放在试验箱内,并密封试验箱,调节试验箱内温度保持在产品长期工作高温点,试验箱见图 6.76;

(3) 调节试验箱内气压,模拟 14 200 m 试验高度,在降低 2 000 m 过程中向试验箱慢慢注入所需容积正己烷,维持 3 min 燃料汽化及均匀混合;

(4) 在模拟试验高度 12 200 m 对应的压力点点燃混合气体,点火源应有足够的能量点燃 3.82% 正己烷的混合气体;

(5) 若不能点燃,清除试验箱中燃气,重复步骤(2)~(4),直到点燃为止;

(6) 使受试品处于工作状态下,尽可能频繁而合理地接通和断开电源触点;

(7) 保证燃料和空气充分混合,向试验箱内通入空气,以不大于 100 m/min 的速度缓慢降低试验模拟高度,在模拟高度 11 200 m 时停止降低模拟高度,最后一次接通和断开受试品电源触点;

(8) 调节试验箱内的气压,模拟比现场海拔 2 000 m 的高度;

(9) 在降低 1 000 m 过程中向试验箱慢慢注入所需容积正己烷,维持 3 min 燃料汽化及均匀混合;

（10）在模拟试验高度 1 000 m 对应的压力点点燃混合气体,点火源应有足够的能量点燃 3.82% 正己烷的混合气体;

（11）若不能点燃,清除试验箱中燃气,重复步骤（8）~（10）,直到点燃为止;

（12）保证燃料和空气充分混合,向试验箱内通入空气,以不大于 100 m/min 的速度缓慢降低试验模拟高度,在达到现场地面压力条件时停止降低模拟高度,最后一次接通和断开受试品设备电源触点;

（13）检查并记录全过程中试验箱内发生爆炸的情况;

（14）在试验的标准大气条件下对被试品进行外观和功能/性能检测。

爆炸性大气试验后被试品外观满足下列要求为合格:

（1）被试品未出现结构损坏、变形和裂纹;

（2）紧固件无松动或脱落;

（3）被试品未引起试验箱内发生爆炸。

某交流发电机产品的爆炸性大气试验图见图 6.77。

图 6.77　交流发电机开展爆炸性大气试验

6.4.11　加速度试验

加速度通常在产品安装部位和内部产生惯性载荷,可能导致产品结构变形、断裂、电气部件短路或断路等问题,因此传感器及电气部件应进行抗加速度环境设计和试验,结构上能够承受使用环境中由飞机和发动机加、减速和机动引起的稳态惯性载荷的能力,以及在这些载荷作用期间和作用后其性能不会降低。外部作用力应包括起飞、降落、飞行中机动动作、飓风、振动（如武器发射）、撞击以及坠机条件下产生的负载。最大许用安装载荷（如执行机构侧向载荷、冲击载荷、进口接头流动载荷等）包括剪切负荷、轴向载荷、力矩和偏转扭矩。在这些载荷作用期间和作用后其性能不会降低,在承受坠撞惯性过载之后不会发生危险。

试验程序和方法按 GJB 150.15A‐2009 执行。一般进行三个试验程序:程序Ⅰ——结构试验、程序Ⅱ——性能试验、程序Ⅲ——坠撞安全试验。试验件应按真实的工作状态进行安装,试验加速度值应由平台结构载荷分析获得,在未能获得分析结果前,根据 GJB 150.15A‐2009 中表 1、表 2 飞行器分类推荐的 g 值预估试验条件。如果无法模拟真实的工作安装状态,可以按产品自身的三轴方向安装,各方向 g 值均采用该类飞行器各方向 g 值中的最大值进行试验。

按照 GJB 150.15A‐2009 中"程序Ⅱ——性能试验"及"程序Ⅰ——结构试验"

规定的性能加速度试验以及结构加速度试验,传感器和电气部件典型的加速度试验条件见表 6.17,具体试验步骤如下:

(1) 在试验的标准大气条件下,对被试品进行试验前外观检查和功能/性能检测;

(2) 将被试品安装在加速度试验机工作面上,坐标轴方向按照试验大纲规定;

(3) 按规定的试验条件对被试品规定方向进行加速度试验,加速度量值达到规定试验量值后保持 1 min,性能加速度试验期间被试品满载工作,要求整个测试过程中对数据实时检测、采集,结构加速度试验期间被试品处于非运转状态;

(4) 转换被试品方向,重复步骤(3),依次考核被试品其他方向;

(5) 试验结束后,在试验的标准大气条件下对被试品进行外观和功能/性能检测。

表 6.17　典型产品加速度试验条件

试 验 方 向	性能加速度值	结构加速度值	试 验 时 间
X(前)	$6\,g$	$9\,g$	达到规定试验量值后完成检测所需时间,但至少保持 1 min
$-X$(后)	$6\,g$	$9\,g$	
Y(上)	$6\,g$	$9\,g$	
$-Y$(下)	$6\,g$	$9\,g$	
Z(右)	$6\,g$	$9\,g$	
$-Z$(左)	$6\,g$	$9\,g$	

6.4.12　振动试验

振动环境能够导致产品及其内部结构的动态位移,这些动态位移和相应的速度、加速度可能引起或加剧结构疲劳,结构、零组件的机械磨损,还能导致元器件的碰撞、机械性磨损和功能的损坏、丧失等。在传感器及电气部件上典型的外在表现为:

(1) 导线磨损;

(2) 紧固件、接插件松动;

(3) 继电器等触点有时通、有时断;

(4) 焊缝产生裂纹,引发密封失效、漏气、渗漏;

(5) 焊点脱落,引发电路断开或短接;

(6) 机械结构产生裂纹或断裂;

（7）电子元器件失效，电噪声增加；

（8）引发机械结构的共振，导致结构快速损坏。

因此传感器及电气部件应进行抗振动环境设计和试验，应承受整个寿命周期（制造/维修、运输、工作等情况）内的振动条件并正常工作。

按 GJB 150.16A－2009 进行制造/维修、运输、工作寿命阶段的振动环境试验。应尽可能用实测数据和产品实际寿命周期的持续时间来制定试验条件，当无法得到实测数据时，可采用替代试验条件。振动环境分类按 GJB 150.16A－2009 中表 1 类别 22（安装在发动机上的附件）的要求进行。振动试验包括共振检查和耐久试验两部分，共振检查的目的是确定被试品在规定频率范围内发生机械共振的频率；耐久试验的目的是确定被试品在规定试验时间内能否承受预期的振动应力，有无设计和工艺缺陷及由此产生的结构完好性和性能问题，耐久试验一般采用固定频率试验或正弦扫描试验方式进行。

共振检查试验条件如下：

（1）试验轴向：X、Y、Z 三轴向；

（2）共振检查试验条件如表 6.18 所示。

表 6.18　典型共振检查试验条件

试验项目	试验频段/Hz	振幅/mm	加速度/g
共振检查	5~2500	0.3（5~40 Hz）	2（40 Hz 以上）

固定频率试验的试验条件一般按以下方法确定：对于找到的共振频率，在每个方向上选取共振响应振幅较大的四个共振点，应按实测振动谱，且一般不低于 $10\,g$，进行高周疲劳共振试验。如果没找到共振点，则不需要作共振驻留试验。试验幅值为正弦扫描循环振动试验曲线上相应频率对应的振动幅值，且不低于 $10\,g$。共振点驻留时间及次数如下要求：

（1）5~90 Hz，反映低压转子基频振动特性，该频段内的共振点频率进行 10^6 次（或 8.5 h）的振动试验；

（2）90~300 Hz，反映高压转子基频振动特性，该频段内的共振点频率进行 3×10^6 次（或 5 h）的振动试验；

（3）300~2500 Hz，反映高压转子倍频及风扇转子叶片气动激励，该频段内的共振点频率进行 10×10^6 次（或 4.5 h）的振动试验；

（4）如果在 5~300 Hz 频率范围内没有共振点，需要在频率 300 Hz 进行 3×10^6 次的振动试验，如果在 300~2500 Hz 频率范围内没有共振点，需要在频率 2500 Hz 进行 10×10^6 次循环的振动试验。

正弦扫描试验的试验条件如下：

按图 6.78 振动试验载荷谱，进行 5 Hz 到 2 500 Hz 再到 5 Hz 的振动循环扫描，每个扫描循环进行 2 h，振动扫描循环次数的计算公式如下。

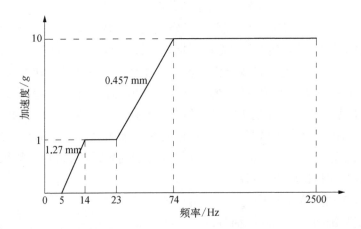

图 6.78　典型产品振动功率密度谱

扫描循环数计算公式为

$$N = [40 - (1 \times A) - (3 \times B) - (10 \times C)]/3.77$$

式中，N 为扫描循环数；A 为 5~90 Hz 范围内，进行振动驻留试验的频率点数量；B 为 90~300 Hz 范围内，进行振动驻留试验的频率点数量，如果没有共振点，需要在频率 300 Hz 进行振动试验，则 $B=1$；C 为 300~2500 Hz 范围内，进行振动驻留试验的频率点数量，$C \leqslant 3$，如果没有共振点，需要在频率 2500 Hz 进行振动试验，则 $C=1$。

典型传感器和电气部件振动试验的测试步骤如下：

（1）在试验的标准大气条件下，对被试品进行试验前外观检查和功能/性能检测；

（2）将被试品连同试验工装一起牢固固定在振动试验台上，按 GJB 150.16A – 2009 的要求和被试品的要求选择控制点和测量点，并安装好用于控制和响应测量的加速度传感器，试验采用多点平均控制方式；

（3）根据共振检查试验条件对被试品在规定的轴向上进行共振检查，在共振检查试验过程中，受试品处于试验大纲规定的工作状态；

（4）在标准大气条件下对被试品进行外观检查和功能/性能检测；

（5）根据正弦扫描试验条件对被试品在规定的轴向上进行共振驻留或正弦扫描试验，试验过程中受试品处于试验大纲规定的工作状态；

（6）在标准大气条件下对被试品进行外观检查和功能/性能检测；

（7）重复步骤（3）～（6），完成被试品其余两个轴向的振动试验。

图 6.79 为某交流发电机的振动试验图。

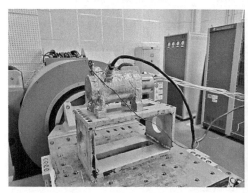

图 6.79　交流发电机振动试验

6.4.13　冲击试验

冲击可能对产品的结构和功能完好性产生不利影响，一般随冲击的量级和持续时间的增减而改变，尤其是当冲击持续时间与产品固有频率的倒数一致或波形的主要频率分量与产品的固有频率一致时，会加剧这些不利影响。通常可能导致零件之间的摩擦力增加或减少，进而引起产品失效；绝缘强度变化，绝缘电阻下降；永久性机械变形；材料加速疲劳等。因此传感器及电气部件应进行抗冲击环境设计和试验，应能承受装卸、运输和使用中很少出现的非重复冲击，保证产品结构和功能的完好。

试验程序和方法按 GJB 150.18A－2009 执行。在冲击试验中较难模拟产品的实际工作状态，因此产品在试验中一般处于非工作状态。试验程序包含功能性冲击和坠撞安全试验。试验的冲击响应谱和有效持续时间可根据产品工作环境测量数据获得，如果没有测量数据，根据标准选择合适的试验谱进行试验，波形采用后峰锯齿脉冲波形。图 6.80 为某交流发电机的冲击试验图。

典型传感器和电气部件冲击试验按 GJB150.18A－2009 中"程序Ⅰ——功能性冲击"规定的方法进行功能性冲击试验，按"程序Ⅴ——坠撞安全"规定的方法进行坠撞安全冲

图 6.80　交流发电机冲击试验

击试验,坠撞安全冲击试验后需要进一步进行持续加速度试验。

1. 功能性冲击试验

按 GJB150.18A 中"程序 I ——功能性冲击"规定的试验步骤如下:

(1)在试验的标准大气条件下,对被试品进行试验前外观检查和功能/性能检测;

(2)将被试品连同试验工装一起牢固固定在冲击试验台上,在夹具与被试品连接位置附近刚硬区域安装用于控制的传感器,试验采用单点控制方式;

(3)按表 6.19 规定的试验条件对被试品按 X 方向进行冲击试验,每次冲击试验持续时间为 11 ms,两次冲击的时间间隔不小于 66 ms,共进行 3 次,试验过程中被试品处于非运转工作状态;

表 6.19　典型冲击试验条件

试验项目	波　形	峰值加速度 A/g	持续时间 D/ms	冲击轴向	冲击时间间隔/ms	冲击次数
功能性冲击	后峰锯齿波	20	11	$\pm X$、$\pm Y$、$\pm Z$	不小于 66	三轴向六自由度方向各 3 次(共 18 次)
坠撞安全冲击	后峰锯齿波	40	11	$\pm X$、$\pm Y$、$\pm Z$	不小于 66	三轴向六自由度方向各 2 次(共 12 次)

(4)转换被试品方向,重复步骤(2)依次考核被试品其余方向冲击试验;

(5)每项冲击试验结束后,在标准大气条件下对被试品进行外观检查和功能/性能检测。

2. 坠撞安全试验

坠撞安全试验按 GJB150.18A 中"程序V——坠撞安全"规定的方法进行,具体试验条件和步骤与功能性冲击试验方法基本一致。

3. 持续加速度试验

在完成坠撞安全试验后,按表 6.20 规定的试验条件对被试品进行持续加速度试验,每次冲击试验持续时间为 3 s,试验过程中,被试品处于非运转工作状态;其他试验步骤与功能性冲击试验方法基本一致。

表 6.20　典型持续加速度试验载荷

试　验　方　向	持续加速度试验加速度值/g	试　验　时　间
$+X$(向前)	1.5	达到规定值后至少保持 3 s
$-X$(向后)	9	

续　表

试 验 方 向	持续加速度试验加速度值/g	试 验 时 间
+Y(向上)	3	
−Y(向下)	3	
+Z(向左)	3	
−Z(向右)	6	

6.4.14　温度-湿度-振动-高度试验

温度-湿度-振动-高度的综合作用可能导致产品出现运动零部件卡死或松动、引起电子器件性能下降、不同材料的膨胀或收缩率差异引起故障、产品变形或破裂、表面涂层开裂、密封泄漏等问题。本试验用于确定温度、湿度、振动及高度对传感器和电气附件在地面和飞行工作期间的安全性、完整性以及性能的综合影响。

试验程序和方法按 GJB 150.24A-2009 执行。在工程研制初期一般选择单应力或某些应力综合试验来验证设计裕度,在飞行前试验中根据确定的综合应力试验条件确定产品的性能,在鉴定试验中应包括每个应力的最大量值和研制中发现的特殊应力综合。最常见的综合应力试验为:温度-振动、温度-湿度-高度和带有辅助冷却的温度-湿度。图 6.81 为典型的温度-湿度-振动-高度试验设备。

图 6.81　典型的温度-湿度-振动-高度试验设备

典型传感器和电气部件温度-湿度-高度和振动试验方法如下。

(1)标准环境下测试:在试验的标准大气条件下,对被试品进行试验前外观和工作性能检查,并记录检测结果。

(2)变化到冷干、浸泡:在环境大气压力下,产品不工作,调节试验箱内温度到最低非工作温度-55℃,使其温度稳定在-55℃,并按振动频谱量值施加振动,保持这一状态 4 h。

(3)低温性能检查:保持低温工作温度-55℃,同时接通产品电源并检测。

(4)变化到冷/干、高度:保持低温工作温度,以不大于 14 kPa/min 将试验箱调节至高度(压力)为 10.5 kPa,再保持试验箱内空气温度和压力使产品工作

30 min,并按振动频谱量值施加振动。

（5）变化到温/湿,保持：试验箱内压力恢复至试验室气压（101.3 kPa）,调节试验箱内温度到+32℃,并同时施加95%的湿度（温度和湿度的变化可以以箱子的最高速率）,温度、湿度到达后保持30 min,产品保持通电工作,保持时按振动频谱量值施加振动。

（6）变化到热干、浸泡、性能检测：按不大于8℃/min温度变化速率,将试验箱内的温度升至地面耐受高温工作点,湿热控制在<30%,使产品处于通电工作,保持温度和湿度2 h,然后在该试验温度和湿度下进行产品性能检测,在浸泡时按振动频谱量值施加振动。

（7）变化到热/干高度、高度、性能检测：保持试验箱的长期工作温度点,将试验箱内压力降到10.5 kPa,湿热控制<30%,保持该温度-湿度-高度,按振动频谱量值施加振动,同时产品在最高工作电压下通电工作4 h后对产品进行性能检测。

（8）变化到标准环境：恢复至试验室环境状态。

（9）步骤（2）～（8）为一个完整的循环,重复（2）～（8）共需进行10个循环试验。

10个循环试验后进行标准环境下性能检测。

6.4.15　流体污染试验

本试验的目的是确定传感器及电气部件耐受流体污染的能力。污染源可能是燃料、液压流体、润滑油、溶剂、清洗剂、除冰剂和防冻剂等,典型污染流体见表6.21。污染流体可能改变构成材料的物理性质,进而引发密封失效、非金属材料开裂或膨胀、粘接失效、腐蚀、分解等问题。因此寿命期内可能受到流体污染的产品应进行流体污染试验,产品设计时应考虑与工作环境中可能存在的流体具有相容性,应能适应流体以泼溅、喷射、蒸发等方式构成的污染。

表 6.21　典型污染流体种类和试验流体

污染流体种类		试验流体[a]	试验流体温度±2℃
燃料	煤油	航空喷气燃料：宽馏分喷气燃料（GJB 2376 - 1995）,闪点喷气燃料（GJB 560A - 1997）	60℃
	柴油	军用柴油（GJB 3075 - 1997）	50℃
	汽油（活塞发动机用）	GB/T 1690 - 1992 中的试验流体 B：汽车火花塞点火发动机油（ASTM 4814）	40℃[b]

续　表

污染流体种类		试　验　流　体[a]	试验流体温度±2℃
液压油	矿物油基型	石油基航空液压油（GJB 1177 - 1991）	70℃
	磷酸酯基型（合成）	GB/T 1690 - 1992 中的试验液体 103	70℃
	硅酮基型	二甲基硅酮	70℃
润滑油	矿物油基型	按实际使用情况选择	
	内燃机用	汽油机油（GB 11121 - 1995）、柴油机油（GB 11122 - 1997）	70℃
	酯基型	GB/T 1690 - 1992 中的试验液体 101	150℃
溶剂和清洗剂		2 - 丙醇（异丙醇）	50℃[b]
		变性燃料乙醇（GB18350 - 2001）	23℃[b]
		飞行器表面清洗剂	23℃
除冰和防冻剂		含缓蚀乙二醇（BS 6580）80%的缓蚀水溶液和 50%的缓蚀水溶液（体积比）	23℃
跑道除冰剂		25%的尿素加 25%的乙二醇的水溶液（体积比）[c]	23℃
杀虫剂		杀虫剂	23℃
消毒剂（重型酚醛树脂）		澄清、可溶解的酚类化合物,如苯酚及其衍生物溶于表面活性剂并用水稀释以形成澄清溶液	23℃
		黑色液体,如精炼焦油产品溶于溶剂油并与洗涤剂一同乳化	
		白色液体,如精炼的焦煤产品乳化胶体水溶液,通常包含少量的表面活性剂	
绝缘冷却剂		聚 α 烯烃	70℃
灭火剂		蛋白质类型和氟化蛋白质类型（GA/T 52 - 1993）	23℃

a 参考 GJB 150.26 - 2009 中的附录 B。
b 超过闪点温度,使用时应征求专家意见。
c 已证实会污染环境。

　　试验程序和方法按 GJB 150.26 - 2009 执行。对于含燃油、滑油和液压油成分的污染流体,建议采用浸没及喷洒方式,其他污染流体可采取喷洒方式。采取多种试验流体进行试验时,可以选择连续施加方式和非连续施加方式。某交流发电机流体污染试验见图 6.82。

　　典型传感器和电气部件流体污染试验步骤如下:

　　(1) 在试验的标准大气条件下,对被试品进行试验前外观检查和功能/性能

图 6.82　交流发电机流体污染试验

检测；

（2）将被试品安放在试验箱内，并处于试验箱的有效容积内；

（3）调节试验箱内温度为149℃，保温1 h；

（4）调节润滑油注入的控制装置，保持润滑油温度为（70±2）℃（污染流体种类根据表6.21中选择用润滑油）；采用8 h喷洒的方式维持受试品整个外表面湿润状态；

（5）在达到被试品长期高温环境试验箱中，进行16 h自然沥干，不允许振动和擦拭试件；

（6）调节液压油注入的控制装置，保持液压油温度为（70±2）℃；采用8 h浸渍及喷洒交替进行的方式维持受试品整个外表面湿润状态；

（7）在高温环境试验箱中，进行16 h自然沥干，不允许振动和擦拭试件；

（8）按设备允许最大温变率调节试验箱温度为−55℃，保温1 h；

（9）调节除冰剂注入的控制装置，保持除冰剂温度为（23±2）℃；采用8 h喷洒的方式维持受试品整个外表面湿润状态；

（10）按设备允许最大温变率调节试验箱温度达长期高温工作点，进行8 h自然沥干，不允许振动和擦拭试件；

（11）重复步骤（4）~（10），完成3个循环试验；

（12）在高温下继续保持8 h，目视检查受试件表面材料的劣化情况，如果发生劣化，终止试验并评估受试件完成整个暴露后的长期效应；

（13）如果没有明显效应，继续进行16 h保温；

（14）重复步骤（12）和（13），完成2个24 h保温；

（15）从试验箱中取出被试品，检测记录被试品；

（16）在试验的标准大气条件下对被试品进行外观和功能/性能检测。

流体污染试验后被试品外观满足下列要求为合格：

（1）允许金属结构件轻度变暗和变黑，但不得腐蚀；

（2）电连接器内部非金属材料无明显泛白、膨胀、起泡、皲裂、脱落及麻坑等；

（3）被试品结构未出现损坏、变形和裂纹；

（4）表面涂层未出现裂纹、起泡、起皱和脱落；

（5）紧固件无松动或脱落；

（6）被试品内部无渗漏现象。

6.5 传感器及电气部件电磁兼容性试验

6.5.1 电磁兼容基本原理与标准

电磁兼容是指设备在共同的电磁环境中能一起执行各自功能的共存状态和能力,即该设备不会由于受到同一电磁环境中的其他设备的电磁发射导致不允许的降级,也不会因其发射导致同一电磁环境中其他设备产生不允许的降级。符合电磁兼容的不同设备可以在一起正常工作,它们是兼容的,否则就是不兼容的。传感器和电气部件的电磁兼容性是系统电磁兼容性的基本保证,在研制过程中通常需要先开展一轮乃至多轮电磁兼容摸底试验,找出产品电磁兼容的薄弱点,通过不断迭代和优化设计,最终满足产品要求。电磁兼容试验是指利用仪器与设施等手段对设备和系统的电磁兼容状态进行的一系列测量工作。电磁兼容试验中主要的工作是模拟产品的电磁环境,测试其在电磁环境下工作过程中的干扰与噪声,噪声的拾取、噪声的衡量以及误差的分析有别于一般测试过程中有用信号的测试,因此对于测试方法、测试设备、测试场所和测试过程都需要遵循严格的标准。

目前 GJB 151B‑2013 和 RTCA/DO‑160G 是传感器和电气部件电磁兼容设计及验证中最主要的标准,GJB 151B‑2013 一般侧重军用,RTCA/DO‑160G 主要用于民用飞机,标准的项目虽有不同,但试验的内容相似,一般控制传感器和电气部件对外界的电磁辐射场强和对共用电源线的传导信号输出量值,同时规范它们可以承受的辐射场强和传导感应电压或电流电平及强度。测试主要分成4类:传导发射、辐射发射、传导敏感度和辐射敏感度,提供了统一的测试环境和布局,测试设备(收发天线、接收机、信号激励或调制方式、检波方式以及接收机带宽等)。标准要求同样的方法下结果的比较,以及与标准要求的限制线的符合程度,因此在传感器和电气部件试验中,需要严格按照标准开展各项测试。

传感器和电气部件电磁兼容试验通常在屏蔽室、半电波暗室、混响室(图6.83~图6.85)等几种设备中进行。屏蔽室主要用于传导发射和传导敏感度测试。半电波暗室主要用于辐射发射和辐射敏感度测试。混响室主要用于旋转搅拌装置改变腔室内部多模电磁环境和边界条件,满足高强度统计均匀的电磁场测试需求。图6.83为屏蔽室,图6.84为半电波暗室,图6.85为混响室,图6.86为典型的电磁兼测试布局原理示意图。

传感器和电气部件电磁兼容试验设备

图6.83 屏蔽室

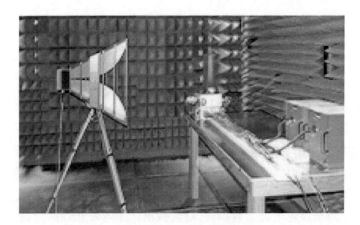

图 6.84　半电波暗室

图 6.85　混响室

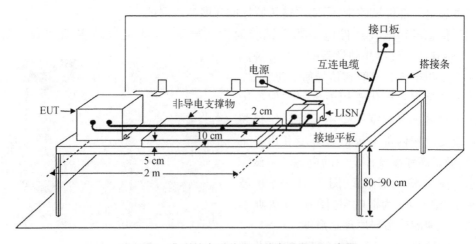

图 6.86　典型的电磁兼容测试布局原理示意图

（图 6.86）主要包括电磁干扰（EMI）测试系统和电磁敏感度（EMS）测试系统,电磁干扰测试系统以电磁兼容性实验室为测试环境,完成辐射以及传导干扰和发射控制测试,主要由测量接收机、各种测量天线、传感器以及线性阻抗稳定网络（LISN）等设备组成;电磁敏感度测试系统以电磁兼容性实验室为测试环境,完成辐射以及传导敏感度和受扰控制测试,主要由各种模拟干扰源、发射天线、传感器、功率监测和计算机及测量软件组成。

典型电磁干扰测试系统主要性能指标如下。

（1）频率范围: 20~40 GHz。

（2）频率精度: 0.01 Hz。

（3）动态显示范围:测量本底噪声不大于 137 dBV。

（4）幅度精度: ≤±3.5 dB。

典型电磁敏感度测试系统主要性能指标如下。

（1）频率范围: 10 kHz~40 GHz。

（2）电场强度频率覆盖范围: 2 MHz~40 GHz。

（3）系统幅度误差: ≤2 dB。

（4）幅度分辨率: 0.2 dB。

（5）频率误差: 0.1%。

（6）频率分辨率: 0.1 Hz。

（7）动态显示范围:测量本底噪声不大于 137 dBV。

传感器和电气部件电磁兼容试验设备控制软件一般按照 GJB 151B–2013 进行编制,包含测量设备和附件的名称、型号,设备的配置和连接,测试参数的设定,测试项目的要求与极限值、信号识别、天线系数、线缆损耗、带宽修正系数、测试报告的数据库,一般能给出数据和曲线两种输出形式。

6.5.2 GJB 151B–2013 相关的电磁兼容试验项目

1. CE101 25 Hz~10 kHz 电源线传导发射

本项目是考核传感器和电气部件电源线在 25 Hz~10 kHz 频率范围上的传导发射情况,利用电磁干扰接收机,通过一个标准的耦合网络,测量被测设备在供电的电源线上产生的低频干扰。主要的测试设备是测量接收机、电流探头、信号发生器、数据记录装置、示波器、LISN 等。采用电流探头卡在传感器和电气部件的电源线上,采用测量接收机扫描测量产品的电源线传导发射情况,通过测量的传导发射值与标准中的限值比较获得产品是否满足测试要求。

多个传感器或电气部件共用一个电源常常会导致电源线传导发射水平过高,使得电源出现叠加干扰或谐波含量过高,增大谐波失真。同时这种电磁干扰也会通过电源线耦合到敏感设备中,影响其他设备的正常工作,比如影响机上短波电台。在目前数字电子控制系统中,滤波技术大幅提高并广泛使用,再加上电路和机壳的隔离与屏蔽,可以有效地抑制共用电源造成的传导干扰问题。

典型传感器和电气部件 CE101 的测试步骤如下。

(1) 按图 6.87 进行测试设备以及待测传感器和电气部件的连接;

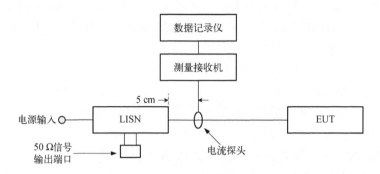

图 6.87　CE101 测试设备连接示意图

(2) 在电源线输入端距 LISN 5 cm 处,用电流探头夹住被测电源线上的测试点;

(3) 测试传感器和电气部件通电预热,并使其运行到试验选定状态;

(4) 启动测量接收机,在 25 Hz~10 kHz 范围内进行连续扫描;

(5) 通过接收机接收的数据记录成数据图,参见图 6.88 某产品 CE101 测试数据示意图;

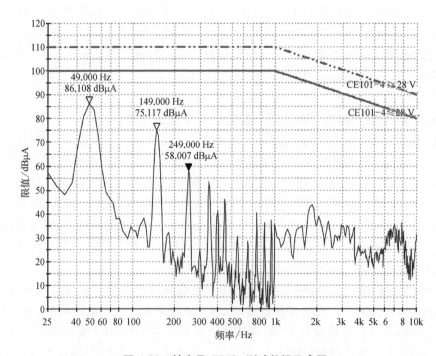

图 6.88　某产品 CE101 测试数据示意图

（6）更换测试点,重复步骤（1）～（5）。

试验中,根据 CE101 测试结果进行判断,测试的结果在图 6.89 曲线的下方区域为合格,测试结果记录在试验记录表中。

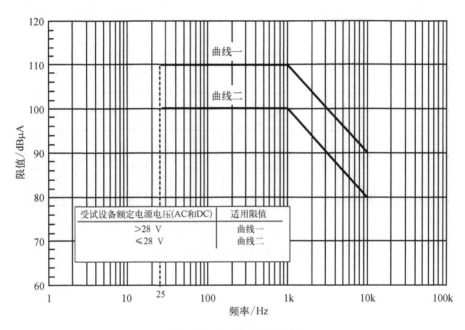

图 6.89 CE101 测试限值

2. CE102 10 kHz～10 MHz 电源线传导发射

本项目是考核传感器和电气部件电源线在 10 kHz～10 MHz 频率范围上的传导发射情况,通过一个标准的耦合网络,测量被测设备在供电的电源线上产生的低频干扰。主要测试设备是测量接收机、数据记录装置、信号发生器、衰减器、示波器、LISN 等。采用电流探头卡在传感器和电气部件的电源线上,采用测量接收机扫描测量产品的电源线传导发射情况,通过测量的传导发射值与图 6.90 中的限值比较获得产品是否满足测试要求。

典型传感器和电气部件 CE102 的测试步骤如下:

（1）按图 6.91 进行测试设备和待测产品的安装配置;

（2）测试传感器和电气部件通电预热,并使其运行到试验选定状态;

（3）连续在 10 kHz～10 MHz 频率范围内进行扫描;

（4）通过接收机接收的数据记录成数据图,如图 6.92 所示;

（5）更换测试点,重复步骤（1）～（4）。

试验中,根据 CE102 测试结果进行判断,测试的结果在图 6.90 曲线的下方区域为合格,测试结果记录在试验记录表中。

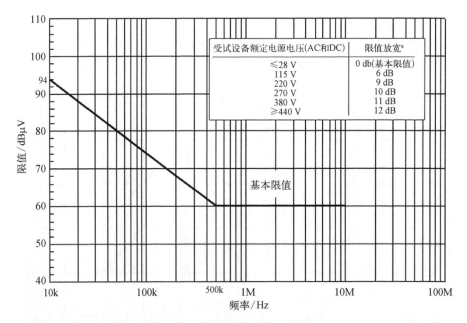

图 6.90　CE102 测试符合性限值

^a 额定电压 $U = 28 \sim 440\ \text{V}$ 时,限值在基本限值基础上放宽 $10\lg(U/28)\,\text{dB}$,U 单位为伏特。

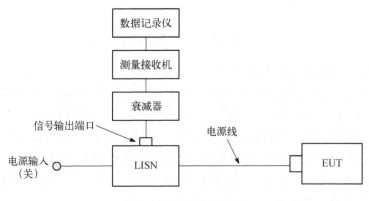

图 6.91　CE102 配置图

3. CE107 电源线尖峰信号(时域)传导发射

本项目是考核传感器和电气部件因开关操作而可能在交、直流电源线尖峰信号(时域)传导发射情况。电源线尖峰信号是发动机控制系统中经常会出现的干扰现象,通常由于电气部件中继电器的动作、转换开关产生。尖峰信号的干扰源具有不确定性,一般难以捕捉。该项测试一般是测量传感器及电气部件在所有的转换和动作过程中电源线上形成的尖峰信号的瞬态过程。主要测试设备是存储示波器、电压探头、LISN 等。采用示波器电压探头连接传感器和电气部件的电源线和 LISN

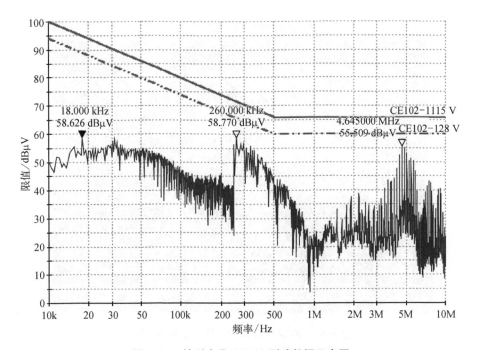

图 6.92　某型产品 CE102 测试数据示意图

的地上,在典型工作状态下,操作开关,读取开关操作过程中产生的尖峰信号幅度最大值。评价准则是额定电压有效值的±50%(交流电源线);额定电压的+50%、-150%(直流电源线),原理见图 6.93。图 6.94 为某型产品 CE107 测试数据示意图。

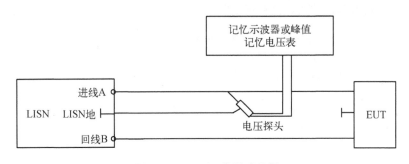

图 6.93　CE107 的测试配置

4. CS101 电源线传导敏感度

本项目是考核传感器和电气部件交流和直流输入电源线传导敏感度,对于交流电源线的测试频率范围是产品电源频率二次谐波到 150 kHz,对于直流电源线的测试频率范围为 25 Hz~150 kHz,该项验证中一般考虑的是差模干扰,不考虑共模干扰影响。主要测试设备为信号发生器、功率放大器、示波器、耦合变压器、电容、隔离变压器、LISN 等。将信号发生器调到最低测试频率,增加信号电平,直到电源

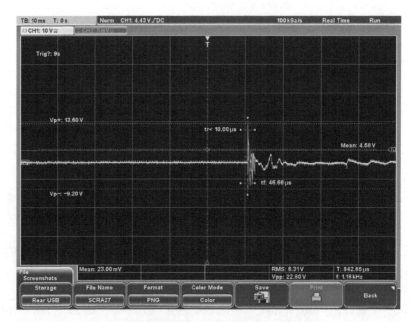

图 6.94　某型产品 CE107 测试数据示意图

线上达到标准要求的电压限制的校验功率值,在测试频率范围内扫描,监视传感器和电气部件工作性能应不出现敏感,评价准则是整个试验过程中,传感器和电气部件开关量信号应无误动作、模拟量信号波动在产品规范规定的范围内。

典型传感器和电气部件 CS101 的测试步骤如下。

(1) 建立图 6.95 所示的测试配置。

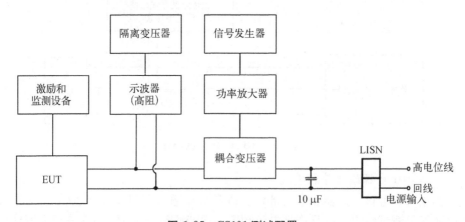

图 6.95　CS101 测试配置

(2) 测试传感器和电气部件通电预热,并使其运行到试验选定状态,允许充足的时间使其稳定工作。

（3）设置信号发生器为适当的开始频率,提高信号电平直到达到规定的限制值或校准程序中确定功率电平,任意一个先到即可。限制值见图 6.96、图 6.97。

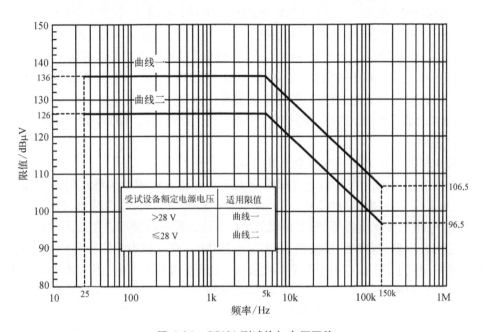

图 6.96 CS101 测试施加电压限值

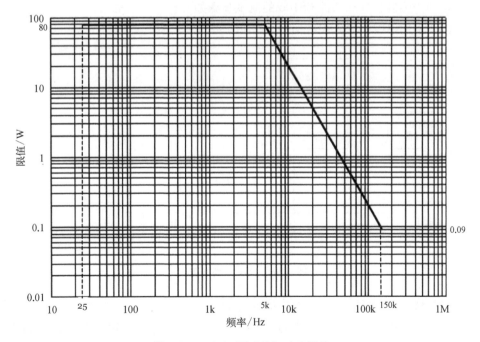

图 6.97 CS101 测试施加功率限值

（4）按照产品详细规范定义的敏感性来监测系统。

（5）根据扫描的定义，以最小扫描时间（最大扫描速率）人工扫描指定的频率范围，同时保持规定的敏感度信号或者校准程序中确定的功率水平，任意一个先到即可。

（6）如果观察到敏感现象，确认在哪一水平上不合格响应不再出现。敏感性阈值应按如下条件确定：当检测到敏感情况时，减小干扰信号直到 EUT 恢复；再减小干扰信号 6dB；逐渐提高干扰信号直到敏感情况再次出现。最终水平即是敏感性阈值。

（7）记录任何敏感性阈值、频率和系统反应。

（8）记录所有测试数据，包括在每一电源线上进行测试时的频率和幅值，以及符合性说明。

5. CS106 电源线尖峰传导敏感度

本项目是考核传感器和电气部件交流和直流输入电源线尖峰信号传导敏感度，在电源线上施加规定的 200 V、10 μs 的尖峰信号，一般主要考核直接由飞机供电的电气部件，如继电器箱、轴流风机等的电源线的瞬态敏感度。主要测试设备为尖峰信号发生器、电容器、示波器、隔离变压器、LISN 等。将尖峰信号发生器的输出施加在电源线上，增加信号电平，直到电源线上达到标准要求的电压限制的校验功率值，以 5~10 kHz 脉冲重复频率、正负极性对传感器和电气部件电源线进行测试，监视传感器和电气部件工作性能应不出现敏感，传感器和电气部件开关量信号应无误动作，模拟量信号波动在产品规范规定的范围内。

典型传感器和电气部件 CS106 的测试步骤如下。

（1）采用串联式注入尖峰信号，按图 6.98 进行配置；

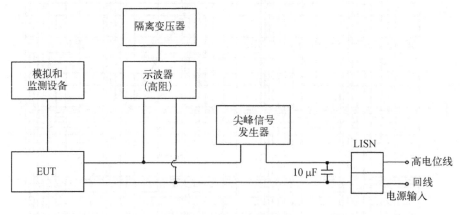

图 6.98　CS106 测试配置

（2）从 LISN 进线 5 cm 位置连接示波器；

（3）测试传感器和电气部件通电预热，并使运行到试验选定状态，允许充足的时间使其稳定工作；

（4）尖峰信号发生器工作,实施干扰,干扰时间不超过 5 min。

CS106 的测试波形如图 6.99。

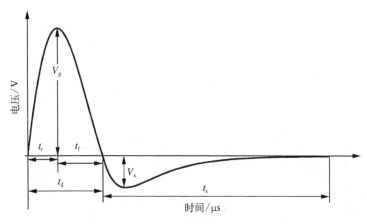

图 6.99 CS106 测试波形

注：图中，V_p 为峰值电压，V；$t_r = (1.5 \pm 0.5)$ μs；$t_f = (3.5 \pm 0.5)$ μs；$t_d = 5.0(1 \pm 22\%)$ μs；$V_s \leqslant 30\% \times V_p$；$t_s \leqslant 20$ μs。

6. CS112 静电放电

本项目考核传感器和电气部件对静电放电的敏感度,作为航空发动机控制系统附件,应该满足 2~8 kV 的试验电压。在 GJB 151B-2013 中规定了静电放电敏感度测试,规定空气放电 15 kV,接触放电 8 kV,一般传感器及电气部件面临的主要是人体静电放电,所以对它们的要求也是主要参考人体静电的考核要求进行。

主要测试设备为静电放电枪等。一般采用接触放电法,采用静电放电枪对产品施加试验电压,监视传感器和电气部件工作性能应不出现敏感,评价准则是整个试验过程中,传感器和电气部件开关量信号应无误动作、模拟量信号波动在产品规范规定的范围内。

典型传感器和电气部件 CS112 的测试步骤如下。

（1）按图 6.100 连接静电放电发生器,将放电发生器安装在调整过程中记录的数值上,放电时将放电电极朝着被试品外壳、插座匀速（大约 0.3 m/s）移动静电发生器末梢直至发生器放电或接触到被试品。每次放电之后,从被试品上移开静电发生器（放电电极）。

（2）发生器触发一次放电一次,重复步骤（1）,直至每个位置每个极性均完成 10 放电（10 次正电压和 10 次负电压）。

（3）试验结束后,在试验的标准大气条件下对被试品进行外观和功能/性能检测。

某传感器的静电放电试验如图 6.101 所示。

A 类 EUT		B 类 EUT	
试验等级	试验电压/kV	试验等级	试验电压/kV
一	2	一	2
二	4	二	4
三	6	三	6
四	8	四	/

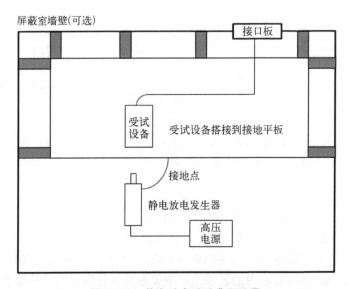

图 6.100　静电放电试验典型配置

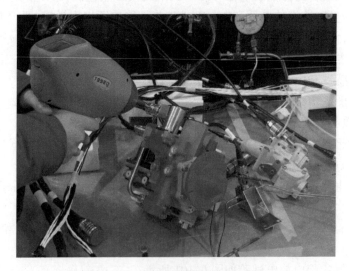

图 6.101　典型传感器静电放电试验

7. CS114 电缆束注入传导敏感度

本项目是考核传感器和电气部件互联电缆和电源电缆上注入规定的 4 kHz～400 MHz 干扰信号验证产品受扰情况,电源电缆需要包括高电位线、回线和电线。电缆束注入传导敏感度主要考核传感器和电气部件通过连接电缆束后在射频环境中耦合射频干扰的影响,这种耦合既可能是高场强辐射泄漏到发动机舱对于电缆的影响,也可能是机上射频发射机或电缆泄漏对于发动机电缆的影响。在指标上,该项目反映了传感器和电气部件耐受干扰电流的能力。主要测试设备为测量接收机、注入探头、监测探头、定向耦合器、信号发生器、衰减器、同轴负载、功率放大器、LISN 等。将传感器和电气部件电缆束上安装注入探头和监测探头,采用信号发生器施加 1 kHz、占空比 50% 的脉冲调制,在 4 kHz～400 MHz 频率范围内进行扫描,监测传感器和电气部件工作性能应不出现敏感,针对发动机控制系统中的多余度产品,也可以采用多电缆同时注入方法进行测试,评价准则是整个试验过程中,传感器和电气部件开关量信号应无误动作、模拟量信号波动在产品规范规定的范围内。

传感器和电气部件在 CS114 的测试过程中需要密切关注响应情况,在试验前要分析部件的工作原理、性能降低准则,了解传感器和电气部件性能降低或功能失效的表现形式和反应周期,确定好每个频点的驻留时间。测试过程中试验电缆的结构形式、长度应该与发动机电缆类似或等同,对于传感器和电气部件的性能采集与控制的模拟设备应该与发动机电子控制器类似和等同。

典型传感器和电气部件 CS114 的测试步骤如下。

(1) 按照图 6.102 进行测试设备安装。

(2) 测试传感器和电气部件通电预热,并使运行到试验选定状态,允许充足的时间使其稳定工作。

(3) 将信号发生器调到 10 kHz,用 1 kHz 占空比为 50% 脉冲进行脉冲调制。

(4) 将 1 mW 入射功率电平注入探头,同时检测感应电流。

(5) 按规定的频率范围进行扫描,同时施加功率电平和感应电流电平,频率范围选择见图 6.103。

(6) 在整个测试过程中,按试验规范规定的情况,不间断监视产品的性能是否下降。

(7) 如果检测到敏感,则要确定敏感度门限,在该电平下,刚好不出现不希望的响应,在敏感度记录表中记录下产品响应和敏感频率以及敏感度门限值,按照以下步骤测试敏感度门槛值:检测到敏感时,降低干扰信号,直到 EUT 恢复;将干扰信号再降 6 dB;逐步增加干扰信号,直到敏感现象复现,此时的值就是敏感度门槛值。

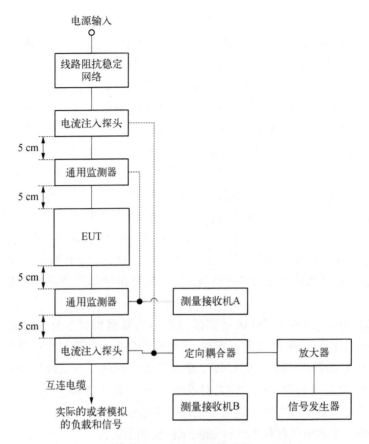

图 6.102 CS114 测试配置

频率范围		平 台							
		飞机（外部或SCES）	飞机（内部）	舰船（甲板上）和水下（外部）[a]	金属舰船（甲板下）	非金属舰船（甲板下）[b]	水下（内部）	地面	空间系统
4 kHz~1 MHz	海军[c]	/	/	77 dBμA	77 dBμA	77 dBμA	77 dBμA	/	/
10 kHz~2 MHz	陆军	五	五	二	二	二	一	三	三
	海军[c]	五	三	二	二	二	一	二	三
	空军	五	三	/	/	/	/	二	三
2 MHz~30 MHz	陆军	五	五	五	二	四	一	四	三
	海军	五	五	五	二	四	一	二	三
	空军	五	三	/	/	/	/	二	三

频率范围		平台							
		飞机（外部或SCES）	飞机（内部）	舰船（甲板上）和水下（外部）[a]	金属舰船（甲板下）	非金属舰船（甲板下）[b]	水下（内部）	地面	空间系统
30 MHz~200 MHz	陆军	五	五	五	二	二	二	四	三
	海军	五	五	五	二	二	二	二	三
	空军	五	三	/	/	/	/	二	三
200 MHz~400 MHz	陆军	五	五	五	二	二	二	四	三
	海军	/	/	五	二	二	一	二	三
	空军	五	三	/	/	/	/	二	三

不同编号的限值曲线见图 6.104。

a 对潜艇压力舱以外、上层结构之内的设备,使用"金属舰船(甲板下)"。

b 对位于航空母舰飞机库甲板上的设备,使用"非金属舰船(甲板下)"。

c 对电源电缆进行 1 MHz 以下的测试时,在每个测试频点比较 77 dBμA 和相应曲线在该点对应值的大小,选较大者为限值。

图 6.103　CS114 测试频率范围选择

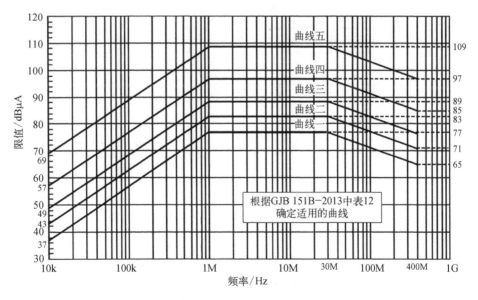

图 6.104　CS114 测试限值

8. CS115 电缆束注入脉冲激励传导敏感度

本项目是考核传感器和电气部件互联电缆和电源电缆上注入规定的 5 A、30 ns

的脉冲激励干扰信号,验证产品受传导干扰情况。这种瞬态干扰可能是发动机控制系统内部,也可能是机上其他设备产生的瞬态脉冲通过电缆或电源线耦合到传感器和电气部件的相关电缆上。主要测试设备为脉冲信号发生器、注入探头、激励电缆、监测探头、存储示波器、衰减器、同轴负载、LISN 等,评价准则是整个试验过程中,传感器和电气部件开关量信号应无误动作、模拟量信号波动在产品规范规定的范围内。

将传感器和电气部件电缆束上安装注入探头和监测探头,采用脉冲信号发生器根据规定的重复频率及测试持续时间施加干扰信号,监测传感器和电气部件工作性能应不出现敏感。

典型传感器和电气部件 CS115 的测试步骤如下。

（1）按照图 6.105 的配置图进行测试设备安装;

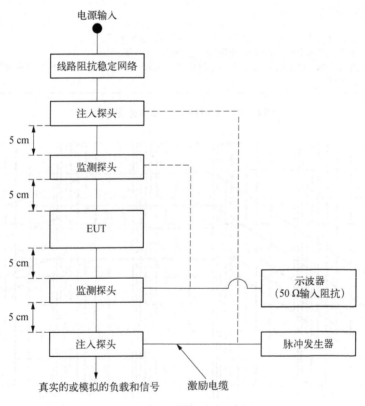

图 6.105　CS115 测试配置

（2）测试传感器和电气部件通电预热,并使其运行到试验选定状态,允许充足的时间使其稳定工作;

（3）将注入及监测探头放置在规定测试点;

（4）如果电连接器及尾部附件的全长超过 5 cm，将监测探头尽可能地靠近电连接器的尾部附件；

（5）将注入探头放置在距离监测探头 5 cm 处；

（6）校正脉冲发生器，按照 GJB 151B - 2013 规定记录脉冲发生器的幅度设置值；

（7）按照每分钟 30 Hz 的速度施加图 6.106 所示的敏感性脉冲；

（8）按产品试验大纲规定的干扰容忍度，监测产品的性能是否下降；

（9）如果产品参数出现敏感，则要确定敏感度门限电平；

（10）按示波器指示记录电缆感应到的峰值电流。

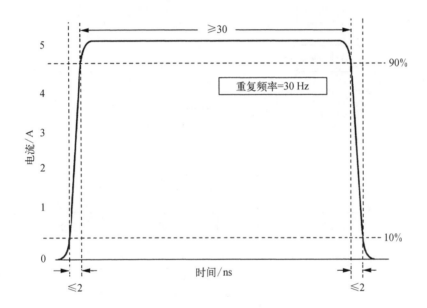

图 6.106　CS115 测试波形

9. CS116 电缆和电源线阻尼正弦瞬变传导敏感度

本项目是考核传感器和电气部件互联电缆和电源电缆上注入规定的 10 kHz ~ 100 MHz 之间的 0.01 MHz、1 MHz、10 MHz、30 MHz、100 MHz 频点上阻尼正弦瞬态干扰信号，验证产品受传导干扰情况。阻尼正弦信号一般在飞机上不是独立存在的信号形式，而是电磁脉冲信号进入飞机发动机舱后耦合形成的干扰信号形式。主要测试设备为阻尼正弦瞬态信号发生器、注入探头、监测探头、存储示波器、测量接收机、衰减器、同轴负载、LISN 等，评价准则是整个试验过程中，传感器和电气部件开关量信号应无误动作、模拟量信号波动在产品规范规定的范围内。

将传感器和电气部件电缆束上安装注入探头和监测探头，采用阻尼正弦瞬态干扰信号根据规定的频点施加干扰信号，脉冲重复率从不小于 0.5 个/s 到不大于

1 个/s,每个频率点应施加脉冲 5 min,监测传感器和电气部件工作性能应不出现敏感。

典型传感器和电气部件 CS116 的测试步骤如下。

（1）按照图 6.107 的配置图进行测试设备安装。

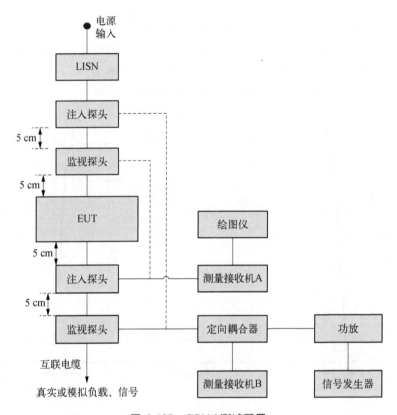

图 6.107　CS116 测试配置

（2）放置监视探头在距离 EUT 电连接器 5 cm 的位置,如果电连接器以及尾部附件长度超过 5 cm,监视探头则尽可能接近尾部附件。

（3）放置注入探头距监视探头 5 cm。

（4）测试传感器和电气部件通电预热,并运行到试验选定状态,允许充足的时间使其稳定工作。

（5）设置阻尼正弦信号发生器首先测试 10 kHz,试验信号的脉冲重复频率为 1 s,如图 6.108 所示。

（6）将 1 mW 入射功率电平注入探头,同时检测感应电流。

（7）按规定的频率范围进行扫描,同时施加功率电平和感应电流电平（可选）。

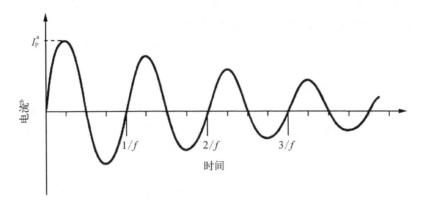

图 6.108　CS116 测试波形

注：a I_P 按图 6.109 确定。

b 电流的归一化波形为 $e^{-(\pi f t)/Q}\sin(2\pi f t)$。式中，$f$ 为频率，Hz；t 为时间，s；Q 为阻尼因子，15±5。

按下式确定阻尼因子：$Q = \dfrac{\pi(N-1)}{\ln(I_P/I_N)}$。式中，$Q$ 为阻尼因子；N 为周期数（例如：$N=2$，3，4，5，…）；I_P 为第 1 周期峰值电流；I_N 为衰减到 50% 左右时的峰值电流；ln 为自然对数。

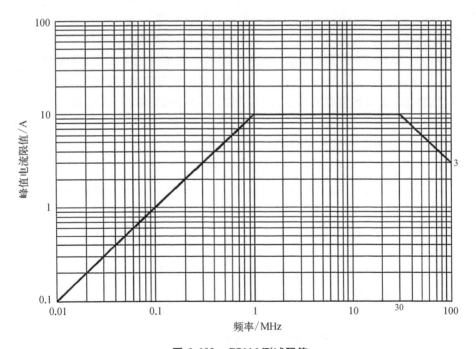

图 6.109　CS116 测试限值

（8）缓慢增加阻尼正弦波形发生器输出，提供 GJB 151A 中图 CS116－2 极限规定的波形或预校准的输出，记录获得的峰值电流（可选）。

（9）频率 10 kHz、100 kHz、1 MHz、10 MHz、30 MHz 和 100 MHz，每个频率点施加脉冲 5 min。

（10）按产品详细规范规定的干扰容忍度，监测数控系统在 5 min 周期内的性能衰退情况。

（11）如果出现干扰，确定不重复出现的干扰的等级并证明其不高于测试要求。干扰阈值应低于指示值，记录这个干扰信号阈值、频率以及任何系统响应。

干扰条件监测的时间，减小干扰信号直到 EUT 正常；再减小干扰信号 6 dB；逐渐增加干扰信号直到干扰重新出现，上述结果为干扰阈值。

（12）在测试报告中提供注入的绘制图或者波形图作为每个测试点的敏感度评估的符合性的证据。

10. RE101 磁场辐射发射

本项目是考核传感器和电气部件 25 Hz～100 kHz 磁场辐射发射情况。磁场辐射发射是指传感器和电气部件向外辐射的低频磁场信号，磁场辐射发射的控制主要是用来防止传感器和电气部件产生的低频磁场辐射对机上该频段的高灵敏度设备（如声呐、长波通信）的影响。传感器和电气部件中需要关注磁场辐射的主要是具有磁线圈传感器、交流发电机等。主要测试设备为测量接收机、数据记录装置、接受环天线、LISN、信号发生器等。将传感器和电气部件通电工作，将环形天线距离产品表面或电连接器 7 cm 处，在 25 Hz～100 kHz 频率范围内扫描，找到最大辐射的频点或频段，并缓慢移动环形天线，监测测量接收机的输出，确定每个频率的最大辐射点。

典型传感器和电气部件 RE101 的测试步骤如下：

（1）按图 6.110 的配置进行测试设备安装；

（2）测试传感器和电气部件通电预热，并使运行到试验选定状态，运行充足的时间使其稳定工作；

（3）对 RE101 测试点进行测试，将环形天线置于产品机壳与电缆线束 7 cm 处；

（4）测量接收机在适用频率范围扫描，找出最大辐射频率点；

（5）调节测量接收机到其中一个频率或步骤（3）中已识别的一个波段频率；

（6）当在产品的表面或者沿着电缆线束移动环形天线（保持 7 cm 空间）监视测量接收机的输出，标记出步骤（4）中确认的每个频率最大辐射点；

（7）对于步骤（5）识别确认的每个点，与最大辐射点保持 7 cm 距离，定位环形

天线的平面方向,此时测试接收机给出一个最大读数并记录下此读数;

(8) 重复步骤(5)~(7),在频率低于 200 Hz 时,存在最大辐射频率点上的每个倍频程选取至少 2 个频率,在高于 200 Hz 时,存在最大辐射频率点上的每个倍频程选取至少 3 个频率。

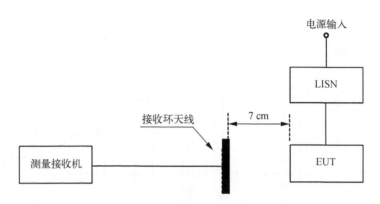

图 6.110　RE101 测试配置

根据 RE101 测试结果进行判断,测试的结果在图 6.111、图 6.112 曲线的下方区域为合格。其中图 6.111 给出了陆军 RE101 测试的限值,图 6.112 给出了海军 RE101 测试的限值,图 6.113 给出了某产品的测试数据。

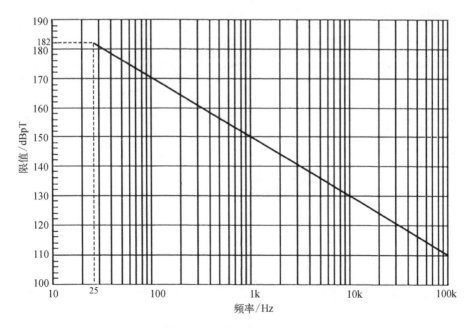

图 6.111　陆军的 RE101 限值

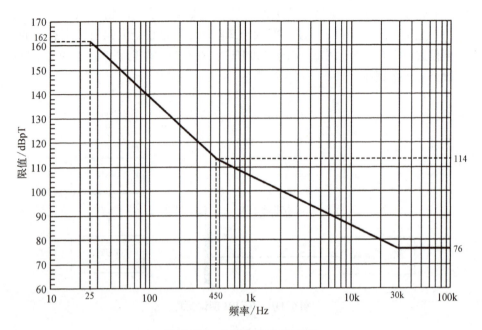

图 6.112　海军的 RE101 限值

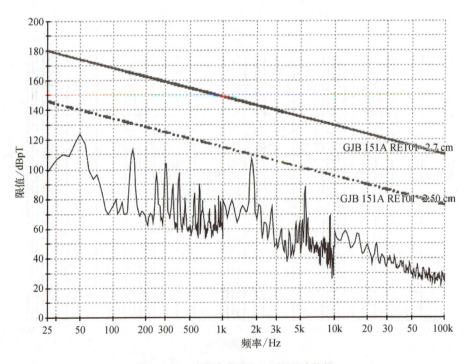

图 6.113　某型产品 RE101 的测试数据

11. RE102 10 kHz~18 GHz 电场辐射发射

本项目是考核传感器和电气部件 10 kHz~18 GHz 频率范围内电场辐射发射情况,一般陆军和海军反潜战(ASW)飞机测量范围是 10 kHz~18 GHz,空军和海军飞机测量范围是 2 MHz~18 GHz。电场辐射发射是指传感器和电气部件向外辐射的电场信号,电场辐射发射的控制主要用来防止传感器和电气部件产生的射频辐射对控制系统中其他部件或机上射频接收机形成干扰。主要测试设备为测量接收机、数据记录装置、天线、信号发生器、短棒辐射器、电容器、LISN 等,如图 6.114 所示。

测试时首先确定微波暗室的环境电平应满足 GJB 151B-2013 的要求,将传感器和电气部件通电工作,测量接收机根据合适的带宽及测量时间在适用的频率范围内扫描,确认传感器和电气部件电场辐射发射情况。测试中,30 MHz 及以下,天线取垂直极化方向,30 MHz 以上,天线取水平极化和垂直极化两个方向。符合性要求是 30 MHz 以下,垂直极化场应满足限值要求;30 MHz 以上,水平极化场和垂直极化场均应满足限值要求(图 6.115)。辐射发射的测试结果需要严格分析,确认出辐射超标或幅值较大的信号的频率,并分析产生的机理。在传感器和电气部件试验过程中尤其需要注意的是这些部件本身工作状态的工装带来的辐射发射情况,需要与发动机上安装状态下的电磁环境的工作条件类似。

典型传感器和电气部件 RE102 的测试步骤如下。

(1) 按图 6.114 搭建试验环境;

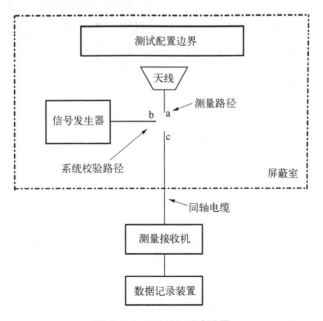

图 6.114 RE102 测试配置

注:测量路径——a 与 c 相连后的路径;系统校验路径——b 与 c 相连后的路径

（2）测试传感器和电气部件通电预热,并运行到试验选定状态,运行充足的时间使其稳定工作;

（3）使用有源拉杆天线对频率点进行连续扫描;

（4）更换测试点,使用有源拉杆天线对频率点进行连续扫描;

（5）通过数据记录仪记录下原始测试数据图;

（6）使用双锥天线对频率点在水平和垂直极化方向上进行连续扫描;

（7）更换测试点,使用双锥天线对频率点在水平和垂直极化方向上进行连续扫描;

（8）通过数据记录仪记录下原始测试数据图,如图 6.116 所示;

（9）使用宽带喇叭天线对频率点在水平和垂直极化方向上进行连续扫描。

根据 RE102 测试结果进行判断,测试的结果在图 6.115 曲线的下方区域为合格。

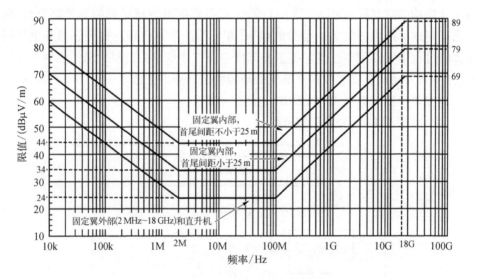

图 6.115   RE102 测试符合性限值

12. RS101 磁场敏感度

本项目是考核传感器和电气部件 25 Hz~100 kHz 频率范围内磁场辐射情况下产品的敏感度情况,此项测试对于直升机、舰载机的设备尤为重要,此项测试的部位主要为电连接器、机壳的孔缝边缘。主要测试设备为信号发生器、辐射环天线、监测环天线、测量接收器或窄带电压表、电流探头、LISN 等。本项目符合性评价准则是整个试验过程中传感器和电气部件开关量信号应无误动作、模拟量信号波动在产品规范规定的范围内。

将传感器和电气部件通电工作,将辐射环天线置于产品表面或电连接器 5 cm

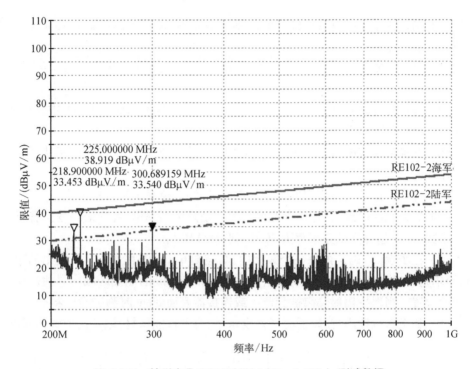

图 6.116　某型产品 RE102(200 MHz~1 GHz)—测试数据

处,环的平面应平行于产品表面或电连接器的轴线,给辐射环天线施加足够的电流,以产生比限值大 10 dB 的磁场强度(但不超过 185 dBpT),在 25 Hz~100 kHz 频率范围内扫描,确定产品是否敏感。测试中应改变辐射环天线位置,在产品表面以及每个接口连接器处移动,以确定产品的敏感频率及位置。

典型传感器和电气部件 RS101 的测试步骤如下。

(1) 按测试点作为第一个测试点,按照图 6.117 放置磁环;

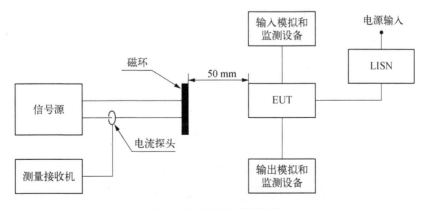

图 6.117　RS101 测试配置

（2）测试传感器和电气部件通电预热，并运行到试验选定状态，运行充足的时间使其稳定工作；

（3）将磁环放在离测试点 5 cm 处（30 cm×30 cm 的区域的中心）。磁环平面应平行于测试平面；

（4）提供磁环足够的电流，以产生至少比 GJB 151B‒2013 规定的限制值大 10 dB 的磁场强度，但不能超过 15 amps（183 dBpT）；

（5）扫描频率范围从 25 Hz 到 100 kHz，一般扫描速率比指定的速率快 3 倍是可以接受的；

（6）按产品试验大纲规定的干扰容忍度，监测数控系统是否被干扰；

（7）如果敏感出现，在那些存在的最大的敏感度频率里，每个倍频程选择不少于 3 个频率（可超过测试频率范围 30 Hz 到 100 kHz）；

（8）在步骤（7）确定的每一个频率中，对应图 6.118 与图 6.119 所给出的限制值，给辐射环提供一个电流，移动辐射环在 30 cm×30 cm 的测试区域内寻找敏感度可能的位置或当保持辐射环离被测产品或连接器表面 5 cm 时测试连接器；

（9）如果敏感度出现，降低磁场强度水平，直到性能恢复，记录这个敏感阈值。

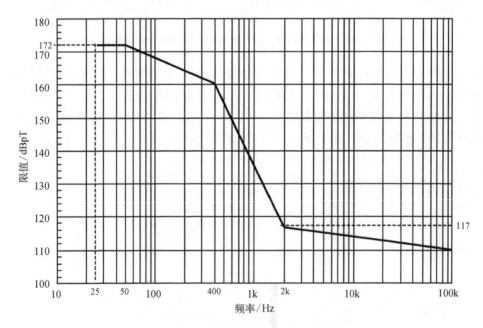

图 6.118　适用于海军的 RS101 的限值

13. RS103 10 kHz~40 GHz 电场辐射敏感度

本项目是考核传感器和电气部件 10 kHz~40 GHz 频率范围内电场辐射情况下产品的敏感度情况。一般陆军飞机测量范围是 10 kHz~40 GHz，海军飞机测量范

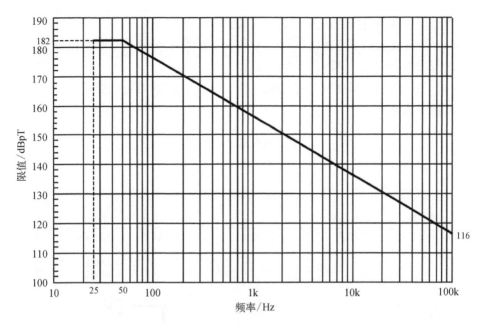

图 6.119　适用于陆军的 RS101 的限值

围是 2 MHz~40 GHz,空军飞机测量范围是 30 MHz~18 GHz,传感器和电气部件随系统装机后,不仅要承受飞机内部各种设备、天线产生的电场,还要承受通过飞机蒙皮耦合进来的外部雷达、通信电台的辐射信号。产品具体的 RS103 测试场强根据不同军种和平台进行选择,参见表 6.22。RS103 的指标实际是飞机到系统的场强指标分解,考虑了电磁波的极化方向以及蒙皮衰减等。传感器和电气部件作为安全关键系统的附件一般应该选择 200 V/m 的场强值进行验证。主要测试设备为信号发生器、功率放大器、接收天线、发射天线、电场传感器、测量接收机、功率计、定向耦合器、数据记录装置、LISN 等。本项目符合性评价准则是整个试验过程中传感器和电气部件开关量信号应无误动作、模拟量信号波动在产品规范规定的范围内。

　　将传感器和电气部件通电工作,将信号发生器用 1 kHz、50%占空比的脉冲调制,使用适当的发射天线及放大器,在测试起始频率产生电场,逐渐加大到限值,并根据控制系统配装飞机的类型,在测试频率范围内扫描,保持电场达到限值要求。监视传感器和电气部件是否出现敏感。发射天线垂直极化时,需要在整个测试频段内扫描;水平极化时,仅在 30 MHz 以上进行测试。

　　RS103 测试和 CS114 测试目的类似,都是考核电磁场对传感器和电气部件的影响,不过 RS103 的考核综合性更强,结合了机壳和线缆的综合效应,测试中需要连续监测附件的工作情况,合理设置每个频点辐射的驻留时间,充分考虑附件的故障和异常反应时间。需要认真分析出现的敏感频率,一般为产品防护设计上存在薄弱项,需要改进设计后重新进行验证。

典型传感器和电气部件 RS103 的测试步骤如下。

（1）按试验大纲规定的测试点作为第一个测试点，分别按照频率范围、配置对天线进行放置，如图 6.120～图 6.123 所示。

（2）测试传感器和电气部件通电预热，并运行到试验选定状态，运行充足的时间使其稳定工作。

平行板天线配置的顶视图

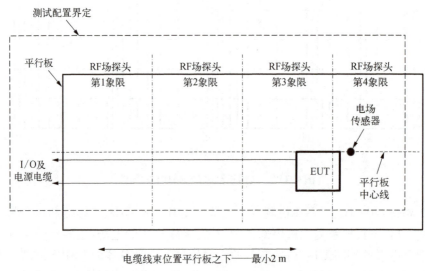

平行板天线尽可能按上面的测试配置界面放置，包括EECU EUT、I/O电缆及裸露电源线在内的关键部件应被天线覆盖。电场传感器应放置在靠近关键部件的天线中心线上。传感器设备的底部应与I/O电缆同一水平线放置（距离地平面5 cm）

平行板天线配置的侧视图

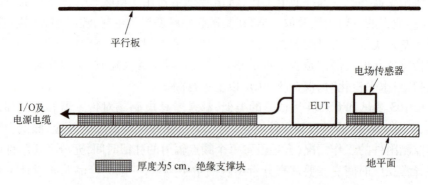

图 6.120   RS103 频率小于 100 MHz 的配置（平行板天线）

（3）逐渐增加电场强度,直至达到 200 V/m RMS。

（4）10 kHz~100 MHz 使用低频发射天线(平行板天线),100 MHz~1 GHz 使用对数周期天线。

（5）1 GHz~2.5 GHz 使用高增益喇叭天线,2.5 GHz~7.5 GHz 使用宽带喇叭天线,7.5 GHz~18 GHz 使用宽带高功率喇叭天线。

（6）保持场强,按产品规定的干扰容忍度,监测数控系统是否被干扰。

（7）如果敏感性被记录,确定该电平下不再出现不希望的响应,并核实该电平

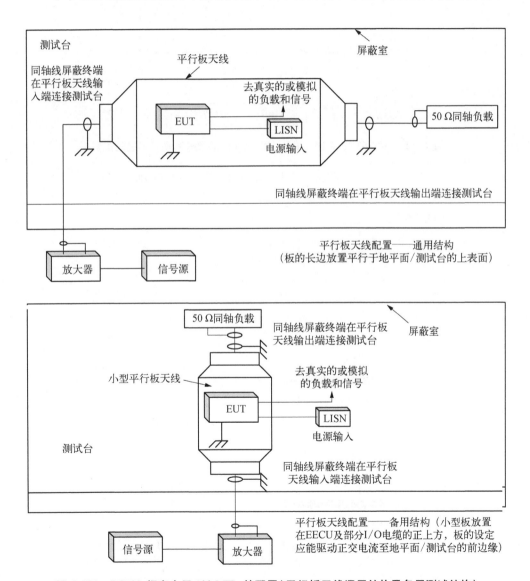

图 6.121　RS103 频率小于 100 MHz 的配置(平行板天线通用结构及备用测试结构)

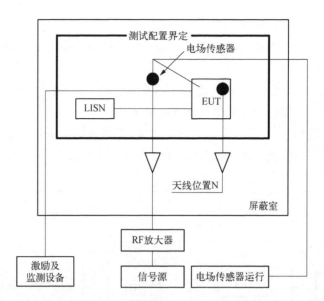

图 6.122 RS103 频率 100 MHz ~ 18 GHz 的双锥形和喇叭天线的配置

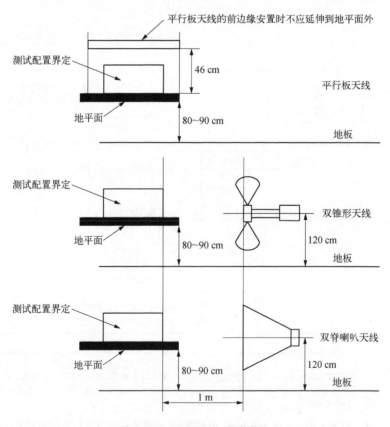

图 6.123 RS103 天线放置图

（电场强度）不在规定的需求值之上。记录该频率,产品响应以及敏感性门限值。门限值的确定如下：当某个敏感性状态被发现,减小干扰信号直至干扰容忍度能接受;以 6 dB 的量值减小干扰信号;逐步增加干扰信号直至敏感性状态再现,该最终值就是敏感性门限值。

（8）在测试报告中提供注入的绘制图或者波形图作为每个测试点敏感度评估的符合性证据。

表 6.22　RS103 测试场强值

频率范围		平　台							
		飞机(外部或SCES)	飞机(内部)	舰船(甲板上)和水下(外部)[a]	金属舰船(甲板下)	非金属舰船(甲板下)[b]	水下(内部)	地面	空间系统
10 kHz~2 MHz	陆军	200	200	10	10	10	5	20	20
	海军	200	20	10	10	10	5	10	20
	空军	200	20	/	/	/	/	10	20
2 MHz~30 MHz	陆军	200	200	200	10	50	5	50	20
	海军	200	200	200	10	50	5	10	20
	空军	200	20	/	/	/	/	10	20
30 MHz~1 GHz	陆军	200	200	200	10	10	10	50	20
	海军	200	200	200	10	10	10	10	20
	空军	200	20	/	/	/	/	10	20
1 GHz~18 GHz	陆军	200	200	200	10	10	10	50	20
	海军	200	200	200	10	10	10	50	20
	空军	200	60	/	/	/	/	50	20
18 GHz~40 GHz	陆军	200	200	200	10	10	10	50	20
	海军	200	60	200	10	10	10	50	20
	空军	200	60	/	/	/	/	50	20

a 对潜艇压力舱以外、上层结构之内的设备,使用"金属舰船(甲板下)"。
b 对位于航空母舰飞机库甲板上的设备,使用"非金属舰船(甲板下)"。

14. RS105 瞬变电磁场辐射敏感度

本项目考核传感器和电气部件瞬态电磁场辐射情况下产品的敏感度情况。一般用于陆军飞机、海军飞机以及战略飞机的传感器和电气附件需要进行测试,测试波形上升时间 1.8~2.8 ns,半峰值脉冲宽度(23±5)ns,场强 50 kV/m。主要测试设备为横电磁波小室、GTEM 小室、平行板传输线、瞬态脉冲发生器、存储示波器、终端保护装置、B 传感器探头、D 传感器探头、LISN 等。

将传感器和电气部件通电工作,在产品的正交方向对其进行测试,先对产品进行 10%的幅值辐射验证,然后再分两到三步增加脉冲场强幅值达到 50 kV/m。以不超过 1 个/min 的速率施加要求数量的脉冲,在施加脉冲过程中及施加后监视产品是否出现敏感。本项目符合性评价准则是整个试验过程中传感器和电气部件开关量信号应无误动作、模拟量信号波动在产品规范规定的范围内。

典型传感器和电气部件 RS105 的测试步骤如下。

(1)传感器和电气部件器按照图 6.124 进行配置,首次选择产品朝向平行

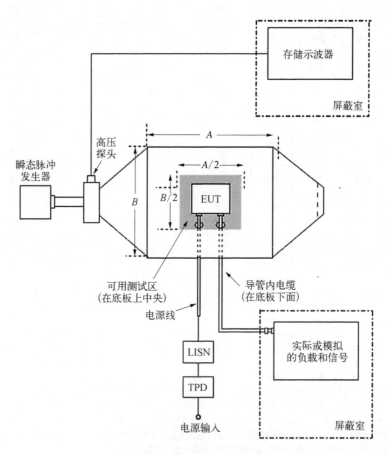

图 6.124   RS105 测试配置

于 Z 轴;

（2）测试传感器和电气部件通电预热,并运行到试验选定状态,运行充足的时间使其稳定工作;

（3）尽可能在产品的正交方向对其进行测试;

（4）按图 6.125 规定的波形,从要求的 50% 峰值电平施加一个脉冲,缓慢增加脉冲的幅值达到要求的电平为止;

（5）以不超过 1 个/min 的速率施加要求数量的脉冲;

（6）在施加每个脉冲的过程中或结束后监视产品是否敏感,如果出现敏感,确定敏感度门限电平;

（7）改变产品朝向平行于 Y 轴,重复上述步骤（2）~（6）;

（8）改变产品朝向平行于 X 轴,重复上述步骤（2）~（6）。

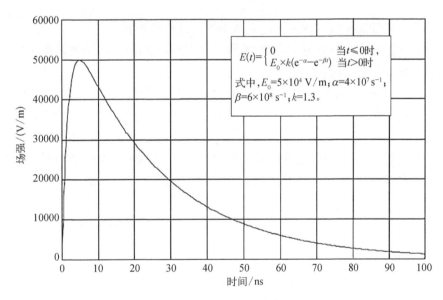

$$E(t)=\begin{cases}0 & \text{当}t\leqslant 0\text{时;}\\ E_0\times k(e^{-\alpha}-e^{-\beta t}) & \text{当}t>0\text{时}\end{cases}$$

式中, $E_0=5\times10^4$ V/m; $\alpha=4\times10^7$ s^{-1}; $\beta=6\times10^8$ s^{-1}, $k=1.3$。

图 6.125　RS105 测试波形

6.5.3　雷电防护试验

发动机控制系统安装在飞机电子舱或发动机舱内,受到飞机蒙皮或发动机舱蒙皮的保护,根据国内外飞机遭受雷击的情况,发动机控制系统不会遭受直接雷击,而是由于飞机遭受雷电直接效应引起的间接效应。通常传感器和电气附件结构的设计为雷电流提供低阻抗的通路,并根据各产品自身特点采取适当的雷电防护措施。传感器和电气附件的雷电间接效应试验主要是针脚注入试验。

　　传感器和电气附件引脚注入试验是将瞬态波形直接施加到产品连接器引脚上的试验,通常施加在每根引脚和外壳地之间,用来评估传感器和电气附件的绝缘耐压和损毁容忍度。试验一般根据 RTCA/DO‑160G.22 或 HB 6167.24 构建试验环境,试验设备主要包括波形发生器、示波器、电压探头、电流探头、LISN等。试验首先根据飞机要求确定试验电平和试验波形(传感器和电气附件一般波形编号为 A4),然后根据标准进行试验波形校准,再进行针脚注入试验,试验中不能仅用一种极性设置完成波形双极性试验,应先施加正半周再反转施加负半周电平。试验中如果施加的试验电压幅值和波形保持在校准开路电压和波形的容差范围内,则可对多根引脚同时进行试验。传感器和电气附件雷电防护试验符合性评价准则是试验中产品未出现明显的燃烧、熔蚀、爆炸和结构畸变等损伤现象,试验后检查产品的绝缘、功能性能在产品规范规定的范围内。

　　典型传感器和电气部件针脚注入试验的测试步骤如下。

　　(1) 按图 6.126 配置测试系统,按照试验大纲测试点要求,用短低电感导线把校准点连接到指定引脚;

　　(2) 对测试传感器和电气部件通电预热(如为无源产品,如转速传感器、交流发电机等,则无需通电),并运行到试验选定状态,允许充足的时间使其稳定工作;

　　(3) 对选定的引脚施加 10 个单独的瞬态信号,监测每一个施加的瞬态信号波形有无非预期变化,每一个施加的瞬态信号之间的最大时间间隔不大于 1 min,记

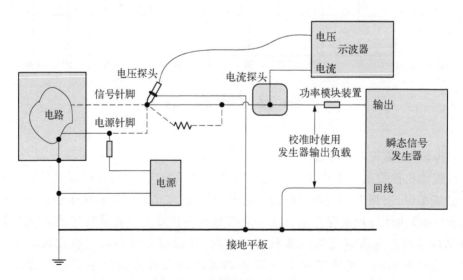

图 6.126　针脚注入试验示意图

录施加波形和系统参数试验数据,填写数据记录表;

　　(4) 按照试验大纲规定的电连接器引脚重复步骤(3);

　　(5) 反转瞬态信号发生器的输出极性,重新校准瞬态信号发生器,重复步骤
(3)~(4)。典型的试验场景和试验波形如图 6.127~图 6.129 所示。

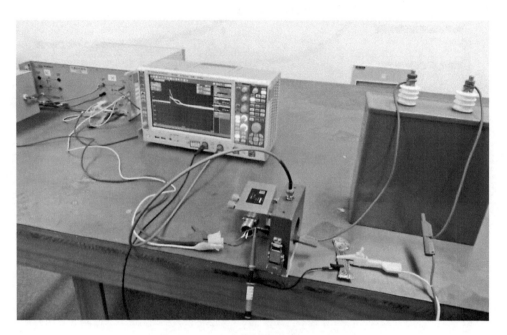

图 6.127　压力传感器针脚注入试验

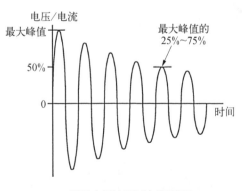

试验电压波形3/电流波形3

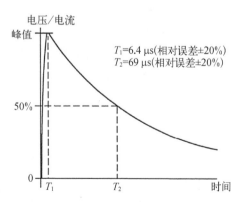

T_1=6.4 μs(相对误差±20%)
T_2=69 μs(相对误差±20%)

试验电压波形4/电流波形1

图 6.128　典型传感器和电气部件针脚注入试验 A4 波形

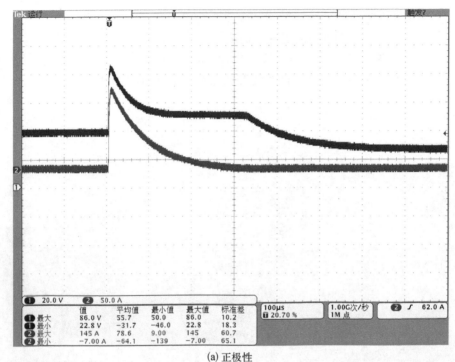

(a) 正极性

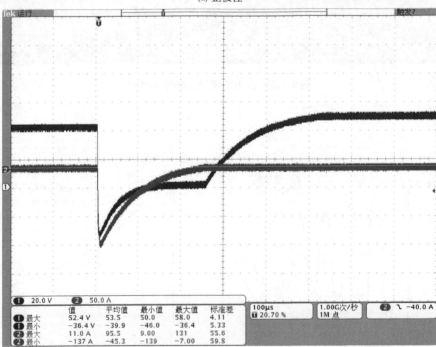

(b) 负极性

图 6.129　典型试验波形(红色为电流、蓝色为电压)

6.6　传感器及电气部件可靠性、寿命试验

传感器和电气部件安装在发动机上,工作中承受高温、高压和强振动等环境条件,除了需要满足规定的功能、性能外,还需要达到规定的可靠性要求,能在恶劣的工作环境下完成规定的功能,达到既定的性能。因此,在研制过程中,需要开展可靠性试验,暴露薄弱环节,不断改进和完善,实现可靠性增长,最终满足可靠性指标要求。

按试验的目的分类,可靠性试验可分为工程试验与统计试验。工程试验的目的是暴露产品设计、工艺、元器件、原材料等方面存在的缺陷,采取措施加以改进,以提高产品的可靠性,工程试验包括环境应力筛选、可靠性研制试验与可靠性增长试验等。统计试验的目的是验证产品的可靠性或寿命是否达到了规定的要求,如可靠性鉴定试验、可靠性验收试验、寿命试验等。

环境应力筛选:在产品交付使用前发现和排除不良元器件、制造工艺和其他原因引入的缺陷造成的早期故障。主要适用于电子产品(包括元器件、组件和设备),也可用于电气、机电、光电和电化学产品。

可靠性研制试验:通过对产品施加适当的环境应力、工作载荷,寻找产品中的设计缺陷、以改进设计,提高产品的固有可靠性水平。适用于电子、电气、机电、光电和电化学产品和机械产品。

可靠性增长试验:通过对产品施加模拟实际使用环境的综合环境应力,暴露产品中的潜在缺陷并采取纠正措施,使产品的可靠性达到规定的要求。适用于电子产品、电气、机电、光电和电化学产品和机械产品。

寿命试验:验证产品在规定的条件下的使用寿命、储存寿命是否达到规定的要求。适用于有使用寿命、储存寿命要求的各类产品。

6.6.1　可靠性研制试验

1. 试验目的

可靠性研制试验的目的是在产品研制的早期,通过对产品施加适当的环境应力、工作载荷,寻找产品设计缺陷,以改进设计、提高产品的固有可靠性水平。同时,验证产品在规定的使用环境条件和工作载荷下,具备一定的可靠性指标。

2. 试验剖面

可靠性试验剖面应尽可能真实地模拟产品在实际使用中经历的最主要的环境应力。这是可靠性试验剖面与环境鉴定试验条件的最大区别,也是制定可靠性试验剖面需要遵循的基本原则。

为了满足上述基本原则,应优先采用实测应力来制定产品的可靠性试验剖面;在无实测应力数据的情况下,可靠性试验剖面可以根据处于相似位置、具有相似用途的设备在执行相似任务剖面时测得的数据,经过分析处理后得到的估计应力来确定;只有在无法得到实测应力或估计应力的情况下,方可使用参考应力,参考应力值可按 GJB 899A－2009 附录 B 提供的数据、公式和方法导出,也可采用其他的分析计算方法。

产品的可靠性试验剖面,如无特殊要求,一般由以下内容组成:

(1) 根据任务剖面分别确定冷天和热天环境条件以及冷热天之间的交替循环;

(2) 每一任务前应有冷透、热透时间(根据产品特点而定),在此期间产品不工作;

(3) 选取环境应力(一般为高温、低温、温变、湿度、振动)及电应力以及根据产品使用特点而确定的其他应力时,应明确选取几种应力种类及量值的大小、每种应力量值被暴露的持续时间、每种应力的施加排序。

在制定可靠性试验剖面时,首先应对产品的任务剖面进行全面分析,从中选定对产品的可靠性影响最大的一个或几个典型的任务剖面,作为制定可靠性试验剖面的依据。根据给定的任务剖面、产品的安装位置、冷却方式,利用经验公式和实测数据计算出环境参数,确定环境剖面。要对不同的环境剖面进行计算,并进行适当的简化,并考虑各种任务剖面的时间进行加权,把环境剖面转化为试验剖面。最后,根据试验设备能力等因素确定最终的综合试验剖面(图 6.130)。

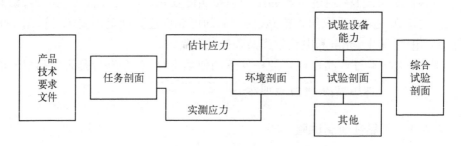

图 6.130　可靠性试验剖面制定的过程

3. 某压力传感器盒可靠性试验方案

1) 试验方案概述

某压力传感器盒可靠性试验按客户规定的综合环境应力条件进行,试验方案为定时截尾方案,试验时间为 460 h。可靠性试验中产品不允许出现责任故障。若出现责任故障,必须进行分析,采取纠正措施改进修复后可继续试验,但继续试验时间不能少于 30 h。如果产品的故障为元器件故障,必须对元器件进行失效分析,找出元器件失效机理,并落实纠正措施。

2）试验剖面

压力传感器盒试验剖面见图 6.131。

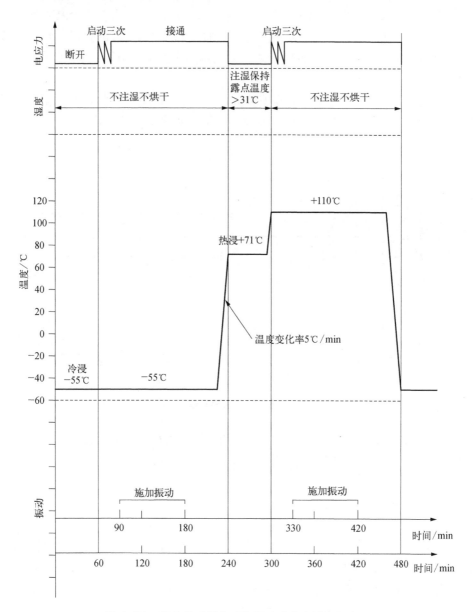

图 6.131 压力传感器盒可靠性试验应力循环周期图

3）环境应力量值施加方法

电应力、温度应力、振动应力、湿度应力及工作和性能监测分述如下。

（1）电应力。根据技术协议书要求，输入标称直流电压：DC（±15±0.2）V、DC

$(+5\pm0.2)\mathrm{V}$。电压通、断要求如图 6.131 所示,受试产品按操作程序启动 3 次并工作。

(2) 温度应力。试验温度应力要求如图 6.131 所示。每 8 h 为 1 个温度循环。

(3) 湿度应力。本次试验温度应力要求如图 6.131 所示,试验仅在热浸阶段对试验箱内的空气进行加湿,此时要求试验箱内露点温度≥31℃,但不能采取干燥措施。

(4) 振动应力。产品按照实际安装方向,用夹具紧固在试验台上。振动时机和持续时长要求如图 6.131 所示见,振动应力要求如图 6.132 所示。

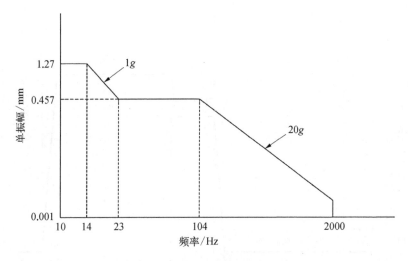

图 6.132　振动图谱

(5) 工作任务和性能监测。试验中采用专用压力设备模拟压力传感器盒真实工作任务,采用专用测试装置进行压力传感器盒实时性能监测。

6.6.2　可靠性增长试验

1. 试验目的

可靠性增长试验是通过试验激发产品设计和制造的缺陷,使之成为故障,通过分析找出薄弱环节,采取改进措施,并不断评估措施的有效性,使产品的固有可靠性在预定的时间内不断提高,直至达到规定值。可靠性增长试验主要适用于新研产品和重大改进改型产品的工程研制阶段。

可靠性增长试验的基本过程见图 6.133。

由于机械产品的寿命大多数呈非指数分布,其故障多发区一般集中在耗损阶段,因此对其安排增长摸底试验意义不大。电子产品寿命基本上服从指数分布,且试验环境易于模拟。因此,可靠性增长摸底试验的对象主要是电子产品。对于部

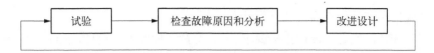

图 6.133　可靠性增长试验基本过程

分机电产品,如果试验条件允许,也可安排可靠性增长摸底试验。

2. 试验剖面

可靠性增长试验应根据产品实际的使用条件制定试验剖面,包括环境条件、工作条件和使用维护条件。其中,环境条件及其随时间变化的情况应能反映受试产品现场使用和任务环境的特征,即应选用模拟现场的综合环境条件。综合环境条件实施时,应确定一个综合环境试验剖面,该试验剖面一般由温度、湿度、振动等环境应力和电应力构成。根据产品的不同用途,还应考虑其他工作应力。

由于可靠性增长试验是在产品研制阶段的后期,即在可靠性鉴定试验之前实施,因此尽可能采用实测数据。若没有实测数据,可以按 GJB 899A－2009《可靠性鉴定和验收试验》的 4.3 条及附录 B 确定试验剖面。可靠性增长试验剖面一般应与该产品的可靠性鉴定试验剖面一致,这里不再赘述。

3. 实施要点

实施可靠性增长试验,应注意以下几点。

(1)可靠性增长试验应有明确的增长目标和增长模型,重点是进行故障分析和采取有效的设计改进措施。

(2)由于可靠性增长试验不仅要找出产品中的设计缺陷和采取有效的纠正措施,而且还要达到预期的可靠性增长目标,因此,可靠性增长试验必须在受控的条件下进行。

(3)为提高任务可靠性,应把纠正措施集中在对任务有关键影响的故障模式上。为提高基本可靠性,应把纠正措施的重点放在频繁出现的故障模式上。如果要同时达到任务可靠性和基本可靠性预期的增长要求,应该权衡这两方面的工作。

(4)成功的可靠性增长试验可以代替可靠性鉴定试验,但应得到订购方的批准。

6.6.3　寿命试验

1. 试验目的

寿命试验的目的,一是发现产品中可能过早发生耗损的零部件,以确定影响产品寿命的根本原因和可能采取的纠正措施;二是验证产品在规定条件下的使用寿命、贮存寿命是否达到规定的要求。

2. 试验剖面

当产品同时具备以下条件时,可以应用寿命与可靠性综合验证试验方法,通过一次试验给出产品的寿命值和可靠性验证值。

（1）该产品既有可靠性指标要求，又有寿命指标要求，且有关合同规定该产品要进行可靠性鉴定试验和寿命试验。

（2）经分析判定，所施加的试验条件（剖面）能够同时对产品的寿命和可靠性进行验证考核。

（3）经权衡分析判定，进行寿命与可靠性综合验证试验，比分别进行可靠性验证试验和寿命试验更为经济、有效。

传感器和电气部件同属于机电产品，既有寿命指标，又有可靠性指标，可以应用寿命与可靠性综合验证试验方法，通过一次试验给出产品的寿命值和可靠性验证值。

寿命与可靠性综合验证试验条件（剖面）应按以下要求制定。

（1）为了使试验结果能够真实地反映产品在现场使用的情况，其试验条件（剖面）应能模拟产品的主要使用环境，包括工作应力、环境应力及维护使用条件等。但通过分析如能证明产品的寿命长短与可靠性高低主要取决于使用环境中的部分环境应力与工作应力，而与其他环境应力与工作应力不相关，或关系不大，则试验条件（剖面）中应只保留对产品的寿命与可靠性影响较大的那些环境应力和工作应力。

（2）试验条件（剖面）应根据产品的寿命剖面（含任务剖面）来确定。

（3）优先选用产品在实际使用中的实测应力数据来制定试验条件（剖面）。如无实测应力，可使用根据处于相似位置、具有相似用途的产品在执行相似任务剖面时测得的数据，经过分析处理后确定的应力。如实测应力和相似产品的实测数据均无法得到，可以应用 GJB 899A‑2009《可靠性鉴定与验收试验》附录 B 中的数据、公式和方法导出相应的振动、温度、湿度等环境应力。

（4）寿命与可靠性综合验证试验一般采用定时截尾试验，试验时间取决于受试产品的寿命与可靠性指标、产品的重要度以及可靠性统计试验方案的参数等因素。

6.6.4　加速寿命试验

1. 试验目的

用加大应力（如热应力、电应力、机械应力等）而又不改变故障机理的办法，使产品的故障发生得到加速，这样的试验称为加速寿命试验。根据加速寿命试验结果，可以推出正常使用状态或降额使用状态下的产品寿命。

2. 试验方案

按照施加应力的方式不同，加速寿命试验可以分为三种：

（1）恒定应力加速寿命试验，它是试验过程中应力保持不变（大于产品额定状态下的应力水平）的情况下的寿命试验；

（2）步进应力加速寿命试验，它是将受试样品分成几组，每组样品固定一个试验时间间隔，从低应力级开始试验，每次试验增加一级应力，看哪一级应力水平会引起产品故障；

（3）序进应力加速寿命试验，这种试验的试验应力是随着时间增大的，而且按线性或其他规律连续等效地增加应力水平，直到试验样品出现故障。

由以上三种试验方法可知，恒定应力加速寿命试验方法简单、易行，步进、序进应力加速试验较为复杂，试验设备复杂，但如能应用，其加速的效果会更好。

目前加速寿命试验得到人们的高度重视，但要合理地选择加速的应力，建立准确的物理化学模型，现仍处于研究阶段。当能够制订出不改变产品的故障机理并使产品的故障发生得到加速的试验方案时，方可用此法。

3. 某交流发电机加速寿命试验方案

某交流发电机寿命是 18 000 h，采用加速寿命试验方案等效完成 18 000 h 累积寿命试验。试验方法为使发电机一直工作在 106.5% 的高速状态，同时将发电机置于高温试验箱内，调节箱内温度使机壳表面温度达到 100℃，达到等同转速和温度应力增加的加速目的。通过等效换算，采用加速寿命试验方案完成 3 080 h 加速寿命试验等同 18 000 h 常规寿命试验。

交流发电机加速寿命的加速因子确定方法如下。

发电机属于机电产品，从机械方面而言，发电机转子装配到附件机匣传动轴上，由其带动高速旋转，由于转速越高，运转可靠性越低，因此可以通过升高转速来达到加速试验的目的。从电气方面，发电机定子由漆包线和各种非金属绝缘材料组成，由于温度越高绝缘材料寿命越低，因此可按升高温度来达到加速试验的目的。鉴于转速和温升可以作为加速应力因子，所以采用提高工作转速，同时减少冷却润滑油流量来作为加速寿命试验方案。

106.5% 额定转速为系统规定的发电机的过载转速，属安全运行转速工况，将发电机的宽转速范围工况等效为过载转速工况，结合运行工况试验时间采用公式（6.2）进行等效计算。不考虑过渡转速工况，连续完成工况所需试验时间为 160 min，通过等效计算仅需 116 min，可见完成寿命试验规定的工况等效加速 27.5%。

$$(12\%×10+15\%×10+70\%×20+80\%×40+89\%×60+106.5\%×20)/106.5\%≈116$$
$$(6.2)$$

另一方面，通过升高环境温度来等效加速。主要考虑发电机绝缘材料寿命加速，由于绝缘材料遵循 12℃ 原则，即温度升高 12℃，寿命缩短一半。结合系统对发电机常态运行性能下壳温要求不超过 100℃，而系统配试时提供的常规滑油流量使发电机常态运行性能试验后壳温 75℃，采用减少滑油流量使发电机工作后壳温升高到 100℃ 的方案来等效加速。参考《微电机结构工艺学》，按公式（6.3）进行等效计算，使壳温升高后，等效寿命时间减少为原来 23.6%。

$$S = A2^{-T/12} = A\left[e^{\ln 2}\right]^{-T/12} = Ae^{-0.0577T}$$
$$(6.3)$$

式中,S 为寿命时间,h;T 为温度,℃;A 为常数。

加速寿命试验方案为:使发电机一直工作在 106.5% 的高速状态,同时升高环境温度,达到等同转速和温度应力增加的加速目的。按公式(6.4)通过等效换算,采用加速寿命试验方案完成 3 080 h 加速寿命试验等同 18 000 h 常规寿命试验。

$$18\ 000×(1-27.5\%)×23.6\%≈3\ 080 \tag{6.4}$$

6.6.5 可靠性强化

可靠性强化试验的理论依据是故障物理学,从累计疲劳损伤与疲劳寿命的关系出发,当应力强度达到一定量级时,应力强度增加一倍,疲劳寿命会降低为原来的 1/1 000,而对于有潜在缺陷的产品,缺陷处的应力集中系数可能比正常的应力值提高 2~3 倍,故有潜在缺陷的产品的疲劳寿命可能比正常产品的疲劳寿命降低 3~4 个量级。因此,只要强化应力施加适当,就能做到使有潜在缺陷的产品的缺陷发展并暴露为故障的同时,对无缺陷的产品的疲劳损伤较小。

1994 年汉斯环境公司(Hanse Environment Inc.)与美国波音商用飞机公司合作,在波音 737 飞机的配套设备上进行了可靠性强化试验,设备的主要性能参数如下。

温湿度试验箱参数如下。

(1) 温度范围: −100~+175℃。

(2) 温度变化速率(线性): 60℃/min。

(3) 相对湿度(RH): 0~85%。

六自由度随机振动台参数如下。

(1) 振动频率范围: 10~5 000 Hz。

(2) 台面加速度总均方根值: 0.5~62 Grms。

可靠性强化试验应力参数如下。

(1) 温度范围: −60~+125℃。

(2) 温度变化速率为: 15℃/min。

(3) 随机振动总均方根值: 28 Grms。

采用可靠性强化试验比当时通用的 ESS 实现了更强化的应力,不仅大大节省了试验时间,降低了试验的成本,而且将波音飞机的某型号设备的平均无故障工作时间 MTBF 值提高到 30 000 h。

1. 试验目的

可靠性强化试验是一种采用加速应力的可靠性研制试验,其目的是使产品设计得更为"健壮"。基本方法是通过施加步进应力,不断地加速激发产品的潜在缺陷,并进行改进和验证,使产品的可靠性不断提高,并使产品耐环境能力达到最高,直到现有材料、工艺、技术和费用支撑能力无法做进一步改进为止。

可靠性强化试验有如下技术特点：

（1）可靠性强化试验不要求模拟环境的真实性，而是强调环境应力的激发效应，从而实现研制阶段产品可靠性的快速增长；

（2）可靠性强化试验是一种加速应力试验，采用步进应力方法，施加的环境应力是变化的，而且是递增的，可以超出规范极限甚至到破坏极限；

（3）可靠性强化试验对产品施加三轴六自由度振动（以下简称全轴振动）和高温变率；

（4）为了试验的有效性，可靠性强化试验必须在能够代表设计、元器件、材料和生产中所使用的制造工艺都已基本落实的样件上进行，并且应尽早进行，以便进行改进。

2. 试验剖面

可靠性强化试验的试验剖面包括低温步进应力试验剖面、高温步进应力试验剖面、快速温变循环试验剖面、振动步进应力试验剖面和综合应力试验剖面。

试验所选取的试验应力应结合产品实际使用环境，由产品设计工程师与试验工程师共同商定。具体选择原则如下：

（1）应力选择以产品实际使用环境为基础；

（2）在尽可能短试验时间内暴露尽可能多的产品缺陷；

（3）选择综合应力时，要综合考虑各应力的相互影响关系，如快速温变和湿度不宜同时施加；

（4）选择的试验应力应该能在实验室实现；

（5）满足一定的效费比要求。

3. 步进应力

可靠性强化试验采用步进应力试验方法。图 6.134 是典型步进应力试验示意图。

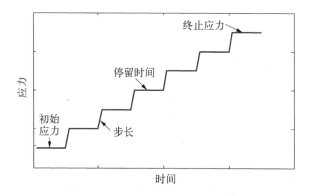

图 6.134　典型步进应力试验示意图

图中的应力可以是振动、温度等应力中之一或其综合。试验从某一初始应力（一般低于技术规范极限应力）开始，以一定的步长进行，每步停留时间从几分钟到 20 min，一般不超过 30 min。试验过程中实时连续监控产品。

4. 应力施加顺序

可靠性强化试验一般按以下顺序施加环境应力：低温步进、高温步进、快速温变循环、振动步进、综合应力。

5. 步进应力施加方法

1）高/低温步进应力施加方法

a）起始点温度

低温步进应力试验在室温或某一接近室温的温度条件下进行，通常取 20~30℃。

高温步进应力试验在室温或某一接近室温的温度条件下进行，通常取 20℃和 40℃。

b）每步保持时间

每步的保持时间应包括元器件及其零部件完全热/冷透的时间和产品检测所需时间。热/冷透时间通常在 10~20 min，一般不超过 30 min，具体时间可以通过分析产品中最大热惯性部件的热/冷透时间，或通过温度传感器进行测试。功能检测在受试产品热/冷透之后进行，具体时间由受试产品的检测要求决定。

c）步长

建议在高/低温工作极限前步长设定为 10℃，高/低温工作极限后步长调整为 5℃，视产品具体情况而定。

d）高/低温工作极限和高/低温破坏极限

在高/低温步进的过程中，一旦发现产品出现异常，立即将温度恢复至上一量级，然后进行全面检测；如果产品恢复正常，则判定产品出现异常的温度应力为产品的高/低温工作极限；如仍然不正常则判定产品出现异常的温度为产品的高/低温破坏极限。

e）试验终止判据

试验应该持续到试件的破坏极限或者达到试验箱的最高温度。

2）快速温变循环应力施加方法

a）上下限温度

选择上下限温度值的关键是给受试产品施加适当应力以析出缺陷又不损坏好的产品。通常快速温变循环的上、下限不超过产品破坏极限的 80%。

b）温变率

可靠性强化试验中的温度变化率一般在 15~60℃/min。具体取决于产品本身的热惯性，以及产品在箱内的安装、风速和试验箱的能力等。在试验中应根据实际情况来设定温度变化率的大小,以达到激发产品缺陷、缩短试验时间、节约试验费用的目的。

c)上下限温度持续时间

在通常情况下,受试产品在上下限温度保持时间为 10~20 min,一般不超过30 min。

d)温度循环次数

在可靠性强化试验中,无论产品的复杂程度和施加应力的大小,以及循环次数有无固定限制,都应以激发出产品的潜在缺陷为准。通常在试验中采用较大的温度变化率、较少的循环次数就可以诱发产品的缺陷。试验的循环次数一般不超过6 次。如果试件在 5~6 个循环内还未出现故障,则应考虑增大温度变化率,重新开始试验。

e)试验终止判据

试验在以下情况终止:

(1)产品发生不可修复故障;

(2)修复产品出现的故障所需费用超过修复所带来的效益;

(3)温变率已经达到试验箱的最大值,完成 6 个循环后仍不出现故障。

3)振动步进应力施加方法

a)振动应力初始值

步进应力试验的初始值应为 3~5 Grms,具体选择应该根据不同试件决定,一般从 5 Grms 开始试验。

b)每步停留时间

每个振动水平的停留时间包括产品振动稳定后的驻留时间以及功能和性能检测时间。振动稳定后驻留时间一般为 5~10 min,功能和性能检测应该在振动稳定后进行,所需时间视具体产品而定。

c)振动步进应力步长

步进应力步长一般为 3~5 Grms,一般不超过 5 Grms。具体选择依据产品能够承受的最大应力和产品的实际使用情况。在试验过程中,可以根据实际情况适当调整。

当应力到达产品工作极限后,应适当减小步长继续试验以找到破坏极限。

d)振动应力工作极限和破坏极限

在振动应力步进试验过程中,如果发现产品出现异常,立即将应力恢复至下一量级,进行全面检测;如果产品又恢复正常,则判定产品出现异常的振动应力为产品的振动应力工作极限;如果仍不正常则判定当前应力为振动应力破坏极限。

e)试验终止判据

振动步进应力试验应持续到试件的破坏极限被确定后或者到达试验设备所能

提供应力的最大振动量值。

4）综合应力施加方法

a）温度循环

综合应力试验中的温度循环应力施加方法同上。

b）振动应力

振动应力一般分为恒定振动应力和步进振动应力。

恒定振动应力前几个循环按破坏极限的50%施加，最后一个循环施加微振动应力。

步进振动应力，根据已完成试验获得的振动应力破坏极限和设定的循环次数确定步长。以全轴台为例，假如在振动应力步进试验中，产品在35 Grms时发生了不可修复的故障，并且设定的温度循环次数是5，那么最初的试验循环应该以7 Grms水平开始。每一个循环之后，应该以振动水平为7 Grms的步长增加，则具体的剖面参数为：循环1量级为7 Grms；循环2量级为14 Grms；循环3量级为21 Grms；循环4量级为28 Grms；循环5量级为35 Grms。

c）试验终止判据

试验在以下情况下终止：

（1）完成设定的试验剖面；

（2）发生不可修复的故障。

6. 某项目温度传感器可靠性强化试验方案

1）方案概述

根据FMECA分析可知，引发故障模式的诱因主要为温度和振动两种应力。为激发产品设计缺陷、暴露薄弱环节，试验中选取的低温极限值、高温极限值、振动极限值均超出协议规定的正常使用环境要求，并将主要试验时数用于进行最能激发产品故障的综合环境应力循环试验，使产品始终暴露于最严苛的环境中。试验中选择的低温步进应力试验、高温步进应力试验、快速温度变化试验、振动步进应力试验、综合环境应力循环试验全面覆盖了产品的敏感应力，足以激发产品的潜在设计缺陷和薄弱环节。

应力施加方式均为步进式，步进量级设置合理，温度变化速率远严酷于正常工作经历的环境条件，试验中持续监控产品电阻值，每个温度点保温25 min后进行一次绝缘电阻测试。其中，低温步进在到达-65℃前以-10℃为步长，到达-65℃后以-5℃为步长，温度变化速率为45℃/min，低温步进极限设置为-80℃。高温步进在到达160℃（协议中短期最高环境温度160℃）前以30℃为步长，到达160℃后以10℃为步长，温度变化速率45℃/min，高温步进极限设置为200℃，高于协议规定的短时环境温度极限180℃。快速温变试验以低温工作极限+5℃～高温工作极限-5℃为极限，温度变化速率为45℃/min，共进行5个循环。振动步进应力试验步长设置为 5 Grms,极限振动量级设置为 50 Grms,远超正常工作振动量级。综合环境应力试验以低温工作极限+5℃~高温工作极限-5℃ 为温度极限、温度变化速率为 45℃/min,振动工作极限-5 Grms 为振动极限,以振动工作极限-5 Grms 除以 5 作为振动步长,共进行 240 h 循环试验。可靠性强化试验中采用了低温步进→高温步进→快速温度循环→振动步进→综合应力的组合试验剖面。

2）低温步进试验方案

（1）低温步进试验的应力施加如图 6.135 所示。

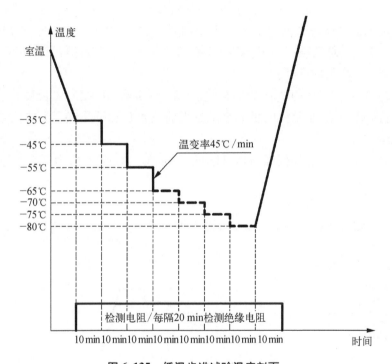

图 6.135　低温步进试验温度剖面

（2）以-35℃作为低温步进的起始温度。

（3）在温度到达-65℃之前,以-10℃为步长。

（4）在温度到达-65℃之后,以-5℃为步长。

（5）温度变化速率为 45℃/min。

（6）每个温度台阶上停留时间:受试产品所处环境温度达到设定值并保温至少 10 min。

（7）试验期间全程监测,电阻值应无跳变,且温度稳定后精度满足要求;每 20 min 测试一次绝缘电阻,应不小于 1 MΩ,且每次测试绝缘电阻阻值无降低现象。

（8）低温步进试验终止条件：找到受试产品的低温破坏极限,如果受试产品的低温破坏极限低于-80℃,以-80℃作为低温步进试验结束温度。

（9）当温度高于或等于-55℃时,产品出现故障,暂停试验,该故障定位为偶发故障,须分解分析,进行设计或工艺改进,重新抽取 1 支产品进行试验。

（10）当温度低于-55℃时出现故障,将温度提高到-55℃,温度稳定后观察产品工作是否正常;若受试产品不能恢复正常,转到步骤（11）,若受试产品的功能和性能恢复正常,转到步骤（12）。

（11）若受试产品不能恢复正常,须分解分析,若为设计或工艺原因,则步骤（10）之前的温度就是受试产品的低温工作极限,步骤（10）的温度就是当前技术状态下受试产品的低温破坏极限,试验结束;若为偶发故障,须进行设计或工艺改进,重新抽取 1 支产品进行试验。

（12）若受试产品的功能和性能恢复正常,则步骤（10）之前的温度就是受试产品的低温工作极限,步骤（10）的温度就是当前技术状态下受试产品的低温破坏极限,试验结束。

（13）若受试产品的低温破坏极限低于-80℃,以-80℃作为低温步进试验结束温度。

3）高温步进试验

（1）高温步进试验的应力施加如图 6.136 所示。

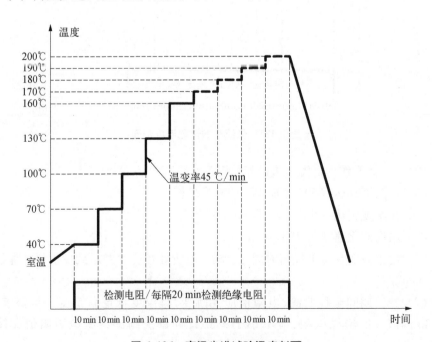

图 6.136　高温步进试验温度剖面

（2）以 40℃作为高温步进的起始温度。

（3）在温度到达 160℃之前，以 30℃为步长。

（4）在温度到达 160℃之后，以 10℃为步长。

（5）温度变化速率为 45℃/min。

（6）每个温度台阶上停留时间：受试产品所处环境温度达到设定值并保温至少 10 min。

（7）试验期间全程监测，电阻值应无跳变，且温度稳定后精度满足要求，每 20 min 测试一次绝缘电阻，应不小于 1 MΩ，且每次测试绝缘电阻阻值无降低现象。

（8）高温步进试验终止条件：找到受试产品的高温破坏极限，如果受试产品的高温破坏极限高于 200℃，以 200℃作为高温步进试验结束温度。

（9）当温度低于或等于 160℃时，产品出现故障，暂停试验，该故障定位为偶发故障，须分解分析，进行设计或工艺改进，重新抽取 1 支产品进行试验。

（10）当温度高于 160℃时出现故障，将温度降低到 160℃，温度稳定后观察产品工作是否正常，若受试产品不能恢复正常，转到步骤（11），若受试产品的功能和性能恢复正常，转到步骤（12）。

（11）若受试产品不能恢复正常，须分解分析，若为设计或工艺原因，则步骤（10）之前的温度就是受试产品的高温工作极限，步骤（10）的温度就是当前技术状态下受试产品的高温破坏极限，试验结束；若为偶发故障，须进行设计或工艺改进，重新抽取 1 支产品进行试验。

（12）若受试产品的功能和性能恢复正常，则步骤（10）之前的温度就是受试产品的高温工作极限，步骤（10）的温度就是当前技术状态下受试产品的高温破坏极限，试验结束。

（13）若受试产品的高温破坏极限高于 200℃，以 200℃作为高温步进试验结束温度。

4）快速温度变化试验

（1）快速温度变化试验的应力施加如图 6.137 所示。

（2）以常温作为快速温度变化循环的开始。

（3）温度范围：低温工作极限+5℃~高温工作极限-5℃。

（4）循环次数：5 个循环周期。

（5）温度变化速率 45℃/min。

（6）试验期间全程监测，电阻值应无跳变，且温度稳定后精度满足要求，每个循环周期开始前测试一次绝缘电阻应不小于 1 MΩ，且每次测试绝缘电阻阻值无降低现象。

（7）每个循环中低温和高温阶段的停留时间：受试产品所处环境温度达到设

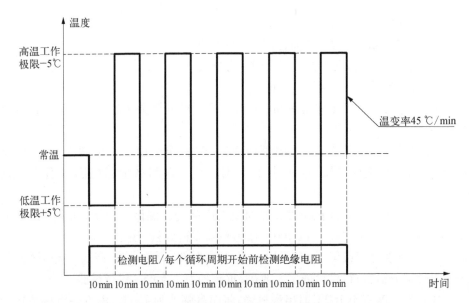

图 6.137　快速温度变化试验温度剖面

定值并保温至少 10 min。

（8）当在某温度下产品出现故障时,暂停试验,将温度恢复到常温,温度稳定后观察产品工作是否正常,若受试产品工作不正常,转到步骤(9),若受试产品的功能和性能恢复正常,转到步骤(10)。

（9）若受试产品工作不正常,说明受试产品已经损坏,须分解分析,进行故障定位并落实设计或工艺改进,抽取落实改进的产品重新进行试验。

（10）若受试产品的功能和性能恢复正常,说明温度变化应力没有造成不可逆转损坏,对可能的故障点进行分析、定位,并落实设计或工艺改进,抽取落实改进的产品重新进行试验。

（11）直至认为找到足够多的薄弱环节,停止试验。

（12）对这些薄弱环节进行分析、定位,寻找改进方法,对产品进行改进。

（13）结束试验。

5）振动步进应力试验

（1）振动步进试验的应力施加如图 6.138 所示。

（2）振动频率范围 5~10 000 Hz。

（3）振动形式：冲击式振动。

（4）初始振动量级：5 Grms。

（5）步长：5 Grms。

（6）每个振动量级保持时间不小于 10 min,在整个振动过程中一直进行测试,测试项目包括功能测试。

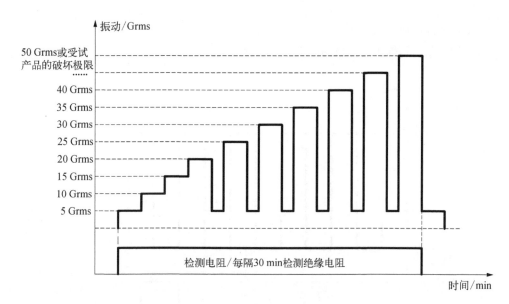

图 6.138 振动步进应力试验剖面

（7）试验期间全程监测，电阻值应无跳变，且精度满足要求，每 30 min 测试一次绝缘电阻，应不小于 1 MΩ，且每次测试绝缘电阻阻值无降低现象。

（8）在振动步进试验时，当振动量值超过 15 Grms 后，在每个振动量级台阶结束后将振动量值降至 5 Grms，维持约 5 min，以便及时发现受试产品在高量级振动时出现的产品故障情况。

（9）振动步进应力试验终止条件：找到受试产品的振动破坏极限，如果受试产品的振动破坏极限大于 50 Grms，以 50 Grms 为振动步进试验结束条件。

（10）当受试产品出现故障时，停止振动，将振动应力降低至初始振动量级，若受试产品不能恢复正常，转到步骤（11），若受试产品的功能和性能恢复正常，转到步骤（12）。

（11）若受试产品不能恢复正常，须分解分析，若为设计或工艺原因，则步骤（7）之前的振动量级就是受试产品当前技术状态下的振动工作极限，步骤（7）振动量级就是受试产品当前技术状态下的振动破坏极限，试验结束；若为偶发故障，须进行工艺改进，重新抽取 1 支产品进行试验。

（12）若受试产品的功能和性能恢复正常，则在步骤（7）振动应力量级的基础上增加 3 Grms，振动 10 min，回到初始振动量级，确定受试产品的功能、性能，若产品的功能和性能恢复正常，则重复步骤（12），直至产品损坏，则步骤（12）最后的应力为产品振动破坏极限，试验结束；若产品不能恢复正常，步骤（7）振动量级就是受试产品当前技术状态下的振动破坏极限，试验结束。

6）综合环境应力试验

（1）综合环境应力试验剖面如图 6.139 所示。

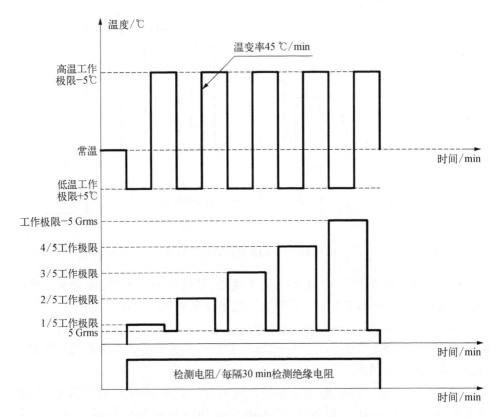

图 6.139   综合环境应力试验剖面

（2）温度应力的施加方法同快速温度变化应力施加方法。

（3）受试产品的振动工作极限除以 5 作为振动步进的初始振动量级，每次增加该值作为下一循环的振动量级。

（4）每个振动量级对应一个温度循环周期。

（5）在每个循环的高温阶段结束前 5 min 左右，将振动量值降至 5 Grms 并维持到循环结束，以及时发现由于温度应力和振动应力同时作用于受试产品而出现的产品故障情况。

（6）试验期间全程监测，电阻值应无跳变，且温度稳定后精度满足要求，每 30 min 测试一次绝缘电阻，应不小于 1 MΩ，且每次测试绝缘电阻阻值无降低现象。

（7）每个循环中低温和高温阶段的停留时间：受试产品所处环境温度达到设定温度并保持不小于 10 min。

（8）当受试产品出现故障时,暂停试验,须分解分析,进行故障定位,并落实设计或工艺改进。

（9）抽取落实改进的产品继续施加综合应力激励。

（10）重复步骤(8)和(9),直至找到了足够多的故障点或完成规定的试验时间,停止试验。

（11）对发现的薄弱环节进行分析,寻找改进办法,对产品进行改进。

（12）结束试验。

第7章

燃油及控制系统综合试验

7.1 概　述

发动机全权限数字电子控制系统是集成诸多复杂硬件和软件的综合体,按系统工程的研制流程,在完成部件研发和验证后,就将进入系统综合验证阶段。在控制系统总体设计中,系统工程师根据利益相关方需求,开展控制系统架构、接口、控制律、余度、BIT、电磁兼容等多专业、多学科的设计、分析和仿真工作,经过反复迭代和确认,形成了控制系统定义,提出了所含各个子系统和部件的需求,决定了控制系统的功能、性能、可靠性、安全性等特性。在系统综合验证阶段,根据系统定义开展系统综合试验,确认所含各个子系统和部件研制结果的符合性,验证控制系统总体设计结果的正确性。此外,通过系统综合试验,全面验证控制系统对利益相关方需求的符合性,试验结果经客户确认后,控制系统将交付客户开展下一步工作。

发动机控制系统是飞行安全关键系统,其验证的完整性将直接影响控制系统产品配装发动机使用的安全性,因此如何提升系统综合试验验证的完整性是本阶段考虑的重点,在具体实施中一般采取分级测试、综合验证、逐步完善的步骤进行。通过优化验证方案,降低试验难度,实现验证工作的投入产出比最大化。

7.1.1　根据发动机控制系统配套层级分级开展

发动机控制系统研发遵循系统工程、SAE ARP 4754A 和 SAE ARP 4761 开展。在系统设计过程中,通过自上而下的设计和需求分配,系统需求被分解至子系统和部件,参见图 7.1。系统综合试验过程即系统、子系统和部件根据上级基线要求开展验证和确认、满足上级基线要求的自下而上的需求符合性验证和确认过程。为了降低复杂度,系统综合试验中首先根据各个部件的技术要求(协议)确认各部件研制结果的符合性,然后根据各子系统技术要求对组成的相关子系统进行确认,最后再进行全系统集成验证。一般情况下,可采用图 7.2 所列的分级测试类型对控制系统进行验证。

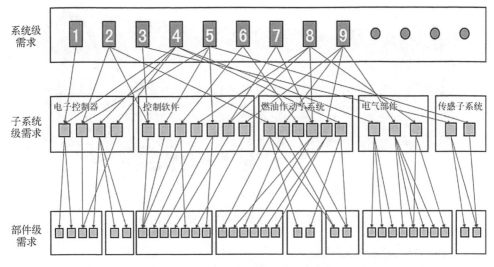

图 7.1　控制系统需求分配图

	桌面仿真	HIL测试	子系统集成	系统集成	发动机	飞机
集成验证对象	系统控制律 软件模型 发动机模型	电子控制器模型 发动机模型 电子控制器硬件	燃油作动子系统 传感子系统 电气子系统	控制系统 发动机模型	控制系统 发动机主机	控制系统 飞机 发动机
验证内容	• 逻辑设计正确性 • 稳动态性能初步评估	• 软硬件接口、时序、逻辑 • 性能初步验证	• 各子系统接口、功能、性能	• 完整控制系统的功能、性能、鲁棒性、安全性	• 与发动机接口匹配 • 装发动机条件下的功能、性能确认	• 飞机、发动机、控制系统接口匹配 • 装飞机条件下的功能、性能确认

图 7.2　分级测试示意图

7.1.2　根据控制系统工作环境建立试验条件

　　发动机控制系统部件安装在发动机上,参见图 7.3,工作中遭遇不同的飞机供油压力和不同特性的供电电源,承受较高的环境、介质温度以及不同量级的振动。为提高验证的有效性,控制系统综合验证应尽量模拟各部件实际的工作环境。考虑建立一个效应完整、满足不同产品工作环境模拟要求的发动机控制系统综合试验环境难度大,在实际验证中,可以在不同层级的试验中分配不同种类的效应模拟和组合效应模拟,在充分模拟工作环境的基础上降低试验难度,实现

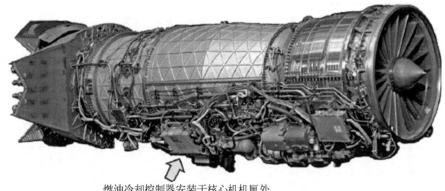

燃油冷却控制器安装于核心机机匣外

图 7.3　F119 发动机控制系统在发动机上的安装

验证工作的投入产出比最大化。

7.1.3　开展试验顶层策划提高验证完整性、减少冗余

在控制系统综合验证实施过程中,系统级、子系统级和部件级可能存在冗余的验证和确认活动,会产生浪费。因此应开展试验顶层策划,评估系统、子系统和部件级的所有需求,对相应需求在哪个层级进行验证进行优化,基于需求的性质、测试的方法、被测功能的关键性以及利益相关者对故障的容忍度,在满足系统验证完整性的同时,尽量减少或消除发生在系统不同层级的冗余验证和确认活动,参见图7.4。

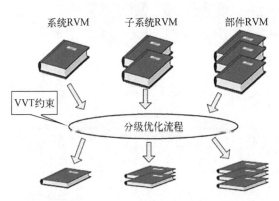

图 7.4　系统、子系统和部件的需求验证矩阵优化

电子控制器硬件在回路仿真验证,重点验证电子控制器和控制软件构成的电子、软件子系统的正确性和符合性。子系统综合试验是将电源、传感器、燃油与伺服作动成附件与电子控制器和控制软件集成,验证相应子系统的功能和性能。控制系统综合验证试验,是在系统综合验证环境中,将燃油与伺服作动成附件、部分传感器、电子控制器和控制软件进行集成,站在发动机操纵、使用和维护的角度对系统进行集成验证,并作为系统交付前的验收试验。控制系统综合环境试验,包括系统电磁兼容特性试验、系统燃油抗污染试验、系统燃油高低温试验、系统综合环境试验等,验证控制系统在接近发动机真实工作环境的各种模拟条件下的正确性和符合性。

7.2　电子控制器硬件在回路仿真测试

7.2.1　概述

随着电子技术和软件技术的进步,全权限数字电子控制系统正全面取代机械液压式控制系统。由于采用了电子和软件技术,相比液压机械式控制系统,全权限数字电子控制系统主要有以下的优势:

(1) 开展余度和 BIT 设计,形成了高安全的系统架构,提高了系统的可靠性和安全性。

(2) 采用机载发动机模型、解析余度等方式,进一步提升了系统的 FDIA 能力。

(3) 设计了复杂的控制律,对全飞行包线的控制性能进行优化以提高发动机性能。

(4) 对发动机故障和健康状态进行监视、预测和管理。

(5) 与飞机采用实时总线通信,接受控制指令、飞机信息,并向飞机发送发动机状态,通信带宽更宽,有利于开展基于发动机数据的分析和管理。

(6) 提升了发动机及控制系统的地面维护能力。

全权限数字电子控制系统对发动机使用带来好处的同时,由于采用了电子控制器和控制软件(含 FPGA 软件),系统的涌现性极其复杂,其研制的复杂性极大增加:一是需求的识别、捕获、分析过程复杂,很难在项目研制初期识别和分析完整,需要不断迭代回归;二是设计需要考虑的状态和因素复杂,分析和仿真是否完整、正确需要与客户不断沟通,需要通过验证不断迭代和完善;三是验证过程复杂,如何通过完整的验证确保控制系统正确实现系统需求,不产生非期望的涌现极为重要。

在控制系统总体设计中,一般采用系统工程或基于模型的系统工程设计方法这一业界最佳实践。首先识别利益相关方需求,开展需求分析和管理,进行需求建模和仿真,建立系统运行场景,定义系统顶层功能和功能接口。进而开展系统功能架构、逻辑架构和物理架构设计,开展基于模型的控制系统架构设计、控制律设计和仿真、BIT 和余度设计、六性设计和分析。最后通过权衡折中,将指标分解至子系统和部件。其中与系统功能、性能、安全性密切相关的控制律、BIT、余度管理、故障诊断与处置等要求主要分解至电子控制器和控制软件。因此,在电子控制器完成研制、软件完成开发后,建立相应的环境,将电子控制器和控制软件进行集成验证是控制系统分级综合验证中的重要环节,一般称为电子控制器硬件在回路仿真测试。

在电子控制器硬件在回路仿真测试中,测试工程师根据系统总体设计结果形成的系统定义,编制系统验证矩阵,设计系统测试用例,开展以系统定义为导向的测试流程,以确定系统是否成功满足所有测试用例。重点确认:

(1) 系统正在做它应该做的事情(符合需求);

(2) 系统没有做它不应该做的事情。具体参见图 7.5。

图 7.5　系统验证的重点

一般情况下，系统需求和系统设计中普遍关注系统"应该做什么"，很少关注"不应该做什么"。但在实际情况中，由于需求、设计和验证不充分造成客户不满意的问题往往属于系统"不应该做什么"的问题，因为"应该做什么"的问题通过各级测试基本都解决了，而"不应该做什么"的问题由于经验欠缺难于定义、其行为空间比"应该做什么"的行为空间要大得多等原因，分析和验证往往做得不够。

为此，测试工程师应充分认识当前测试的薄弱环节，将重点从"应该做什么"转移到"不应该做什么"上，找出最佳测试策略，最大限度地发现系统缺陷，同时将成本降至最低。此外，测试工程师应提高对系统的认识，积累专业测试经验和用例，密切关注并验证系统需求，确保用例充分覆盖系统不应该做什么，特别是关于安全、防护以及其他方面的重要关切。

7.2.2　试验目的

将控制软件与电子控制器进行综合，在电子控制器在回路的条件下，验证电子控制器软硬件接口的匹配性，软硬件功能、性能的符合性，验证控制律设计的完整性和鲁棒性，验证控制系统的故障检测和适应能力，发现软硬件系统设计的潜藏缺陷。具体包括以下内容：

（1）验证软件和硬件接口的匹配情况，如模拟量、频率量、开关量的输入和输出，与飞机通信、通道间通信等；

（2）验证控制系统功能、性能的符合性，如起动、稳态、瞬态控制、参数限制、告警等；

（3）验证控制律设计的完整性和鲁棒性，如控制回路的稳定裕度、各控制回路的切换特性等；

（4）验证控制系统的故障检测和适应能力，如 BIT、余度管理、故障处理等；

（5）验证电子控制器使用与维护相关功能；

（6）发现系统软硬件设计的潜藏缺陷。

7.2.3　基本原理

HIL 仿真试验系统的原理见图 7.6，包括实时仿真计算机，各种输入、输出信号

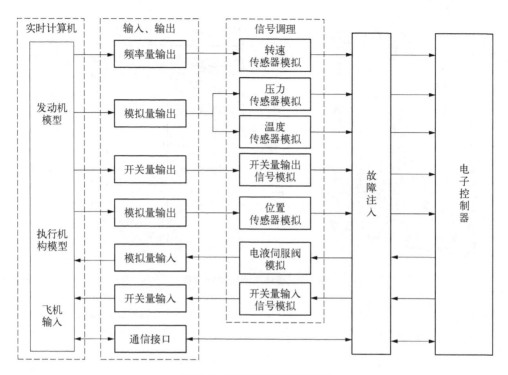

图 7.6　硬件在回路仿真框图

调理模块,故障注入装置、电子控制器等。

实时计算机运行发动机数学模型及各执行机构、传感器数学模型,将计算得到的发动机转速、各截面压力、温度等信号转换成模拟量、频率量等信号,经信号调理模块,转换成可供控制器采集的转速、压力、温度等信号。控制器采集这些信号,由控制软件计算相应的燃油流量及变几何位置。根据各伺服控制回路给定及反馈信号,计算输出相关控制电流至电液伺服阀模拟电路,通过模拟量输入电路至执行机构模型,执行机构计算得到的流量及位置输入发动机模型,与控制器构成闭环仿真,可验证稳态、加减速、起动、喘振等各种状态功能性能。

当需要进行故障模拟时,通过故障注入装置实现信号断路、短路等故障模拟,用于验证数控系统对故障的诊断能力及故障处理对策的正确性。

7.2.4　试验设备

典型的硬件在回路仿真设备如图 7.7 所示。

1. **实时仿真机**

实时仿真机用于为发动机数学模型以及控制系统部件模型提供实时运行环境。仿真模型对于仿真测试结果至关重要,以下对发动机数学模型和系统部件模

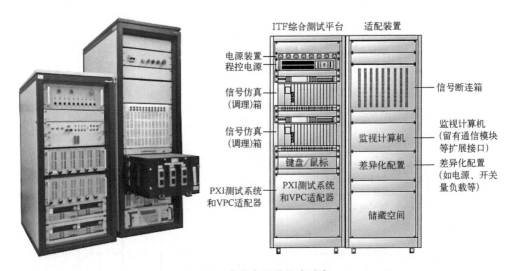

图 7.7　硬件在回路仿真设备

型进行简介。

1）发动机数学模型

当前用于系统综合验证试验的发动机数学模型广泛采用部件法建模与实时分段线性动力学建模方法。部件法建模成熟可靠，具有较高的仿真精度，能够适用于各种类型的航空发动机；实时分段线性动力学模型将非线性模型的精度与线性模型的计算速度有效结合起来，具有较高的计算速度。

部件法建模是按照航空发动机的工作原理，建立各个发动机部件数学模型。然后根据发动机满足的基本平衡方程——流量连续方程、功率平衡方程，将这些部件的热力学关系联系起来，求解压气机与涡轮的共同工作点匹配位置。采用牛顿-拉弗森迭代法求解发动机非线性平衡方程得到发动机的共同工作点，进而建立发动机稳态和动态模型。同时，基于发动机工作点位置，可以分为设计点工况与非设计点工况。

部件法建模首先计算设计点工况下的发动机共同工作点位置，得到总体的设计点匹配数据：压比、流量、涡轮前温度、设计点推力、耗油率、各个部件的耦合系数等。之后进行非设计点的计算，得到各个相对转速下的发动机共同工作点位置，以及相应工况下发动机的截面工作参数。图 7.8 为发动机总体结构示意图，表明了各个模块之间的耦合关系。图中，各个气路模块之间传递的数据包括流量 W、熵 h、总温 T、总压 P，转子轴负责传递与其连接的涡轮与压气机的转速和功率。

建立发动机部件级数学模型主要包括两部分：① 发动机部件特性的建立；② 平衡方程的求解。

部件特性的建立主要包括 6 部分：大气、进气道、压气机、燃烧室、涡轮、尾喷管。

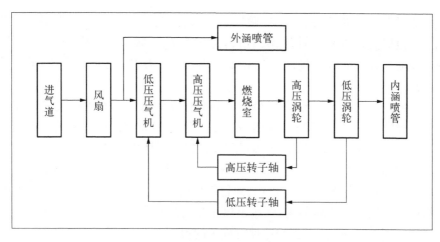

图 7.8 发动机总体结构示意图

（1）大气模型。可根据国际标准大气条件，由海拔计算环境压力及温度。

（2）进气道模型。由大气模型计算环境中自由流的静压力 P_H、静温度 T_H，根据马赫数计算得到进气道进口总压 P_0、总温 T_0 以及进气道出口总温、总压。

（3）压气机模型。根据压比索引函数 Z_C，二维插值得到压比 π_C、换算流量 W_{acor}、效率 η_C。设计点计算时，计算压比耦合系数 $C_{\pi C}$、压气机换算流量耦合系数 C_{wacor}、效率耦合系数 $C_{\eta C}$，非设计点计算时根据相应参数的耦合系数，耦合计算得到此时压气机的压比 π_C、压气机换算流量 W_{acor}、效率 η_C。同时，计算得到压气机出口总压 P_3^*、压气机的功 L_C、出口流量 W_3 以及冷气流量 W_{cool}。

（4）燃烧室模型。存在两种情况：① 已知燃烧室出口温度求燃油流量（稳态计算）；② 已知燃油流量求出口温度（动态计算）。根据已知进出口总温，计算得到进口空气总焓 H_3，由出口总温计算得到出口燃气焓值 H_{40}。

（5）涡轮模型。根据冷却过程能量守恒原理，由冷却后的燃气焓值 H_{41}^* 可计算得到冷却后涡轮前温度 T_{41}^*。同时根据计算得到的涡轮换算转速 n_{Tcor}、涡轮膨胀比索引 Z_T 函数，插值得到涡轮膨胀比 π_T、换算流量、效率。设计点计算时设计点给定涡轮效率需要计算此时匹配涡轮膨胀比。由于此时涡轮功等于压气机功，涡轮进口流量等于燃烧室出口流量，计算得到此时匹配的涡轮膨胀比，最后计算涡轮膨胀比耦合系数 $C_{T\pi}$、涡轮换算流量耦合系数 C_{TWcor}、效率耦合系数 $C_{T\eta}$。非设计点计算时，耦合计算得到涡轮的实际膨胀比 π_T、涡轮实际换算流量 W_{Tcor}、涡轮实际效率 η_T 以及涡轮出口总压 P_5^*、涡轮出口总温 T_5、出口实际焓值 H_5^*、涡轮功 L_T。

（6）尾喷管模型。根据出口静压力 P_H 与进口总压 P_6^* 关系，使用牛顿法求尾喷管出口截面速度系数 λ_8，根据 λ_8 判断尾喷管是否进入临界或者超临界状态，若进入临界或者超临界状态,此时尾喷管进入节流状态,出口截面流量函数此时 $q(\lambda_8)=1$,根据流量方程可计算得到出口静压力 P_8。如果尾喷管为亚临界状态。同样按照流量方程求出口截面面积 A_8 以及出口静压力 P_8,进而计算发动机推力 F 以及耗油率 sfc。

对于航空发动机共同工作,各部件之间必须满足以下相互制约关系:① 气流质量流量连续;② 压力平衡;③ 功率平衡;④ 转速相等。根据平衡关系对建立的部件特性进行平衡方程的求解,求解过程包括稳态点计算与动态点计算。

(1) 稳态工作点计算。发动机压气机与涡轮共同工作时,需要满足流量平衡以及功平衡方程:燃烧室出口流量与涡轮特性图上流量相等;压气机消耗功、额外功率提取与涡轮提供的功平衡;涡轮出口流量与尾喷管流量平衡。稳态点计算问题转化为采用 Broyden 法求解非线性方程组的根。

(2) 动态工作点计算。发动机工作在动态情况下,压气机涡轮功率不再相等,转子加速度与转子转动惯量及剩余功率满足转子动力学方程。动态计算时已知当前时刻转速以及当前燃油输入量的情况下,涡轮前温度变为已知参数,待求解的参数为压力比索引函数、膨胀比索引函数、下一时刻的转速,同样可以通过 Broyden 法求解。

相对于部件法建模,实时分段线性动态模型具有较高的计算速度,可较好地满足发动机控制系统仿真的实时性要求。实时分段线性动态建模基于源数据,而源数据来自详细性能静态模型得出的非线性静态特性,以及一组描述稳态条件下发动机动态特性的线性动态模型系数。

构建实时分段线性动态模型需要假设发动机动态模型简化为静态特性线与一组线性动态模型的组合。在状态空间的任何点上模拟发动机动力学时,将使用与其最接近的稳态条件相对应的线性模型。为了找到这样的静态点,将非线性静态线转换为直线,垂直于该线的垂直线可通过状态空间中的当前点构建。该垂直线在状态空间中的位置由操作参数来确定,静态线可由折线来近似获得。在每个时刻,通过内插法确定静态线和线性动态模型系数,然后对微分方程组进行数值积分,并不断重复以上过程。

实时分段线性动态建模过程包括:静态线和线性模型集的组合;最近静态点的线性动态模型;静态线的分段线性逼近;工作参数与静态线垂直线;线性动态模型参数的分段线性。

a) 静态线和线性模型集的组合

静态线,或者是稳态线可设置为 $\{X, U, Y\}$ 的状态空间,其中 X 是状态变量,U 是输入变量,Y 是输出变量。例如,单轴发动机静态线可以以 $\{n, W_f, A_n, T^*, p^*\}$ 坐标表示。其中,涡轮压气机轴的转速 n 为状态变量,输入变量为燃油 W_f 以及尾喷口 A_n,发动机的温度 T^* 以及压力 p^* 设置为输出变量。

发动机线性动态模型可通过对非线性热力学模型的辨识法或线性化法获得。在每个操作点下的线性动态模型可表示为以下的状态变量模型：

$$\Delta \dot{X}(t) = A^{(k)} \Delta X + B^{(k)} \Delta U$$

$$\Delta Y(t) = C^{(k)} \Delta X + D^{(k)} \Delta U$$

b）最近静态点的线性动态模型

线性模型可以在工作点的较小区域内描述发动机动力学，该模型表示所选点周围非线性对象特征的线性化，通常也可以针对最近的静态点进行这种线性化，也可以选择动态的瞬态工作点。假设瞬态过程中的动态过程最好由线性动态模型在静态线的最近点描述，而不是在其余静态条件下的线性模型。因此，从静态线上的所需点到当前点的距离应该最小，即最接近的静态点的几何解释表示构造静态线的垂直方向。

c）静态线的分段线性逼近

在构造实时分段线性动态模型时，重复使用分段线性化来逼近非线性函数。复数关系近似由直线部分替代，并且工作点之间的函数值通过插值确定。线性插值方法如下：单调函数 $u = f(x)$，当非线性时，保持 u 和 x 之间关系的定性特征，函数 $f(x)$ 可由一条直线 $g(x)$ 近似表示。当选择足够多的工作点进行线性内插，产生的准确度则能够达到可接受的水平。工作点之间的静态发动机特性分段线性化可表示为

$$X_{st} = (1 - p) X^{(k)} + p X^{(k+1)}$$

$$U_{st} = (1 - p) U^{(k)} + p U^{(k+1)}$$

$$Y_{st} = (1 - p) Y^{(k)} + p Y^{(k+1)}$$

d）工作参数与静态线垂直线

发动机动力学可由几个工作点的线性模型来描述，线性动态模型方程使用了与稳态值的坐标偏差，其系数与最近的静态点中的模型相对应，到静态线最近的点距离最小，该距离定义为

$$\rho = \sqrt{\sum_{i=1}^{r} \alpha_i (x_i - x_i^{st})^2 + \sum_{j=1}^{m} \beta_j (u_j - u_j^{st})^2}$$

该距离的计算很复杂，并且大大降低了计算速度，为了简化对最近的静态点的搜索过程，假设：$\{X, U\}$ 点的动态模型参数仅取决于状态坐标 X；状态空间可以划分为线性动态模型参数恒定的子空间。通过引入辅助向量 Z：$Z = X^{(N)} - X^{(1)}$，连接静态线的第一个点和最后一个点，通过当前点到静态多段线的垂直线将替换为垂直于矢量 Z 的垂直线。此垂直线与分段线性静态线的交点给出所需的"最近"

静态点,以此确定当前线性动态模型参数。

e) 线性动态模型参数的分段线性

线性动态模型系数随发动机工作点而变化,为非线性函数。像静态线一样,它被分段线性所代替。工作点之间的插值公式如下:

$$A_{st} = (1 - p)A^{(k)} + pA^{(k+1)}$$
$$B_{st} = (1 - p)B^{(k)} + pB^{(k+1)}$$
$$C_{st} = (1 - p)C^{(k)} + pC^{(k+1)}$$
$$D_{st} = (1 - p)D^{(k)} + pD^{(k+1)}$$

发动机动态模型可以表示为

$$\Delta \dot{X} = A_{st}\Delta X + B_{st}\Delta U$$
$$\Delta Y = C_{st}\Delta X + D_{st}\Delta U$$

分段线性静态特性与线性动态模型因子的分段线性关系一起构成了统一的实时分段线性动态模型,计算公式将线性模型系数矩阵以及静态坐标与操作参数结合在一起,分段线性模型可表示为

$$\dot{X}(t) = A(\eta)(X(t) - X_{st}(\eta)) + B(\eta)(U(t) - U_{st}(\eta))$$
$$Y(t) = C(\eta)(X(t) - X_{st}(\eta)) + D(\eta)(U(t) - U_{st}(\eta)) + Y_{st}(\eta)$$

2) 控制系统部件模型

典型控制系统部件包括 FADEC、燃油与作动部件、传感部件、电缆等。任何一个实际物理系统数学模型的表达形式是多样的,常用的方法有状态空间方程、传递函数、微分方程和差分方程等,通常将系统部件简化为单输入单输出系统,以传递函数形式建立其数学模型,同时根据自动控制理论,通过系统辨识法来估计模型参数。如执行机构数学模型需要模拟执行机构小闭环结构的稳态和动态性能,为此,可以把电液伺服阀简化为一阶惯性环节,作动筒简化为积分环节,计量活门和 LVDT 传感器均简化为比例环节。以燃油控制执行机构为例,其伺服回路数学模型的可简化如图 7.9 所示。

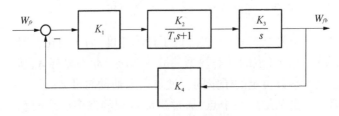

图 7.9　伺服回路数学模型

图 7.9 中，W_{fr} 为发动机控制器主燃油指令，W_{fb} 为执行机构小闭环回路简单数学模型输出值，K_1 为比例环节，K_2 为电液伺服阀的增益，K_3 为作动筒的增益，K_4 为 LVDT 传感器的增益，T_1 为电液伺服阀的时间常数，由此得到执行机构数学模型的传递函数为

$$G(s) = \frac{K_1 K_2 K_3}{s(Ts + 1) + K_1 K_2 K_3 K_4}$$

其传递函数离散化后形式为

$$G(z) = \frac{a_1 z^{-1} + a_0}{b_2 z^{-2} - b_1 z^{-1} + b_0}$$

这是一个二阶系统，为满足系统综合仿真试验需求，进一步提高数学模型的精度，可通过对闭环油针位置进行阶跃响应试验，以确认执行机构的各个参数，从而建立执行机构数学模型。

对于采用飞机-发动机综合控制模式的系统构型，为了提升验证完整性，有时会采用飞机实时数学模型，以模拟和验证飞机-发动机的交互关系。如涡轴发动机控制系统验证时，除了发动机模型，有时也包含旋翼模型和飞机接口模型，以验证飞机机动飞行时，旋翼转速、扭矩等与发动机状态的影响。

2. 信号仿真装置

信号仿真装置主要用于将发动机模型计算出的发动机运行参数数字信号转换成可供控制器采集的模拟信号和频率信号，采集控制器输出的模拟量和开关量转换成发动机数学模型和控制系统部件模型的输入。具体项目的信号仿真装置根据不同的控制系统信号特征单独研制。

由于涉及的信号源种类不同，模拟信号的仿真需要根据具体信号特征定制。如对于电液伺服阀的电流输出，需要模拟其负载并回采其电流；对于热电偶传感器信号模拟，需要考虑冷端补偿的模拟以消除模型计算值与控制器采集值的差别。

接口信号的模拟要考虑与电子控制器的接口匹配性，其 BIT 特性应力求与真实负载一致。例如，对于电磁阀的负载不能仅考虑其阻抗，还要考虑其线圈的感抗特性，LVDT 模拟反馈信号应与激励信号同相位，以避免 BIT 误判。

3. 故障注入装置

故障注入装置串联在电子控制器与信号仿真装置之间，用于模拟电气系统的短路、断路、虚连、漂移等电气故障，故障注入装置也称为信号断连装置。

故障注入装置要考虑不能影响电气线路的屏蔽特性和阻抗特性，要有一定的过流保护能力以保护装置不受损害。故障注入模块应具备程控功能，以准确模拟在特定时机下的瞬态故障特性。

7.2.5 试验内容

1. 开环测试

开环测试目的是在闭环测试前验证 HIL 环境及电子控制器软硬件各功能模块是否符合要求,在开环状态下确认 HIL 环境与电子控制器能够连接为完整的、符合设计技术状态的开环信号链,建立设备和系统测试基线,为闭环测试做准备。

1) HIL 环境测试

a) 电气线路以及接口正确性检查

按照设计图纸对 HIL 设备各模块之间的电气线路进行连通性、绝缘性以及接口定义检查,排除可能存在的接口错误,降低通电风险。

b) 接口模拟信号状态确认

对控制器离散量、频率量、模拟量以及通信输入输出接口信号进行检查,确认信号稳态与动态指标特征满足接口模拟指标要求,确认通信接口匹配正常。

c) 信号断连装置状态确认

对信号断连装置的手动、程控功能进行检查,确认信号断连装置的各条线路通断功能正常。

d) 发动机数学模型状态确认

独立运行发动机数学模型,检查模型软件状态能否在飞行包线内正常过渡和运算、是否有运算溢出等异常出现,检查稳态和过渡态条件下输入、输出之间的对应关系与发动机稳态和动态设计基线的差异,确认发动机模型状态。

2) 信号链路测试

在完成试验环境和接口测试后,应对整个信号链路进行测试,在开环模式下检查电子控制器模拟量输入/输出、频率量输入/输出、开关量输入/输出、通信输入/输出的软硬件处理是否正常。将完整信号链路中的各环节进行物理连接,对控制器信号输入-模型信号输出-接口模拟输出-信号断连装置输出-控制器航插输入-控制器输出-接口信号采集-模型信号输入的全链路进行开环测试,确认每个环节的传输和转换功能性能正常,除了测量静态特性外还要测量动态特性,以确认 HIL 环境的开环动态时域和频域特性是否满足仿真要求。

3) 开环 BIT 检测

在开环模式下检查,电子控制器上电,记录各信号在范围内正常变化过程中 BIT 值的变化情况,依次设置各信号断线,记录信号断线后 BIT 值,摸清 BIT 值的范围,为信号 BIT 故障检测提供依据。

2. 闭环测试

1) 系统功能检查

在闭环条件下检查电子控制器和控制软件的各项功能,确认各功能运行正常,工作模态转换正常,并且不存在异常或不合理的运行结果。

应使用需求验证追踪矩阵、状态机、决策表、等价类等方法规划测试用例,确保功能验证的完整覆盖。

2) 系统性能测试

系统性能测试包括与功能相关的起动性能、稳态性能、过渡态性能、通道切换性能等的测试,以及系统运行的微观时序测试、运行载荷测试。

起动性能测试关注起动时间、起动闭环控制精度、模态转换过渡性能。

稳态性能测试关注在整个飞行包线内,各控制变量的稳态控制精度满足规定要求。

过渡态性能测试关注在整个飞行包线内,各控制变量的过渡态控制精度满足规定要求。

通道切换性能测试关注在系统各个功能模态下,通道切换不会对系统运行带来不期望的扰动。

系统微观时序测试关注系统运行过程中,控制器的输入、运算、输出、通信等各项任务的运行时序、时间占用是否与预期相符,并且不存在非预期的时序错乱等异常。

系统运行载荷测试关注系统运行过程中,控制器在极限任务负荷下的 CPU 时间占用,通常控制器应有足够的 CPU 空闲余量以应对不断补充完善的系统升级需求。

由于 HIL 仿真试验的性能测试结果与模型的颗粒度、准确度和实时运行环境的性能紧密相关,在对 HIL 仿真的性能测试结果进行评估时,要充分考虑仿真的置信度。

3) 鲁棒性试验

发动机控制稳定性面临的挑战来自发动机对象本身的高度非线性特性、发动机工作环境的复杂性以及传感器测量系统受到的各种干扰。为此,控制系统控制律设计中常采用鲁棒控制算法解决以上问题。为了验证系统设计的鲁棒性,需开展鲁棒性试验以验证系统在其设计运行的边界条件下,是否能够维持正常的控制功能和性能。典型的鲁棒性试验内容包括:

(1) 电源特性试验。按照国军标和产品规范要求,模拟飞机各种正常和异常的供电条件,检查控制器控制功能性能是否正常,如电源电压高限和低限、瞬时掉电、浪涌、尖峰信号等。

(2) 包线稳定裕度试验。系统控制的鲁棒性设计应当覆盖全包线,通过在全包线选取边界点,采用扫频或参数拉偏的方式,检查控制回路的稳定裕度。

(3) 噪声干扰试验。为了验证系统在运行环境下抗测量噪声干扰性能,通过合成随机噪声或模拟外场测量噪声的方式,检查系统控制的稳定性。

4) 安全性试验

安全性试验用于验证当系统出现失效时,系统能够正确处置,确保发动机、飞机处于安全状态。安全性试验考虑的不光是发动机自身的安全,更应当考虑飞机以及乘员的安全,如在某些场景下失去推力/功率对于飞机是不可接受的,则在此场景下造成发动机关停的事件都被认为是不安全事件。

由于 HIL 仿真测试中对于控制系统部件模型的简化,对安全性试验的评估需要审慎地进行。真实物理世界中的失效模式传递是部件间信息、物质、能量相互作用的结果,对于 HIL 仿真中表现出的失效后果,需要充分考虑模型简化带来的局限性。

安全性试验内容一般包括开环余度管理特性试验、系统余度管理特性试验、系统失效安全特性试验。可参考 7.6 节,应合理规划安全性试验内容在硬件在回路仿真和系统综合验证试验中的分配,以在满足项目周期的同时兼顾试验的有效性和完整性。

7.2.6　试验方法

1. 概述

图 7.10 展示了验证测试的基本方法。通过合并分析系统运行场景,特别是关键运行事项,以及系统关键性能参数,确定潜在的系统故障模式。根据分析结果可以规划测试场景,从而创建一系列适当数量的测试用例。如前所述,试验用例的设计既要关注系统正确做了应该做的事,更要关注系统没有做其不应该做的事,因此,要充分考虑系统的异常运行条件,以确认系统在任何可能的条件下都不会出现非预期的安全性风险。

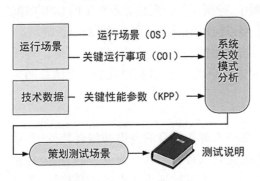

图 7.10　测试的基本方法

测试用例设计应综合运用白盒和黑盒的测试方法。白盒强调测试者要充分理解系统设计和结构原理,从而在用例设计时有针对性地对系统运行参数进行观测分析以识别异常;黑盒强调从使用者角度创造面向系统运行的各种可能场景,以充分评估系统行为及其影响。

2. 设计测试用例

测试用例用于验证发动机控制系统软件功能、逻辑的正确性及其与控制规律的匹配性,使用较小的成本对控制软件的各项功能进行测试。设计测试用例时,需要根据数控系统的运行场景,识别关键参数、事项,对可能存在的失效模式进行分析,搭建测试场景,并形成测试说明。其中最关键的是对使用场景及重点关注项的把握,这是我们设计测试用例的关键。常见的测试类型包括功能逻辑测试和指标性能测试。

指标性能测试主要在 HIL 环境下验证某些控制回路的控制精度、波动情况是否符合设计要求,用以验证控制规律、控制参数的合理性。在设计测试用例时,应当在相应控制回路,改变油门杆位置以改变数控系统状态,检查控制波动、静差。

功能逻辑测试主要包括以下几类:开关量/指示灯输出控制逻辑正确性检查、测试;数控系统状态转换的正确性检查;时间类指标的检查、确认;以某个变量(例如 N2)为参考设计的某些控制逻辑。

下面以地面起动过程说明测试用例编制准则、验证条目、注意事项。某加力涡扇数控系统,地面起动状态的基本进入条件及控制逻辑如下。

进入条件:PLA 置于慢车域,起落架放下,按下地面起动按钮 1 s 以上;

进入地面起动状态后的控制输出:0 s,输出起动机控制信号;高压转子转速(N_2)达到 13%开始点火,输出"点火指令";N_2 到达 15%开始供油,按 N_2 插值设定油气比供油;N2 达到 35%停止点火,断开"点火指令";N_2 达到 45%脱开起动机,不再输出起动机控制信号;N_2 达到慢车转速(67%)−1.5%时,由地面起动转为慢车状态;地面起动时长不超过 45 s。

通过对以上系统需求进行分析,可初步分解以下测试需求:正常满足进入条件,控制输出时序、逻辑、计算输出正常;不满足进入条件任一项,系统不应进入起动状态;同时还应考虑,如果进入起动状态后进入条件发生变化或者出现故障,系统的行为表现会怎样。当系统需求未对该异常情况进行说明时,需要与系统设计者沟通以明确系统的行为预期,以完整覆盖各种运行条件。

具体来说,本测试用例需要关注以下内容。

首先需对数控系统状态转换是否正常进行检查。油门杆角度(PLA)、起落架、地面起动按钮这三个量需要在同时满足起动条件的情况下,检查数控系统是否进入"地面起动"状态;同时需要验证,上述三个条件任一不满足的情况下,检查数控系统是否进入"地面起动"状态。

在进入地面起动状态后,需要对控制逻辑进行检查,依次检查起动机控制信号、点火指令的输出和切断逻辑是否正确,检查供油起始点及供油规律是否符合设计要求。对于起动机控制信号及点火指令,属于和转速相关的开关量输出逻辑,除了需要验证其正常的控制输出之外,还应当考虑异常情况的发生。例如,对于起动机脱开逻辑,发动机的要求是 N_2 达到 45%的时候将起动机脱开(隐含的意思是即便脱开起动机后 N_2 掉至 45%以下,也不再重新接通起动机)。在设计测试用例时,不仅需要验证 N_2 达到 45%时,是否切断"起动机控制"指令;还应当验证,若 N_2 掉至 45%以下,起动机是否依然保持脱开。对于供油情况,需验证起始供油转速、供油规律和设计是否相符。

对于地面起动时间,属于时间指标。可在验证地面起动和慢车状态切换的同时,对其进行检查。

为了保证测试的覆盖度,一般采用需求验证追踪矩阵来显形测试用例的覆盖度。

测试用例设计应充分运用等价类和边界值、决策表、状态机、域测试等方法实现对工作模式、飞行包线、控制功能、状态迁移、故障模式以及运行场景的覆盖。

为了保证测试的覆盖度,一般采用需求验证追踪矩阵来显形测试用例的覆盖度。需求验证矩阵通常由以下几个部分组成:

(1) 需求编号;

(2) 需求与上层文件的追踪关系;

(3) 要使用的验证方法;

(4) 实施验证的一个或多个阶段;

(5) 验证用例编号。

需求验证矩阵(RVM)所列的验证方法包括:分析、检查、演示、测试以及认证(典型的 RVM 结构如表 7.1 所示)。

表 7.1　典型 RVM 结构

需求编号	需求跟踪	验 证 方 法						验 证 阶 段					用例编号
		无	分析	检查	演示	测试	认证	定义	设计	实施	集成	鉴定	

3. 自动化测试

发动机控制系统研制需经历多个阶段的迭代开发与验证,控制系统每次进行系统改进时,均需要根据更改的具体情况开展补充测试,甚至进行完整的系统测试。考虑到发动机控制系统的复杂性,完整的系统测试需要投入大量的人力和时间资源,且相同的测试用例的测试过程和合格判定是重复的,因此自动化测试的优势凸显,一是通过自动化提高测试的效率、满足客户提出的快速测试的要求;二是通过自动执行、减少人为干预提高测试的质量;三是可以释放测试工程师的精力以便迭代开发更多的测试用例,提高测试覆盖度。具体过程为开发测试用例,对测试用例进行测试验证后纳入测试管理平台,将测试用例编制成测试脚本,运行测试系统进行自动测试和数据分析,生成测试结果和报告。自动化实现方式可参照相关资料。

4. 回归测试

当系统需求发生变更,或系统改进完善后,就应该分析变更的影响域,设计测试用例,对需求变更/改进设计部分开展回归测试。

当系统需求发生重大变更或变更量很大,应该进行完整的回归测试。对原系统测试用例进行全面分析,选择使用的测试用例,剔除不合适的用例,补充新增的功能的测试用例,进行完整回归测试。

7.3　燃油与作动子系统综合试验

7.3.1　概述

燃油与作动子系统(以下简称燃动子系统)包括燃油泵、燃油计量装置、伺服作动装置、燃油分配装置、作动筒等液压机械部件,以及发动机电子控制器中的伺服控制单元。燃油与作动子系统的主要功能是根据指令为发动机提供所需流量的燃油,并驱动发动机变几何调节机构,根据功能划分燃动子系统可以细分为燃油计量子系统和伺服作动子系统。典型的燃油与作动子系统示意见图 7.11。

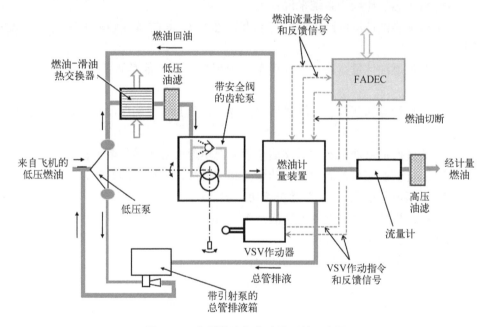

图 7.11　典型燃油与作动子系统示意图

不同类型发动机燃油与作动子系统组成差异较大。典型的涡轴发动机燃动子系统只有两三个部件,而加力涡扇发动机燃动子系统,其部件多至 20 多件。对于部件较少的燃动子系统,其综合试验可安排在部件试验台进行,对于加力涡扇发动机燃动子系统,其综合试验需要开发专门的子系统综合试验环境,或者使用系统综合验证试验环境。

现实中燃动子系统部件常由不同的厂商制造,其厂内验收试验通常只能代表部件性能,无法判断子系统级的性能表现。由于燃动子系统结构复杂、部件耦合性强,对安装、管路、温度、压力等条件敏感,为了降低研制风险,有必要将燃动子系统部件综合在一起进行试验,以验证部件间的工作匹配性、载荷与效应条件下的功能性能是否满足要求。

燃动子系统本质上是机械、电气、液压综合的系统,其性能衰退是其元部件长期磨合作用的结果,因此燃动子系统中长期特性摸底及耐久性的考核一般安排在子系统级进行。

7.3.2 试验目的

验证燃油与作动子系统在规定的环境/介质温度、工作压力和负载条件下,其控制功能和性能满足要求,验证燃动子系统各部件匹配良好,在全状态范围内不存在异常共振、参数波动和功能失效。

具体对于燃油计量子系统来说:

(1)验证燃油计量回路控制的稳态和动态性能,其时域和频域性能是否满足要求;

(2)验证燃油计量精度在全温度范围内温度补偿功能是否正常,是否满足计量精度要求;

(3)验证接通和断开燃油计量后,是否能快速切断,并确保没有燃油泄漏到燃烧室;

(4)验证燃油供油接通时对燃油总管的充填速度是否满足要求;

(5)验证伺服回路控制对燃油计量控制和燃油计量精度的影响;

(6)在断电等情况下,是否能快速切断燃油;

(7)验证燃油计量回路 BIT 功能是否正常。

对于伺服作动子系统来说:

(1)验证伺服作动系统部件的匹配性;

(2)验证伺服作动控制在全温度范围,其时域和频域性能是否满足;

(3)验证伺服作动驱动性能在各种工况下,是否能产生足够的驱动力,满足发动机负载要求;

(4)验证伺服作动部件在断电等异常情况下,是否能按预设的要求工作在安全位置;

(5)验证燃油计量控制对伺服作动子系统控制的影响;

(6)验证伺服回路控制 BIT 功能是否正常。

7.3.3 基本原理

根据燃动子系统的复杂程度,燃动子系统综合试验采用分步综合或一步到位的综合方式。例如,对于加力涡扇发动机燃动子系统,可先分别进行主系统、加力分系统、喷口分系统的综合,然后进行完整燃动子系统的综合试验;对于不带加力的燃动子系统,可一步到位地进行子系统综合试验。

子系统试验应面向运行场景,各部件的运行状态应覆盖实际使用的范围。

将燃动子系统部件参考装机状态进行连接,为燃动子系统提供与发动机状态等效的压力、温度、载荷等工作条件,采用等效伺服控制器与燃动子系统构成燃油与伺服作动控制回路,从而构建面向运行场景的子系统试验条件,结合试验台的流量、压力、温度等测量数据,对燃油子系统的功能性能进行验证。

7.3.4　试验设备

燃动子系统试验台的要求类似于系统综合试验的湿区设备,应当尽可能模拟燃动子系统的真实安装条件、管路、压力和温度环境等,从而在子系统级充分评估燃动子系统功能、性能的符合性,同时为燃动子系统的中长期验证提供载荷模拟条件。典型燃动子系统综合试验设备原理见图 7.12。

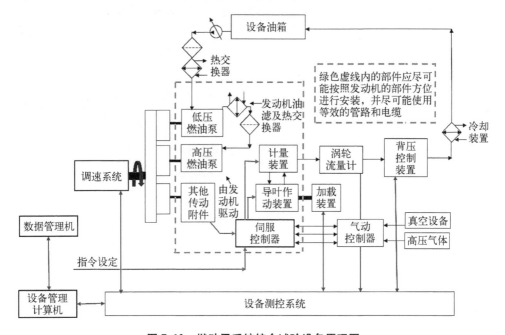

图 7.12　燃动子系统综合试验设备原理图

7.3.5　试验内容

燃动子系统综合试验可分为功能性能试验与专项试验,某发动机控制系统的燃动子系统试验内容如表 7.2 所示。

表 7.2　燃动子系统试验项目

子系统功能性能试验	计量控制回路试验
	应急放油回路性能试验
	加力接通/关闭/填充试验
	伺服压力控制性能试验
	热管理回路试验
	作动控制回路试验
	燃油分配回路试验
	燃油返回性能试验
	发动机开环需求流量验证
	最小启动流量
	启动、关闭、超转试验
	燃油应急阀测试
	回路最大/最小作动速率
	回路最大/最小失效安全作动速率
	回路失效安全作动速率
	回路稳态测试
	回路频响测试
	子系统稳定性测试
	燃油流量控制范围
	子系统停车恢复测试
	流量压力脉动
	失效安全位置
	停车特性
	作动负载试验
	功率测试
	漏油测试

续　表

专项试验	温度冲击试验
	燃油结冰试验
	防/耐火试验
	污染试验
	燃油滤高温试验
	极限高低温试验
	高空低气压试验
	压力循环试验
	温度循环试验
	HALT 试验

7.3.6　试验方法

1. 燃油计量特性试验

燃油计量特性试验重点关注计量范围内的稳态和动态计量精度、流量计量特性、流量滞环特性、温度补偿特性等。为了保证足够的测量精度,可采用不同量程流量计分段测量的方式。

低温起动是典型的工作场景,对于对起动流量敏感的小推力/功率发动机控制系统,应建立低温试验条件,检查燃油计量装置在低温下的计量特性。

2. 回路动态特性试验

对于伺服回路的动态特性,一般采用阶跃、斜坡以及频响试验方式获取性能数据。

阶跃试验一般通过等效控制器设置指令,在全程范围内选择 10~20 个点进行小阶跃试验,以检查全行程范围内动态性能的符合性和一致性,分析指标一般包括响应时间、上升时间、超调量、稳态误差、稳态波动量等。

斜坡试验一般通过等效控制器设置斜坡指令,在规定范围内按一定速度进行斜坡试验,以检查规定范围内伺服控制的斜坡跟随特性,斜坡速度应不小于发动机控制使用中的最大速度。分析指标一般包括响应时间、跟踪误差、超调量等。

频响试验一般通过等效控制器设置扫频指令,在规定频率范围内对伺服回路进行频率特性录取,以分析回路的幅值裕度和相角裕度。扫频范围一般设置 0.5~20 Hz,扫频幅值一方面不能过小以防被噪声淹没,另一方面不能过大以免引入过多非线性因素,一般控制指令设置在行程中段,扫频幅值按行程范围的 5% 进行设置。

3. 子系统耐久性考核试验

子系统耐久性考核试验,重点是载荷谱的选取和物理效应的综合施加。一般燃动子系统寿命可达数百至数千小时,通常采取高加速任务试验设计的方式尽早获取部件的耐久性性能数据。

载荷谱的选取首先要获取寿命期飞行任务谱,根据飞行任务谱和系统工作原理分析燃动子系统的工作循环时数和次数,以及部件的运行参数,如泵运转小时数、电磁阀通断次数、作动器往复次数,根据计算的总运行时数和次数折算加速任务试验的运行时数和次数。

一般来说,加速任务试验中,非旋转类部件可压缩小时数,但应保证执行元件运行次数与寿命期预计运行次数相同,从而保证同等的累积载荷,旋转类部件不可压缩小时数,一般结合部件试验数据进行分析等效。

燃动子系统耐久性考核的物理效应应重点考虑燃油压力环境和温度环境,子系统的供油、回油压力、燃烧室背压、燃油温度应与发动机任务循环内指标一致。对于环境温度模拟应根据机理分析必要性,如一般处于高温部位的喷口作动筒应进行环境温度和燃油温度模拟,而处于低温部位的导叶作动筒则不进行环境温度模拟。

7.4 传感子系统综合试验

7.4.1 概述

目前,在航空发动机燃油及控制系统中得到广泛应用的传感器种类有:转速传感器、温度传感器、压力/压差传感器、角位移/线位移传感器、扭矩传感器、振动传感器、喘振探测传感器、火焰探测器、滑油液位传感器、滑油屑末监测器等。其中,与控制相关的传感器主要有转速传感器、温度传感器、压力传感器、位移传感器等。

传感子系统包括受感部接口(如引气管路)、传感器、电缆、信号采集、信号处理等模块。每个传感器及其对应电缆、信号采集、处理部分构成了传感子系统的一个分回路。由于传感信息的最终获取需要经过传感器、电缆、信号处理模块、软件处理模块等,受到各硬件、软件模块配置参数和相互作用的影响,单独对传感器的验证无法保证传感子系统回路功能、性能的符合性,因此在系统综合试验前开展传感子系统综合试验,能够充分暴露传感子系统各环节设计问题,降低系统综合试验的进度和成本风险。

传感子系统综合试验可以按照信号链路对每个传感回路单独试验,也可以针对多型传感器进行较为完整的综合试验。这取决于综合的难度、时间周期、资源约束等,但总的原则是在系统综合前,各传感器信号链路、信号处理和 BIT 等功能都开展了完整的验证。

温度、压力、振动、转速、扭矩、液位等传感器的综合验证需要特殊的物理效应和测试,一般结合不同的传感器试验设备采用分回路验证的方式。某些动态的效应还需要在专业测试机构的验证环境中验证,例如温度和压力传感器的动态特性试验。

7.4.2　试验目的

(1) 确认各传感器性能在子系统综合状态下能否满足规定的设计要求,测定和调整传感器分系统传递到 EEC 运算单元的参数。

(2) 确认传感器的测量范围是否满足规范要求。

(3) 调整和确认接口增益,使得 A/D 前的电压范围有最好的分辨率。

(4) 测量从传感器到 A/D 采集段信号传输的传动比,检查零位输出和非线性度,并确定其增益值。

(5) 测定从传感器到 A/D 采集段信号传输的频率响应特性。

(6) 验证传感子系统故障检测和诊断能力。

7.4.3　基本原理

传感子系统综合试验的基本原理是将其组成模块相连,包括受感部接口(如引气管路)、传感器、电缆、信号采集硬件模块、信号软件处理模块等,通过物理效应设备为传感器建立模拟工作条件,从而在实验室内建立传感子系统等效运行条件,验证传感子系统功能性能的正确性、完整性。需要强调的是,用于子系统综合试验的电缆和信号采集、信号处理等模块,其技术状态应尽可能与发动机一致,以保证试验结果的有效性。

图 7.13 给出了压力测量回路的组成原理,分为引压管路、压力传感器、传输电缆、信号采集硬件模块及信号软件处理模块。

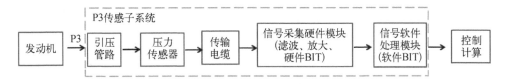

图 7.13　压力测量回路原理框图

综合试验应考虑以下内容。

(1) 传感器测量接口等效设计。

（2）传感效应的机理和指标参数（如温度传感器的环境气流速度和密度）。

（3）传输电缆及电连接器工艺（屏蔽、接地等）。

（4）信号采集硬件模块：采样范围、精度要求、滤波、硬件 BIT 设计等。

（5）信号软件处理模块：算法、表决方案、滤波方式、故障检测需求等。

7.4.4　试验设备

试验设备基本与各类传感器测试设备相同。

7.4.5　试验内容

不同类别传感子系统的典型试验项目见表 7.3。

表 7.3　传感子系统试验测试项目

子系统传感器	试 验 项 目
热电阻式温度传感子系统	静态测温范围试验
	静态测温精度试验
	动态响应试验
	动态（稳态）测温偏差试验
	动态（稳态）双通道一致性试验
	动态（阶跃态/过渡态）双通道一致性试验
	故障检测试验
热电偶式温度传感子系统	静态测温范围试验
	静态测温精度试验（含冷端补偿验证）
	动态响应试验
	动态（稳态）测温偏差试验
	动态（稳态）双通道一致性试验
	动态（阶跃态/过渡态）双通道一致性试验
	故障检测试验
转速传感子系统	测量范围试验
	测量精度试验
	故障检测试验

续　表

子系统传感器	试 验 项 目
喘振压力传感子系统	故障检测试验
	高低温动态特性试验
压力传感子系统	高低温测量精度试验
	动态响应试验
	故障检测试验

7.4.6　试验方法

1. 稳态性能测试

在传感器工作范围内,模拟传感子系统输入稳态条件,检查传感子系统的测量功能和性能。一般包括：

范围测试,验证在规定的测量边界内满足测量功能、精度要求；

性能测试,验证子系统各环节的转换系数、线性度、转换精度、温漂、时漂特性等满足指标要求。

2. 动态性能测试

在传感器工作范围内,模拟传感子系统输入动态条件,检查传感子系统的测量功能和性能。动态输入可采用阶跃、斜坡、正弦波等形式。

3. 回路 BIT 测试

传感子系统的测量电路一般都集成了测量回路 BIT 检测功能。为此通过设置传感器正常和模拟故障状态,可检查传感回路的 BIT 检测功能和检测阈值。

7.5　电气子系统综合试验

7.5.1　概述

电气子系统包括电源、电缆、继电器箱、点火装置等。电气子系统为数控系统提供电源,连接电子控制器与传感子系统、燃油与作动子系统的电气接口,并通过功率放大驱动发动机电气执行机构、点火装置等。发动机数控系统电气子系统十分复杂,其设计、制造工艺可能存在着潜藏的问题,通过开展电气子系统综合试验,可以提前暴露设计、制造缺陷以及子系统部件匹配的相关问题。

由飞机供电系统提供的一次电源,往往是以多余度方式向发动机控制系统提供电能,一般包括 28 V 直流、115 V 交流、270 V 直流等。系统在接受来自飞机的供电后,为了保证系统的使用,可能对多余度一次电源进行余度变换和滤波处理。电气子系统验证时,应考虑电源余度变换能力和滤波处理的品质。

电气子系统验证时,应在系统部件全部投入工作的条件下,检查电源的稳定性、精度、负载能力等指标,以及过载保护能力。

7.5.2　试验目的

验证电气子系统对于各类电源的处理性能、故障检测和切换能力、信号传输性能、电气驱动能力,确认电气子系统各部件匹配工作正常,不存在互相干扰和不兼容情况。

7.5.3　基本原理

电气子系统综合试验的基本原理是按照装机构型连接电气子系统各相关部件,通电并设置子系统部件的运行状态,以检查电气子系统的各项功能和性能是否满足要求。

7.5.4　试验设备

电气子系统综合试验设备包括程控电源、示波器、万用表、电缆自动测试仪等。程控电源用于模拟飞机的电源余度和工作特性;示波器和万用表用于测量电源和信号传输的品质;电缆自动测试仪用于在综合前和排故时对电缆完好性进行快速确认。

7.5.5　试验内容

电气子系统综合应合理规划,分清先后,不可"一拥而上",否则不仅出现问题不容易查找,也不利于首次通电的设备安全。

电缆综合前要检查接口与线路的正确性,包括导通、短路、断路状况、负载阻抗、恰当的接地与搭接,从而确保设备和人身安全。

电气子系统综合试验包括电源功能检查、信号完好性检查、负载特性检查等。

1. 电源功能检查

试验内容包括:

(1) 验证电源余度切换功能;

(2) 检查电源滤波性能,包括电源的纹波指标等;

(3) 验证电源防反接保护功能;

(4) 验证电源监测电路功能,包括过压、欠压报警等;

(5) 验证掉电保护电路功能。

2. 信号完好性检查

试验内容包括:

（1）验证所有电气信号均能通过电缆进行正常传输，信号品质满足规定要求；

（2）验证所有电气信号不存在互相干扰的情况。

3. 负载特性检查

试验内容包括：验证最大负荷条件下，电气子系统能够满足规定的传输和驱动能力。

7.6　控制系统综合验证试验

7.6.1　概述

在完成电子控制器硬件在回路仿真试验、燃油与伺服作动子系统综合试验、传感子系统综合试验、电气子系统综合试验等试验后，需要在系统综合验证环境中，将燃油与伺服作动成附件、部分传感器、电子控制器和控制软件进行集成，站在发动机操纵、使用和维护的角度对系统进行集成验证，并将其作为系统交付前的验收试验，保证系统满足装发动机进行试验、试飞的要求。

控制系统综合验证试验，是在控制系统装机前，在试验室环境内构建系统安装和工作条件，集成控制系统部件，与发动机数学模型构成闭环运行的仿真试验，试验中控制系统部件，如电子控制器、燃油与伺服作动部件、传感器等是真实的（物理的），发动机是虚拟的（数学模型），故又称为半物理模拟试验。国外相关文献一般称作闭环试验台试验（closed-loop bench test）或湿设备试验（wet rig test）。

20 世纪 70 年代以前，由于缺乏仿真验证手段，发动机控制系统的设计验证常常要在发动机试车和试飞中完成，很多控制系统的功能、逻辑在试验后要进行调整，这使得控制系统研制滞后于发动机。此外，一些功能，如全飞行包线内的故障模式和检测、故障运行/故障安全性能的验证难免带来试车试飞风险。

针对传统研制流程存在的问题，普惠公司提出采用仿真技术加速控制系统研制进程，并提出了仿真技术需要解决的问题：① 保证发动机数学模型及控制系统仿真模型的高置信度；② 在发动机研制的过程中始终按最新状态及时更新模型；③ 保证所有的仿真是匹配的。

在工程实践中，确保所有仿真模型的高置信度和及时更新还存在很大难度，因此集成控制系统实物部件的系统综合验证试验是控制系统研制过程中必不可少的重要环节。通过开展系统综合验证试验，可以实现控制系统和发动机的并行开发和验证，可以大大降低控制系统功能、性能调试的成本，可以完成在试车试飞中难以验证的故障处理、对象拉偏等高风险的科目验证。

由于系统综合验证试验的重要作用，国内外发动机研制标准中均对开展系统综合验证试验提出了明确要求。GJB 4053-2000《航空发动机数字电子控制系统通用规范》提出了在发动机试车前开展半物理模拟试验的规定，美军标对开展系统综合验证试验也提出了比较具体的说明。如美国 JSSG - 2007B 航空发动机设计规范对控制系统试验提出：

FADEC(包含燃油系统)应当在一个包含发动机实时动态模型的试验台上集成试验以证明对发动机的控制能力。要验证控制系统在包线范围内(地面、高空)从起动到最大加力状态范围内的功能和性能。如果可能,还应当通过飞机模拟器,验证发动机的控制模式和飞推综合控制模式。

2004 年发布的 MIL - STD - 3024《推进系统完整性大纲》,明确指出开展系统集成开发要采用半物理试验设备。并指出需要开展的几类试验,如控制系统开发、燃油系统集成、故障注入、故障检测和故障处理等。大纲中还指出系统综合验证试验的需求应该在初步设计评审(PDR)前就进行识别,并与各部件供应商达成一致,在研发过程中,应该使用系统试验的数据来不断更新部件模型。

7.6.2　试验目的

(1) 验证控制系统各部件联合工作的匹配性。

(2) 验证控制系统在全工作包线和全工作状态下的功能、性能符合性。

(3) 验证控制系统在模拟的工作效应和载荷下,其功能性能是否满足要求。

(4) 验证控制系统对故障的检出和适应特性,确认不会产生安全性问题。

(5) 对系统正常和异常运行条件下的性能进行测量,获取其微观性能数据,为控制和健康管理系统设计提供数据支持。

(6) 检查控制系统潜在的设计和制造缺陷,并及时迭代设计和制造基线。

7.6.3　试验原理

系统综合验证试验的基本组成包括发动机控制系统参试件、安装台架、物理效应设备、发动机模型、传感器模拟装置、操纵模拟装置等,原理见图 7.14。

控制系统参试部件按照其在发动机上的安装连接关系,安装在带物理效应设备的试验台架上,发动机模型采集控制系统的控制量(包括流量、变几何位移等参数)计算发动机当前状态值,电子控制器根据油门杆等操纵指令计算发动机控制的目标值,根据目标值和当前状态值的偏差计算燃油流量、变几何位置等控制量的给定,从而实现实体的发动机控制系统与虚拟的发动机数学模型构成闭环运行。

控制系统参试件:一般包括电子控制器、燃油泵、燃油计量装置、作动装置、传感器等。部分传感器(如温度传感器)由于集成真实传感器并施加真实物理效应较为困难,一般采用传感器模拟装置进行模拟。

安装台架:为参试的泵、燃油附件等提供与发动机接近的安装接口和支撑条件。

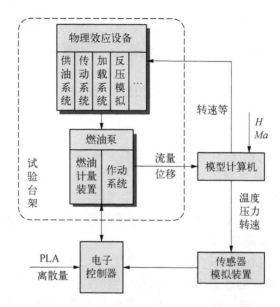

图 7.14　系统综合验证试验基本组成原理

物理效应设备：为发动机控制系统参试部件提供模拟发动机条件的工作环境,包括供油系统、传动系统、作动负载模拟系统、燃烧室压力模拟系统等。

发动机模型：用于运行发动机实时数学模型,根据采集到的控制系统的控制量(如流量、作动系统位移等)计算发动机输出状态。

传感器模拟装置：对于受条件制约不能参与试验的传感器,如温度、压力、振动等传感器,根据发动机模型运算的输出值采用信号模拟的方式为电子控制器提供模拟输入。

操纵模拟装置：模拟飞机对发动机的操作接口和人机界面,如油门杆、开关、信号灯、通信接口等。

7.6.4　试验设备

1. 干区设备

系统综合验证试验的干区设备具备电子控制器硬件在回路仿真设备的功能,相关组成可参见 7.2.4 节。同时干区设备具备接口切换功能,能够将电子控制器连接的传感器和执行机构仿真信号模型切换为真实部件,从而实现控制系统在回路的综合仿真试验。

2. 湿区设备

1)安装型架

湿区包含可以让控制系统部件及管路、电缆按照接近装机条件安装的型架,型架结构根据不同发动机构型专门设计。

关键部件和管路安装应尽可能接近发动机的管路形状、长度和安装方位,从而再现发动机上可能出现的液压脉动和流固耦合共振现象,为提前暴露系统性问题,复现外场故障创造有利条件。

型架可以考虑做成移动式,从而实现控制系统的离线集成与安装,减少对试验台的占用。

2)低压燃油系统

通常来说,飞机的低压燃油系统和发动机系统耦合作用较小,可以分开考虑。分界线一般为发动机低压燃油泵的进口处。在分界线上游采用试验台燃油系统管路和设备,而在分界线下游使用型架安装的发动机模拟管路系统。

低压燃油系统需考虑覆盖发动机燃油系统的进口压力和回油压力范围。

3)主燃烧室效应模拟

通常在系统综合试验中不会使用真实的发动机燃烧室总管及喷嘴,因此需要模拟发动机总管及喷嘴的节流效应,以及燃烧室的压力效应,这通常通过一个可调节阀门实现,通过改变阀门开度实现燃油系统工作压力与发动机的一致性。图7.15为燃烧室效应模拟装置原理图。

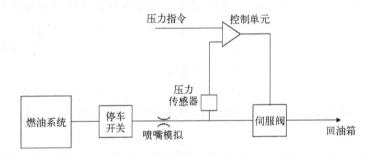

图 7.15 燃烧室效应模拟装置原理图

对于某些发动机,燃油总管容积对于起动填充过程有重要影响,需要模拟总管排空后首次起动的填充过程。

4)加力燃烧室效应模拟

加力燃烧室对于控制系统的典型效应包括:

(1)不开加力时加力燃油总管一般为排空状态,需要模拟燃油总管的填充过程;

(2)加力燃油经由燃烧室喷嘴后喷入涡轮后的燃气中,喷嘴后存在一定的背压;

(3)加力燃烧室喷油杆或喷油环暴露于高温燃气中,接通加力时,瞬时的蒸发和堵塞效应可能会产生燃油压力尖峰。

对于加力燃烧室,已有经验表明可以通过模拟不同总管的容积,并使用简单的节流嘴来模拟,而非使用加力燃烧室总管本身。不同的加力管路流量在模拟喷嘴后被收集起来并进入涡轮流量计,以测量加力总流量。而下游背压由简单的压力控制阀控制,设置值为涡轮后压力。对于加力填充时的燃油蒸发效应,应在燃烧室试验中进行验证或结合仿真进行分析。

5) 变几何作动模拟

为了真实再现变几何作动系统的工作条件,一般应使用真实作动筒、作动机构及真实位移传感器,并提供作动器、作动机构及位移传感器的等效安装条件以及负载模拟条件,保证作动筒及机构位移、传感器位移的传动关系与发动机一致。作动负载应能根据负载模型输出或载荷谱进行动态模拟。

当真实作动筒无法获得时也可使用当量作动筒,当量作动筒的容积和位移应与真实作动筒等效,以有效验证作动子系统的接口关系和性能指标。

6) 转速随动系统

需要为发动机控制系统的旋转试验件提供与发动机一致的转速,湿区设备包含能够跟随发动机模型转速变化的转速随动系统,传统认为转速随动系统响应速度越快越好,但也存在给试验件传动接口施加过应力的风险,因此随动系统变化速率不慢于发动机加减速速率即可。

转速随动系统一般还提供模拟发动机转速测量接口的测速音轮,用于安装电磁式转速传感器,测速音轮的材料、齿形应与发动机一致。

7.6.5　试验内容

1. 部件验收试验

重点是对参加系统综合试验的成附件的功能、性能进行验收,具体试验方法同子系统试验中的验收试验。部件验收试验可以在系统综合验证试验中开展,但从验证和测试完整性角度,建议在专门的试验器上进行,这取决于试验设备的能力和试验资源的安排。

如果相关试验在部件试验中已完成,在系统综合试验阶段可以不再专门进行,但需要在进入系统综合试验前,通过试验比对的方法对影响系统综合试验结果的部件验收结论进行确认。

2. 子系统试验

重点是对参加系统综合试验的各子系统的功能、性能进行验证和确认,具体试验方法同子系统试验。子系统试验可以在系统综合验证试验中开展,但从验证和测试完整性角度,建议在专门的试验器上进行,这取决于试验设备的能力和试验资源的安排。

如果在子系统试验中已做,在系统综合试验阶段可以不再专门进行,但需要在进入系统综合试验前,通过试验比对的方法对影响系统综合试验结果的子系统验收结论进行确认。

3. 系统功能和性能试验

控制系统综合验证的一个主要特征是将控制系统"安装"到发动机数学模型这一模拟的被控对象中,从发动机操纵和使用维护的角度对控制系统的正确性和符合性进行验证和确认,因此模型的准确程度将直接影响对控制系统综合验证结果的有效性评估。

在发动机研制早期,用于构建发动机数学模型的部件特性数据一般来源于发动机设计仿真结果,与后续真实部件的试验特性、整机试验特性往往存在一定的差异,加上发动机建模中对于传热、容腔等效应模拟的简化,使得用于系统综合验证的发动机数学模型与真正的发动机实物在特性上往往存在较大的差异。

因此,控制系统综合验证,尤其是代入发动机模型的闭环功能和性能验证,更多的是验证控制系统本身的匹配性、控制功能的正确性和控制性能符合性。与发动机特性紧密相关的性能验证只能作为参考,例如起动性能(时间)、加减速性能(时间、超调量)、加力接通断开性能(接通时间、断开时间,加力时间)、消喘防喘性能等,在发动机研制早期作为考核指标意义不大。

随着发动机研制的深入,通过不断积累部件试验特性数据和发动机整机试验数据,并对发动机数学模型不断迭代优化,提高发动机数学模型精度,在控制系统综合验证中考核上述指标将变得更有意义,也能够进一步提高控制系统综合验证的有效性。

本小节将重点介绍控制系统本身的功能和性能试验。

1) 起动试验

起动试验主要检查起动条件判断是否正确,是否能容错,检查各开关量输出逻辑和时序是否正确。同时,检测各种起动的起动供油规律是否满足要求,起动供油特性的调整范围。如果是闭环起动要检测闭环起动的跟随性能,通过拉偏模型,检查闭环起动的适应范围。

起动试验一般包括:地面油封启封模拟试验、冷运转模拟试验、假起动模拟试验、地面起动模拟试验、起动终止模拟试验。

起动试验重点关注以下内容:

(1) 起动过程中控制系统各控制逻辑的正确性;

(2) 燃油总管容腔效应对起动燃油充填时间的影响;

(3) 起动过程的供油逻辑和计量精度、燃油总管的压力建立是否符合要求;

(4) 起动过程燃油分配装置的切换时机和分配流量是否满足要求;

(5) 起动过程的各种保护逻辑的正确性。

2) 稳态控制试验

稳态控制试验主要验证全飞行包线内,各控制回路的稳定性、控制精度和小阶跃响应性能,试验项目包括:主系统稳态试验、加力系统稳态试验、典型飞行点稳态试验。

稳态试验重点关注以下内容：

（1）各稳态控制和限制参数控制精度及摆动量；

（2）稳态控制条件下主燃油、加力燃油的控制性能；

（3）风扇导叶角度、压气机导叶角度、喷口面积、矢量喷口偏转角度等变几何控制量的控制性能；

（4）主燃油、加力燃油供油精度。

3）过渡态控制试验

验证系统的加减速性能，包括检测加速时间、减速时间、超调量是否满足技术指标要求，检查加减速供油线是否符合调节计划，如果是闭环加减速，则要检测对加速度的跟随性能。

过渡态控制试验包括：加减速试验、遭遇加减速试验。

过渡态控制试验重点关注以下内容：

（1）加减速时间、超调量；

（2）动态过程中燃油的跟随精度；

（3）动态过程中风扇导叶角度、压气机导叶角度、喷口面积、矢量喷口偏转角度等变几何控制量的跟随控制性能；

（4）各控制回路切换过程的稳定性；

（5）发动机状态快速切换条件下主系统、加力系统的相互耦合影响。

4）加力接通及退出试验

验证加力接通和断开过程中的控制逻辑和控制性能，包括加力接通判断逻辑、加力点火逻辑、加力点火判断逻辑、预开喷口面积逻辑、加力泵打开及加力供油逻辑等，检测加力接通过程中压比、转速、温度等被控变量的波动量是否满足技术指标要求，检测是否能平稳过渡到加力闭环稳态控制。加力断开试验检测加力切断判断逻辑、加力燃油及加力泵切断逻辑、喷口面积收小逻辑等的正确性，检测在加力切断过程中压比、转速、温度等被控变量的波动量是否满足技术指标要求。

加力接通及退出试验包括：加力接通试验、正常退出加力试验、应急切加力试验。

加力接通及退出试验重点关注以下内容：

（1）加力接通过程的加力燃油总管充填时序及充填时间；

（2）加力燃油供给的正确性，加力供油和喷口面积控制的匹配性；

（3）加力正常退出和应急退出中加力燃油切断逻辑的正确性；

（4）加力接通和退出过程中转速、压比等被控变量的波动量。

5）防喘/消喘试验

检测防喘判断逻辑、防喘控制逻辑和控制性能、防喘退出逻辑等的正确性。检测喘振信号检测和判断逻辑是否正确,是否存在误判和漏判,检测到喘振时消喘控制逻辑和控制性能是否正确,当喘振消失时退出逻辑和恢复到正常控制过程是否正确等。

防喘/消喘试验包括:防喘控制试验、消喘控制试验。

防喘/消喘试验重点关注以下内容:

(1)喘振信号采集、处理有效性;

(2)防喘/消喘切油逻辑和切油深度是否符合要求;

(3)防喘/消喘终止后恢复供油过程中的燃油供油量、变几何变量的控制性能;

(4)防喘/消喘切油及恢复供油过程与燃油控制规律的相互耦合影响。

6)矢量喷管控制试验

验证矢量喷管的控制能力、控制品质和失效安全性。

矢量喷管控制试验包括:矢量偏转控制试验、矢量回中复位控制试验、矢量应急回中试验。

矢量喷管控制试验重点关注以下内容:

(1)负载条件下的矢量作动控制性能;

(2)负载条件下的矢量作动失效安全性;

(3)矢量喷管与发动机控制耦合作用的性能与失效安全性。

7)停车试验

验证停车控制的功能和性能,重点关注以下内容:

(1)停车控制过程的逻辑正确性;

(2)停车控制中燃油和变几何控制量的控制性能;

(3)停车后计量活门关闭性能。

8)外场使用维护试验

验证控制系统使用维护接口、功能的正确性,使用维护的操作便利性,操作容错能力,验证维护性指标(如维护时间、规定时间维修度等)是否满足设计。

外场使用维护试验包括:传感器标定试验,通信配置及调试试验,FLASH 可调整参数读写试验,大容量历史数据的存储、导出和分析试验,实时/离线健康管理与监控试验,LRU 装卸及调整维护性验证试验。

外场使用维护试验重点关注以下内容:

(1)外场使用维护功能、接口设计的正确性、合理性;

(2)外场使用维护操作的便利性,对人员操作的容错能力。

4. 鲁棒性试验

控制系统鲁棒性是指系统在不确定性的扰动下,具有保持某种性能不变的能力,鲁棒性试验是对控制系统进行容错性的检测,检测系统出现异常输入和苛刻环境条件下能否保持正常工作。

1）控制稳定裕度试验

稳定裕度试验用于对数控系统的控制稳定性进行评价。通常通过改变发动机模型特性试验对控制稳定性进行定性评价；通过频率特性试验对稳定裕度进行定量评估。

进行改变发动机模型特性试验时，一般可通过修改发动机模型高、低压转子的转动惯量，验证被控对象发生变化时，N_1、N_2 回路控制性能及稳定性。通过修改风扇、压气机和涡轮的流量、效率特性，验证发动机建模误差和不同台套发动机部件特性存在差异时，同一组控制参数的鲁棒性及发动机控制稳定性。

频率特性试验主要针对主燃油控制回路及喷口控制回路，用于定量评估相关控制回路的稳定裕度。主燃油伺服回路需要在慢车、节流状态、中间状态、小加力状态、部分加力状态、全加力状态进行频率特性试验；喷口伺服回路仅需在中间及以上状态进行频率特性试验。工况点通常应至少包括地面点及飞行包线内每个高度对应的左、右边界。

2）边界特性试验

验证控制系统在各种边界和组合边界条件下，系统保持功能正常的能力。

边界特性通常包括供油压力低边界、进口燃油压力摆动、管路内部充气、飞行边界控制稳定性、电源工作边界、加力接通边界、空中起动边界、低温起动等相关验证。

低温起动试验。低温环境下燃油黏度会发生较大变化，对燃油计量产生一定影响，造成发动机起动困难。为了验证低温环境对数控系统供油特性及发动机起动过程的影响，需要进行低温起动试验，包括燃油介质低温及环境低温试验。试验时燃油介质及环境温度应具备较广的调节范围和较高的调节精度。重点关注不同温度下数控系统的供油特性，主要包括计量活门工作特性和燃油计量精度，并比较其与常温时的差异。

极限燃油压力试验。为了验证在飞机燃油泵失效、发动机燃油系统进口低压力情况下数控系统的工作能力，需进行燃油系统进口极限低压试验，摸索数控系统能正常工作的燃油极限最小压力。在试验时，需关闭试验器的增压装置，选择飞行包线内的低空、大马赫数工况，使数控系统闭环运行于全加力状态，检查燃油系统的自吸能力是否能满足发动机正常工作要求。

燃油压力脉动试验。为了验证燃油系统进口压力脉动对数控系统正常工作的影响，需进行进口燃油压力脉动试验。试验时，需程控试验器的增压装置，使其输出不同频率、幅值、波形的燃油压力。数控系统应运行于全加力状态，检查燃油系统各压力、流量参数，检查燃油脉动对各燃油泵供油特性、压力等的影响及对计量精度的影响。

管路充气试验。为了验证数控系统对燃油管路中空气的耐受性，需进行燃油管路充气试验。在试验件拆装完成后，排空燃油系统管路内的燃油后再将管路复装。进行地面起动、稳态、加减速试验，使数控系统分别工作于慢车、节流、中间及加力状态。检查管路内空气对燃油系统的影响。

极限电压特性试验。为了验证不同电源电压对电子控制器的影响，需进行极限电压特性试验。主要包括电源过压、欠压试验。进行电源欠压试验时，应使数控系统工作于全加力状态，并且需进行某些外部条件设置，使各开关量（如各伺服回路的通断电磁阀、转换电磁阀等）均处于输出状态。检查极限负载状态，在欠压情况下，电源是否能满足电子控制器功率输出要求。在进行电源过压试验时，需根据电子控制器的设计文件，谨慎设置供电电源电压，防止损坏电子控制器。

飞行包线边界控制稳定性检查试验。为了全飞行包线内控制系统各项功能、性能指标，需进行包线边界控制稳定性检查试验，包括沿边界仿真试验和超边界仿真试验。沿边界仿真试验是沿飞行包线，设置发动机不同状态（含慢车、节流、中间、小加力、中间加力、全加力），验证数控系统在理论上的最恶劣工况下的工作能力及控制稳定性。超边界试验的前提是发动机模型支持包线外运算，试验时在飞行包线外的某个范围内验证发动机不同状态的控制情况，数控系统应能保证控制稳定。

空中起动边界验证试验。发动机在空中停车后处于风车状态，燃烧室压力、温度均较低，空气流速较快，点火起动存在一定困难。通常，燃气涡轮发动机只能在空中起动包线范围内实现空中起动。通过进行补氧，提高空中起动成功率。为了验证空中起动包线内，数控系统的控制逻辑的正确性及供油准确性，需进行空中起动边界验证试验。进行此项试验需要发动机模型具备一定的精度，可以较准确地模拟发动机熄火、空中起动过程。试验时，除了设置发动机模型工况，在条件允许时，还应当通过低温设备设置燃油温度及燃油与作动子系统部件环境温度，模拟高空实际环境。试验时，应当分别验证补氧及不补氧的情况，验证空中起动过程中数控系统控制逻辑。由于发动机模型数学较难精确模拟发动机的空中起动特性，因此一般情况下，空中起动边界验证试验重点关注在此工况下的燃油供油精度、供油规律、控制逻辑输出是否和设计相符。

加力接通边界验证试验。在高空小表速时，加力点火及稳定燃烧存在困难。同样，高空小表速时，主燃油流量偏少，主燃油泵后燃油压力低，可能会对加力供油及喷口控制产生一定影响。为了验证在加力接通边界数控系统的工作能力，有必要进行加力接通边界验证试验。为了更好地模拟发动机真实工作情况，发动机模型应能够较准确地模拟加力熄火、加力点火失败、加力点火成功后应能给出相应标识。试验时，选择加力接通包线边界点，反复验证数控系统进入小加力、部分加力、全加力时,加力供油情况和喷口控制情况,查看发动机模型是否能够进入加力状态。除此之外,还应当在微调喷口控制规律后进行加力接通验证,检查其对涡轮落压比、加力接通性能的影响,验证喷口控制与加力供油规律之间的匹配性,以进一步优化设计。由于用发动机模型数学较难精确模拟发动机加力接通特性,因此一般情况下,加力接通边界验证试验重点关注在此工况下的加力供油能力、供油压力、供油精度、供油规律、控制逻辑输出是否和设计相符。

5. 安全性试验

安全性试验验证当系统发生故障时,系统不会快速降级或产生安全性风险。系统安全性设计要求系统能够按照故障-正常、故障-降级、故障-安全的分级策略处置故障。一般故障情况下系统仍能正常工作,重要故障情况下系统仍能降级工作,关键故障情况下系统能够保证飞行安全。安全性试验用于验证控制系统对各种故障模式的检测、诊断、处置及容错控制能力,是控制系统综合验证的重要内容,验证必须尽可能完整覆盖各种故障模式。但由于控制系统复杂、故障源多、故障模式及其组合种类非常多,完整开展全部故障模式试验成本和周期非常高,也不现实。因此故障模拟也往往采用分级验证的策略,尽量在 HIL 中完成大部分的故障模拟试验,系统综合验证中的安全性试验重点关注系统完整综合条件下,异常输入和故障在系统内的漫延机制及其对用户系统安全性的影响。一般包括开环余度管理特性试验、系统余度管理特性试验、系统失效安全特性试验。

1）开环余度管理特性试验

检查余度管理算法的正确性,以及所设定的监控参量值同实际物理系统的相符性。

开环余度管理特性检查试验包括: BIT 阈值确认试验、信号极值故障检测试验、信号斜率故障检测试验、信号表决、故障恢复检查。

开环余度管理特性检查试验重点关注以下内容:

(1) 确认 BIT 阈值,各类模拟量开入开出的断路、短路 BIT 阈值;

(2) 确认伺服回路的模型判故阈值。

2）系统余度管理特性试验

验证闭环条件下系统余度管理策略,故障检测、故障隔离的瞬态响应及余度管理效果对系统的影响。

系统余度管理性能试验包括油门杆余度管理性能试验、压力信号余度管理性能试验、温度信号余度管理性能试验、转速信号余度管理性能试验、伺服控制回路余度管理性能试验、通信余度管理性能试验、通道余度管理性能试验等。典型试验科目见表 7.4,除表中所列的故障模式,一般还要考虑验证信号异常但未失效条件下的故障模式及其影响,以判断 BIT 阈值设置的合理性和安全性。

表 7.4 系统余度管理性能试验

系统余度管理	油门杆余度管理	单通道油门杆故障-性能影响试验
	压力信号余度管理	单通道 P_0 断线故障-性能影响试验
		单通道 P_0 短路故障-性能影响试验
		单通道 P_2 断线故障-性能影响试验
		单通道 P_2 短路故障-性能影响试验
		单通道 P_3 断线故障-性能影响试验
		单通道 P_3 短路故障-性能影响试验
		单通道 P_6 断线故障-性能影响试验
		单通道 P_6 短路故障-性能影响试验
	温度信号余度管理	单通道 T_0 断线故障-性能影响试验
		单通道 T_0 短路故障-性能影响试验
		单通道 T_2 断线故障-性能影响试验
		单通道 T_2 短路故障-性能影响试验
		单通道 T_{25} 断线故障-性能影响试验
		单通道 T_{25} 短路故障-性能影响试验
		单通道 T_3 断线故障-性能影响试验
		单通道 T_3 短路故障-性能影响试验
		单通道 T_6 断线故障-性能影响试验
		单通道 T_6 短路故障-性能影响试验
	转速信号余度管理	单通道 N_1 断线故障模拟试验
		单通道 N_1 短路故障模拟试验
		单通道 N_2 断线故障模拟试验
		单通道 N_2 短路故障模拟试验
	伺服控制回路余度管理	单通道电液伺服阀断线故障模拟试验
		单通道电液伺服阀短路故障模拟试验
		单通道 LVDT 断线故障模拟试验
		单通道 LVDT 短路故障模拟试验

续　表

系统余度管理	通信余度管理	单通道飞控通信短时失效试验
		单通道飞控通信长时失效试验
		通道间主 CCDL 通信失效试验
	通道余度管理	单通道复位试验

系统余度管理性能试验重点关注以下内容：

（1）BIT 阈值边界的异常条件下，对发动机控制功能性能的影响；

（2）伺服回路切换对伺服回路控制性能及发动机控制性能的影响；

（3）通道切换对发动机控制性能的影响。

3）系统失效安全特性试验

失效安全特性试验验证功能余度完全丧失时，是否会对发动机安全性产生影响。

例如传感子系统中的油门杆失效，压力、温度、转速传感器失效等；又如加力涡扇发动机的燃油子系统，应模拟燃油泵故障下系统响应是否符合预期。如在加力状态模拟加力燃油泵故障，验证加力泵故障对发动机燃气涡轮发生器的影响，系统能否退出加力，退出加力时与发动机喉道面积控制的匹配性。在非加力状态，模拟加力燃油泵故障，验证接通加力对主系统的影响。对于带喉道面积控制的发动机来说，验证伺服燃油泵故障对发动机安全性的影响。典型试验科目见表 7.5。

表 7.5　系统失效安全特性试验

系统失效安全特性试验	油门杆失效	油门杆失效试验
		油门杆特性偏离试验
	压力信号失效	双通道 P_0（通信值）故障模拟试验
		双通道 P_0（通信值）、P_0（计算值）均故障模拟试验
		双通道 H、P_0（通信值）均故障（2 s 内）模拟试验
		双通道 H、P_0（通信值）均故障（超过 2 s）模拟试验
		双通道 P_0（通信值）偏置模拟试验
		双通道 P_2 断线故障模拟试验
		双通道 P_2 短路故障模拟试验
		双通道 P_2 偏置模拟试验

续　表

系统失效安全特性试验	压力信号失效	双通道 P_3 断线故障模拟试验
		双通道 P_3 短路故障模拟试验
		双通道 P_3 偏置模拟试验
		双通道 P_6 断线故障模拟试验
		双通道 P_6 短路故障模拟试验
		双通道 P_6 偏置模拟试验
	温度信号失效	双通道 T_2 断线故障模拟试验
		双通道 T_2 短路故障模拟试验
		双通道 T_2 偏置模拟试验
		双通道 T_{25} 断线故障模拟试验
		双通道 T_{25} 短路故障模拟试验
		双通道 T_{25} 偏置模拟试验
		双通道 T_3 断线故障模拟试验
		双通道 T_3 短路故障模拟试验
		双通道 T_3 偏置模拟试验
		双通道 T_6 断线故障模拟试验
		双通道 T_6 短路故障模拟试验
		双通道 T_6 偏置模拟试验
	转速信号失效	双通道 N_1 断线故障模拟试验
		双通道 N_1 短路故障模拟试验
		N_1 转速信号特性偏离试验
		双通道 N_2 断线故障模拟试验
		双通道 N_2 短路故障模拟试验
		N_2 转速信号特性偏离试验
	信号组合失效	N_1、N_2 失效故障模拟试验
		N_1、N_2、T_6 失效故障模拟试验
		N_1、N_2、T_6、P_3 失效故障模拟试验
		P_3、P_6 失效故障模拟试验

续　表

	伺服控制回路失效	伺服控制回路故障试验
系统失效安全特性试验	发动机控制回路失效	高低压转子转差故障模拟试验
		压比控制回路故障模拟试验
	燃油泵失效	伺服泵故障模拟试验
	飞控通信失效	飞控通信失效试验
	通道间通信失效	主 CCDL 通信失效试验
		主备 CCDL 通信失效试验
	通道间通信失效下的组合故障	主备 CCDL 通信失效后主控通道信号故障试验
		主备 CCDL 通信失效后备份通道信号故障试验
		主控通道信号故障时主备 CCDL 通信失效试验

7.7　控制系统集成交付试验

7.7.1　概述

对于新研的控制系统,一般应开展全面深入的验证,即控制系统综合验证试验后,方可交付客户进行发动机试验验证。对于同一技术状态控制系统的后续产品,由于其软硬件技术状态基本一致,一般可进行裁剪,开展必要的涉及产品技术状态的系统验证后即可交付。系统承研方应根据发动机提出的控制系统研制任务书或技术要求,编制系统集成交付试验大纲,经发动机客户确认后,根据大纲开展交付试验。

7.7.2　试验目的

系统集成交付试验的目的是通过集成匹配试验,确认系统满足用户规定的功能性能要求,并作为交付客户的确认依据。

7.7.3　试验原理

系统集成交付试验的原理同系统综合验证试验,出于成本和风险的考虑,系统集成交付试验的设备构型相比系统综合验证试验会有所简化,以兼顾效率和安全。

7.7.4　试验设备

系统集成交付试验的设备基于系统综合验证试验设备进行简化。当有足够的证据证明部件性能的一致性时,一些物理效应模拟设备可以简化或取消。

7.7.5　试验内容

交付试验项目是分析新系统匹配对发动机功能和性能影响后,对 7.6.5 进行裁剪得到,重点是从客户的角度确认控制系统的功能和性能。

7.8　控制系统电磁兼容性试验

7.8.1　概述

电磁兼容性是指系统或设备在共同的电磁环境下能一起执行各自功能的共存状态。系统电磁兼容性试验主要解决两个方面的问题:首先确认系统在预定的电磁环境中能否按照规定的安全裕度实现各自的功能,且不会因为电磁干扰出现损伤或功能降级;其次验证系统在预定的电磁环境中正常工作,不会给其他系统或设备带来不可接受的电磁干扰。控制系统电磁兼容性试验主要用于验证发动机控制系统在全生命周期内,在配装发动机、飞机后可能遭遇的各种电磁环境作用下,能实现其预定控制功能或性能不降级。根据当前发动机控制系统应用场域电磁环境情况,发动机控制系统电磁兼容性试验一般包括系统级电磁兼容性试验、系统雷电间接效应试验、系统高强度辐射场试验、特殊电磁环境的系统高空核电磁脉冲试验以及系统高功率微波试验等。系统电磁兼容性试验应在反映电磁兼容整体水平的典型系统上进行验证,包括电子控制器、控制软件、燃油泵-调节器、传感器、作动机构、交流发电机、起动部件、点火装置、电缆等,系统通过数学模型计算工作在典型的工作剖面下实现系统功能的电磁兼容性,试验情况见图 7.16。

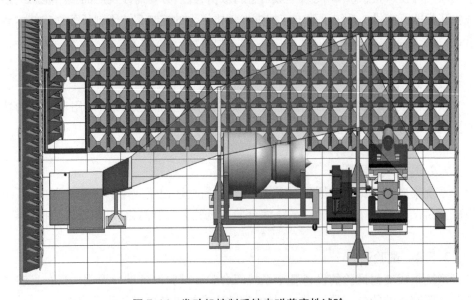

图 7.16　发动机控制系统电磁兼容性试验

7.8.2　试验目的

系统电磁兼容性试验的主要目的是通过在暗室、屏蔽室、混响室、有界波模拟器等环境下模拟系统典型工作状态,根据 GJB 151B‐2013、RTCA/DO‐160、GJB 8848‐2016 等标准验证发动机控制系统对电磁干扰、高强度辐射场、雷电间接效应、高空核电磁脉冲、高功率微波等环境的系统级电磁兼容性,实现以下目的:

(1) 验证系统电磁发射特性、电磁敏感度特性;

(2) 获得电磁环境下系统实时响应数据;

(3) 获得系统敏感阈值及可能出现的失效状态的敏感阈值;

(4) 查找系统敏感部件是否存在薄弱环节,如存在薄弱环节,为后续改进指明方向。

发动机控制系统在进行系统电磁兼容性试验时,一般应满足以下要求:

(1) 系统部件不可产生永久性的损坏;

(2) 系统不能出现可能导致飞行员或机组人员采取不恰当和危险行动的错误指示;

(3) 在试验过程及恢复后,系统控制不能出现不可接受的推力和功率变化(FAA 在 AC33.28 中将"没有影响"定义为"功率或推力变化不大于±2%,且持续时间少于 1 s");

(4) 系统不能出现通道切换或复位到备份系统,除非可以证明两个通道不会受到共模故障影响(即通道间具有非相似的架构);

(5) 系统不能异常触发超转或复位电路;

(6) 涡桨类控制系统没有异常的螺旋桨控制操作。

7.8.3　基本原理

发动机控制系统电磁兼容性试验在暗室、屏蔽室、混响室、有界波模拟器等环境下进行,在试验有效区域内放置参试试验件,试验互联电缆需要经过屏蔽或一定的隔离处理接到监测系统上,使模型计算机、调试计算机与试验区域的被测发动机控制系统连接。

试验区域外搭建发动机模型(包括电机及传动系统和模型计算机)、供油系统(油箱及油路管路连接)、气源系统(气源及气管)以及数控系统监测系统(监视计算机、发动机控制面板,测试系统用的稳压电源)。试验系统的组成及原理如图 7.17 所示。

发动机控制系统电磁兼容性试验前,通过数字电子控制器(EEC)A、B 通道监视计算机,将控制程序下载到数字电子控制器(EEC)中,做好试验准备。

通过操作油门台和显示操纵盒上的状态设置开关后,按下起动按钮,数字电子控制器根据收到的起动信号,输出起动机控制信号给发动机数学模型,数学模型收

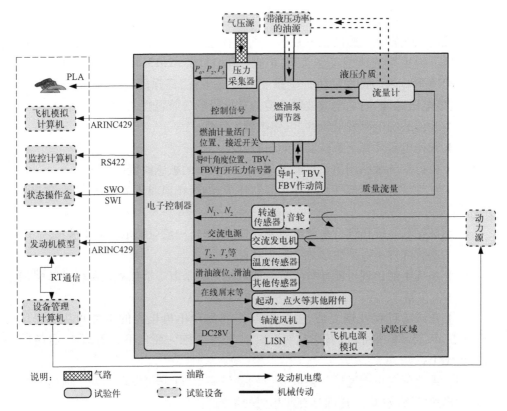

说明： ▨气路　──油路　──→发动机电缆
　　　▢试验件　┄┄试验设备　──机械传动

图 7.17　系统电磁兼容试验原理示意图

到起动信号后进行开环起动,按照起动模型,模型将计算出的 N_1、N_2 转速和各截面压力、温度参数等通过通信方式(1394B、ARINC429、RS422 等)发送给 EEC,EEC 同时采集真实传感器的转速信号、常温信号和定压信号,并处理解析出电磁环境下带来的干扰量,干扰量再与通过通信方式收到模型发送的各参数叠加,作为系统计算控制用参数,根据发动机转速和控制系统状态,计算出燃油流量、导叶角度等控制量,控制燃油泵-调节器、导叶调节器的相应液压伺服机构,并将控制结果通过通信方式发送给发动机数学模型,作为发动机数学模型计算用的输入参数。

模型开环起动到慢车转入闭环计算后。系统起动到慢车后,按照试验要求剖面控制进行试验,获取发动机控制系统电磁兼容性数据。

7.8.4　试验设备

1. 系统电磁干扰试验设备

系统电磁干扰试验设备主要由半电波暗室、电磁兼容性测试设备、发动机控制系统闭环运行模拟设备组成。半电波暗室见图 7.18,主要组成结构为屏蔽室和吸波材料。屏蔽室由屏蔽壳体、屏蔽门、通风波导窗及各类电源滤波器等组成。根据用户要求,屏蔽壳体采用焊接式或拼装式结构均可。吸波材料由工作频率范围在 30 MHz~1 000 MHz 的单层铁氧体片,以及锥形含碳海绵吸波材料构成,锥形含碳海绵吸波材料是由聚氨酯泡沫塑料在碳胶溶液中渗透而成,具有较好的阻燃特性。

图 7.18　半电波暗室

电磁干扰测试设备主要包括:电磁发射测量仪器,如 EMI 测量接收机、示波器、频谱分析仪等;电磁敏感度测量仪器,如模拟干扰源、功率放大器、大功率定向耦合器、敏感度测量单元等;测量天线,如电场天线、磁场天线;电流探头;电源阻抗稳定网络;等等。

发动机控制系统闭环运行模拟设备主要包括发动机控制系统运转所需要的电传设备、供油设备、气压模拟设备以及设备管理系统,这些设备需要进行良好的电磁防护以免其本身产生的电磁发射影响系统的测试结果。

2. 系统雷电间接效应试验设备

发动机控制系统雷电间接效应试验设备一般由接地平板、线性阻抗稳定网络、监测和注入探头、雷电间接效应发生器、示波器、发动机控制系统闭环运行模拟设备等组成。一般情况下系统雷电间接效应试验中接地平板、发动机控制系统闭环运行模拟设备可以借用发动机控制系统电磁干扰试验环境来实现。雷电间接效应发生器一般是满足 RTCA/DO-160.22 或 HB 6167.24 所要求的电压、电流波形的合成设备,见图 7.19。

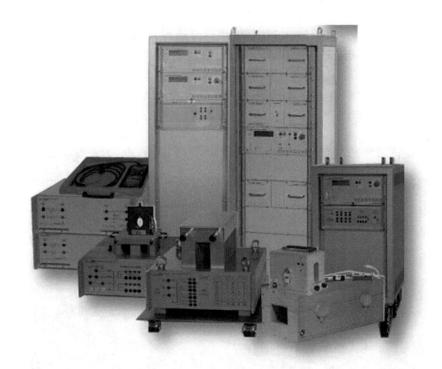

图 7.19   雷电间接效应发生器

3. 系统高强度辐射场试验设备

发动机控制系统高强度辐射场试验一般在混响室中进行,设备主要包括混响室、天线、发动机控制系统闭环运行模拟设备等。混响室通常是装有机械调谐器/搅拌器以改变内部电磁场结构分布的屏蔽室,其基本结构原理和现场分别见图 7.20、图 7.21。混响室是根据矩形金属谐振腔特性,利用其高 Q 值、多模态的性质,在一个较大的金属壳体内获得具有统计规律上的均匀场,并用该场等效实际环境来验证系统抗强电磁辐射能力。使用混响室测试时需要注意最低谐振频率的使用,低于最低谐振频率时,在混响室内无法振荡,在混响室内只能产生一种模态的场分布,分布很不均匀,不能满足系统测试要求。一般混响室的最低使用频率应选在可产生 60~100 个模以上的频率,这个频率一般在最低谐振频率的 3 倍以上。按照 RTCA/DO-160.20 的要求,混响室的最低可用频率取决于混响室内的场均匀特性。混响室的谐振频率一般按照下述公式计算:

$$f = 150\sqrt{\left(\frac{m}{a}\right)^2 + \left(\frac{n}{b}\right)^2 + \left(\frac{p}{l}\right)^2}$$

其中,a、b、l 为混响室腔体尺寸,m;m、n、p 为电磁场的模,取值为 0、1、3,任意两个不能同时为零;f 为谐振频率,MHz。

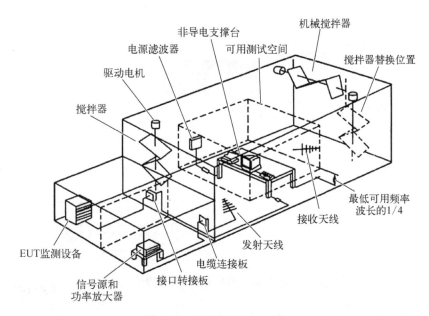

图 7.20　混响室的基本结构

图 7.21　混响室

4. 系统高空核电磁试验设备

系统高空核电磁试验设备一般主要由有界波模拟器、发动机控制系统闭环运行模拟设备组成。有界波模拟器又称平行板 TEM 室,一般是由高压脉冲发生器、传输线和终端负载组成的横向电磁波发生器,用于模拟高空核爆炸产生的瞬态电磁脉冲场。一般模拟场有两种极化方式,一种是水平极化,另一种是垂直极化。当前发动机控制系统试验多采用垂直极化,如图 7.22 所示。

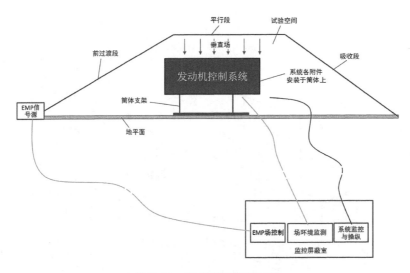

图 7.22 有界波模拟器原理

5. 系统高功率微波试验设备

系统高功率微波试验设备主要包括高功率微波信号模拟器(一般包括窄带 L 波段、窄带 S 波段、窄带 C 波段、窄带 X 波段、超宽带等微波源)、发射天线、接收天线、衰减器、示波器或峰值功率计、发动机控制系统闭环运行模拟设备等。高功率微波源用于模拟定向能微波武器的电磁毁伤效应,功率密度 $1\sim100$ W/cm^2 甚至更高,以及一定的脉冲重复频率以验证发动机控制系统对高功率微波的防护特性,见图 7.23。

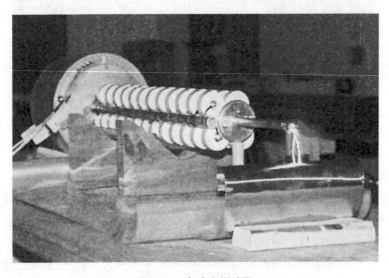

图 7.23 高功率微波源

7.8.5 试验内容

1. 系统电磁干扰试验

系统电磁干扰试验一般根据 GJB 151B - 2013 进行下列项目的试验：

（1）CE101：25 Hz~10 kHz 电源线传导发射。

（2）CE102：10 kHz~10 MHz 电源线传导发射。

（3）CE107：电源线尖峰信号（时域）传导发射。

（4）RE101：25 Hz~100 kHz 磁场辐射发射。

（5）RE102：2 MHz~18 GHz 电场辐射发射。

（6）CS101：25 Hz~150 kHz 电源线传导敏感度。

（7）CS102：25 Hz~50 kHz 地线传导敏感度。

（8）CS106：电源线尖峰信号传导敏感度。

（9）CS114：4 kHz~400 MHz 电缆束注入传导敏感度。

（10）CS115：电缆束注入脉冲激励传导敏感度。

（11）CS116：10 kHz~100 MHz 电缆和电源线阻尼正弦传导敏感度。

（12）RS101：25 Hz~100 kHz 磁场辐射敏感度测试。

（13）RS103：10 kHz~18 GHz 电场辐射敏感度测试。

在系统电磁干扰试验中，发动机控制系统进行闭环运行，模拟适当的飞行条件。工作状态、控制输出、反馈输入均需要模拟试验剖面上的发动机闭环控制。通过传动设备对转速传感器、交流发电机进行驱动，对燃油泵调节器等采用代用燃油进行真实供油，管路等尽可能与发动机上安装一致；对压力传感器采用气源设备进行真实供气；并采用模型计算机运行发动机实时数学模型、显示软件与监视计算机的通信软件，通过与电子控制器的通信，采集 AD 数据，完成发动机数学模型运算并通过 DA 输出控制信号；采用调试计算机完成控制软件的下载、调试和运行。电磁干扰试验中控制软件一般还需要进行修改，以满足系统的闭环工作要求以及干扰量采集运算的目的，但需要注意的是，控制软件修改中不能改变控制软件中对电磁干扰防护的相关代码功能。

通过系统电磁干扰试验中 CE101、CE102、CE107、RE101、RE102 项目可以获得系统电磁发射情况，应满足 GJB 151B - 2013 中对电磁发射的限值要求，CS101、CS102、CS106、CS114、CS115、CS116、RS101、RS103 等项目可以获得系统电磁敏感度情况，系统关键控制参数（如 N_1、N_2、T_5、P_3、Lm、PLA、T_1、Alpha2 等）应满足波动量限制要求，同时在电磁敏感度试验中还应该监视系统故障的变化情况。

2. 系统雷电间接效应试验

发动机控制系统雷电间接效应试验主要根据 RTCA DO - 160G.22 章或 HB 6167.24 进行，系统试验主要开展电缆束感应试验、单冲击、多冲击、多脉冲群等试验项目，试验中系统的运行方式与系统电磁干扰试验类似，需要注意的是，在进行电缆束感应注入时,应该先对系统单通道线缆逐一注入,然后再双通道同时注入,检查系统雷电防护能力。系统雷电间接效应试验中系统运行的辅助设备、通信板卡应具有防雷电能力,以免在试验中被损伤。

3. 系统高强度辐射场试验

发动机控制系统高强度辐射场试验主要根据 RTCA/DO‐160G. 20 章或 HB 6167.22 中替代法‐混响室方法进行,试验主要包括连续波(CW)、方波(SW)调制、脉冲调制(PM)等内容,在正式系统 HIRF 试验前需要对混响室进行混响室归一化场强测试获取混响室性能参数,如时间常数、最大加载系数、搅拌器转速等。混响室时间常数用于确定施加的脉冲信号宽度,仅用于 PM 测试。施加的脉冲信号宽度等于测试频点处的时间常数加上 DO‐160G 标准要求的脉冲信号宽度。混响室加载条件下的时间常数要小于空载条件下的时间常数,因此,由混响室空载条件下的时间常数推算出施加的脉冲信号宽度一般可满足标准要求。被测产品的加载系数应小于试验室最大加载系数,一般根据混响室的有效测试区域以及被试系统的尺寸确定。搅拌器转速决定了在测试频点的最大场强持续时间,最大场强持续时间应大于被测产品的响应时间。一般发动机控制系统试验中响应时间定义为 120 毫秒。在搅拌器转速已定的条件下,随着测试频率的增加,最大场强持续时间会减小。试验室应测出每个频段最后一个频点的最大场强持续时间,如果最大场强持续时间小于被测产品的响应时间,应减慢搅拌器转速,使最大场强持续时间满足要求,并在报告中记录此时的搅拌器转速。

混响室归一化场强测试结束后进行连续波(CW)、方波(SW)调制、脉冲调制(PM)等系统测试,测试过程中在同一个频段内,混响室搅拌器的转速应与归一化场强测试时的转速相同。图 7.24 为发动机控制系统 HIRF 试验。在系统 HIRF 试

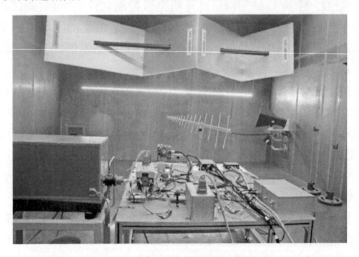

图 7.24 发动机控制系统 HIRF 试验

验中,发动机控制系统运行方式与系统电磁干扰中的类似,主要注意的是,系统 HIRF 试验中互联线缆上传导感应电压比较高,系统运行的辅助设备、通信板卡应进行充分防护,以免损伤或被干扰。

4. 系统高空核电磁脉冲试验

发动机控制系统高空核电磁脉冲试验主要根据 GJB 8848－2016 中的"方法 501 电磁脉冲试验方法"进行,试验采用有界波模拟器模拟电磁脉冲场,在发动机筒体上进行系统部件安装,采用真实的发动机电缆进行电气连接,构建系统闭环运行环境,验证系统在电磁脉冲环境下运行状态、监测各附件感应参数、各附件安装位置的场强参数。试验中应从低场强逐步调高场强进行验证,检查系统的响应情况。在系统高空核电磁脉冲试验中,由于场强高,脉冲毁伤效应强,系统配置过程中需要注意下述细节:

（1）系统中电源供电采用电池供电,减少系统电源地对外部电网的干扰;

（2）通信监测、感应电流监测、场强监测应采用光纤进行远程连接,各光纤应保持等长,减少不同信号的光纤延迟误差;

（3）系统试验中,应对系统的摆放位置进行调整,获取系统在不同姿态下电磁脉冲响应特性。

5. 系统高功率微波试验

图 7.25 为系统高功率微波试验配置框图。发动机控制系统高功率微波试验

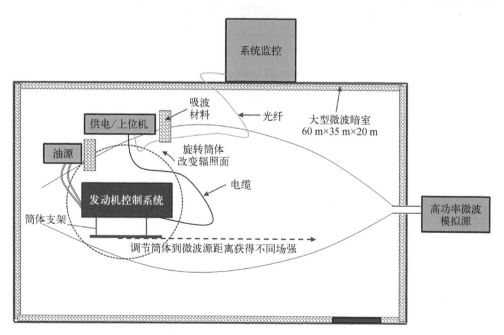

图 7.25　系统高功率微波试验配置框图

主要根据 GJB 8848－2016 中的"方法 1301 高功率微波试验方法"进行,试验一般在大型全电波暗室中进行,一般采用窄带 L 波段、S 波段、C 波段、X 波段、超宽带微波源 UWB 等高功率微波模拟源,试验中被试系统应在高功率微波源的辐射场的 3 dB 波束范围内,并可通过调节被试系统到微波源之间的距离来实现辐射功率的调节。

高功率微波源对控制系统处产生的辐射场功率密度是试验的关键参数,需要在试验前进行测量,辐射场的测量通过接收天线经过衰减后进入示波器或峰值功率计测量微波功率,系统被测位置的辐射场功率密度计算公式如下:

$$S_d = \frac{P_r}{A_e} = \frac{P_{\det} \cdot 10^{\frac{A}{10}}}{A_e}$$

式中,S_d 为辐射场功率密度,W/cm^2;P_r 为接收天线的微波功率,W;A_e 为接收天线的有效接收面积,cm^2;$P_{\det}$ 为示波器或峰值功率计输入功率,W;A 为衰减环节的衰减量,dB。

由于发动机控制系统安装筒体尺寸较大,辐射场功率密度的测量一般需要对多个位置进行测量,以确认系统不同位置的辐射场功率密度情况。

系统高功率微波试验应在高功率微波源稳定后,让系统工作在预定的工作状态(类似系统电磁干扰试验),先进行单脉冲试验,然后进行多脉冲以及重频试验;一个辐照方向试验结束后,旋转系统被辐照面或位置,进行重复试验,记录系统的敏感现象和产生条件,以确定系统高功率微波安全裕度。

7.9　其他试验

系统软硬件集成鉴定试验、系统集成鉴定试验、系统可靠性试验等项目与本章中 7.2、7.6 节类似,控制系统燃油污染试验、控制系统燃油结冰试验等项目与 5.6.1、5.6.2 小节类似,不再赘述。

第8章
燃油及控制系统配装发动机和飞机试验

8.1　控制系统随发动机地面试车

8.1.1　概述

如果说燃油及控制系统综合试验是模拟发动机工作情况下控制系统的"仿真"试验,那么发动机地面试车可以说是控制系统在用户场景下的首次"真实"试验。尽管在系统综合试验验证阶段开展了大量的工作,但由于系统试验中的发动机对象是数学模型,相关的功能、接口、效应进行了理想化的简化,控制系统与发动机模型间的作用只是数据和信息的交互,没有物质和能量的交互,无法完整验证控制系统和发动机间的匹配性和相互作用。对于发动机振动、噪声、电气等实际工作条件的适应性难以评估,需要在真实的发动机试车条件下对控制系统技术状态进行确认。

8.1.2　试验目的

控制系统随发动机地面试车的目的是在地面试车条件下,对控制系统的以下内容进行验证:

（1）验证起动过程供油与点火特性是否满足发动机地面起动需求;

（2）验证控制律能否满足发动机地面试车要求,包括稳态控制规律、起动及加减速控制规律、加力燃油控制规律等,确认加减速等控制指标能否满足发动机要求;

（3）验证控制系统的消喘和防喘性能符合要求;

（4）验证加力接通、退出以及应急切断功能和性能,检查加力燃油控制与喷口控制的匹配性;

（5）验证发动机地面试车条件下控制系统的结构完整性,不存在由于试车环境的振动、温度等条件造成的结构损伤以及泄漏;

（6）验证控制系统故障策略对发动机运行的影响;

（7）验证控制系统的使用维护功能、性能,如传感器标定、地面监控、参数调整、软件升级等。

8.1.3　基本原理

控制系统随发动机开展地面台架试车原理如图 8.1 所示。

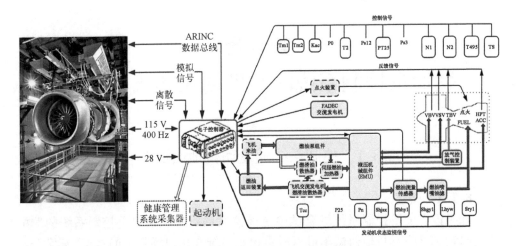

图 8.1　数控系统随发动机试车原理图

数控系统安装在发动机上,按照发动机/数控系统与试车台架各子系统的接口要求,试验前完成以下准备工作:

(1) 燃油系统、电气系统、测控系统等接口连接与检查;

(2) 控制器与飞控系统、监视上位机等信号通信接口连接与检查;

(3) 控制器、台架测试系统等上电检查;

(4) 台架油门杆、各传感器等信号标定;

(5) 控制软件、flash 参数等烧写;

(6) 试车台各子系统确认。

准备工作完成后,按照编制的试车大纲开展试车试验。其中,数控系统随发动机参与地面台架试车分为两种类型:试验主体为发动机,数控系统作为子系统随发动机参与试车;试验主体为数控系统,发动机作为试验载体。针对不同目的编制试验大纲及试车应急预案。

8.1.4　试验设备

发动机试车台设备组成包括油源系统、空气系统、电气系统、环境模拟系统、信号采集与监测系统、试验用各类传感器、供电系统、故障模拟系统、计算机系统等。各试验设备相互协同,完成发动机/数控系统低压燃油供给、高压空气供给、点火激励器供电电源、发动机推力、温度、转速、压力等各监视信号采集、各台架设备综合管理与控制、环境效应模拟等功能,支持完成试验大纲规定的试验科目并获取试车数据,组成见图 8.2,详见相关参考书。

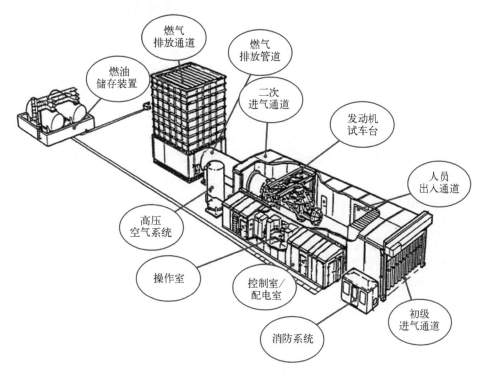

图 8.2　发动机试车台组成图

8.1.5　试验内容

发动机地面台架试车主要包括以下内容。

（1）各部件性能匹配与全机性能的调试:在试验中测量发动机流程各主要截面上的气流参数和发动机性能参数。

（2）强度检验试车:测量发动机振动,主要受热零件的温度和叶片、盘等大应力零件的应变。

（3）循环试验:在发动机起动、慢车到最大状态间反复作加、减速循环试验,以检验航空发动机零件的低周疲劳强度和密封件的磨损、转动件与相邻静止件的间隙变化。

（4）系统调整试验:包括对控制系统、起动点火系统、防喘防冰系统、润滑冷却系统等系统的调整试验。

（5）吞咽和吞烟试验:以一定速度向发动机投射飞鸟、砂石、冰雹等外来物,检查发动机的承受能力。模拟发射武器时烟气吞入发动机后发动机的工作状况。

（6）包容性试验:叶片在发动机最大转速下折断时,机匣应能将损坏物包容在发动机内,检查机匣的包容能力。

(7) 环境试验:检查发动机对高温、低温、高湿、暴雨等环境条件的适应性以及对发动机进口压力或温度畸变的适应能力。

发动机研制过程中,地面试验内容很多,以上列举其中部分。从上述试验可以看出,许多试验的目的虽然不是为了验证控制系统的,但控制系统作为配套系统在这些试验中其可靠性、环境适应性,及其寿命都得到了验证。在定型前,控制系统必须跟随发动机完成所规定的全部试验。系统试验则包含有控制系统的专项试验,其功能和性能在该项试验中进行全面验证。

控制系统试验应包含以下项目,具体可根据发动机型号规范和研制要求开展。

1. 起动试验

(1) 地面油封启封试验。

(2) 冷运转试验。

(3) 假起动试验。

(4) 地面起动试验。

(5) 起动终止试验。

2. 主系统稳态试验

(1) 慢车至中间状态的台阶扫描试验。

(2) 中间状态至慢车的台阶扫描试验。

(3) 中间状态被控变量的切换试验。

(4) 慢车至中间状态的斜坡试验。

(5) 中间状态至慢车的斜坡试验。

3. 主系统加减速试验

(1) 慢车到中间状态加速试验。

(2) 中间状态到慢车减速试验。

(3) 85%到中间状态加速试验。

(4) 85%到中间状态减速试验。

(5) 中间状态到慢车再到中间状态遭遇加速试验。

4. 加力试验

(1) 中间状态至小加力接通试验。

(2) 小加力至中间状态关断试验。

(3) 小加力至全加力台阶阶跃扫描试验。

(4) 全加力至小加力台阶阶跃扫描试验。

(5) 小加力至全加力斜坡给定试验。

(6) 全加力至小加力斜坡给定试验。

(7) 小加力至全加力加速试验。

（8）全加力至小加力减速试验。

（9）小加力至部分加力加速试验。

（10）部分加力至小加力减速试验。

（11）部分加力至全加力加速试验。

（12）全加力至部分加力减速试验。

（13）中间状态至全加力加速试验。

（14）全加力至中间状态减速试验。

（15）中间状态至部分加力加速试验。

（16）部分加力至中间状态减速试验。

（17）慢车至全加力加速试验。

（18）全加力至慢车减速试验。

（19）慢车至部分加力加速试验。

（20）部分加力至慢车减速试验。

（21）加力应急切断试验。

5. 超限保护试验

由于地面状态不会出现超限现象，为了检查这项功能，一般的方法是将限制值降低到控制计划给定值以下，使限制值起作用，试验内容包括：

（1）超转限制试验。

（2）超温限制试验。

（3）超压限制试验。

（4）独立超转保护试验。

6. 防喘和消喘试验

（1）慢车状态防喘模拟试验。

（2）85%状态防喘模拟试验。

（3）中间状态防喘模拟试验。

（4）部分加力状态防喘模拟试验。

（5）全加力状态防喘模拟试验。

（6）慢车状态消喘模拟试验。

（7）85%状态消喘模拟试验。

（8）中间状态消喘模拟试验。

（9）部分加力状态消喘模拟试验。

（10）全加力状态消喘模拟试验。

（11）慢车至中间状态加速过程中消喘模拟试验。

（12）中间状态至慢车减速过程中消喘模拟试验。

（13）慢车至全加力状态加速过程中消喘模拟试验。

（14）全加力状态至慢车减速过程中消喘模拟试验。

7. 矢量喷管偏转试验

（1）俯仰偏转试验。

（2）偏航偏转试验。

（3）360 度偏转试验。

（4）应急回中试验。

8. 故障模拟试验

故障模拟试验可采用与系统综合验证试验相同的故障注入装置,试验的内容可从 7.6.5 节中选取,以验证系统故障后对发动机性能的真实影响。

8.2　控制系统随发动机高空台试验

8.2.1　概述

高空台试验是在地面进行发动机空中工作条件模拟的试验,相比飞行试验,高空台试验有更便利的测量条件,能够获取更完整的测量数据,高空台能够开展一些可能影响飞行安全的高风险试验科目,高空台试验的成本和风险低于飞行试验,因此如果有条件,在飞行前开展高空台试验可有效降低飞行风险和成本。

高空台试验是发动机飞行前最接近运行使用状态的试验。发动机及控制系统会经历飞行包线范围内的进气压力、进气温度、进气流速、供油温度等模拟空中条件的验证,有助于提前暴露可能在空中暴露的发动机及控制系统问题。

8.2.2　试验目的

控制系统随发动机高空台试验的目的是:

（1）在模拟飞行条件下验证数控系统与发动机共同工作的匹配性;

（2）验证模拟飞行状态和环境条件下数控系统的功能和性能;

（3）验证模拟飞行状态和环境条件下数控系统的环境适应性。

8.2.3　基本原理

高空台试验通过在地面模拟发动机进气的压力、温度、流速、畸变等条件,为发动机创建等效于空中飞行状态的试车环境,从而在地面对发动机空中工作性能进行模拟验证。

数控系统安装在发动机上,按照发动机/数控系统与高空台试车台架各子系统的接口要求,试验前完成以下准备工作:

（1）燃油系统、电气系统、测控系统等接口连接与检查;

（2）控制器与飞控系统、监视上位机等信号通信接口连接与检查;

（3）控制器、台架测试系统等上电检查；

（4）台架油门杆、各传感器等信号标定；

（5）控制软件、flash 参数等烧写；

（6）试车台各子系统确认。

准备工作完成后，按照编制的试验大纲开展高空台试验。

8.2.4　试验设备

控制系统高空台试验所需设备包括高空台基础设施和控制系统专用测试设备。与控制系统相关的高空台基础设施包括：油源系统、空气系统、电气系统、大气环境模拟系统、台架数采与监测系统、供电系统。高空台基础设施为控制系统提供燃油供给、高压空气供给、控制系统运行温度、压力、流量等参数采集、供电等。控制系统专用测试设备包括控制系统监视上位机及软件、控制系统标定仪表设备、故障模拟装置等。

8.2.5　试验内容

控制系统高空台试验点的选择一般应包括起动包线点、左边界典型点、右边界典型点、包线中间典型点、加力接通边界点等，根据发动机及其工作包线不同而选择不同。

在每个试验点上，试验内容包括慢车、节流、中间状态、小加力、中间加力、最大状态的稳态试验，主加减速、遭遇加速、加力加减速等推力瞬变试验，矢量偏转试验等。在起动边界上进行空中起动试验，加力接通试验要在加力接通边界上进行。

由于前期仿真模型不可能做到完全准确，高空台试验通常会遇到对控制参数进行调整的情况，参数调整前要进行充分的分析和仿真，使用高空台试验的数据对发动机模型进行修正和回归，复现高空试验情况，然后调整控制参数，使系统稳定，性能达到要求，经系统综合试验验证后，修改控制参数，再进行高空台试验。

8.3　控制系统随发动机飞行试验

8.3.1　概述

飞行试验是发动机定型试验中最重要的考核试验，控制系统随发动机完成飞行试验考核。飞行考核试验前，控制系统必须调整到位，避免在考核试验中进行调整。一般来说，在考核试验前，发动机要进行科研试飞，由于高空台试验与飞行试验还是存在较大差异的，通过科研试飞，对发动机包括控制系统进行调整，达到定型考核试飞前的状态。因此，控制系统在科研试飞阶段要安排完整的试飞项目，在飞行包线内，装飞机的条件下验证控制系统的功能和性能、验证控制系统与飞机系统的兼容性和匹配性。

在发动机控制系统装飞机前,一般通过铁鸟台等设备进行飞发联合仿真,以确认发动机控制系统和飞机系统之间的电源、通信、协议、开入开出、故障逻辑、故障申报和显示等功能。

在控制系统随发动机装飞机后,需要进行安装状态检查、电气特性和连接检查、电源检查、通电检查、上下位机通信检查、飞发交联信号接口检查等一系列的检查工作,完成检查后需要进行油门杆等机载测量和指令装置的标定工作,并连接控制系统地面维护设备,确认使用维护功能是否正常。

为了降低因控制系统故障带来的风险,试飞过程中,通过遥测系统对控制系统的关键参数进行监控,关键参数一方面来自控制系统,是通过控制系统的通信接口传送到机上数据采集和遥测系统的;另一方面的数据来自试飞测试系统,测试系统是为了飞行试验专门加装的系统。测试参数主要是控制系统内部没有的一些关键参数,如燃油流量以及发动机某些截面的压力、温度等。

8.3.2　试验目的

控制系统随发动机飞行试验的目的包括:

(1) 验证系统在飞行包线范围内的控制功能和性能;

(2) 验证系统在装机状态下的使用维护性,包括飞前飞后检查、外场标定、参数修改、部件更换等;

(3) 验证系统在装机载荷条件下的结构完好性,不存在受装机环境影响造成的结构损伤或密封泄漏;

(4) 验证系统在装机条件下的人机交互特性,包括操纵性、显示与告警功能等;

(5) 验证系统在装机条件下的电磁兼容性,系统的工作不会受到其他机载电子设备(如电台、雷达等)的干扰,同时也不会干扰其他机载电子设备。

8.3.3　基本原理

通过随发动机实际飞行使用,确认控制系统在使用场景下的适用性。

控制系统随发动机飞行试验是面向飞行使用和维护场景对系统设计的符合性验证和确认,应当结合飞机-发动机数字仿真、控制系统综合验证试验、高空台试验、铁鸟台试验等不同层级的仿真或试验结果进行评估,识别设计偏离和问题,促进控制系统设计基线的回归迭代。

控制系统随发动机配装飞机或试飞平台机后,为确保飞行安全,按照发动机/数控系统与飞机间的接口要求,飞行试验前需开展以下的准备工作:

(1) 飞机与发动机及控制系统的机械接口、电气接口安装检查;

(2) 飞机与发动机控制系统间的供电检查;

（3）飞机航电系统与控制系统间的通信检查,包括通信协议、通信信号、故障监测与显示、故障申报、故障处理对策等;

（4）地面维护设备与控制器间的通信检查;

（5）数控系统相关参数的标定,包括油门杆、滑油箱液位等;

（6）flash 参数更新及控制软件的检查确认。

8.3.4　试验设备

控制系统随发动机飞行试验的试验设备包括铁鸟台、通用载机平台、目标机平台以及控制系统试飞专用测试设备等。图 8.3 为作为飞行台的 B720 飞机。

图 8.3　作为飞行台的 B720 飞机(进行 PW6000 发动机试飞)

8.3.5　试验内容

试飞内容根据试飞大纲开展,一般包括地面起动、地面稳态、地面加减速、地面加力、地面滑跑、地面电磁兼容性检查等机上地面试验,以中间状态和最大状态起飞、爬升及各种高度稳定平飞、下降、着陆等基本功能试验,在空中起动包线进行风车起动、惯性自动起动、空中点火电门起动、遭遇起动、起动机辅助空中起动等各种空中起动试验,在各飞行点上进行发动机稳态、加减速、遭遇加速、加力加减速、通道切换等各种功能检查试验,在选定的高度进行平飞加速、拉升、俯冲、升限等各种机动飞行试验。如果是矢量推力的发动机则还要进行推力矢量飞行试验和飞推综合控制试验等。

飞行试验如果遇到对控制参数进行调整,也需要利用试飞数据对发动机模型进行修正和回归,复现试飞情况,然后调整控制参数,经仿真、系统综合试验验证后,修改控制参数,再进行试飞验证。调整控制律和控制参数时,应尽可能避免对其已试飞点的影响,如果是必须的,则在这些点上需要重新进行飞行验证。

参考文献

阿列克谢·车尔尼,苏艳,2020. 飞机适航审定与测试[M]. 北京:北京航空航天大学出版社.

陈仁文,2021. 传感器、测试与试验技术[M]. 北京:科学出版社.

陈淑凤,马蔚宇,马晓庆,2012. 电磁兼容试验技术[M]. 第 2 版. 北京:北京邮电大学出版社.

程明,2014. 微特电机及系统[M]. 第 2 版. 北京:中国电力出版社.

单成祥,1999. 传感器的理论与设计基础及其应用[M]. 北京:国防工业出版社.

第四机械工业部标准化研究所,1981. 恒定应力寿命试验和加速寿命试验方法总则[S]. GB/T 2689.1 - 1981.

工业和信息化部电子第四研究所,等,2009. 电连接器试验方法[S]. GJB 1217A - 2009.

工业和信息化部电子第五研究所,北京航空工程技术研究中心,2012. 可靠性试验 第 1 部分:试验条件和统计检验原理[S]. GB/T5080.1 - 2012.

工业和信息化部电子第五研究所,北京航空工程技术研究中心,等,2017. 可靠性增长大纲[S]. GB/T 15174 - 2017.

国家液压元件质量监督检验测试中心,等,1993. 液压齿轮泵 试验方法[S]. JB/T 7042 - 1993.

国营一一三厂,1988. 航空发动机燃油泵气蚀持久性试验方法[S]. HB 6171 - 1988.

哈利·W.迈克莱恩,2014. 高加速寿命试验、高加速应力筛选和高加速应力审核诠释——加速可靠性技术[M]. 光电控制技术重点实验室,译. 第 2 版. 北京:航空工业出版社.

航空喷气发动机自动控制设计手册编写组,1979. 航空喷气发动机自动控制设计手册[M]. 北京:国防工业出版社.

合肥航太电物理技术有限公司,2013. 航空器雷电防护技术[M]. 北京:航空工业出版社.

胡湘洪,2015. 可靠性试验[M]. 北京. 电子工业出版社.

黄朝辉,2015. 航空发动机燃油控制系统典型零组件失效与预防[M]. 北京:国防工业出版社.

黄家骅,冯国泰,2002. 航空发动机特性仿真技术的进展与展望[J]. 推进技术,
　　23(4):346-351.

李培滋,王占林,1979. 飞机液压传动与伺服控制[M]. 北京:国防工业出版社.

力学环境试验技术编委会,2003. 力学环境试验技术[M]. 西安:西北工业大学出
　　版社.

凌树森,1979. 可靠性在机械强度设计和寿命评估中的应用[M]. 北京:国防工业
　　出版社.

刘万太,2019. 电机试验技术[M]. 北京:机械工业出版社.

陆军,郭迎清,张书刚,2010. 航空发动机非线性模型实时计算的迭代方法研究[J].
　　航空动力学报,25(3):681-686.

梅文华,2003. 可靠性增长试验[M]. 北京:国防工业出版社.

邱勇,毛勇建,蒋华兵,2021. 实验室力学与热学环境试验技术[M]. 北京:科学出
　　版社.

沈阳水泵研究所,1993. 泵可靠性试验[S]. JB/T 6881-1993.

沈阳水泵研究所,等,2005. 回转动力泵　水力性能验收试验[S]. GBT 3216-2005.

汤仕平,王桂华,张勇,2019. 系统电磁环境效应试验[M]. 北京:国防工业出版社.

唐晓斌,高斌,张玉,2016. 系统电磁兼容工程设计技术[M]. 北京:国防工业出
　　版社.

王树荣,2016. 环境试验技术[M]. 北京:电子工业出版社.

西北工业大学,等,1988. 发动机燃油控制系统齿轮式燃油泵设计指南[S]. HBZ 134-
　　1988.

姚华,2014. 航空发动机全权限数字电子控制系统[M]. 北京:航空工业出版社.

姚华,张天宏,2017. 航空发动机控制系统设计技术[M]. 北京:科学出版社.

臧军,2014. 现代航空发动机控制技术[M]. 北京.航空工业出版社.

张宝诚,2005. 航空发动机试验和测试技术[M]. 北京:北京航空航天大学出版社.

中国电子科技集团第二十一研究所,2016. 微特电机设计手册[M]. 上海:上海科
　　学技术出版社.

中国电子科技集团第二十一研究所,工业和信息化部电子第四研究所,2015. 控制
　　电机通用规范[S]. GJB 361B-2015.

中国航空工业一四三厂,中国航空综合技术研究所,2015. 数字式电磁阀通用规范
　　[S]. GJB 8615-2015.

中国航空工业总工公司第六〇九研究所,1998. 飞机电液流量伺服阀通用规范
　　[S]. GJB 3370-1998.

中国航空工业总公司六〇九所,三〇一所,1997. 飞机电传飞控系统电液伺服作动

器通用规范[S]. GJB 2881 - 1997.

中国航空综合技术研究所,2014. 民用飞机机载设备环境条件和试验方法　第 14 部分: 防火、可燃性试验[S]. HB 6167. 14 - 2014.

中国航空综合技术研究所,等,2014.民用飞机软管和管组件防火试验要求[S].HB 7044 - 2014.

中国计量科学研究院,中国航天科技集团公司第一计量测试技术研究所,2008. 压电加速度计检定规程[S]. JJG 233 - 2008.

中国人民解放军驻一一厂军事代表室,2002. 飞机变量液压泵通用规范[S]. GJB 2188A - 2002.

中国人民解放军总装备部电子信息基础部标准化研究中心,2009. 可靠性鉴定和验收试验[S]. GJB 899A - 2009.

周源泉,1997. 质量可靠性增长与评定方法[M]. 北京: 北京航空航天大学出版社.

朱新宇,2021. 民航飞机电气系统[M]. 2 版. 成都. 西南交通大学出版社.

总装备部电子信息基础部技术基础局,等,2009. 军用装备实验室环境试验方法 [S]. GJB 150. 1A - 2009.

总装备部电子信息基础部技术基础局,等,2009.军用装备实验室环境试验方法 第 1 部分: 通用要求[S]. GJB 150. 1A - 2009.

Borgmeyer C H, 1979. A streamlined control system development process [C]. New York: American Institute of Aeronautics and Astronautics.

Engel A, 2010. Verification validation and testing of engineered systems [M]. New York: Wiley Series in Systems Engineering and Management.

Kulikov Gennady G, Thompson Haydn A, 2004. Dynamic modeling of gas turbines [M]. London: Springer Science &Business Media.

Merritt H E,1976. 液压控制系统[M]. 陈燕庆,译. 北京: 科学出版社.

Nise N S, 1995. Control systems engineering[M]. New York: Benjamin & Cummings.

Parker K I, Guo T H, 2003. Development of a turbofan engine simulation in a graphical simulation environment[R]. NASA/TM - 2003 - 212543. Ohio: Glenn Research Center: 45 - 48.

Paul C R,2007. 电磁兼容导论[M]. 闻映红,译. 第 2 版. 北京: 人民邮电出版社.

Radio Technical Commission for Aeronautics, 1978. 机载系统和设备合格审定中的软件考虑[S]. RTCA/DO - 178.

Radio Technical Commission for Aeronautics, 2008. 机载电子设备硬件的设计保证指南[S]. RTCA/DO - 254.

Radio Technical Commission for Aeronautics, 2010. Environmental Conditions and Test Procedures for Airborne Equipment[S]. RTCA/DO - 160G.

Rajagopalan R, Wood B C, Schryverr M, 2003. Evolution of propulsion controls and health monitoring at Pratt and Whitney [C]. Ohio: International Air and Space Symposium and Exposition: 2003 - 2645.

Society of Automotive Engineers, 1981. Actuators: aircraft flight controls, power operated, hydraulic, general specification for[S]. SAE ARP1281.

Society of Automotive Engineers, 1997. Aircraft fuel system and component icing test [S]. SAE ARP1401.

Society of Automotive Engineers, 1999. Fuel filter test methods[S]. SAE J905.

Society of Automotive Engineers, 2008. Guidelines for engine component tests[S]. SAE ARP5757.

Society of Automotive Engineers, 2010. 民用飞行器和系统研发指南[S]. SAE ARP 4754A.

The United States Department of Defense, 2007. Joint service specification guide engines, aircraft, turbine[S]. JSSG - 2007B.

The United States Department of Defense, 2008. Aircraft Electric Power Characteristics [S]. MIL - STD - 704F.

The United States Department of Defense, 2008. Environmental Engineering Considerations and Laboratory Tests[S]. MIL - STD - 810G.

The United States Department of Defense, 2008. Propulsion system integrity program [S]. MIL - STD - 3024.

The United States Department of Defense, 2010. Electromagnetic Environmental Effects Requirements for Systems[S]. MIL - STD - 464C.

The United States Department of Defense, 2015. Requirements for the Control of Electromagnetic Interference Characteristics of Subsystems and Equipment [S]. MIL - STD - 461G.